Cynthia Moss

Die Elefanten vom Kilimandscharo

13 Jahre im Leben
einer Elefantenfamilie

Aus dem Amerikanischen von
Dr. Inge Schröder

Rasch und Röhring Verlag

Bildnachweis:

Schwarzweißteil Abb. 26: Nicolai Canetti; Abb. 1, 2, 6, 8, 9, 10, 11, 34, 45: Harvey Croze; Abb. 47: Joyce Poole; alle anderen Abbildungen von der Autorin

Farbteil Abb. 14: Joyce Poole; alle anderen Abbildungen von der Autorin

Zeichnungen: David Pratt
Diagramme: Liz Jarvis

CIP-Titelaufnahme der Deutschen Bibliothek

Moss, Cynthia: Die Elefanten vom Kilimandscharo:
13 Jahre im Leben einer Elefantenfamilie / Cynthia Moss.
Hamburg: Rasch u. Röhring, 1990
ISBN 3-89136-387-7

Titel der Originalausgabe: Elephant Memories.
Thirteen Years in the Life of an Elephant Family

Elm Tree Books, William Morrow and Company, Inc., New York, 1988
Schutzumschlaggestaltung: Studio Reisenberger
Satzherstellung: Utesch Satztechnik GmbH, Hamburg
Lithographische Arbeiten: Albert Bauer KG, Hamburg
Druck- und Bindearbeiten: Clausen & Bosse, Leck
Printed in Germany

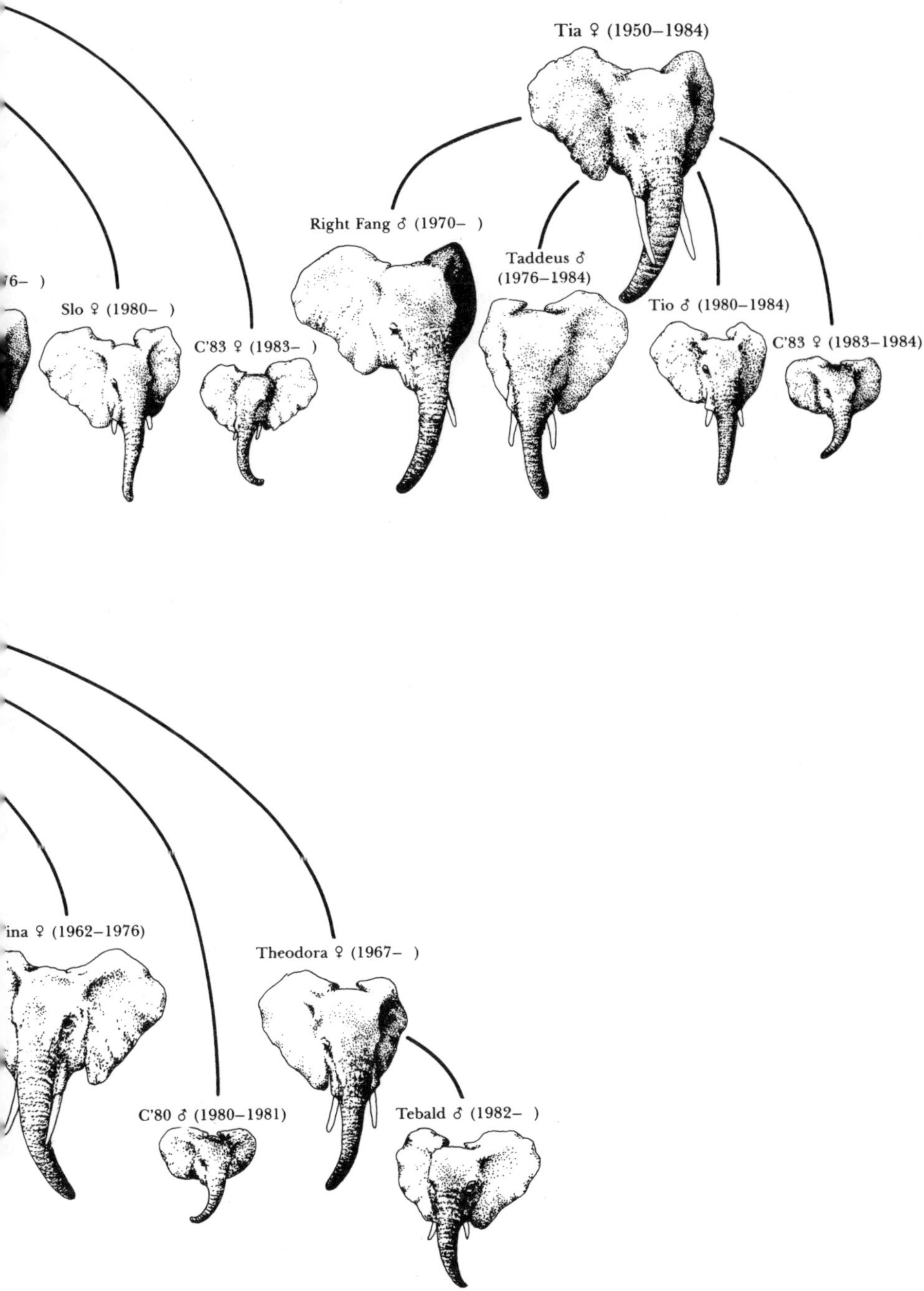

Tia ♀ (1950–1984)
Right Fang ♂ (1970–)
Taddeus ♂
(1976–1984)
6–)
Slo ♀ (1980–)
C'83 ♀ (1983–)
Tio ♂ (1980–1984)
C'83 ♀ (1983–1984)
ina ♀ (1962–1976)
Theodora ♀ (1967–)
C'80 ♂ (1980–1981)
Tebald ♂ (1982–)

In Erinnerung an die Matriarchen in meiner Familie:
meine Großmutter Berthe Therese und meine Mutter Lillian
und für die gegenwärtige Matriarchin,
meine Schwester Carolyn

Inhalt

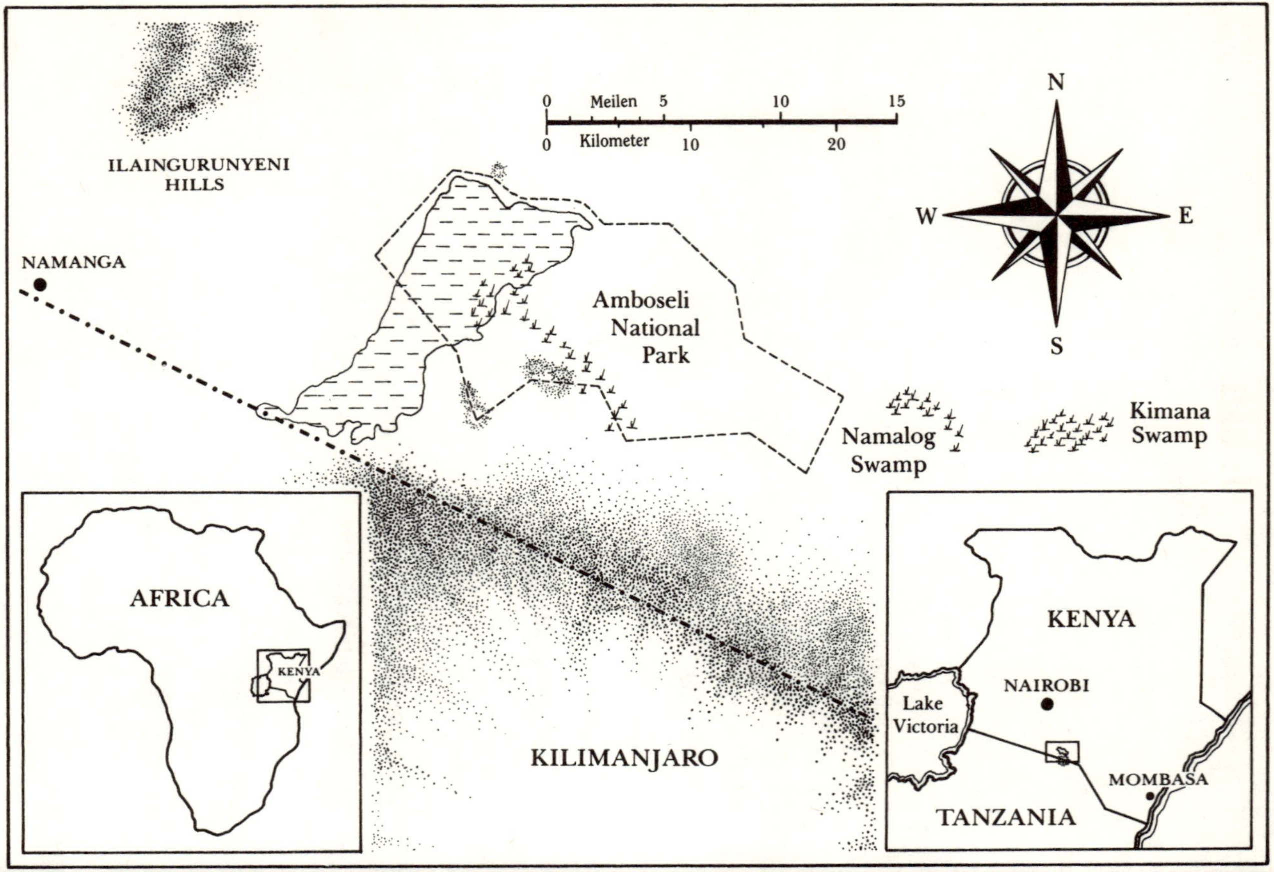
ILAINGURUNYENI
HILLS
NAMANGA
0 Meilen 5 10 15
0 Kilometer 10 20
N
W
E
S
Amboseli
National
Park
Namalog
Swamp
Kimana
Swamp
AFRICA
KENYA
KILIMANJARO
KENYA
NAIROBI
Lake
Victoria
MOMBASA
TANZANIA

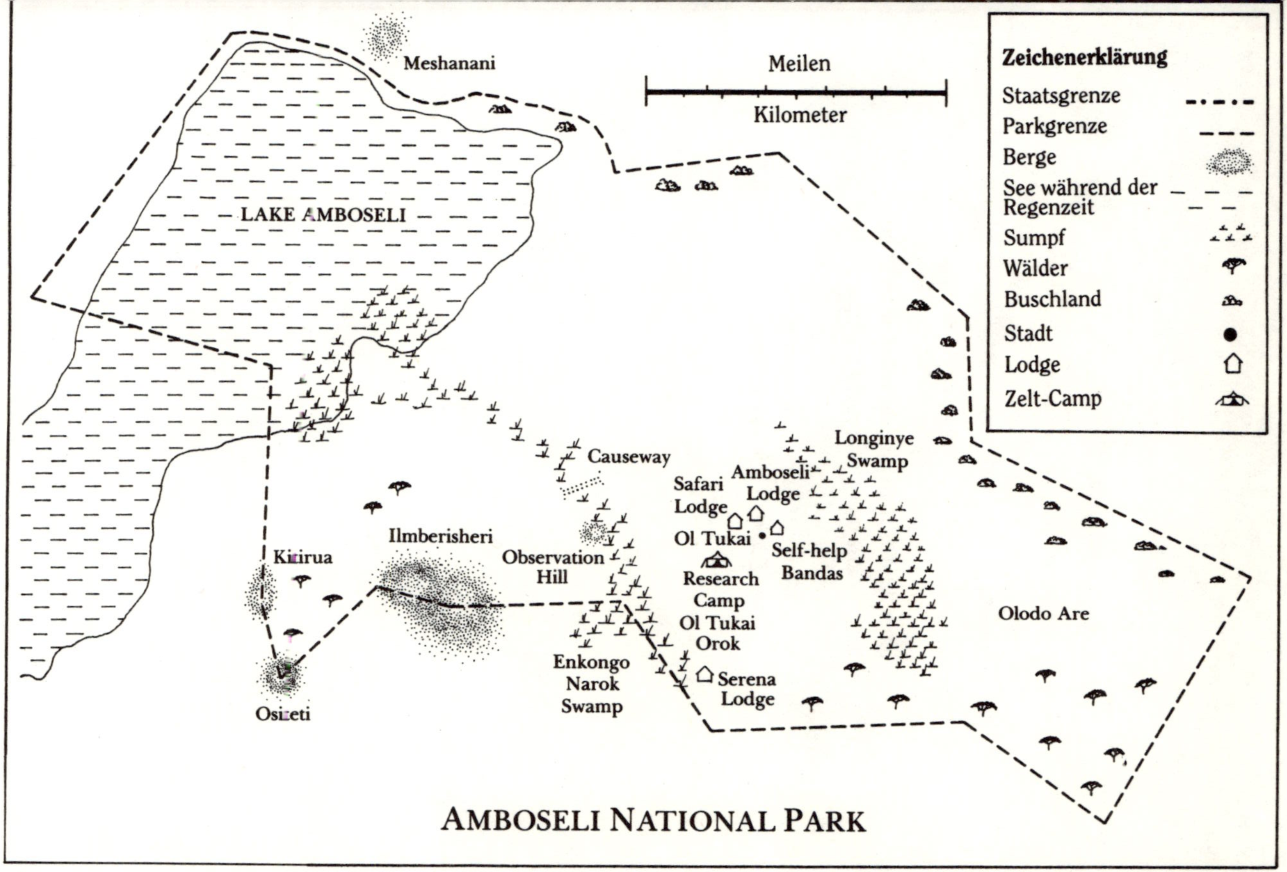
Zeichenerklärung
Staatsgrenze
Parkgrenze
Berge
See während der Regenzeit
Sumpf
Wälder
Buschland
Stadt
Lodge
Zelt-Camp
Meilen
Kilometer
Meshanani
LAKE AMBOSELI
Causeway
Longinye Swamp
Amboseli Lodge
Safari Lodge
Ol Tukai
Self-help Bandas
Research Camp
Ol Tukai Orok
Serena Lodge
Olodo Are
Observation Hill
Enkongo Narok Swamp
Ilmberisheri
Kitirua
Ositeti
AMBOSELI NATIONAL PARK

Ich will, daß man die Elefanten respektiert.
Nicht mehr und nicht weniger.

Romain Gary in seinem Buch
»Die Wurzeln des Himmels«

Einführung

Im südlichen Kenia gibt es am Fuße des Kilimandscharo einen kleinen Nationalpark, der Amboseli heißt. Innerhalb seiner 150 Quadratmeilen leben seit mehreren tausend Jahren die verschiedensten wilden Tiere: Löwen, Leoparden, Geparden, Nashörner, Giraffen, Büffel, Zebras, Gnus und Elefanten. Ich habe dort die meiste Zeit in den siebziger und achtziger Jahren verbracht und eine Studie über Elefanten durchgeführt.

Elefanten sind ganz besondere Tiere: intelligent, kompliziert, empfindsam, sanft, stark und komisch. Ich glaube, daß ich mich unglaublich glücklich schätzen darf, so viel Zeit mit ihnen verbracht haben zu können. Ich habe dieses Leben der Elefanten von Amboseli in Dürreperioden wie auch in Perioden des Überflusses verfolgt, in Zeiten starker Wilderei und großer Verluste wie auch in Zeiten des Friedens und der verhältnismäßigen Sicherheit. Ich habe sie bei der Geburt beobachtet, und ich habe gesehen, wie sie starben. Ich habe erlebt, wie junge Kühe geschlechtsreif und zum ersten Mal begattet wurden und wie die jungen Bullen den Schutz ihrer Familie verließen und allein loszogen. Ich habe den großen, alten Leitkühen zugesehen, wie sie ihre Familien führten und verteidigten; und ich habe auch zugesehen, wie sie ihre ganze Würde aufgaben und ausgelassen im Spiel umherrannten, mit wild glitzernden Augen und über dem Hinterteil gekringelten Schwänzen.

Nach so vielen Jahren mit den Elefanten war es mein Wunsch, daß auch andere Menschen diese wunderbaren Tiere kennenlernen und sich um sie sorgen, so wie ich es getan habe. Ich will mein Wissen und meine Erfahrung mit anderen teilen – deshalb habe ich dieses Buch geschrieben. Ich glaube, es ist wichtig zu betonen, daß dies keine Abenteuergeschichte ist, die von Entbehrungen und der Tapferkeit des Menschen im Angesicht von Afrikas Hitze, Staub und wilden Tieren erzählt; nicht davon, wie ich allein im Busch mit sechshundert wilden Freunden überlebte. Es handelt vielmehr vom Leben der Elefanten, wie sie Dürrezeiten, Wilderer, Massai-Krieger, Krankheiten, Verletzungen, Touristen und auch Wissenschaftler entweder überstanden oder sich ihnen beugen mußten. Ich habe sie nur begleitet, nicht als aktiver Teilnehmer, lediglich als Zuschauer beim Festmahl oder als Zeuge weniger glücklicher Ereignisse, als »Dolmetscher«, Wissenschaftler, Naturschützer und Philosoph. Und manchmal eben nur als jemand, der Elefanten liebt, der sein Handwerkszeug beiseite legt und einfach Freude daran hat, bei ihnen zu sein.

Das Buch konzentriert sich auf das Leben einer ausgedehnten Elefantenfamilie im Verlaufe von dreizehn Jahren, von dem Zeitpunkt an, da ich sie das erste Mal getroffen habe. Die Kapitel sind, angefangen im Jahre 1973, chronologisch geordnet, und jedes Kapitel besteht aus drei Teilen. Jedes beginnt mit einer Szene aus dem Leben der von mir gewählten Elefantengruppe. Diese Schilderungen basieren auf einer Kombination von tatsächlichen Ereignissen, deren Zeugin ich war, mit Indizien, die sich aus dem Umfeld ergaben, wie dem Verschwinden oder der Verletzung eines Tieres, und mit frei erfundenem Stoff, der auf meine Kenntnisse über Elefanten gestützt ist. In Kapitel 4 zum Beispiel beschreibe ich das Paarungsverhalten von zwei Kühen dieser Familie. Eine der Kühe habe ich an einem Tag, an dem sie im Östrus war (Periode der Empfängnisfähigkeit), für einige Stunden in enger Paarungsgemeinschaft mit einem bestimmten Bullen gesehen. An einem der folgenden Tage beobachtete ich, wie ihr andere Bullen nachliefen. Die zweite Kuh habe ich nicht im Östrus gesehen; ich weiß aber, daß auch sie ungefähr zu jener Zeit begattet worden sein muß, weil sie 22 Monate später ein Kalb geboren hat. Ich habe Dutzende von Kopulationen gesehen und das Verhalten von mehr als hundert Kühen im Östrus beobachtet und aufgezeichnet. Anhand dieser Daten konnte ich den typischen Verlauf der Ereignisse im Östrus sowohl für junge Kühe als auch für erfahrenere Kühe herausarbeiten.

Auch den in Kapitel 9 beschriebenen Tod habe ich nicht wirklich miterlebt; aber ich habe ein anderes Mal beobachtet, wie Familienmitglieder versuchten, einen sterbenden Gefährten hochzuheben und auf den Beinen zu halten. Für alle diese Schilderungen habe ich also wesentliche Ereignisse im Leben der Familie herangezogen, von denen ich wußte, daß sie stattgefunden haben mußten. Und ich habe die verbliebenen Lücken auf der Grundlage von vielen tausend Beobachtungsstunden an diesen und anderen Elefanten gefüllt. Ich hoffe, daß ich mit Hilfe dieser literarisch wie wissenschaftlich legitimen Methode das Leben der Elefanten meinen Lesern anschaulich näherbringen kann.

Diese einführenden Szenen sind meist ziemlich kurz. Des weiteren behandle ich dann Themen wie Paarung, soziale Organisation oder Populationsdynamik, wobei ich immer auf Beispiele der Familie zurückgreife, auf die ich mich konzentriert habe. Im dritten Teil wird von fortlaufenden Beobachtungen und über Entwicklungen im Leben der Familie berichtet. Den Schluß bildet gewöhnlich eine Liste aller Familienmitglieder zum Ende jenes Jahres, von dem das jeweilige Kapitel handelt. Manchmal gehen die Themen und die Ereignisse ineinander über, also gibt es für den zweiten und dritten Abschnitt kein starres Schema.

Man muß, wie bei einer Familiensaga, viele Namen im Gedächtnis speichern, und manchmal sind die Beziehungen recht kompliziert. Um alle Elefanten stets im Auge behalten zu können, habe ich zur Hilfestellung einen Familienstammbaum angefügt. Außerdem gibt es zwei Landkarten, damit man sich nicht zwischen all den Massai-Namen verirrt, sowie ein Diagramm der vielschichtigen sozialen Organisation.

Für mich ist das Beobachten von Elefanten so etwas wie die Lektüre eines fesselnden, verwickelten Romans, den ich nicht zur Seite legen kann und der nie enden möge. Ich hoffe, daß ich mit diesem Buch etwas von jenem Gefühl vermitteln kann und daß meine Leser verstehen, warum Elefanten so faszinierend sind, warum sie unseren Respekt und unsere Rücksichtnahme verdienen.

Nairobi, im März 1987 *Cynthia Moss*

1
Ein Tag in Amboseli

1973–1975

Im frühen Morgenlicht wanderten die großen, grauen Gestalten bedächtig und beinahe geräuschlos einen ausgetretenen Elefantenpfad zwischen Lavabrocken und kleinen dornigen *Balanites*-Bäumen entlang. Sie marschierten alle hintereinander, an der Spitze eine große Elefantenkuh mit langen, aufwärts gebogenen Stoßzähnen, in der Mitte viele Kälber unterschiedlicher Größen und Altersstufen zusammen mit weiteren erwachsenen Kühen. Am Schluß schritt eine uralte, aber unglaublich würdevolle Kuh mit geraden Stoßzähnen.

Hinter ihnen erhob sich der fast 5895 Meter hohe, schneebedeckte Gipfel des Kilimandscharo – das überwältigende, herausragende Kennzeichen der Landschaft. Die Elefanten marschierten nordwärts und entfernten sich vom Berg, ohne zum Fressen oder zum Ausruhen anzuhalten, so als hätten sie an einem vorher ausgemachten Ort eine Verabredung.

Schließlich erreichten sie eine offene, baumlose Pfanne mit nur wenigen Pflanzen. Unter leisem »Schlaff, Schlaff« wirbelten die Tiere mit den Füßen den feinen alkalischen Staub auf, und ihre Umrisse wurden verschwommen. Auch hier hielten sie nicht an, sondern setzten ihren Weg fort, bis der trockene, kahle Boden plötzlich einer üppigen, grünen Vegetation wich. Diese war von offenen Wasserstellen durchsetzt und wurde von Myriaden Wasservögeln bevölkert: Enten, Gänse, Ibisse, Reiher, Kraniche, Regenpfeifer, Blatthühnchen und viele andere mehr. Auch größere Tiere sammelten sich entlang des Sumpfufers: Zebras, Gnus, Riedböcke, Wasserböcke und Büffel. Die Elefanten behielten ihre Richtung bei und ignorierten die anderen Tiere, die ihnen diskret Platz machten.

Als die Elefanten den Sumpf erreichten, verteilten sie sich. Einige fingen unverzüglich, noch während sie weitergingen, zu fressen an und ergriffen größere Portionen des dunkelgrünen *Cynodon dactylon*-Grases; andere gingen direkt weiter. Schließlich erreichten alle gemeinsam einen Wasserlauf mit klarem, fließendem Wasser. Jede der erwachsenen Kühe steckte die Rüsselspitze in die Strömung, sog das Wasser hoch, legte den Kopf zurück, steckte den Rüssel in den Mund und ließ das Wasser unter gleichzeitigem Schlucken in die Kehle hinunterlaufen. Die meisten Kälber benutzten die gleiche Technik, nur ein junges Kalb war mit seinem Rüssel noch nicht geschickt genug, kniete nieder und trank mit dem Mund.

Als sie mit dem Trinken fertig waren, gingen einige weiter in den Sumpf hinein und fingen ernsthaft an zu fressen, während andere zu einer Senke hinübergingen, in der eine Schlammsuhle entstanden war. Die ausgewachsenen Tiere bespritzten sich mit dem dunkelglänzenden Schlamm, indem sie ihn mit gebogenem Rüssel hochhoben und dann über Brust, Rücken, Flanken und Kopf schleuderten. Wenn der Matsch ihre Körper traf, gab es ein heftiges, klatschendes Geräusch, und bald veränderte sich die Farbe ihrer massigen Körper vom hellen Grau in ein fast glänzendes Schwarz. Die Kälber zeigten weniger Zurückhaltung, wateten direkt in die Suhle hinein und ließen sich auf die Seite fallen. Sie drehten und wendeten sich im Matsch, bis sie auf einer Seite, einschließlich Kopf, Ohren und Augen, völlig mit Schlamm bedeckt waren. Dann setzten sie sich hin und ließen sich zur anderen Seite hinüberfallen. Die jüngeren Kälber ergriffen die Gelegenheit, auf die älteren zu klettern, sobald diese unten lagen, und waren so bald selbst mit Matsch bedeckt. Schließlich war die gesamte Schlammsuhle von den Leibern und Jungtieren angefüllt. Als sie genug hatten, kämpften sie sich langsam, schliddernd und rutschend, wieder aus der Schlammsuhle heraus.

Die Kälber gesellten sich zu den erwachsenen Tieren, die nun immer tiefer und tiefer in den Sumpf vordrangen. Dort fanden die Elefanten Gräser, Schilf, einschließlich Papyrus, und saftige Schlingpflanzen. Sie fraßen in einem beständig wiederkehrenden Rhythmus: Zuerst schlangen sie den Rüssel um ein Pflanzenbüschel, zogen es zur Seite und rissen es los, dann steckten sie es in den Mund und griffen, während sie noch kauten, nach mehr. Einige Pflanzen wurden samt der Wurzeln herausgerupft, davon bissen die Elefanten die eßbaren Teile ab und ließen den Rest fallen. Die kleinen Kälber waren noch zu ungeschickt und mußten sich hier und da mit ein paar jungen Trieben und zarten Schlingpflanzen zufriedengeben. Sie hatten auch Mühe, ihren Müttern durch die dichte

Vegetation und das tiefe Wasser zu folgen, und manchmal mußten sie von einer Pflanzeninsel zur nächsten schwimmen.
Die Elefanten fraßen bis Mittag, dann trotteten sie ins höhergelegene, trockene Gelände, wo sie einen kahlen Flecken mit staubiger Erde vorfanden. Mit der Rüsselspitze schoben sie etwas Staub zusammen, nahmen ihn auf und bliesen ihn sich über Kopf und Rücken. Sie sammelten sich jetzt zu einer dichtgedrängten Gruppe, standen fast im Kreis dicht beieinander, und einige Tiere berührten sich. Eine Kuh rieb ihren Kopf an der Schulter der alten Elefantenkuh mit den geraden Stoßzähnen. Ein Kalb lehnte sich an das Bein seiner Mutter und scheuerte sich daran. Zuerst legte sich nur ein Kalb nieder, dann sanken drei weitere zu Boden und legten sich flach auf die Seite. Die Elefantenkühe ließen die Köpfe hängen, und ihre Rüssel wurden schlaff und länger, bis sie mit den Spitzen den Boden berührten. Zwei weibliche Tiere ließen ihre Rüssel auf den Stoßzähnen ruhen. Eines von ihnen hatte einfach den Rüssel über seinen linken Stoßzahn drapiert und das andere seinen Rüssel, ordentlich wie eine Schlange zusammengerollt, auf beide Stoßzähne gelegt. Ein halbwüchsiges Kalb lag neben einem schlafenden Kalb, dem es seinen Rüssel auf den Rücken gelegt hatte. Alle wurden ganz ruhig und atmeten tief.
Die Elefanten schliefen ungefähr vierzig Minuten, die Kälber tief und fest, die ausgewachsenen Tiere hingegen viel leichter. Sie öffneten gelegentlich die Augen, klappten mit den Ohren oder schlugen mit dem Rüssel oder dem Schwanz nach einer störenden Fliege. Als erste wurde eine junge, erwachsene Kuh unruhig. Sie machte ein paar Schritte nach vorn und fing an, sich einzustauben. Nun erhoben sich die Kälber. Die meisten Mitglieder der Gruppe koteten und harnten gleichzeitig. Die uralte Kuh gab ein langes, sanftes Kollergeräusch von sich, hob die Ohren und klappte sie gegen Hals und Schultern. Dann ließ sie die Ohren mit einem kratzenden Geräusch wieder runtergleiten und machte sich auf den Weg. Dies war ganz offensichtlich das Signal, auf das alle gewartet hatten, und sie folgten ihr.
Die Gruppe bildete eine Kolonne mit je zwei oder drei Tieren nebeneinander und wanderte nach Norden. Wieder einmal schienen sie mit ihrem Marsch und ihrer Zielrichtung einen bestimmten Zweck zu verfolgen. Einige von ihnen hoben den Rüssel in die Luft und witterten den Wind. Sie gingen auf einen Wasserlauf im Sumpf zu. In der Nähe des Gewässers waren zwei weitere Elefantengruppen auf Futtersuche. Als sie die erste der beiden dort befindlichen Gruppen erreichten, streckten einige den

Rüssel in die Richtung der anderen, aber die alte Kuh und die Kuh mit den aufwärts gebogenen Stoßzähnen ignorierten diese Elefanten und gingen weiter zur zweiten Gruppe. Sie waren von dieser noch etwa fünfzig Meter entfernt, da kollerte die Kuh mit den aufwärts gebogenen Stoßzähnen – es war ein anderes, lauteres Kollern in einer höheren Tonlage als das Signal, das die alte Kuh nach dem Erwachen gegeben hatte.

Auf diesen Ton reagierte die neue Gruppe sofort. Die Tiere nahmen die Köpfe hoch, hoben die Ohren, spreizten sie und gaben laute, kehlige Kollergeräusche von sich. Zur gleichen Zeit war zu beobachten, daß bei den Elefanten beider Gruppen die Schläfendrüsen eine Flüssigkeit absonderten. Dann gingen beide Gruppen schnell aufeinander zu. Als sie noch etwa zwanzig Meter voneinander trennten, liefen sie los. Es gab ein großes Durcheinander – alle klappten mit den Ohren, kollerten, schrien und trompeteten, stießen hörbar die Stoßzähne aufeinander, schlangen ihre Rüssel umeinander, drehten und wendeten sich und harnten und koteten. Das Sekret ihrer Schläfendrüsen rann an ihren Gesichtern herunter, und sie berührten gegenseitig ihre Drüsen mit den Rüsseln. Die Kuh mit den aufwärts gebogenen Stoßzähnen drängte sich zwischen den herumlaufenden Kälbern hindurch und ging auf eine hochgewachsene Kuh zu, der ein großes Stück aus dem rechten Ohr herausgerissen war. Sie legten ihre erhobenen Köpfe aneinander, ihre Stoßzähne berührten sich klappernd, und gleichzeitig umschlangen sich ihre Rüssel. Dabei gaben die Tiere tiefe Kollerlaute von sich.

Die weithin hörbare Begrüßung der Elefanten dauerte etwa vier bis fünf Minuten. Als sie sich beruhigten, fingen die Erwachsenen und die älteren Jungtiere an zu fressen. Die jüngeren Kälber, von der Interaktion stimuliert, untersuchten einander noch eine ganze Weile weiter. Schließlich begannen auch sie wieder zu fressen. Die beiden Gruppen waren nun zu einer verschmolzen und fraßen friedlich nebeneinander. Sie wanderten zusammen in den tieferen Teil des Sumpfes hinein und suchten noch zwei Stunden gemeinsam nach Nahrung.

Ungefähr um vier Uhr erschien aus östlicher Richtung ein riesiger Elefantenbulle, der den Kopf hocherhoben trug. Aus seinen Schläfendrüsen, die auf jeder Kopfseite in der Mitte zwischen Auge und Ohr lagen, strömte eine dickliche, zähe Flüssigkeit. Seine Penisvorhaut hatte eine grünliche Farbe, und ständig tröpfelte Urin herab. Er verströmte einen extrem starken, scharfen Geruch. Als er noch gut hundert Meter entfernt war, hoben die Kühe der Gruppe ihre Rüssel und witterten in seine Richtung.

Sie hörten auf zu fressen, kollerten und beobachteten aufmerksam, wie er sich näherte. Er verlangsamte seinen Schritt, senkte leicht den Kopf und drapierte seinen Rüssel lässig über einen Stoßzahn. Die Kühe entspannten sich sichtbar. Als er die Gruppe erreichte, kollerten sie aufgeregt. Einige der jüngeren Kühe drehten sich um und gingen rückwärts auf ihn zu. Der Bulle ging der Reihe nach zu jeder Kuh und legte die Spitze seines Rüssels an ihre Scheide, die sich, nach unten gerichtet, zwischen den Hinterbeinen befindet. Wenn eine Kuh uriniert hatte, berührte er den Harn mit der Rüsselspitze. Bei den meisten Kühen ging er schnell weiter, bei einigen aber beroch er die Scheide oder den Urin etwas länger, steckte sich dann den Rüssel in den Mund und stand ganz still, während er den Geruch und Geschmack prüfte. Nachdem er alle weiblichen Tiere kontrolliert hatte, fing er an zu fressen. Etwa nach einer halben Stunde ging er zu der anderen Gruppe hinüber und untersuchte dort ebenfalls die Kühe. Aber auch diesmal fand er nichts, was ihn interessierte, und so zog er weiter in Richtung Westen aus dem Sumpf raus.

Am späten Nachmittag begannen die Kühe und Kälber dieses neugebildeten Verbandes, sich nach Süden zu orientieren. Sie schlenderten langsam, noch während sie fraßen, in diese Richtung. Eine Zeitlang folgten sie dem Wasserlauf, erreichten schließlich höhergelegenes Gelände und gingen hinaus in die Grassavanne. Jetzt trafen sie auf die zweite Gruppe, die in der Nähe auf Futtersuche gewesen war, aber es fand keine Begrüßung statt. Die Elefanten bildeten eine geschlossene breite Front und bewegten sich fressend durch das Gras. Als die Sonne unterging, erreichten sie ein Wäldchen mit jungen *Acacia xanthophloea*-Bäumen. Einige Tiere brachen vorsichtig die dornigen Äste ab und bearbeiteten sie dann mit dem Rüssel, den Stoßzähnen und den Füßen, um von den größeren Ästen die Rinde zu entfernen und die Dornen abzubiegen, bevor sie sich kleinere Äste in den Mund steckten und sie fraßen.

Während sich die älteren Tiere kaum vom Fleck rührten, nutzten die Kälber die Gelegenheit zum Spielen. Die jungen, heranwachsenden Bullen trugen paarweise heftige Übungskämpfe aus. Die beiden Gegner sahen sich an, hoben die Köpfe und stießen sanft mit den Nasen aneinander. In dieser Haltung betasteten sie den Kopf und den Mund des anderen und schlangen ihre Rüssel um die Stoßzähne. Sie schoben sich gegenseitig vor und zurück, bis einer von beiden sich losmachte und zurückwich. Doch gleich darauf kamen sie wieder zusammen und schoben und drückten, bis einer auf sein Hinterteil geschubst wurde. Dann trennten sie sich,

gingen zurück, und diesmal liefen sie so ungestüm aufeinander zu, daß Elfenbein auf Elfenbein krachte. Schließlich brach einer der beiden das Gefecht ab und lief davon. Doch sein Gegner verfolgte ihn unverdrossen. Also machte der Verfolgte kehrt, senkte den Kopf und spreizte die Ohren ab. Der Verfolger hielt kurz an, beobachtete den anderen einen Augenblick und nahm dann mit dem Rüssel einen Stock auf und warf ihn in die Luft. Mit gesenkten Köpfen näherten sich die jungen Bullen erneut, und der Kampf begann von vorn. Die jüngeren Kälber machten es ihnen nach und jagten sich ebenfalls, wobei sie aufeinander herumkletterten oder einfach nur so, ohne erkennbaren Anlaß, umherrannten. Sie schrien, kreischten und trompeteten. Die erwachsenen Tiere kümmerten sich überhaupt nicht um das wilde Getümmel.
Allmählich hörten die erwachsenen Tiere, einer nach dem anderen, auf zu fressen und entfernten sich von den Bäumen. Sie standen am Rande des Wäldchens und richteten sich nach Süden. Wieder warteten sie mit dem Abmarsch, bis die alte Kuh kollerte. Dann bildeten sie eine Reihe und gingen in die Richtung des Berges. Die jüngeren Kälber suchten die Nähe ihrer Mütter, nur einige ältere Kälber spielten noch weiter. Als sie merkten, daß sie alleingelassen waren, brachen sie ihre Spielkämpfe ab und rannten in einer ganz lockeren, schlackernden Gangart hinter den anderen her, wobei ihre Köpfe hin und her wackelten und ihre Ohren gegen den Hals schlugen. Während der ganzen Zeit trompeteten sie in einem lauten, pulsierenden, nasalen Ton. Als sie sich der Gruppe näherten, wirbelte einer der jungen Bullen herum und griff spielerisch einen anderen an, und ein neuer Übungskampf begann. Wieder blieben sie zurück, und wieder liefen sie trompetend hinter den anderen her. Sie spielten und tobten auf dem ganzen Weg quer durch die Pfanne. Als sie dichteren Pflanzenbewuchs erreichten, fingen sie an, sich durch die Büsche zu schlagen und diese mit ihren Köpfen und Stoßzähnen zu bearbeiten. Sogar einige der jungen erwachsenen Tiere machten bei diesem Spiel mit. Ihre Schreie und ihr Trompeten zerriß die Stille dieses sonst so ruhigen Abends.
Plötzlich, wie auf ein Zeichen, verstummten alle Elefanten. Vorsichtig hoben sie die Rüssel und nahmen die Witterung im Wind. Dann rannten sie davon. Sie bildeten dabei eine dichtgedrängte Formation, mit den Kälbern nahe bei ihren Müttern sowie den größeren erwachsenen Tieren an der Spitze und am Schluß. Sie liefen schnell und leise, ohne Trompeten und Geschrei. Ungefähr eine halbe Meile entfernt konnte man im

letzten Licht am westlichen Himmel die Schattenrisse von drei Massai-Kriegern sehen, die mit großen, raumgreifenden Schritten die Ebene überquerten. Auf den Schultern trugen sie zwei Meter lange Speere.

Die Elefanten liefen ungefähr eine dreiviertel Meile, dann wurden sie langsamer und hielten an, noch immer dicht zusammengedrängt. Sie blickten in die Richtung, aus der sie gekommen waren, und witterten im Wind. Ein oder zwei Tiere schüttelten heftig den Kopf, so daß ihre Ohren wie Leinwandsegel krachten. Einige steckten sich gegenseitig den Rüssel entgegen, und die meisten Mütter griffen nach ihren Babies und betasteten sie mit dem Rüssel. Nach einiger Zeit entspannten sie sich.

Jetzt waren sie wieder in dem Gebiet mit den Lavabrocken und den kleinen *Balanites*-Bäumen, das die erste Gruppe am Morgen durchquert hatte. Bald teilte sich der Verband in die ursprünglichen Untergruppen auf, und die Tiere begaben sich auf Futtersuche. Die Kuh mit den aufwärts gebogenen Stoßzähnen und die uralte Kuh waren nun wieder allein mit ihren Kälbern und Gefährten. Sogar diese Tiere hatten sich in kleinere Untergruppen aufgeteilt, während sie sich fressend langsam dem Berg näherten. Ungefähr alle zehn Minuten gab eine der erwachsenen Kühe, um Verbindung zu halten, ein tiefes Kontaktkollern von sich und horchte auf Antwort von den anderen Gruppenmitgliedern. Um Mitternacht hatten die Elefanten erst wenige Meilen zurückgelegt. Einer nach dem anderen hörte auf zu fressen, und sie formierten ihre Gruppe neu, indem sie sich um die beiden großen Kühe sammelten. Zuerst legten sich die jungen Kälber hin und schliefen ein, dann folgten die älteren und schließlich auch die erwachsenen Kühe. Im Mondlicht sahen sie wie riesige, graue Felsblöcke aus, aber ihr friedliches Schnarchen verriet sie.

Ungefähr um vier Uhr morgens wurden sie unruhig und mühten sich wieder auf die Beine. Sie harnten, koteten, rieben sich die Augen und kratzten sich mit der Rüsselspitze oder nahmen einen Stock, um sich damit am Bauch oder zwischen den Vorderbeinen zu kratzen, wo die großen Elefantenzecken sitzen. Eine Kuh fand einen geeigneten Baumstumpf und scheuerte sich in einer nicht sehr graziösen Haltung daran. Sie hatten offensichtlich keine Eile, irgendwo hinzugehen. Aber schließlich marschierte die Kuh mit den aufwärts gebogenen Stoßzähnen los und begann zu fressen, worauf die anderen folgten. Ihre allgemeine Richtung war Westen, wieder entfernten sie sich vom Berg.

Die Elefanten fraßen bis zur Morgendämmerung. Dann gingen sie allmählich dazu über, sich ernsthaft in Bewegung zu setzen. Genau wie am

Morgen zuvor bildeten sie eine Reihe und wanderten mit festem Schritt auf dem ausgetretenen Elefantenpfad zum Sumpf.

Die große Kuh mit den aufwärts gebogenen Stoßzähnen und die uralte Kuh hatte ich zum erstenmal am 9. September 1973 getroffen. Ich hatte sie in einem Waldgebiet im Amboseli-Park entdeckt, das Ol Tukai Orok genannt wird, was auf Maa, der Sprache der einheimischen Massai, »Platz der dunklen Palmen« bedeutet. Ich war seit einigen Tagen in Amboseli und versuchte, so viele Elefanten wie möglich zu fotografieren, um eine Identifikationskartei für diese Population anzulegen. Da ich diese Tiere vorher noch nicht gesehen hatte, war ich glücklich darüber, sie in einem ziemlich freien Gelände anzutreffen. Sie waren dort auf Futtersuche und bewegten sich langsam. Das bedeutete: Ich konnte in aller Ruhe Aufnahmen machen. Außerdem war ich sehr erfreut, daß die Elefanten offensichtlich auch meinem Fahrzeug gegenüber tolerant waren.
Zunächst zählte ich die Gruppe mehrere Male und kam dabei erst auf 11, dann auf 12 und dann dreimal nacheinander auf 13 Tiere. Es ist viel schwieriger, Elefanten zu zählen, als man sich das vielleicht vorstellt. Sie sind große Tiere, und daher nimmt man an, daß es unwahrscheinlich ist, eines zu übersehen. Aber gerade weil sie so groß sind, passiert es leicht, daß man diejenigen übersieht, die von der Masse der näherstehenden Tiere verdeckt werden. Nachdem ich dreimal in verschiedenen Kombinationen 13 gezählt hatte, war ich damit zufrieden, daß es »genau 13« waren, wie ich in meinen Feldaufzeichnungen notierte.
Dann versuchte ich, die Alters- und Geschlechtsstruktur herauszufinden: Es waren offensichtlich vier mittelgroße bis große erwachsene Kühe (irgendwo zwischen 20 und über 60 Jahre alt, zwei junge erwachsene Kühe (etwa 11 bis 19 Jahre) und sieben Kälber in verschiedenen Altersstufen (von neugeborenen bis etwa 10 Jahre) beiderlei Geschlechts. Ich notierte diese Daten und fing an zu fotografieren. Im Idealfall wollte ich von jedem Tier den Kopf und die Ohren einmal von der linken Seite, einmal von der rechten Seite und einmal von vorne fotografieren. Das ist leichter gesagt als getan, und oft mußte ich mich damit zufriedengeben, daß ich von einigen die linken Seiten, von anderen die rechten Seiten und von wieder anderen nur Frontalaufnahmen bekam. Ganz wichtig dabei war, zu jeder Aufnahme sehr genaue Notizen zu machen, damit ich später nicht in Zweifel geriete, ob das rechte Ohr auf Bild Nr. 33 und das linke Ohr auf Bild Nr. 35 vielleicht zusammengehörten, obwohl es sich in

Wirklichkeit um zwei verschiedene Tiere handelte. Meine Aufzeichnungen sahen so aus:

Rechte Seite aufwärts gebogene Kuh	33
Rechte Seite 2½ jähr. Kalb bei ihr	34
Linke Seite ca. 15jähr. F.* mit großer V-förmiger Kerbe in jedem Ohr	35
Linke Seite der großen Kuh mit langen, geraden Stoßzähnen und linke Seite ihres 2jähr. Kalbs	36

Ich hatte dieses Verfahren von Iain Douglas-Hamilton gelernt, einem Pionier in der Anwendung individueller Identifikationsmethoden in der Wildtierforschung. Er hat die Elefantenpopulation im Lake Manyara Nationalpark in Tansania untersucht und war der erste, der Fotografien von Elefanten benutzte, damit er auch eine große Zahl von Elefanten immer wieder individuell erkennen konnte. Am Ende seiner viereinhalbjährigen Studie kannte er beinahe jedes einzelne Tier in einer Population von mehr als fünfhundert Elefanten. 1968 arbeitete ich acht Monate und dann in den Jahren 1969 bis 1971 jeweils über kürzere Zeiträume für Iain. Ich half ihm in der Feldarbeit und bei der Datenanalyse. Damals, in Manyara, hatte ich einen speziellen Blick für Elefantenohren erworben, und einige haben sich mir so unauslöschlich eingeprägt, daß ich mich noch heute an sie erinnern kann.

Zur Indentifikation der Individuen benutze ich seitdem vorwiegend die Ohren der Tiere. Zunächst einmal sind die Ohren der Afrikanischen Elefanten groß und auffällig, und zweitens sind die äußeren Ränder nur selten glatt. Meistens haben Elefanten Löcher, Kerben und Risse in den Ohrrändern. Außerdem treten die Venen in den Ohren oft hervor und bilden ein einzigartiges, unverwechselbares Muster, das ein ebenso genaues Identifikationsmerkmal ist wie beispielsweise ein menschlicher Fingerabdruck, nur viel einfacher zu erkennen. Man kann also immer noch das Venenmuster heranziehen, wenn ein Elefant völlig glatte Ohrränder ohne irgendwelche Löcher hat. Die Kombination von Kerben und Löchern und Venenmuster garantiert auf jeden Fall eine genaue Identifikation, wenn gute Aufnahmen gemacht wurden.

Außerdem verwende ich für die Identifikation noch eine Vielzahl von Sekundärmerkmalen. Auch durch die Länge, den Umfang, die Form und die Anordnung der Stoßzähne erhält ein Elefant ein unverwechselbares

* F = Female (engl.), Kuh

Aussehen. Stoßzähne brechen allerdings oft ab, dann kann sich das gesamte Erscheinungsbild eines Elefanten entscheidend verändern. Andere Eigentümlichkeiten, wie Narbengewebe, Warzen, Wucherungen, Bein- und Rüsselverletzungen können ebenfalls als weitere Hilfsmerkmale verwendet werden, doch auch diese können sich verändern oder verschwinden. Am Ende verlasse ich mich doch immer auf das Ohrmuster, das sich nur allmählich mit den Jahren verändert, und dann auch nur in kleinen Partien. Die Venen hingegen bleiben das ganze Leben hindurch unverändert.

In Manyara hatte ich gemerkt, daß ich, sobald ich einen Elefanten kennengelernt hatte, bei der ersten Identifikation zunächst keines dieser Merkmale verwendete. Statt dessen versuchte ich den Elefanten als Ganzes kennenzulernen. Seine Größe, seine Figur, seine Haltung, seine Art, sich zu bewegen, zu stehen und den Kopf zu tragen. Ich könnte einen Elefanten aus mehr als hundert Meter Entfernung identifizieren und sagen, das ist »Sowieso«. Wenn ich dann näher an ihn heranführe, würde ich zur Kontrolle nochmals die Ohren gegenchecken. Es ist ein bißchen so, wie man einen menschlichen Freund erkennt, der auf der gegenüberliegenden Straßenseite in die andere Richtung geht: Man ahnt auf Grund einer Kombination vieler Merkmale, daß es ein Freund ist, kann aber einige dieser Merkmale nicht genau beschreiben. Wenn man ihn dann ruft, und der Freund dreht sich um, dann weiß man mit einem Mal ganz sicher, wer er ist.

Als ich 1972 meine eigene Untersuchung an Elefanten im Amboseli-Nationalpark in Kenia begann, hatte ich glücklicherweise die Erfahrungen aus der Zusammenarbeit mit Iain, der mich nicht nur gelehrt hatte, wie man Elefanten identifiziert, sondern auch, wie man mit ihnen arbeitet, wie man das Alter schätzt und wie man ihre soziale Organisation und ihr Verhalten untersucht. Ich hatte doppeltes Glück, weil ich in den ersten zwei Jahren der Amboseli-Studie Harvey Croze als Partner hatte, der kurz zuvor eine ökologische Untersuchung an Elefanten im Serengeti-Nationalpark in Tansania abgeschlossen hatte. Er war gerade Dozent in der Zoologischen Abteilung der Universität von Nairobi geworden und hoffte, seine Elefanten-Studien in Kenia fortsetzen zu können. Ich selbst wünschte mir nach meinen Erfahrungen in Manyara nichts sehnlicher, als weiterhin das Leben von Elefanten erforschen zu dürfen. Und als David Western, ein Ökologe, der mehrere Jahre in Amboseli gearbeitet hatte, vorschlug, daß jemand die Elefanten in Amboseli untersuchen sollte, beschlossen Harvey, den ich flüchtig kannte, und ich, uns zusammenzutun und gemeinsam zu arbeiten.

In den ersten zwei Jahren der Studie fuhren Harvey und ich gemeinsam oder allein nach Amboseli, wann immer wir uns von unseren verschiedenen Tätigkeiten und Verpflichtungen freimachen konnten. Harvey gelang es, einige Gelder von der Universität und der East African Wildlife Society für das Projekt zu erhalten. Ich verwendete mein eigenes Geld, das ich gespart hatte. Es war notgedrungen eine Teilzeitstudie. Unser vorrangiges Ziel in jenen Jahren war es, die Identifikationskartei der Elefanten zu vervollständigen. Denn sobald wir die einzelnen Individuen kannten, würden wir dann auch Daten über ihre soziale Organisation, ihre täglichen Aktivitäten, ihr Wander- und ihr Fortpflanzungsverhalten sammeln können.

Bei jener Gelegenheit, als ich die Kuh mit den aufwärts gebogenen Stoßzähnen und die uralte Kuh zum ersten Mal getroffen hatte, war ich für ein paar Tage allein in Amboseli gewesen. Zwei Wochen später war ich mit Harvey zusammen wieder zurück. Am Morgen des 23. September begegneten wir der Kuh mit den aufwärts gebogenen Stoßzähnen sowie einigen anderen Elefanten, die wir vorher noch nie gesehen hatten. Sie waren gerade auf ihrem Weg in den tiefen Teil eines der Sümpfe, und wir hatten kaum genug Zeit, sie zu zählen und ein paar Aufnahmen zu machen. Dieser Sumpf, der Enkongo Narok heißt – was auf Maa »Schwarzes Auge« bedeutet –, ist eigentlich ein ziemlich schmaler Wasserlauf, in dem dichte Vegetation in bis zu 2,5 Meter tiefem Wasser wuchert. Das ist allerdings für Elefanten kein Hindernis. Sie tauchen bis zu den Ohren hinein und fressen stundenlang im tiefen Wasser. An diesem Morgen verschwanden die Elefanten ziemlich schnell im Schilf, und wir mußten sie verlassen. Wir wußten bereits, daß es für Elefanten typisch war, sich morgens in die Sümpfe zu begeben, fast den ganzen Tag dort zu fressen und am späten Nachmittag oder Abend in die buschbestandenen Flächen hinauszugehen. Um drei Uhr nachmittags kehrten wir dorthin zurück und hatten das Glück, die Gruppe zu entdecken, als sie gerade ans Ufer herauskam.

Jetzt waren die Bedingungen ideal, um Aufnahmen von den einzelnen Tieren zu machen. Eine große Kuh, der ein V-förmiges Stück aus dem rechten Ohr herausgerissen war und bei der am unteren Ende dieser Kerbe noch ein kleiner Hautlappen herabhing, fraß in der Nähe von einem kleinen *Suaeda monoica*-Busch. In ihrer Nähe stand eine junge, ungefähr elfjährige Kuh ohne Stoßzähne. Wir hatten in der Amboseli-Population schon einige andere Kühe ohne Stoßzähne gesehen und waren neugierig, wie viele solcher Tiere es gab und ob Stoßzahnlosigkeit oder der Besitz nur eines Stoßzahnes familiengebunden auftritt.

Als nächstes fotografierten wir eine sehr hübsche Kuh mit fast ganz glatten Ohrrändern. Ich verwende den Ausdruck »hübsch« hier, ohne zu zögern; denn jeder, der Elefanten mehr als nur ein- oder zweimal beobachtet, kann leicht erkennen, daß einige Elefanten besser aussehen als andere, zumindest für unsere menschlichen Augen. Das hat etwas mit den Proportionen zu tun: mit der Größe und der Stellung der Ohren; mit der Länge und der Breite des Rüssels im Verhältnis zum Kopf; mit der Größe und Form des Kopfes und mit der Art, ihn zu tragen; mit der Beinlänge, der Rückenlinie und der allgemeinen Körperform; und, vermutlich am auffälligsten, mit der besonderen Stellung der Stoßzähne. Es handelt sich dabei offensichtlich auch nicht um einen völlig subjektiven Eindruck. Wenn zwei oder drei Leute gemeinsam eine Elefantenherde beobachten, stimmen sie unweigerlich darin überein, daß dieser Elefant hier »schön« ist und jener »hübsch«, daß dieser »komisch« aussieht oder jener sogar »häßlich« ist. Man kann also am Anfang, wenn man eine Gruppe von Elefanten zu »sortieren« versucht, gar nicht anders, als diesen Gesamteindruck als Hilfsmittel mitzuverwenden, wenn man behalten will, wer wer ist. Bei der hübschen Kuh war ein komisches, kleines Kalb, das links einen richtigen und rechts nur einen winzigen, verkümmerten Stoßzahn hatte, der mehr einem einfachen Zahn als einem Stoßzahn glich. Harvey nannte ihn auf der Stelle »Right Fang«.

Dann fotografierten wir eine ebenfalls sehr hübsche, mittelgroße Kuh mit ziemlich glatten Ohren. Sobald diese Kuh trockenen Boden unter den Füßen hatte, rannte ihr Kalb eilig nach vorn zu den Zitzen seiner Mutter. Die Kuh blieb stehen und stellte ein Bein nach vorn, und das Kalb trank eineinhalb Minuten lang kräftig auf der rechten Seite, duckte sich dann schnell unter der Brust seiner Mutter und saugte noch 15 Sekunden auf der linken Seite, bis die Kuh sich wieder in Bewegung setzte. Sie waren mehr als vier Stunden im Sumpf gewesen, und das kleine, noch nicht einjährige Kalb hatte vermutlich während dieser Zeit nicht trinken können.

Die Kuh mit den aufwärts gebogenen Stoßzähnen, die ich zwei Wochen zuvor fotografiert hatte, tauchte jetzt auch aus dem Sumpf auf, ihr folgten mehrere Kälber. Wir machten noch mehr Aufnahmen von ihr und bemerkten, daß sie einen ganz sauberen Schlitz mitten im rechten Ohr hatte. In meinen Aufzeichnungen machte ich eine Zeichnung:

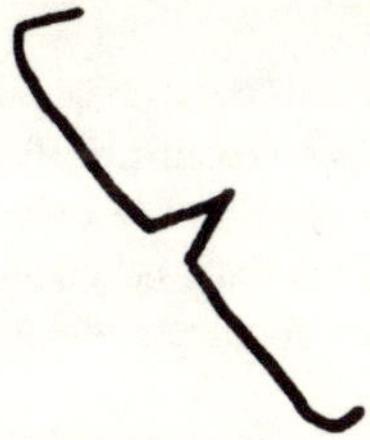

Ich hatte erwartet, auch die alte Kuh mit den langen, geraden Stoßzähnen und die junge Kuh mit den zwei V-förmigen Kerben zu sehen, aber als alle Elefanten den Sumpf verlassen hatten, sahen wir, daß sie nicht dabei waren.

Nachdem die Elefanten für kurze Zeit von den Büschen am Rande des Sumpfes gefressen hatten, hörten wir drei tiefe Kollerlaute, und sie gingen los nach Westen, am Rande des Sumpfes entlang. Wir zählten 18 Tiere, einschließlich eines alten Bullen, der die Kühe im Vorbeigehen verstohlen prüfte.

Die Elefanten erreichten einen Damm, der über den Enkongo Narok-Wasserlauf gebaut worden war, damit die Fahrzeuge auch in den westlichen Teil des Parks gelangen können. Elefanten können den Sumpf leicht überqueren, indem sie durch das Wasser gehen, aber manchmal benutzen sie den Damm. An diesem Tag wollten die Elefanten offensichtlich vermeiden, im Sumpf noch einmal naß zu werden. Aus meinen Feldaufzeichnungen geht hervor, daß sie um 17.25 Uhr die schmale Straße betraten, die auf beiden Seiten niedrige Mauern hat, damit die Autos nicht ins Wasser fahren.

Auf dem Damm kam ihnen aus östlicher Richtung eine Löwin entgegen, der ein Touristenfahrzeug folgte. Die Löwin hatte den Damm etwa zur Hälfte überquert, als sie die Elefanten bemerkte. Sie hielt kurz an und kehrte um, aber das Fahrzeug stand ihr im Weg. Also drehte sie sich wieder um, und begann, auf die Elefanten loszugehen, die nun ihrerseits beunruhigt waren und zurückwichen. Allerdings nicht sehr lange. Die Kuh mit dem Riß im Ohr (Torn Ear) kam mit erhobenem Kopf und abgespreizten Ohren nach vorne, und die Löwin kauerte sich sofort mit flach angelegten Ohren nieder. Zu Torn Ear gesellten sich jetzt die junge Kuh ohne Stoßzähne (Tuskless), ein Kalb, die schlitzohrige Kuh mit den aufwärts gebogenen Stoßzähnen (Slit Ear) und der erwachsene Bulle. Sie hielten die Stellung und blickten die Löwin an. In meinen Aufzeichnungen steht:

> 17.32 Uhr – Torn Ear geht auf die Löwin und das Auto zu. Die Löwin steht auf und zieht sich in die Nähe des Autos zurück. Tuskless und das jüngere Kalb folgen, dann der Bulle, dann Slit Ear. Die anderen, ausgenommen die Kuh mit dem noch nicht einjährigen Kalb, gehen alle auf den Damm.
> 17.40 Uhr – Die Elefanten laufen umher – das Auto ist immer noch auf dem Damm, kann nicht hinüber.
> 17.43 Uhr – Das Auto setzt zurück, und erst jetzt kehren die Elefanten um und verlassen den Damm auf unserer Seite.
> 17.45 Uhr – Der Bulle geht als letzter.
> 17.46 Uhr – 1 Minute später kehrt die Löwin um und verläßt den Damm. Zwei Autos folgen ihr. Sie wendet sich stromaufwärts. Die Elefanten befinden sich stromabwärts.

Die Elefanten hatten die Löwin und den Verkehr für mehr als zwanzig Minuten aufgehalten. Seit jenem Augenblick waren mir und Harvey die Kühe »Torn Ear« und Slit Ear« ans Herz gewachsen.

Während jenes Aufenthaltes in Amboseli gelang es uns, noch mehrere Elefantengruppen zu fotografieren. Als wir dann nach Nairobi zurückkehrten, verbrachten wir die darauffolgenden Wochen damit, Filme zu entwickeln, Kontaktabzüge herzustellen, und die besten Bilder auszuwählen und Vergrößerungen von den einzelnen Tieraufnahmen zu machen. Aus irgendeinem Grunde liebte ich diesen Teil der Arbeit. Es war wie ein riesiges Puzzle, die einzelnen Tiere wiederzuerkennen, linke und rechte Ohren zusammenzustellen, Kälber dieser oder jener Kuh zuzuordnen und die genaue Zahl und Zusammensetzung jeder Familie zu bestimmen.

Harvey und ich konnten viele Stunden in der Dunkelkammer verbringen und Filme entwickeln, vergrößern, wässern und trocknen. Dann nahm ich die Bilder mit nach Hause, hockte mit der Lupe darüber und versuchte, all' die Ohren zu sortieren. Es war ungeheuer befriedigend, wenn eine Gruppe anfing, Gestalt anzunehmen, und ich mit Sicherheit wußte, welche Mitglieder dazu gehörten. Wenn wir ganz großes Glück hatten und eine Gruppe zwei- oder dreimal unter guten Fotografierbedingungen völlig für sich allein antrafen, hatten wir die Gewißheit, alle erwachsenen Kühe in der Gruppe zu kennen, und wir hatten eine gute Vorstellung davon, wie die verschiedenen Jungtiere dazu paßten.

Da wir beide schon früher Elefanten untersucht hatten, waren Harvey und mir die Grundelemente ihrer sozialen Organisation vertraut. Immer wenn Elefanten untersucht worden waren, hatte man herausgefunden, daß sie in Gruppen zusammenlebten, die im allgemeinen »Familienverbände« genannt werden und aus miteinander verwandten, erwachsenen Kühen und deren nichterwachsenen Nachkommen bestehen, deren Alter von neugeboren bis etwa zehnjährig reichte. Jede Familie wurde von der ältesten Kuh, der Leitkuh, geführt. Die Bullenkälber verließen ihre Familie ungefähr zwischen dem zehnten und fünfzehnten Lebensjahr, wenn sie geschlechtsreif wurden. Die weiblichen Kälber blieben in der Familie, wurden mit etwa elf Jahren geschlechtsreif und bekamen ungefähr mit dreizehn Jahren ihr erstes Kalb. Erwachsene Bullen schlossen sich den Kühen und Kälbern nur selten an. Außerdem hatte Iain Douglas-Hamilton herausgefunden, daß Familienverbände oft besondere Beziehungen zu bestimmten anderen Familienverbänden in der Population haben, die viel Zeit miteinander verbringen. Er nannte die Familien, die solche Gemeinschaften mit anderen Familien bilden, eine »kin group«, also eine Gruppe von Tieren, die miteinander blutsverwandt sind.
Harvey und ich wußten also, was uns in bezug auf die grundlegende soziale Organisation dieser Tiere erwartete. Da ein sorgfältiger Wissenschaftler allerdings versucht, an ein Thema unvoreingenommen heranzugehen, notierten wir peinlich genau, welche Elefanten jeweils dabei waren, wenn wir eine Gruppe sahen, und wir fingen nicht einfach an, die Elefanten pauschal Familienverbänden zuzuordnen, nur weil andere Leute dieses soziale System gefunden hatten. Aber die akkumulierten Daten darüber, wer seine Zeit mit wem verbrachte, ergaben sehr bald, daß auch die Elefanten in Amboseli tatsächlich in Familienverbänden zusammenleben.
In Amboseli bestand ein Familienverband im Durchschnitt aus neun bis zehn Mitgliedern, die eine eng miteinander verwachsene, aufeinander abgestimmte Gruppe bildeten. Wenn wir auf eine Familie trafen, so war die Gruppe in ihren Aktivitäten fast unweigerlich synchronisiert. Das heißt, daß alle Mitglieder gleichzeitig fressen, wandern, ruhen, trinken oder ein Schlammbad nehmen. Es war nur selten zu beobachten, daß sich die einzelnen Mitglieder mit unterschiedlichen Dingen beschäftigten. Außerdem entfernten sich die Tiere gewöhnlich kaum mehr als einige Meter voneinander. Eine Kuh und ihr jüngstes Kalb standen häufig dicht beieinander, und sie berührten sich oft, und auch ihre älteren Kälber

waren niemals weit entfernt. Wenn die Gruppe auf Futtersuche war, entfernten sich die einzelnen Tiere zwar etwas, aber wenn sie wanderten, ruhten oder standen, waren sie wieder dicht beisammen. Ihr Tastsinn ist offensichtlich sehr ausgeprägt, sie berührten sich häufig mit den Rüsseln oder rieben sich aneinander.

Es war deutlich zu erkennen, daß zwischen den Mitgliedern der Familienverbände sehr starke soziale Bindungen bestanden, die unter anderem durch die häufigen Begrüßungen zum Ausdruck kamen. Wenn die Gruppe sich, nachdem sie sich während der Futtersuche verteilt hatte, wieder vereinigte, begrüßten sich die einzelnen Tiere gegenseitig mit besonderer Körperhaltung und speziellen Kollerlauten. Die Grüßenden nahmen zuerst den Kopf hoch, hoben die Ohren und spreizten sie ab, dann kollerten sie laut und kehlig, während sie mit den Ohren schlugen. Manchmal waren diese Begrüßungen besonders erregt und intensiv. Dadurch bekamen wir eine Vorstellung vom Grad der Zuneigung zwischen einzelnen Individuen und schließlich auch zwischen mehreren Familienverbänden untereinander.

Harvey und ich registrierten, daß bestimmte Familien mehr Zeit miteinander verbrachten als mit anderen Familien der Population, das entsprach genau dem, was Iain in Manyara beschrieben hatte. Wenn diese Familien zusammen waren, fanden wir ihre Bewegungen und Tätigkeiten aufeinander abgestimmt. Wenn sie ruhten, sammelten sich alle Tiere zu einer dichtgedrängten Gruppe, sie berührten sich und lehnten sich aneinander. Wenn sie zusammenkamen, so fand eine Begrüßungszeremonie statt.

Auf Grund dieser Beobachtungen entschloß ich mich, die Verbindung zwischen den Familien, die besondere Beziehungen untereinander zu haben schienen, »Bond Group« zu nennen. Obwohl ich vermutete, daß diese Familien, die solche Gemeinschaften bildeten, zu einer ausgedehnten Großfamilie gehörten, wußte ich doch nicht mit Sicherheit, ob die Mitglieder miteinander blutsverwandt waren. Deshalb verwende ich lieber den Begriff »Bond Group« als Iain's Bezeichnung »Kin Group«.

Als wir anfingen, die Familien herauszuarbeiten, mußten wir uns ein System zur Bezeichnung der Individuen und der Familienverbände ausdenken. Nummern wären am einfachsten gewesen. Aber die Erfahrung hatte uns gelehrt, daß man sie schwer behalten kann, wenn es erst mal mehrere hundert sind: »Ist das nun W 121 oder W 132?« – Wir wußten, daß wir alle Daten am Ende in einen Computer eingeben würden, und so beschlossen wir, jeder Kuh einen Code aus drei Buchstaben zuzuordnen, der sich von einem leicht zu behaltenden Namen ableitete. Als wir immer mehr neue Gruppen trafen, fingen wir an, jeder vorläufig bestimmten Familie einen Buchstaben des Alphabets zu geben.

So nannten wir die Gruppe, die wir damals, im September 1972, als allererste fotografiert hatten, die »AA«-Familie. Alle weiblichen Tiere in dieser Familie erhielten einen Namen, der mit dem Buchstaben A beginnt: »Annabel«, »Alyce«, »Amy«, »Alison«, »Agatha«, »Amelia«, »Abigail«, und »Wart Ear« (Warzenohr). – Wart Ear? Nun ja, hier waren wir in Schwierigkeiten. Seit wir ihre Familie zum ersten Mal getroffen hatten, nannten wir diese Kuh Wart Ear, weil sie oben auf ihrem linken Ohr eine große Warze hatte. Und zu der Zeit, als wir uns sicher genug fühlten, den Familien einen Buchstaben und den Kühen einen Namen zu geben, hatte sich uns ihr Name schon eingeprägt. Wir nahmen nun die ersten drei Buchstaben der Namen und benutzten sie als ihre Computercodes: ANN, ALY, AMY, ALI, AGA, AME, ABI und WAR. Alyce schrieben wir mit y statt mit i, damit sie einen anderen Code als Alison hatte.

Wir versuchten, für die Elefanten gebräuchliche englische und europäische Namen auszuwählen, weil wir sie am besten behalten konnten. Ich bin bis heute dankbar, daß wir das so gemacht haben; denn jetzt, da mehr als fünfhundert Elefanten einen Namen haben, wäre es sehr schwierig, sich an irgendeine obskure Bezeichnung zu erinnern. Bei vier jungen Bullen aus der V-Familie mit russischen Namen kann ich mir bis heute nicht merken, wer wer ist. Vladimir, Vostok, Vasily und Vronsky werde ich immer durcheinanderbringen, und ich muß jedesmal nachsehen, bevor ich die Namen schreibe. Eine weitere Erklärung dafür ist außerdem, daß nicht ich ihnen die Namen gegeben habe, sondern Kollegen, die später an der Untersuchung mitarbeiteten.

Die Namensgebung ist ein faszinierendes Phänomen und ein erstaunlich mitreißendes Verfahren. Irgendwie besitzt man etwas, wenn man einem dieser Tiere einen Namen gibt – es ist beinahe so, als würde man etwas erschaffen, man fühlt sich dem Lebewesen näher verbunden. Zum größten Teil führte ich in der Anfangszeit der Studie die Namensgebung durch, aber auch Harvey gab einigen Tieren ihre Namen. Obwohl er in den letzten zehn Jahren nicht mehr viel mit der Untersuchung zu tun hatte, sind »Tania«, »Filippa«, »Justine« und »Jezebel« für mich immer noch »Harvey's Elefanten«. Als Filippa 1982 starb, war es Harvey, an den ich dachte und dem ich sofort davon erzählen wollte.

Puristen könnten sagen, daß es gefährlich ist, Tieren in einer wissenschaftlichen Untersuchung Namen zu geben, weil man mit den Namen Personen assoziieren könnte, die man kennt, und nun die Eigenschaften dieser Personen auf das jeweilige Tier überträgt. Ich weiß, daß keiner von uns, die wir an dem Projekt beteiligt waren, so empfunden hat. Ein Elefant ist so sehr ein eigenständiges Wesen, hat eine so starke, unverwechselbare »Personality«, daß bald jede mögliche Assoziation mit einem Namen wegfällt. Allerdings habe ich heute das umgekehrte Problem. Wenn ich mit jemandem bekannt gemacht werde, der Amy, Amelia oder Alison heißt, sehe ich vor meinem geistigen Auge den Kopf und die Ohren des betreffenden Elefanten.

Ich bin ständig auf der Suche nach neuen Namen für Elefanten. Ich habe schon vier Bücher »Namen für Babies« durchgesehen und bin jetzt bei einem Lexikon der Heiligen. Wenn ich jemanden kennenlerne, der einen ungewöhnlichen Namen hat, den ich noch nicht verwendet habe, werde ich ganz aufgeregt und bitte den Betreffenden, seinen Namen für mein Notizbuch zu buchstabieren. Auch Romane sind manchmal hilfreich. Harvey und ich hatten 1974 beide das Buch »Hundert Jahre Einsamkeit« von Márquez gelesen und fanden die Namen der Hauptpersonen besonders geeignet für unsere Elefanten, und so heißen nun einige »Remedios«, »Ursula«, »Renata«, »Pilar« und »Aurelia« (die weibliche Namensform der männlichen Titelfigur).

Wir benötigten noch mehrere weitere Aufenthalte in Amboseli, bis wir die Familien der Kuh mit dem eingerissenen Ohr (Torn Ear), der schlitzohrigen Kuh mit den aufwärts gebogenen Stoßzähnen (Slit Ear) und der alten Kuh mit den geraden Stoßzähnen vorläufig auseinanderhalten konnten. Wiederholte Beobachtungen derselben Tiere brachten uns zu dem Schluß, daß Torn Ear, die wir auf etwa 40 Jahre schätzten, die Leitkuh einer kleinen Familie war, die aus vier Tieren bestand: sie selbst und drei ihrer Nachkommen, zu denen auch die stoßzahnlose, elfjährige Kuh gehörte, die wir »Tuskless« nannten. Obwohl wir den Buchstaben T noch gar nicht erreicht hatten, machten wir diese Gruppe wegen der bereits vergebenen Namen zur »T«-Familie. Da wir damals nicht sicher wußten, aus wie vielen einzelnen Familienverbänden sie bestand, oder ob es sich vielleicht um eine einzige große Familie handelte, gaben wir daraufhin allen anderen Kühen, die in enger Beziehung zu Torn Ear standen, Namen mit einem T.

Die hübsche mittelgroße Kuh mit dem noch nicht einjährigen Kalb schien eine enge Bindung an Torn Ear zu haben; wir waren jedoch nicht sicher, ob sie zur selben Familie gehörte. Harvey nannte sie »Tania«. Wir vermuteten, daß sie etwa 30 Jahre alt war. Offensichtlich hatte sie, außer dem kleinen Kalb, noch drei Söhne.

Slit Ear, die wir für annähernd 40 hielten, hatte eindeutig eine sehr enge Beziehung zu der alten Kuh mit den geraden Stoßzähnen. Es war schwer zu sagen, ob wir eine oder zwei Familien vor uns hatten. Slit Ear erhielt diesen Namen, obwohl er nicht mit einem T anfing, weil der Schlitz im Ohr so auffällig als Identifizierungsmerkmal war. Die alte Kuh schließlich nannten wir »Teresia«.

Als Harvey Ende 1974 seine Teilnahme an dem Projekt aufgeben mußte, hatten wir diese Tiere und ihre Kälber allein oder in den unterschiedlichsten Gruppierungen bei 24 Gelegenheiten gesehen. Ich arbeitete noch ein weiteres Jahr auf Teilzeitbasis an der Studie, bis ich schließlich, unter einigen Vorbehalten, entschied, daß die Ts aus vier Familienverbänden bestanden und daß diese vier Familien untereinander sehr enge Beziehungen unterhielten und damit eine Bond Group bildeten, die sehr wahrscheinlich als eine einzige ausgedehnte Familie anzusehen war. Ich bezeichnete sie als TA-, TB-, TC- und TD-Familie. Außerdem gab ich noch mehr Tieren aus diesen Familien Namen: Die hübsche Mutter von Right Fang nannte ich »Tia«; die junge Kuh bei den TCs »Tess«; und eine zweite erwachsene Kuh der TDs »Trista«. Die beiden jüngeren Kühe bei den TDs nannte ich »Tina« und »Tallulah«.

Seit ich ihnen zum ersten Mal begegnet war, hatten sich in der Zusammensetzung dieser vier Familien nur zwei Veränderungen ereignet. Im März 1974 gebar Torn Ear ein männliches Kalb; es war die einzige Geburt, die ich bei den Ts in den Jahren 1974 und 1975 registrierte. Die zweite Veränderung war das Auftauchen eines siebenjährigen weiblichen Kalbs in der TA-Familie. Das Erscheinen dieses Kalbs, das ich »Tonie« nannte, ist bis heute geheimnisvoll geblieben. Ich habe ein Bild von ihm aus dem Jahre 1973, auf dem es und zwei Tiere, die ich für seine Mutter und seine ältere Schwester halte, aufgeregt die TAs und TBs begrüßen. Ich habe die erwachsene Kuh und das ältere Kalb nie wieder gesehen und vermute, daß sie gestorben sind. Der Intensität ihrer Begrüßung nach zu urteilen, müssen sie den TAs und TBs sehr nahegestanden haben, möglicherweise waren sie sogar Mitglieder einer der beiden Familien. Aber, wie die Vorgeschichte auch sei, seit Ende 1975 blieb Tonie als volles Familienmitglied bei den TAs.

Am Ende der Teilzeituntersuchung im Jahre 1975 gehörten zu den vier T-Familien 23 Tiere. Die Familienstruktur und -zusammensetzung sah wie folgt aus (Kälber sind eingerückt unter dem Namen einer Kuh aufgeführt, wenn bekannt ist oder vermutet wird, daß sie zu ihr gehören:

TA
- Torn Ear
  - 1½jähriges, männliches Kalb, etwa März 1974 geboren
  - 4- bis 5jähriges weibliches Kalb
  - 8- bis 9jähriges männliches Kalb
  - Tuskless – eine etwa 13jährige Kuh
- Tonie – ein 7- bis 8jähriges weibliches Tier (vermutlich die Tochter einer Kuh, die in der Anfangszeit der Studie starb)

TB
- Tania – die gutaussehende (»hübsche«) Kuh, die wir 1973 mit dem noch nicht einjährigen Kalb fotografierten
  - 2jähriges männliches Kalb
  - 6- bis 7jähriges männliches Kalb
  - 13- bis 14jähriger heranwachsender Bulle

TC
- Slit Ear – die Kuh mit dem Schlitz im Ohr und den aufwärts gebogenen Stoßzähnen
  - 4jähriges weibliches Kalb
  - 7- bis 8jähriges weibliches Kalb
- Tess – 11- bis 12jährige Kuh (wahrscheinlich Slit Ear's Tochter)
- Tia – die hübsche erwachsene Kuh mit den glatten Ohren
  - Right Fang – 4- bis 5jähriges männliches Kalb

TD
- Teresia – die alte Kuh mit den geraden Stoßzähnen
  - 3- bis 4jähriges männliches Kalb
  - 7- bis 8jähriges weibliches Kalb
  - Tina – eine junge, etwa 13jährige Kuh
- Trista – eine erwachsene Kuh (wahrscheinlich Teresia's Tochter)
  - 5- bis 6jähriges männliches Kalb
- Tallulah – die junge Kuh mit der großen V-förmigen Kerbe in jedem Ohr, etwa 11- bis 12jährig

2
Dürre

1976

Slit Ear kam mit leicht abgespreizten Ohren von hinten an Tia heran. Tia blickte über die Schulter zurück, ging schnell vorwärts und verließ das kleine Fleckchen Gras, wo sie gefressen hatte. Slit Ear begab sich sofort auf denselben Grasflecken und fraß dort einige Minuten. Tia fand eine andere Stelle mit trockenem, gelblichem Gras und fing wieder an zu fressen. Sie umschlang mit ihrem Rüssel die kurzen, spröden Halme und trat mit dem rechten Vorderfuß unten gegen das Gras. Wenn sich ein Büschel löste, flogen Staub und Spreu auf. Tia schlug das Büschel gegen ihr Knie und klopfte noch mehr Staub, Erde und vertrocknete Teile heraus. Dann steckte sie das, was übrigblieb, in den Mund und bearbeitete, während sie kaute, mit dem Fuß und dem Rüssel in einem ununterbrochenen Rhythmus ein neues Büschel. Um sie herum waren die anderen Mitglieder ihrer Familie und der Familie Teresias verstreut. Alle erwachsenen und die älteren Jungtiere fraßen auf die gleiche Weise: Umschlingen, Gegentreten, Ausklopfen und Kauen. Das dumpfe Klatschen und Klopfen beim Grasfressen und das beständige Schlagen ihrer Ohren gegen Hals und Schultern waren die einzigen Geräusche.

Die dreizehn Elefanten fraßen etwa eine halbe Stunde. In dieser Zeit wurde Tia noch zweimal und die junge Kuh Tess einmal von Slit Ear verdrängt. Sie protestierten nicht; sie gingen einfach weiter, immer auf der Suche nach anderen grasbewachsenen Fleckchen. Sie aßen ohne erkennbare Begeisterung. All ihre Bewegungen waren langsam und bedächtig, sie schienen sich zu bemühen, mit ihren Kräften hauszuhalten. Sie waren teilnahmslos und hatten ein dumpfes Hungergefühl, denn es stand nur wenig Nahrung zur Verfügung, und das, was es gab, war meistens fast ungenießbar und wenig nährstoffreich. Die jüngeren Kälber von Slit Ear und Teresia, die 1971 geboren waren, tranken noch bei ihren

Müttern, aber deren Milch war nicht mehr so nahrhaft wie früher und reichte nicht aus, um sie zu sättigen. Sie ernährten sich auch schon von Pflanzen, im Umgang mit dem kurzen, trockenen Gras aber waren sie noch nicht so geschickt. Das Kalb von Slit Ear stellte sich unter das Kinn seiner älteren Schwester und aß das Gras, das diese verlor oder fallen ließ. Teresia's Kalb blieb dicht bei seiner Mutter. Am schwersten war es für die älteren Kälber, Right Fang und Trista's Sohn, die erst kürzlich entwöhnt worden waren. Sie bekamen von ihren Müttern keine Extraportion Milch mehr und mußten für ihr Futter selber sorgen. Mit jedem Tag, den die Trockenzeit fortschritt, wurden sie müder und schwächer.

Als die beiden Familien das Grasfressen beendet hatten, ruhten sie sich eine Weile im Schatten einiger gelbrindiger *Acacia xanthophloea*-Bäume aus. Eine halbe Stunde später zogen sie los und durchquerten eine Gegend mit kahlem, staubigem Boden, bis sie einen akazienbestandenen Streifen erreichten. Hier brachen die älteren Tiere kleine Äste von den Bäumen ab, manövrierten sie vorsichtig mit den Füßen und dem Rüssel in die richtige Position und fraßen von den Zweigen, der Rinde und den zehn Zentimeter langen Dornen. Die erwachsenen Tiere waren erfahren im Umgang mit dieser nicht ungefährlichen Nahrung: Aber die jüngeren Kälber konnten weder die Äste abbrechen noch die Dornen so »hand«-haben, daß sie sich damit nicht in die Zunge, den Gaumen oder die Mundhöhle stachen. Sie standen in der Nähe ihrer Mütter und hoben die kleinsten Zweige und Rindenstückchen auf.

Nachdem sie etwa eine Stunde von den Akazien gefressen hatten, zogen die Elefanten durch den Waldgürtel hindurch westwärts zu einem Gebiet im Sumpf, wo das Wasser, ähnlich einem Fluß, zwischen hohen steilen Ufern dahinströmte und von *Cynodon dactylon*-Gras gesäumt war. Das Gras, das gewöhnlich einen Hauptbestandteil im Speiseplan der Elefanten bildet, war jedoch bis auf bloße Stoppeln abgefressen, und die ganze Gegend war bedeckt mit dem Kot der Tiere, die hier gegrast hatten.

Slit Ear führte die beiden Familien an eine Stelle, wo das Ufer weniger steil war. Die Elefanten ließen sich mit den Vorderbeinen über die Kante hinab, knieten sich auf die Hinterbeine und mühten sich das Ufer hinunter ins Wasser. Das Gewässer war nur etwa einen Meter tief, und sie konnten es ohne Schwierigkeiten überqueren. Auf der gegenüberliegenden Seite benutzten sie die umgekehrte Technik, erklommen mühevoll das steile Ufer, knieten sich dann mit den Vorderbeinen über die Kante und zogen sich über den Rand hoch.

Teresia und ihr Kalb überquerten den Sumpf als letzte. Das Kalb hatte es geschafft, hinunterzukommen und das Wasser zu durchqueren, aber es hatte Schwierigkeiten, das andere Ufer zu erklimmen. Als Teresia weiterging zu den anderen, gab das Kalb verzweifelt einen langgezogenen Kollerlaut von sich. Teresia, Tina und Tallulah drehten sich um und kamen mit ausgestreckten Rüsseln und abgespreizten Ohren zum Ufer zurück. Sie griffen mit ihren Rüsseln nach dem Kalb, das sich über die Kante kämpfte, und kollerten. Als das Kalb es geschafft hatte, schüttelte es den Kopf und stieß ein langes, lautes Kollern aus. Die Kühe antworteten ihm mit einem weicheren Ton und berührten es mit den Rüsseln. Dann drehten sie sich alle um und gingen zu den anderen hinüber.

Sie waren jetzt auf einer Insel mit festem Untergrund, die wiederum von abgefressenen Stoppeln bedeckt war. Slit Ear versuchte gar nicht erst, hier von dem Gras zu fressen, sondern ging zu einem Gebiet hinüber, wo das Wasser langsamer floß und dichter Papyrus und andere Sumpfpflanzen wuchsen. Die Erwachsenen und die älteren Kälber folgten ihr. Sie hatten kaum angefangen zu fressen, da hörten sie den Klang der Glocken von Massai-Rindern und die Rufe und Pfiffe der Hirten. Die Elefanten nahmen die Köpfe hoch, hoben die Rüssel in die Luft, drehten sich um und liefen aus dem Sumpf raus. Es war kein Trompeten und kein Kollern zu hören, nur das Ächzen der Tiere, die sich aus dem Schlamm herausmühten. Dann rasten sie quer über die Insel, rutschten das Ufer hinunter ins Wasser und durchquerten es in großer Eile. Ihr Schwung brachte sie die andere Uferseite hinauf. Dort rannten sie mit flach an die Schultern gelegten Ohren und hochgestellten Schwänzen zurück durch den Akazienstreifen, über die staubige offene Ebene, bis sie ein Gebiet erreichten, das mit Akazien und Palmen bestanden war. Etwa eine Meile vom Sumpf entfernt, hielten sie an und bildeten zur Verteidigung einen Kreis. Dabei schlugen sie mit den Ohren, hoben noch einmal die Rüssel und witterten in die Richtung, aus der sie gekommen waren.

Es war beinahe Mittag, die Temperatur schon hoch, und ihre Körper waren vom Laufen erhitzt. Trista steckte sich den Rüssel in den Mund, zog ihn mit einem gurgelnden Geräusch wieder heraus und sprühte sich Flüssigkeit hinter die Ohren. Die anderen folgten ihrem Beispiel, einige griffen sich mehrfach in den Mund und saugten Wasser aus dem Magen und besprühten damit Kopf, Brust und Hals. Dann standen sie da, schlugen rhythmisch mit den Ohren und kühlten so das Blut in den Oberflächenvenen ihrer Ohren.

Teresia drehte sich um und marschierte in nordöstliche Richtung los, dann ließ sie Slit Ear vorbeigehen und die Führung übernehmen. Sie erreichten den Waldrand, wo er an die staubige, offene Pfanne grenzte. Hier ruhten sie sich unter einigen Bäumen aus. Doch schon nach kurzer Zeit war im Süden wieder der Klang von Kuhglocken zu hören, und die Elefanten mußten weiterziehen.

Sie überquerten die Pfanne mit Slit Ear an der Spitze und Teresia, wie gewohnt, am Ende. Diesmal gerieten sie nicht in Panik, denn die Geräusche waren noch weit entfernt. Sie wanderten jedoch ziemlich schnell, sie gingen im Norden an einem der Touristenhotels vorbei, ignorierten es völlig und erreichten schließlich das Nordende des Longinye-Sumpfes, wo es kein offenes Wasser gab. Hier waren einige andere Elefantengruppen auf Futtersuche im trockenen Gras verteilt. Im Süden, wo das Gras durch unterirdische Feuchtigkeit eine Spur grüner war, befanden sich mehrere tausend Massai-Rinder. Die Elefanten sammelten sich gemeinsam mit Büffeln, Zebras, Gnus, Wasserböcken, Impalas und Grant- und Thomsongazellen in einem kleinen Gebiet, in das die Massai ihr Vieh nicht führten.

Es gab noch Gras in dieser Gegend, aber es war von schlechter Qualität. Die Büffel sahen wie Skelette aus, denen man alte Fellteppiche übergeworfen hatte. Es gab überhaupt keine Jungtiere unter ihnen. Den erwachsenen Tieren hingen lange Schleimfäden von den Nasen herab, und einige hatten blutbefleckten Schaum vor dem Mund. Auch den Zebras schien es schlechtzugehen. Viele hatten Durchfall, und einige waren schrecklich mager, ein seltener Anblick bei den sonst meist kugelrunden, kleinen pferdeartigen Tieren. Auch die Gnus waren dünn, und sie wirkten alle teilnahmslos. Den Gazellen, die sich von kleinen Kräutern und Sträuchern ernährten, ging es etwas besser, aber auch ihr Fell sah rauh und stumpf aus, ein Zeichen der Mangelernährung. Sogar die Elefanten waren mager geworden, ihre Schulter- und Hüftknochen traten hervor, die Haut hatte tiefe Runzeln und hing faltig herab. Zwischen den lebenden Tieren lagen hier und da die verwesenden Kadaver und Skelette der Tiere, die der Dürre zum Opfer gefallen waren.

Nachdem Slit Ear, Teresia und die anderen eine Zeitlang gegrast hatten, wendeten sie sich Richtung Süden zum offenen Wasser; sie zogen langsam dahin und fraßen, während sie weitergingen. Sie waren noch immer mehrere hundert Meter vom Wasser entfernt, als sich eine gemischte Zebra- und Gnu-Herde der Tränke näherte. Die Gnus und Zebras gingen vorsichtig, hielten an, sahen sich um, stampften mit den Hufen und zogen vorsichtig einige Schritte weiter. Ungefähr dreißig Meter von der Tränke entfernt, lagen zwei Löwen im Sumpf versteckt, ein Männchen und ein Weibchen. Für die Gnus waren sie nur graue Kleckse zwischen mehr oder weniger grauen Pflanzen. Für einen Menschen aber, oder einen anderen Primaten, hoben sich die Köpfe der Löwen deutlich gelbbraun vom dunkelgrünen Schilf ab. Die Löwen warteten geduldig mit flach angelegten Ohren und an den Boden gepreßten Körpern. Das Pärchen lag dort schon seit einer halben Stunde und beobachtete, wie sich die Herde langsam und vorsichtig näherte.

Als die Gnus und Zebras bis auf zehn Meter ans Wasser herangekommen waren, hielten die Tiere wieder an. Sie blieben gespannt und wachsam. Plötzlich flog ein Schwarzhalsreiher aus dem Sumpf auf, und die Herde schwenkte um und rannte etwa zwanzig Meter zurück. Dort standen sie, unruhig mit den Hufen stampfend, weitere fünf Minuten, bis sie sich erneut der Tränke näherten. Fünf Meter vor dem Wasser hielten sie wieder an. Diesmal war ihr Durst übermächtig, die hinteren Tiere drängten nach vorn und zwangen die Anführer, ins Wasser zu gehen. Die ersten Tiere begannen zu trinken. Die Löwen harrten noch immer niedergekauert in ihrem Versteck aus. Bald waren zwanzig bis dreißig Gnus und Zebras dichtgedrängt im Wasser und tranken. Jetzt bewegten sich die Löwen, setzten sich auf. Von einer Sekunde zur anderen entstand ein Chaos in der Tränke. Die Löwen zögerten noch einen Moment, dann sprinteten sie los, während die Huftiere umkehrten, wegrannten und sich dabei gegenseitig im Wege waren. Die beiden Löwen liefen mitten hinein in dieses Durcheinander. Die Löwin erwischte ein junges Gnu am Kopf, schleuderte es zu Boden und packte es schnell mit ihren Pranken an Mund und Nase. Noch bevor sich der Staub gelegt hatte, kam der männliche Löwe herbei und hielt das Hinterteil des Gnus fest. Die Löwin hatte das Maul fest im Griff und hinderte das Tier am Atmen. Es gab kaum einen Kampf; aber obwohl das Gnu von der Dürre geschwächt war, dauerte es mehrere Minuten, bis es starb. In der Zwischenzeit waren drei weitere Löwen aus verschiedenen Verstecken am Rande des Sumpfes hervorgekommen – eine Löwin und zwei fast ausgewachsene Jungtiere. Sie fingen an zu fressen, bevor die Löwin ihren Griff an der Nase des Gnus lockerte. Nachdem fast zehn Minuten vergangen waren, ließ sie schließlich los. Vor Anstrengung keuchend, legte sie sich nieder, offenbar, um sich zu erholen, erst dann beteiligte sie sich an dem Mahl.

Inzwischen waren Slit Ear und Teresia, die auch zur Tränke wollten, nur noch fünfzig Meter entfernt. Löwen können zwar einen erwachsenen Elefanten nicht töten, wohl aber ein Baby. Im allgemeinen dulden Elefanten darum auch keine Löwen in ihrer Nähe. Teresia war gegenüber Löwen besonders feindselig, wahrscheinlich hatte sie irgendwann in ihrem langen Leben unangenehme Erfahrungen gemacht.
Die Elefanten hatten am Rande ihres Blickfelds die davonstürzenden Gnus und Zebras gesehen, aber die Löwen noch nicht entdeckt oder gewittert. Erst als sie näher kamen und der Wind sich ein wenig drehte, bekamen sie die Witterung der Löwen. Unter anderen Umständen hätten die Elefanten vielleicht einfach ihre Richtung geändert und an einer anderen Stelle getrunken. Aber die Möglichkeiten, zu einer Tränke zu kommen, waren durch die Massai begrenzt. Und außerdem schien Teresia auf gar keinen Fall in der Stimmung zu sein, ihre Pläne wegen der Löwen zu ändern. Sie verließ ihre gewohnte Position am Ende der Gruppe, ging nach vorne und marschierte schnell direkt auf die Löwen zu, dabei hielt sie den Kopf erhoben und hatte die Ohren abgespreizt.
Die Löwen waren mit dem Fressen beschäftigt, knurrten und schmatzten und machten eine Menge Lärm. Sie bemerkten Teresia erst, als diese sie schon fast erreicht hatte. Sie warfen nur einen Blick auf sie, dann stoben sie davon und schlichen ins Schilf, um sich zu verstecken. Als sie wegliefen, schwang Teresia ihren Rüssel nach ihnen und schnaubte durch die Nase. Ihre Familie schloß hinter ihr auf. Besonders die jüngeren Kühe waren im Angesicht der fünf Löwen weniger selbstsicher als Teresia und sehr erregt. Sie schlugen mit den Ohren, schüttelten heftig die Köpfe und trompeteten schrill. Alle liefen umher, kollerten, begrüßten sich und beruhigten sich gegenseitig mit den Rüsseln. Nach einigen Minuten legte sich die Aufregung, und sie gingen zum Wasser, um zu trinken.
Slit Ear und Teresia gingen auf der Suche nach etwas besserer Vegetation weiter nach Süden, aber sie hielten immer einen deutlichen Abstand zu den Massai und deren Rindern. Regenfälle waren vor Ablauf einiger Monate nicht zu erwarten, und die Nahrung nahm rapide ab. Der Vorfall mit den Löwen war eine ungewöhnliche Ablenkung von der sonst so unerbittlichen Futtersuche gewesen. Teresia brachte ihre mehr als fünfzigjährige Erfahrung mit ins Spiel und versuchte, ihrer Familie über diese weitere Dürre hinwegzuhelfen. Da aber einige der Stellen, zu denen sie als jüngeres Tier gegangen war, nun abgeschnitten waren, gab es angesichts dieser Trockenheit weniger Auswahlmöglichkeiten.

Dürrezeiten sind in Amboseli nichts Ungewöhnliches. Der Name Amboseli leitet sich von dem Maa-Wort »Empusel« ab. Es kann, je nach der verwendeten Quelle, »salzige Stelle«, »offene Ebene« oder »unfruchtbarer Ort« bedeuten. In diesem Gebiet läßt sich das Klima nicht vorhersehen, und die Umweltbedingungen ändern sich ständig. Würde man den Amboseli nur nach dem jährlichen Niederschlag beurteilen, wäre er fast eine Wüste. Im Durchschnitt fallen hier nur 30 bis 35 Zentimeter Regen pro Jahr. Der Kilimandscharo bewirkt eine Kombination von Winden und unterschiedlich warmen Luftströmen, die dazu führt, daß der Regen in diesem Gebiet die Tendenz hat, an Amboseli vorbeizuziehen. Der meiste Regen fällt am Berg, der nur knapp 25 Meilen entfernt liegt.

Amboseli ist jedoch keineswegs eine Wüste. Zwar verhindert der Kilimandscharo, daß die Regenfälle Amboseli erreichen, aber er versorgt die Gegend gleichzeitig auf andere Weise mit Wasser. Frisches, klares Wasser, das vom Gipfel durch die poröse Lava nach unten sickert, fließt in unterirdischen Adern vom Berg weg. Die Wasseradern erstrecken sich über etwa 25 Meilen, bis sie im Amboseli-Becken sprudelnd hervorquellen. Hier bilden sich Wasserläufe, Teiche, Sümpfe und Moore, und schließlich fließt das Wasser hinaus in die offene Ebene und den Amboseli-See – wo es versiegt.

Der Name Amboseli-See hat wahrscheinlich schon viele Reisende zuerst verlockt und dann enttäuscht. Sie mögen gehofft haben, am See einen Zeltplatz zu finden, wo eine kühle Süßwasserbrise weht. Doch der See ist fast das ganze Jahr hindurch eine knochentrockene, rissige Pfanne. Er wird nur während der Regenzeit kurzfristig überflutet und in manchen Jahren überhaupt nicht. Der heutige Amboseli-See ist der Überrest eines viel größeren pleistozänen Sees, der sich über eine ausgedehnte Fläche bis hin zu den unteren Hängen des Berges erstreckte. Das Gebiet, das dieser frühere See einst bedeckte, hat eine Fläche von annähernd 230 Quadratmeilen und wird allgemein als Amboseli-Becken bezeichnet. Innerhalb dieses Beckens liegen jene 150 Quadratmeilen, die der Amboseli-Nationalpark umfaßt.

Es ist geologisch erwiesen, daß im späten Tertiär ein großer Fluß durch den Südosten des Parks geflossen ist, weiter durch Tansania verlief und dort, wo heute Tanga liegt, in den Indischen Ozean mündete. Im späten Pliozän oder im frühen Pleistozän, also vor zwei bis vier Millionen Jahren, hat sich infolge vulkanischer Aktivitäten der Kilimandscharo aufgetürmt. Sein Hauptmassiv und die ihn umgebenden Lavafelder stauten den See,

der nun keinen Abfluß mehr hatte – der Amboseli-See war entstanden. Während eines Großteils des Pleistozäns lagerten sich durch den Fluß und das von den höhergelegenen Böden der Umgebung abfließende Wasser Sedimente im See ab. Bei den periodischen Ausbrüchen des Kilimandscharo kam vulkanische Asche hinzu. Schließlich füllte sich der See mit Sedimenten, durch die der Fluß umgeleitet wurde. Nachdem der See in mehreren geologischen Entwicklungsperioden austrocknete und wieder überflutet wurde, fiel der größte Teil trocken. Nur ein Teil im Westen blieb übrig, der gelegentlich überflutet wird. Diese letzte Austrokkungsperiode hat vielleicht erst vor 5000 bis 10 000 Jahren stattgefunden, nach geologischen Zeitmaßstäben also erst in jüngster Zeit.
Daß das Amboseli-Becken früher ein abgeschlossener Entwässerungssee war, hatte und hat noch heute tiefgreifende Auswirkungen auf die ökologischen Verhältnisse in diesem Gebiet. Über Tausende von Jahren führte der Fluß Salze mit sich, die aus den Böden ausgewaschen wurden und sich im See ablagerten. Als der See austrocknete, sammelten sich diese Salze im Boden. Unter diesen Bedingungen konnten hier nur wenige, salzunempfindliche Pflanzenarten wachsen. Schließlich wurden diese Salze in einigen Gebieten mit dem Regenwasser in tiefere Bodenschichten transportiert, so daß der Boden an der Oberfläche nun auch für andere Pflanzen und sogar Bäume fruchtbar wurde. Die Salze blieben allerdings etwa ein bis drei Meter unter der Oberfläche im Grundwasser und beeinflußten in den nachfolgenden Jahren weiterhin die Vegetation.
Die geologische Geschichte von Amboseli, die gegenwärtigen Wasserverhältnisse und die Niederschlagsverteilung haben dazu geführt, daß ein Gebiet mit einer überraschenden Vielfalt der Lebensräume und der Tierwelt entstanden ist. Innerhalb des Beckens gibt es offene Ebenen, buschbestandene Grasflächen, Buschsavannen, Wälder und Sümpfe. Die verschiedensten Insekten, Vögel und Säugetiere werden hier angetroffen. Einige dieser Arten kommen in allen Lebensräumen vor, andere nur in bestimmten und wieder andere nur in einem einzigen. Die große Gemeinschaft der Säugetiere ist sowohl zahlreich als auch artenreich. Es gibt Elefanten, Nashörner, Flußpferde, Giraffen, Büffel, Zebras, dreizehn Antilopenarten, vom winzigen Dik-Dik bis zur 1200 Pfund schweren Elen-Antilope, vier Affenarten, drei Großkatzenarten, Wildhunde, zwei Hyänenarten, drei Schakalarten, mehrere kleinere Katzenarten und außerdem Mangusten, Genetten, Hörnchen, Hasen und ungewöhnliche Arten wie Erdwolf, Zorilla, Erdferkel, Baumschliefer, Honigdachs und

Stachelschwein. Bei den Vögeln sind mehr als vierhundert Arten nachgewiesen.
Der Mensch und sein Vieh sind für mehrere tausend Jahre ein wichtiges Element im Ökosystem vom Amboseli gewesen. Die heutigen Bewohner der Gegend, das Volk der Massai, leben hier seit etwa vierhundert Jahren. Sie haben offensichtlich einen anderen Viehnomaden-Stamm vertrieben, der von den Massai »Iloogalala« genannt wurde – »das Volk der harten Zähne«. Die Massai waren traditionelle Viehnomaden und bekannt für ihre streitbaren Krieger, die plündernd umherzogen und Rinder raubten. Sie betrachteten diese als ihr rechtmäßiges Eigentum, weil ihr Gott Lengai ihnen alle Rinder auf der Welt gegeben hatte. Ihre kriegerischen Fähigkeiten waren berühmt, und sie wurden von anderen Stämmen sowie auch von Elfenbein- und Sklavenhändlern, von Missionaren und von Forschungsreisenden gefürchtet. Während die Europäer im Jahre 1848 bereits Gebiete im Inneren des Kontinents erforscht hatten, wagten sich damals nur wenige ins Massai-Land. 1883 schließlich unternahm Joseph Thomson (nach dem die Thomson-Gazelle benannt ist) ausgedehnte Reisen in dieser Gegend – offenbar, als die meisten Krieger weit entfernt auf Raubzügen unterwegs waren.
Auf seinen Reisen kam Thomson 1883 auch durch die Region, die jetzt Amboseli genannt wird. Er fand ein flaches, staubiges Gebiet vor, in dem es keine Bäume gab, das aber atemberaubende Ausblicke auf die Berge der Umgebung bot. In seinem 1887 veröffentlichten Buch »Through Massai-Land« bemerkte er: »Obwohl das Land trostlos und unfruchtbar aussieht, trifft man Wild in phantastischem Überfluß an.«
Indirekt waren die Massai für diesen Tierreichtum verantwortlich. Sie selbst jagten keine Wildtiere um des Fleisches oder der Trophäen willen. Auch duldeten sie nicht, daß andere Stämme in ihrem Gebiet auf Jagd gingen. Lediglich um ihre Tapferkeit unter Beweis zu stellen, töteten die Massai-Krieger manchmal große, gefährliche Tiere wie Löwen, Elefanten, Büffel und Nashörner. Aber das hatte auf die Bestandszahlen kaum Einfluß. Nur in Zeiten schwerer Dürre, oder wenn Rinderkrankheiten herrschten, töteten sie Antilopen wegen des Fleisches. Antilopen sind für sie Gottes Vieh, von dem man nur im äußersten Notfall Gebrauch machen durfte. Das bedeutete, daß die Massai mehr oder weniger in Harmonie mit den wilden Tieren lebten, wo immer auch sie umherzogen. In Ostafrika sind die heute für ihre wilden Tiere berühmten Gebiete jene, die von den Massai oder anderen Viehnomaden bewohnt werden.

Amboseli wurde schon 1899 als ein besonderes Wildgebiet anerkannt, nachdem es 1899 dem von der britischen Verwaltung geschaffenen Ukamba-Wildreservat angeschlossen worden war. 1906 wurde der Name in Südliches Wildreservat geändert. Das Gebiet, das sich über eine Fläche von 10 700 Quadratmeilen erstreckte, war zunächst nur dem Namen nach ein Reservat. Die Behörde für Wildtiere bemühte sich, die Wilderei unter Kontrolle zu halten und die erlaubte Jagd in dem Gebiet zu regulieren. In den dreißiger Jahren traten schärfere Kontrollen in Kraft, und Amboseli wurde bei Jägern, Fotografen und Filmemachern beliebt, weil seine wilden Tiere in dem Ruf standen, daß sie einfach zu fotografieren und auch zu töten wären.

1948 wurde das Wildschutzgebiet auf 1260 Quadratmeilen verkleinert, erhielt den Namen Amboseli Wildreservat und kam unter die Verwaltung des Kenianischen Nationalpark-Kuratoriums, einer halbstaatlichen Körperschaft. 1961 übernahm die Bezirksbehörde von Kajiado die Verwaltung des nun als regionales Schutzgebiet ausgewiesenen Areals (Um Mißverständnisse zu vermeiden, sollte ich erläutern, daß es in Kenia zwei Arten von Schutzgebieten gibt: Nationalparks und Reservate. Nationalparks werden von der Zentralregierung verwaltet, während Reservate von regionalen Behörden, unter technischer Beratung durch die Wildschutzbehörde, beaufsichtigt werden. Parks sind ausschließlich zum Nutzen der Wildtiere und für den Tourismus reserviert, während in Reservaten eine begrenzte Nutzung durch Einheimische gestattet ist – wie etwa, das Vieh dort grasen zu lassen oder Nutzholz schlagen zu dürfen).

Unter der Verwaltung einer Bezirksbehörde sollen die Einkünfte aus einem Schutzgebiet den Menschen zugute kommen, die in dem Bezirk leben; und zwar für Entwicklungsprojekte, die von der Behörde initiiert werden. Die Bezirksbehörde von Kajiado erkannte schnell den Wert des Amboseli-Reservates hinsichtlich der Einkünfte aus dem Tourismus, und sie beschloß, eine 30 Quadratmeilen große Fläche im zentralen Teil des Schutzgebietes ausschließich für die Wildtiere und für den Tourismus zu reservieren. Die Massai stimmten zu, ihre Rinder außerhalb dieses Gebietes zu halten.

Bei dieser Regelung blieb es sieben Jahre, bis Präsident Jomo Kenyatta (Kenia war im Dezember 1963 von Großbritannien unabhängig geworden) unter dem Druck von Naturschützern eine Verordnung erließ, die bestimmte, daß ein Gebiet von 150 Quadratmeilen ausschließlich für die Wildtiere und den Tourismus reserviert werden sollte. 1972 wurden

Grenzen festgelegt und das Gebiet als Regierungsland deklariert. Schließlich wurde im Oktober 1974 der Amboseli-Nationalpark geschaffen, der nun wieder unter der Kontrolle des Nationalpark-Kuratoriums stand. Die Kajiado-Bezirksbehörde behielt eine Enklave im Park, wo die Touristenhotels liegen, und erhielt weiterhin Einkünfte aus dem Park und durch den Betrieb der Lodges.

Die Diskussion, Amboseli in einen Nationalpark umzuwandeln, war sehr kontrovers; denn die Sümpfe im Amboseli-Becken waren in der Trokkenzeit ein wichtiges Refugium für die Massai und ihre Rinder. Die Massai, die ihren gesamten Lebensraum immer mit den wilden Tieren geteilt hatten, wurden aufgefordert, diese Sümpfe zu verlassen und ihre Wanderungen einzuschränken. Andererseits aber sollten sie weiterhin zulassen, daß die wilden Tiere durch das ihnen verbliebene Land ziehen. Gleichzeitig war, als Teil eines Planes für das gesamte Massai-Land, entschieden worden, das Land außerhalb des Parkes in große Gemeinschaftsviehfarmen aufzuteilen. Die Parzellierung folgte mehr oder weniger den Clangrenzen, und jede Viehfarm sollte von einem Ältestenrat geleitet werden. Darüber hinaus wurden verschiedene Versprechungen gemacht: dazu gehörten Tränken außerhalb des Parks als Ausweichmöglichkeit; Gelder als Kompensation dafür, daß die Wildtiere auf ihre Farmen kamen; und zusätzlich die Einrichtung einer medizinischen Versorgungsstation, einer Schule sowie eines Gemeinschaftszentrums.

Im Laufe dieser hin und her wogenden Verhandlungen nahmen die Spannungen zwischen den Massai und der Regierung zu. Eine Folge davon war das absichtliche Speeren von Nashörnern und Elefanten, als eine Form des politischen Protests. Schließlich kam man zu einer Einigung: Die Massai dürfen noch so lange in dem neu eingerichteten Park bleiben, bis eine Pipeline, die das Wasser nach außerhalb zu den Hügeln bringen soll, fertiggestellt ist.

Als ich mit meiner Studie begann, stand es um die Situation zwischen Menschen und Wildtieren nicht zum besten. Dennoch schien Amboseli ein idealer Platz zu sein, um Elefanten zu untersuchen. Trotz des Speerens waren die Amboseli-Elefanten eine der letzten, verhältnismäßig ungestörten Populationen in Ostafrika. In fast allen anderen Gegenden waren, durch die Ausbreitung der Menschen, die Elefanten in Nationalparks und Reservaten zusammengedrängt worden. In Uganda zum Beispiel stieg die Bevölkerung zwischen 1929 und 1959 von 3,5 auf 5,5 Millionen. 1929 lebten Elefanten auf ungefähr 70 Prozent der Fläche des

Landes, 1959 nur noch auf 17 Prozent. Mit dem Eindringen der Menschen in ihren Lebensraum waren sie in einige wenige schützende Nationalparks und Waldreservate abgedrängt worden. In Lake Manyara, wo Iain Douglas-Hamilton arbeitete, hatten die Elefanten in den fünfziger Jahren, also vor seiner Untersuchung, 75 Prozent ihres Lebensraumes verloren. Zu Beginn seiner Studie lebten 480 Elefanten in einem Gebiet von 35 Quadratmeilen, damit war Lake Manyara eines der Gebiete mit der höchsten je festgestellten Elefantendichte – beinahe 14 Elefanten pro Quadratmeile.

In fast allen Gegenden, in denen Elefanten Lebensraum einbüßten, war dies eine Folge der Ausbreitung der Landwirtschaft. Dort, wo Ackerbau betrieben wird, können Elefanten und Menschen nicht nebeneinander leben, weil Elefanten die Nutzpflanzen fressen und niedertrampeln. Elefanten und Viehnomaden können sich den Lebensraum viel leichter teilen, denn sie befinden sich nicht in einem akuten Konflikt, obwohl sie in einem gewissen Wettbewerb um die Weidegründe stehen können. Die Elefanten in Amboseli hatten das Glück gehabt, ihren Lebensraum mit traditionellen Viehnomaden zu teilen, die sie mehr oder weniger duldeten.

1972 wanderten die Elefanten noch aus dem zentralen Amboseli-Becken heraus und wieder hinein, wie sie es, entsprechend ihrem Wanderverhalten seit mehreren hundert Jahren, gewöhnt waren. Obwohl das gesetzlich geschützte Gebiet schließlich nur 150 Quadratmeilen umfaßte, erstreckte sich der gesamte Raum, den die Elefanten nutzen konnten, über etwa 1200 Quadratmeilen. Bei einer Population von ungefähr sechshundert Elefanten bedeutete dies eine Dichte von nur zwei Elefanten pro Quadratmeile. Selbst wenn man nur das Gebiet innerhalb des Beckens berücksichtigt, wo sich die Elefanten konzentrieren, betrug die Dichte nur etwa drei Elefanten pro Quadratmeile.

Im Jahre 1972 hatten die Elefanten in Amboseli auch das ungewöhnliche Glück, daß sie nicht systematisch und intensiv wegen des Elfenbeins verfolgt wurden. Anfang der siebziger Jahre begann eine Zeit, in der die Elefanten fast überall in Kenia stark gewildert wurden. Der Preis für Elfenbein war kräftig gestiegen, und in einem Zeitraum von nur wenigen Jahren waren die Elefantenpopulationen fast im ganzen Land dezimiert worden. In Amboseli gab es im Park selbst kaum oder gar keine Elfenbeinwilderei, aber wenn die Elefanten auf ihren Wanderungen während der Regenzeit fortzogen, stießen sie auf bewaffnete Wilderer. Nur einige dieser Wilderer waren Massai, die meisten kamen aus anderen Teilen Kenias und sogar aus dem Ausland. Die Massai waren diesen Eindringlingen gegenüber ablehnend und zeigten sie häufig bei der Wildschutzbehörde an. So konnte die Wilderei im großen Maßstab in dieser Gegend einigermaßen unter Kontrolle gehalten werden.

Die Amboseli-Elefanten waren also weder starker Wilderei ausgesetzt, noch waren sie in einem kleinen Schutzgebiet zusammengedrängt. Das war die einzigartige Voraussetzung, eine Population untersuchen zu können, die verhältnismäßig natürlich lebte. Das heißt: Die Elefanten in diesem Gebiet stellten eine Population dar, die in erster Linie auf Umweltzwänge reagierte und weniger auf die von Menschen verursachten Zwänge. Ich hoffte, hier Grundlagendaten zu gewinnen, die schließlich dem Schutz aller Elefanten dienen könnten.

Als Harvey und ich mit der Teilzeitstudie begannen, hatte ich mir nicht vorgestellt, daß ich innerhalb weniger Jahre Zeugin der einschneidendsten Umwelteinflüsse werden würde, die viele der Elefanten in Amboseli wahrscheinlich nur einmal in ihrem Leben durchmachen würden. Während der ersten drei Jahre der Studie waren die Regenfälle durchschnittlich bis unterdurchschnittlich ergiebig gewesen, gleichzeitig jedoch hatte die Zahl der Massai-Rinder beträchtlich zugenommen. Es gab also eine sehr hohe Biomasse an Tieren, die um rapide abnehmende Nahrungsquellen konkurrierten. Gegen Ende 1974 waren die Bedingungen dürftig. Dann folgten zwei Jahre mit sehr geringen Niederschlägen und fast keinem Pflanzenwachstum. Die Wildtiere und die Massai mit ihrem Vieh hatten schwer zu leiden. Viele Wildtiere starben, und die Massai verloren mehr als die Hälfte der Rinder. Es war für Menschen und Tiere gleichermaßen eine äußerst belastende Zeit.

Nach einer Zeit der Ungewißheit über die Zukunft des Projekts – Harvey veränderte sich beruflich und gab die Arbeit an den Elefanten auf – bekam ich im September 1975 endlich ein Stipendium von der African Wildlife Foundation (AWF) und begann allein mit der intensiveren Phase der Studie. Ich errichtete ein ständiges Camp im Park und lebte die meiste Zeit dort. In den ersten vier Monaten benutzte ich meinen eigenen kleinen Renault; im Januar 1976 übergab mir die AWF einen acht Jahre alten Landrover für mein Projekt, und das machte es mir ein ganzes Stück leichter, herumzukommen.

Im Park mitten unter den Elefanten zu leben, änderte die Untersuchung beträchtlich. Ich war nun imstande, Informationen zu sammeln über ihre täglichen Ortsveränderungen, die Muster ihrer Vergesellschaftungen und ihr sonstiges Verhalten. Einige Elefanten-Familien sah ich mehrmals in der Woche und lernte sie gut kennen. Die vier Familien von Torn Ear, Tania, Slit Ear und Teresia gehörten dazu. Bei einigen der Gruppen führte ich besondere Studien durch und versuchte herauszufinden, ob es unter den weiblichen Tieren innerhalb einer Familie eine eindeutige Rangordnung gab.

Wenn ich eine der Familien fand, auf die ich mich konzentrierte, und mehrere Stunden bei ihr verbrachte, dann konnte ich entweder ein einzelnes Tier über einen bestimmten Zeitraum verfolgen oder die ganze Gruppe beobachten und auf besondere Verhaltensweisen achten. Slit Ear's TC-Familie und Teresia's TD-Familie waren Verbände, die ich ausgewählt hatte. Es dauerte nicht lange, um zu merken, daß Slit Ear sehr dominant war und nicht zögerte, untergeordnete Tiere herumzustoßen. Auch Teresia hatte einen sehr hohen Status in der Rangordnung, ja sie war sogar dominant über Slit Ear, doch sie verdrängte nur selten andere Tiere. Also scheinen einige Elefanten aggressiver zu sein als andere. Ich schloß jedoch beide Leitkühe ins Herz. Slit Ear, weil sie so ein hoheitsvolles Benehmen hatte, und Teresia, weil sie alt, würdevoll und sanft war und sehr, sehr weise schien.

Auch die anderen Tiere in der TC- und in der TD-Familie lernte ich im Laufe der Monate gut kennen. Tia hielt sich sehr im Schatten von Slit Ear, während die junge Tess oft das Ziel von Slit Ear's Aggressionen war. In Teresia's Familie war Trista eine ruhige, zurückhaltende Kuh, Tina ein schlankes, unauffälliges Tier, während Tallulah und Teresia's jüngere Tochter, die ich Theodora genannt hatte, manchmal überschwenglich und verspielt waren.

In den Jahren 1975 und 1976 zeigten Tallulah und Theodora diese unbeschwerten Seiten ihres Charakters nicht sehr oft. Meistens mußten sie sich darauf konzentrieren, genug zu fressen zu finden, denn die Dürre wurde immer schlimmer. Im November 1975 erwartete man die normale Kleine Regenzeit. Wolken bauten sich auf und zogen, verlockend für Menschen und Tiere, von Osten heran. Doch als die Regenfälle dann kamen, waren sie enttäuschend dürftig. Im Dezember gab ich die Hoffnung auf mehr Regen auf und begriff, daß die Tiere im Januar, Februar und März noch eine schwere Zeit zu überstehen haben würden, bis die Große Regenzeit fällig war.

Im April 1976 kam sie dann endlich, die Große Regenzeit. Aber auch sie erwies sich als unzureichend und brachte nur eine Spur Grün hervor. Ohne weitere Feuchtigkeit hörte das Wachstum bald auf. Mitten während der Dürre bekamen mehrere Kühe der T-Familien Kälber. Am 7. April wurde Tia mit einem winzigen, neugeborenen Baby angetroffen. Es war nach Right Fang wieder ein männliches Kalb, so daß sie nun Mutter zweier Söhne war. Im Mai bekam Slit Ear ein Kalb, eine weitere Tochter. Im Juni brachte dann die junge Kuh Tuskless aus Torn Ear's TA-Familie ihr erstes Kalb zur Welt, ein weibliches Baby. Und im Juli gebar Trista ebenfalls eine kleine Tochter.

Auch andere Kühe in der Population hatten Geburten, und die Mütter hatten es in diesem harten Dürrejahr sehr schwer, die Kälber am Leben zu erhalten. In vielen Fällen änderten die Mütter ihr normales Verhalten, offenbar ein Versuch, ihre Kälber zu retten. Von Februar bis August 1976 registrierte ich 26 Kühe mit neugeborenen Kälbern. Es überraschte mich, viele dieser Kühe von ihren Familien getrennt anzutreffen. Sie streiften einfach nur mit ihrem kleinen Kalb und vielleicht noch einem älteren Kalb oder einer jungen Kuh aus ihrer Familie umher. Es wird vermutet, daß die Familienverbände entwicklungsgeschichtlich vor allem wegen ihrer Vorteile gegenüber Raubtieren entstanden sind. Daher erschien es merkwürdig, daß die Mütter ihre Familien nun ausgerechnet zu einem Zeitpunkt verließen, als ihre Kälber so verwundbar waren.

Ich merkte bald, daß einer der Gründe für die Absonderung der Kühe von ihren Familien darin lag, daß infolge der Dürre die Lebensräume begrenzt waren, in denen sie sich mit ihren Babies aufhalten konnten. Eines Tages beobachtete ich, wie eine Familie morgens zum Enkongo Narok-Sumpf kam. Eine junge Elefantenkuh hatte ein neugeborenes Kalb bei sich. Die Familie ging ins Schilf und watete in das fast zwei Meter tiefe Wasser hinaus. Die junge Mutter hielt sich mit ihrem Baby weiter dicht am Ufer auf und fraß dort von dem dürftigen Pflanzenwuchs. Schließlich wechselte die Familie zur anderen Seite und verließ den Sumpf am gegenüberliegenden Ufer. Nur die Mutter blieb mit ihrem Kalb, wo sie war zurück. Ich sah die beiden Tiere noch mehrere Tage danach allein.

Mehr als die Hälfte der Kühe, die 1976 Kälber bekommen hatten, trennten sich von ihren Familien für Zeiträume, die zwischen einem Tag und mehreren Monaten lagen. Die meisten Mütter, die sich absonderten, waren junge Kühe aus Familien mit älteren, ihnen gegenüber dominanten Kühen. Unter den vorherrschenden, besonders harten Bedingungen

haben sie sich wahrscheinlich getrennt, um der Konkurrenz mit den größeren Kühen aus dem Wege zu gehen.
Das Verlassen der Familie war offenbar ein allerletzter Versuch der jungen Mütter, ihre Kälber zu retten. Jeden Tag traf ich an den Sumpfufern Mütter mit mageren, teilnahmslosen Kälbchen. Ein paar Tage später fand ich manche dieser Mütter wieder bei ihren Familien, aber ohne Kalb. Die Leichen der toten Kälber habe ich niemals gefunden. Ich vermute, daß sie von den Raubtieren und Aasfressern schnell beseitigt worden sind, oder daß sie in den Sümpfen starben, wo ihre Leichen im Wasser und Schlamm verschwanden.
Von den unter einem Jahr alten Kälbern starben 1976 etwa die Hälfte in einem Alter von weniger als zwei Monaten, und die übrigen verendeten, als sie etwa fünf bis sechs Monate alt waren. Die neugeborenen Kälber starben wahrscheinlich, weil ihre Mütter nicht genug Milch hatten. Die Kälber können auch ein niedriges Geburtsgewicht gehabt haben, weil ihre Mütter in der Schwangerschaft unterernährt waren. Die kräftigeren Jungtiere konnten mehrere Monate überleben; im Alter von etwa drei bis vier Monaten jedoch, wenn sie normalerweise anfangen, sich zusätzlich zur Milchnahrung auch von Pflanzen zu ernähren, verendeten auch viele von ihnen, weil sie fast nichts zu essen fanden.
Daß die noch nicht einjährigen Kälber starben, machte mich traurig, überraschte mich aber nicht. Hingegen überraschte mich das Verschwinden vieler der vier- bis fünfjährigen Jungtiere. Kälber in diesem Alter wurden ganz allein und getrennt von ihren Familien in den Sümpfen auf Futtersuche aufgefunden. Ich vermutete, sie waren dadurch geschwächt, daß sie erst kürzlich entwöhnt worden waren (Elefanten bekommen etwa alle vier bis fünf Jahre ein Kalb, und ein Kalb wird so lange gesäugt, bis das nächste Kalb geboren wird). Offensichtlich waren sie nicht mehr in der Lage, mit den täglichen Wanderungen ihrer Familien mitzuhalten.
Einen trostlosen Tag im August 1976 werde ich nie vergessen. Ich fand Amy, meinen Lieblingselefanten, mit ihren drei Kälbern – einem männlichen Kalb, das Ende März geboren war, ihrer Tochter Audrey, die damals vier Jahre alt war, und ihrem Sohn Albert, der etwa neun Jahre alt war. Amy stand mit hängendem Kopf da und ruhte sich aus, während ihre Kälber kleine Bissen von altem, gelbem Gras verzehrten, das um einen Sueda-Busch herum wuchs. Audrey ging zu Amy hinüber und rieb ihren Kopf am Hinterbein der Mutter. Amy drehte sich um, kollerte und drohte ihr milde. Audrey ging weg. Nun näherte sich das Baby der Mutter. Als es

an Audrey vorbeiging, trat diese etwas halbherzig mit dem Hinterbein nach ihm. Das Baby ging um die größere Schwester herum und fing an, bei Amy zu trinken. Erneut kam Audry näher, streckte langsam ihr Hinterbein nach hinten und berührte Amy mehrmals ganz sanft. Audrey muß sehr hungrig gewesen sein. Sie war gesäugt worden, bis das Baby im März geboren worden war, und nun wurde sie abgewiesen.

Im September fand ich Amy's Familie, die AAs, in einem höchst erregten Zustand in der Nähe meines Camps. Als ich versuchte, an sie heranzufahren, rannten sie davon. Wart Ear, die Leitkuh, hatte eine frische Speerwunde im Ohr. Bei der jungen Kuh Alison strömte Sekret aus den Schläfendrüsen, und ihr Baby, das im Monat zuvor geboren war, war verschwunden. Amy fehlte. Ich war entsetzt. Das Leben der Elefanten von Amboseli hatte mich gefangengenommen, und ganz besonders das jener Tiere, die ich gut kannte, wie die Großfamilie der AAs und der Ts. Als ich Wart Ear mit ihrer frischen Wunde sah, revoltierte mein Magen, und meine Hände wurden feucht. Da wußte ich, daß ich kein wirklich objektiver Beobachter mehr war. Ich saß dort in meinem Landrover und sagte mir, daß ich wissenschaftlich und unparteiisch sein müsse, aber mein Magen sagte mir, daß ich es haßte, Wart Ear verletzt zu sehen, und ich wünschte mir so sehr, daß Amy noch am Leben sei.

Unglücklicherweise schien ein Ende der Dürre, und damit der Todesfälle, nicht in Sicht. Vor November konnte nicht mit Regen gerechnet werden. Ich fand zum ersten Mal Elefantenleichen und erhielt ähnliche Berichte auch von dem Wildschutzbeamten. Jedesmal, wenn ich eine Gruppe ausmachte, führte ich sehr besorgt eine Zählung durch und hoffte, daß kein Tier fehlte.

Auch die Rinder starben zu Hunderten, und infolgedessen waren die Massai in schlechter Stimmung. Sie speerten Nashörner und Elefanten, nicht wegen der Stoßzähne oder der Hörner, sondern offensichtlich einfach, weil sie frustriert waren. Ich war einerseits böse auf die Massai, weil sie Elefanten speerten, aber ich konnte sie andererseits auch verstehen. Es war ein Jammer zu sehen, wie ihre Herden ausgemergelter, knochiger Rinder jeden Tag auf der Suche nach Gras durch den Park zogen. Jeden Morgen hatte ich Angst hinauszufahren, weil ich wußte, daß ich überall die sterbenden und toten Kühe sehen würde. Wenn ein Massai-Rind zu schwach wird, um der Herde zu folgen, legt es sich hin und weigert sich, wieder aufzustehen. Es dauert gewöhnlich zwei Tage, bis sie sterben. Sie lagen da, sahen ganz friedlich aus und käuten den Mageninhalt wieder (woraus der bestand, weiß ich nicht). Die Gullies an den Straßenseiten schienen der Platz zu sein, wo die Rinder am häufigsten starben. Jeden Abend, wenn ich ins Camp zurückfuhr, lagen weitere Tiere entlang der Straße. Ich wußte, daß ich nichts für sie tun konnte, und mußte einfach vorbeifahren. Am nächsten Morgen waren dann einige schon tot, und andere lagen immer noch da und warteten darauf, zu sterben.

Nach dem Tag, an dem ich Wart Ear verletzt vorgefunden hatte, sah ich die AA-Gruppe zwanzig Tage lang nicht wieder. Als ich sie dann fand, war Amy dabei, aber sie hatte eine Speerwunde an der Seite, und ihr Baby war verschwunden. Amy's Brüste waren verschrumpelt, sie sah mager und krank aus. Sie stand da, berührte mit dem Rüssel die Wunde und sprühte von Zeit zu Zeit Staub darauf.

Als ich sie die nächsten Male sichtete, schienen sich sowohl Wart Ear als auch Amy erholt zu haben. Ende Oktober aber fand ich die AAs wieder und stellte nach wiederholten Zählungen fest, daß nun auch Audrey fehlte. Ich befürchtete, daß die Massai sie gespeert haben würden. Doch Tage später sah ich die Familie wieder, und Audrey war dabei! Sie blieb mehrere Tage bei ihrer Familie, aber am 20. November war sie erneut verschwunden. Kurz darauf, in derselben Woche noch, entdeckte ich ein vier- bis fünfjähriges Kalb, das völlig allein im Enkongo Narok-Sumpf auf Futtersuche war. Als ich näher kam, sah ich, daß es Audrey war.

Ich hatte schon vorher einzelne, mir bekannte Kälber in ihrem Alter in der Nähe der Sümpfe gesehen, und ich vermutete, daß sie krank, verirrt oder allein gelassen waren und dann starben. Ich dachte, daß dies für Audrey der Anfang vom Ende war, zumal zu den allgemein schlechten Bedingungen auch die Milch in ihrem Speiseplan fehlte. Statt ihrer Familie nachts in die Wälder hinaus zu folgen, blieb Audrey allein am Ufer des Sumpfes, um dort zu fressen und die Kräfte zu schonen. Ich sah sie noch einmal mit ihrer Familie, dann ihre Familie mehrmals ohne sie. Ich nahm also mit ziemlicher Sicherheit an, daß sie inzwischen gestorben sei.

Endlich, im Dezember, gab es einige ergiebige Regenfälle, die Dürre war vorüber. Am 5. Januar fand ich die AAs und war sehr überrascht und glücklich, Audrey unmittelbar hinter Amy zu sehen. Sie folgte ihr wie ein normales, mutterorientiertes Kalb. Sie ist seitdem immer bei ihrer Familie geblieben. Für mich war es wie ein Wunder, daß sie noch lebte. Löwen hätten ein Kalb ihrer Größe leicht töten können, und man könnte denken, daß Kälber, die diese »Einzelgängerstrategie« anwenden, durch die natürliche Selektion ausgelöscht werden. Aber irgendwie hat Audrey allen diesen Gefahren zum Trotz überlebt.

Die Dürre forderte einen hohen Tribut von der Elefantenpopulation. In den von mir beobachteten Familiengruppen verendeten 1976 mindestens 48 Elefanten, und außerdem starben wenigstens 30 unabhängige Bullen. Bei den Kühen und Kälbern waren es 17 erwachsene Kühe, die gespeert oder erschossen wurden, und 14 Kälber unter einem Jahr. Der Rest bestand aus älteren Kälbern. Ich wußte also von 78 Elefanten, die gestorben waren. Da ich 1976 jedoch noch nicht die ganze Population kannte, schätzte ich, daß damals einige weitere Tiere gestorben sind, die noch nicht fotografiert und registriert worden waren.

Die T-Familien hingegen überstanden die Dürre ohne irgendeinen Todesfall, was ungewöhnlich war. Selbst die vier jungen Babies überlebten. Die Ts hielten sich im zentralen Teil des Parkes auf, wo vielleicht der starke Touristenverkehr das Speeren durch die Massai verhindert hat. Und tagsüber verbrachten sie ihre Zeit im Ol Tukai Orak-Wald und im Longinye-Sumpf, den wahrscheinlich besten Lebensräumen in diesem Gebiet. Außerdem gehörten zu den T-Familien eine alte, sehr erfahrene Kuh (Teresia) und zwei große, reife Kühe (Slit Ear und Torn Ear), von denen die eine, Slit Ear, nicht zögerte, aggressiv zu werden, um für sich selbst und ihre Kälber genug zu essen zu bekommen. Ich vermute aber, daß es vor allem Teresia's Kenntnisse waren, die sie die Dürre überstehen ließen. Ende des Jahres 1976 kannte ich die Ts sehr gut; den meisten Jungtieren hatte ich Namen gegeben. Im allgemeinen bekamen nur alle jene Tiere einen Namen, die entwöhnt waren. Bei nicht entwöhnten Kälbern bezog ich mich auf den Namen der Mutter und das Geburtsjahr – zum Beispiel Torn Ear's C'74 (C für Calf=Kalb) oder Slit Ear's C'76. Die älteren Kälber von Torn Ear nannte ich »Tilly« und »Teddy«, und den achtjährigen Sohn von Tania registrierte ich als »Taabu«, was auf Suaheli »Problem« bedeutet. Die beiden älteren Töchter von Slit Ear wurden »Tamar« und »Tara« genannt, Teresia's Sohn »Tolstoi« und Trista's Sohn »Tim«. Der ältere Sohn von Tania, der irgendwann 1976 ganz unabhängig geworden war, bekam den männlichen Code M84 und wurde von der Familienliste gestrichen. Zu den vier T-Familien gehörten die folgenden 26 Tiere (die Zahlen in Klammern neben dem Namen steht für das geschätzte oder bekannte Geburtsjahr der Elefanten, die Symbole weisen auf das Geschlecht hin):

TA	Torn Ear (33)	♀
	C'74	♂
	Tilly (70)	♀
	Teddy (66)	♂
	Tuskless (62)	♀
	C'76	♀
	Tonie (67)	♀
TB	Tania (44)	♀
	C'73	♂
	Taabu (69)	♂
TC	Slit Ear (36)	♀
	C'76	♀
	Tamar (71)	♀
	Tara (67)	♀
	Tess (63)	♀
	Tia (50)	♀
	C'76	♂
	Right Fang (70)	♂
TD	Teresia (22)	♀
	Tolstoi (71)	♂
	Theodora (67)	♀
	Tina (62)	♀
	Trista (38)	♀
	C'76	♀
	Tim (69)	♂
	Tallulah (63)	♀

3
Wanderungen

1977

Die vier T-Familien mit ihren Leitkühen Torn Ear, Tania, Slit Ear und Teresia standen dicht gedrängt beieinander und bildeten eine eng zusammengehörige Gruppe. Mehrere unabhängige, aber noch junge Bullen waren bei ihnen. Insgesamt bestand die Gruppe aus dreißig Tieren. Schon früh am Abend waren sie aus dem Longinye-Sumpf heraus in das hohe, widerstandsfähige *Sporobolus consimilis*-Gras unmittelbar nördlich vom Sumpf hinübergewechselt. Nun warteten sie im Schutze des hohen »Elefantengrases« auf die Dunkelheit.

Es hatte mehrere Tage hintereinander geregnet. Die Luft roch intensiv nach feuchter Erde und frischem Gras. Die Elefanten machten keine Ruhepause, sondern liefen umher und waren stimuliert und nervös. Infolge der langen Dürre waren sie zwar immer noch sehr mager, aber ihr gesamtes Verhalten hatte sich geändert: Sie waren nicht mehr langsam und schwerfällig, ihre Bewegungen wirkten energisch und lebhaft. Häufig gaben einzelne Tiere Kollerlaute von sich, und sie streckten sich gegenseitig die Rüssel entgegen. Die jüngeren Elefanten waren offensichtlich besonders begierig darauf, loszugehen. Aber die großen Kühe rührten sich nicht vom Fleck.

Als schließlich der Himmel nur noch vom gerade aufgegangenen Mond und einigen Sternen erhellt wurde, ließ Torn Ear das weiche »Los geht's«-Kollern hören, klappte mit den Ohren und schlug sie gegen Hals und Schultern. Dann marschierte sie in Richtung Norden auf die Hügelkette oberhalb des Beckens zu. Die Gruppe verließ den Schutz des hohen Grases und ging hinaus auf die Kurzgrasebene, die nach der langen Dürre fast nur noch aus nackter Erde bestand. Jetzt war die Ebene matschig und durch die frischen Regenfälle an einigen Stellen völlig überschwemmt. Die Elefanten gaben auf ihrer Wanderung keine Lautäußerungen von sich, manchmal jedoch wurde ihre Gegenwart durch das schlürfende Geräusch ihrer Füße im Matsch oder das Aufspritzen das Wassers verraten.

Bald erreichten sie die Hügelkette aus roter Erde. Hier war der Boden bereits recht trocken und nicht mehr so matschig. Obwohl die kleinen Büsche schon das erste Grün zeigten, gab es noch kein frisches Gras. Die Elefanten stiegen die Hügelkette hinauf, überquerten auf halber Strecke die Grenze des Parks und gingen auf den langgezogenen Bogen der Ilaingurunyeni-Hügel zu. Da sie zügig wanderten, kamen sie schnell voran und erreichten schließlich ein Gebiet am Fuße der Hügel, in dem es schon früher und stärker geregnet hatte als in den Gegenden, durch die sie gekommen waren. Hier wuchs frisches, saftig-grünes Gras.

Die Elefanten begannen unverzüglich zu fressen, sie schlangen ihre Rüssel um die Halme, rissen große Büschel aus und stopften sie sich in den Mund. Es war für sie das erste süße, nährstoffreiche Gras seit vielen Monaten, und sie fraßen, als ob sie so etwas niemals wieder erleben würden. Die jungen Kälber, die während der Dürre geboren worden waren, hatten noch nie frisches Gras geschmeckt. Als sie vier Monate alt waren, hatten sie damit begonnen, auch pflanzliche Nahrung zu sich zu nehmen, um die Muttermilch zu ergänzen. Aber das einzige Gras, das ihnen in jenen Monaten zur Verfügung gestanden hatte, war *Cynodon dactylon* gewesen, das ziemlich schlecht schmeckte und während der Trockenzeit auch keinen hohen Nährwert hatte. Und nun waren sie mit einemmal in einem Meer aus wohlschmeckenden und höchst nahrhaften Gräsern (*Sporobolus nervosus* und *Sporobolus foclados*), die aufschossen, sobald es regnete, und fast im Nu von grasenden Tieren wieder abgefressen wurden.

Die vier jungen Kälber, alle 1976 geboren, waren unschlüssig. Sie hatten in ihrem kurzen Leben das Becken noch nie verlassen und waren nervös und aufgeregt. Außerdem waren sie müde von dem Marsch über zwanzig Meilen. Doch der Geruch, der entstand, wenn das Gras von den riesigen Backenzähnen ihrer älteren Verwandten zermahlen wurde, war unwiderstehlich. Obwohl sie mit ihren Rüsseln noch nicht sehr geschickt waren, fingen auch sie an zu fressen.

Anders als sonst, hörte die Gruppe in der Nacht nicht auf zu fressen, um zu schlafen. Die Tiere bewegten sich beim Fressen immer weiter in nordwestliche Richtung, bis sie schließlich ein bewaldetes Gebiet an den unteren Hängen der Hügel erreichten. Bei Tagesanbruch befanden sie sich dann schon mitten zwischen den Bäumen. Sie hielten an, um auszuruhen. Aber auch hier schliefen sie nicht, wie sie es sonst im Park taten. Nur die jüngeren Kälber legten sich wie gewöhnlich hin. Die erwachsenen Tiere blieben stehen, machten häufig die Augen auf, hoben die Ohren und spreizten sie ab, um auf alle Geräusche zu hören, die Gefahr bedeuten könnten.

Den ganzen Tag verbrachten sie abwechselnd mit Fressen und Ausruhen. Dabei gingen sie auf ihrer Futtersuche nicht sehr weit. Erst in der Nacht fraßen sie wieder draußen im buschbestandenen Grasland. Ungefähr um Mitternacht gesellte sich eine große Herde aus achtzig Elefanten zu ihnen, die aus sieben Familien und mehreren männlichen Elefanten, einschließlich einiger älterer Bullen, bestand. In diesem lockeren Verband wanderten die CAs, LAs, MAs, VAs und WAs mit, die größte Bond Group der Population. Auch die Bond Group der CBs und DAs sowie der größte einzelne Familienverband, die PAs, waren dabei.

Die Ts wurden im Schutze dieser größeren Herde sofort entspannter, ihre Furcht vor möglichen Gefahren war gemildert. Zugleich aber steigerte die neue soziale Situation ihre Erregung, vor allem die jüngeren Tiere waren neugierig auf die Neuankömmlinge und fühlten sich von ihnen angezogen. Während der zwei Jahre mit geringem Niederschlag hatte jede Familie die Tendenz gehabt, für sich zu bleiben. Sogar Vergesellschaftungen mit den Familien der eigenen Bond Group waren nur manchmal vorgekommen, und mit anderen Familien waren sie selten zusammen gewesen. Infolgedessen befand sich in jenen Jahren jedes Tier eher in einer kleineren Gruppe, mit kaum mehr als zwanzig Tieren. Sich nun in einer Gruppe von mehr als hundert Elefanten aufzuhalten, war sozial sehr anregend. Teddy, Taabu, Right Fang, Tolstoi und Tim, die jungen Bullen der Ts, waren die ersten Familienmitglieder, die Kontakte mit den anderen Elefanten knüpften.

Teddy und Taabu, die beiden ältesten, gingen voran, näherten sich der VA Familie und suchten sich die jungen Bullen in ihrem Alter aus. Sie kannten diese Familie, wie sie alle Familien der Population kannten, aber einigen begegneten sie häufiger als anderen. Die Trockenzeit hatten die VAs, genau wie die Ts, im Longinye-Sumpf verbracht. Während der harten Jahre aber waren sie selten gemeinsam mit ihnen umhergestreift, und sie hatten sich meistens nur aus der Entfernung gesehen.

Teddy und Taabu hatten seit Monaten keine Übungskämpfe mehr ausgetragen; und zwar nicht nur, weil sie selten mit anderen Familien zusammengetroffen waren, sondern auch, weil sie nicht mehr die Kraft zum Spielen gehabt hatten. Jetzt, mit dem nahrhaften Gras in den gefüllten Mägen, konnten sie ihre Kräfte mit anderen Bullen ihrer Größe und ihres Alters wieder messen. Bald entdeckten sie Vladimir und Vostok. Taabu, der jünger als Teddy, aber meist kontaktfreudiger war, näherte sich den beiden VA-Bullen. Er legte seinen Rüssel erst an Vostok's, dann an Vladimir's Mund. Auch diese legten ihre Rüssel an seinen Mund. Teddy kam hinzu und begrüßte ebenfalls die anderen. Die vier steckten die Köpfe zusammen, streckten sich immer wieder die Rüssel entgegen und berührten mal einen Stoßzahn, mal eine Schläfendrüse und schlangen die Rüssel umeinander.

Taabu stieß Vostock sanft an und legte seinen Rüssel auf dessen Kopf. Vostock drehte sich und blickte Taabu frontal an. Dann hob er den Kopf und ging nach vorn. Sie verhakten ihre Stoßzähne und rückten ihre Rüssel an der Wurzel gegeneinander. So standen sie Kopf an Kopf, stießen sich sanft, ganz langsam und lässig, wobei sie sich gegenseitig mit dem Rüssel durch das Gesicht fuhren und den Rüssel in den Mund des anderen steckten. Plötzlich stürzte Taabu mit einer heftigen Bewegung los, sein Rüssel traf hart gegen Vostok's Rüssel. Vostok machte einen Ausfall, ihre Stoßzähne krachten aufeinander. Das Spiel begann, ernst zu werden. Vostok war der Größere, Taabu aber kompakter und möglicherweise schwerer. Es war ein ziemlich ausgeglichenes Match. Sie stießen und schoben sich, wichen zurück und prallten wieder aufeinander. Vostok schob so lange, bis es ihm gelang, seine Stoßzahnspitze Taabu in die Haut kurz unterhalb des Auges zu stoßen. Taabu wich zurück, drehte sich zur Seite, kehrte um und lief, von Vostok verfolgt, davon. Taabu rannte hinter einen kleinen Busch, schnellte herum und blickte Vostok über den Busch hinweg an. Beide benutzten den Busch, um zu verhindern, daß sie wieder so dicht zusammenstießen wie vorher.

Bald wichen sie, von der ungewohnten Anstrengung ermüdet, zurück. Da keiner von beiden den Kampf sofort wieder aufnehmen wollte, lenkten sie sich gegenseitig ab und griffen den Busch an. Sie hoben Stöcke hoch, mit denen sie sich gegenseitig bewarfen oder die sie einfach über die Schulter nach hinten schleuderten. Nach ein paar Minuten waren sie wieder bei Kräften. Taabu kniete vor Vostok nieder und forderte ihn erneut heraus, indem er seine Stoßzähne in den Boden grub. Dann stand er auf, und wieder prallten sie zusammen, ihre Stoßzähne krachten aufeinander.

Unterdessen langweilte sich Teddy, der mit Vladimir, einem viel jüngeren

Elefanten, gekämpft hatte. Er kam herüber zu Taabu und Vostok, unterbrach ihren Kampf und forderte Vostok heraus. Im Nu waren nun diese beiden in ein Match verwickelt. Taabu drehte sich ab, blickte umher und entdeckte Right Fang, der mit Vasily einen Übungskampf austrug. Taabu rannte hinüber und stieß Vasily mit den Stoßzähnen ins Hinterteil. Vasily schrie auf, mehr vor Überraschung als vor Schmerz, und sogleich kam seine Mutter Virginia, eine der größten Kühe in der ganzen Population, mit abgespreizten Ohren herüber. Taabu hielt die Stellung noch für einige Augenblicke; doch als Virginia mit ausgebreiteten Ohren, die über dem Kopf eine waagerechte Linie bildeten, die unverkennbare Drohhaltung einnahm, drehte Taabu sich um und rannte zu seiner Familie zurück. Die anderen T-Bullen, die ihn davonlaufen sahen, folgten ihm schnell.

Die Kühe und die jüngeren Kälber der Ts hatten sich, während die Bullen kämpften, etwas abseits gehalten. Teresia blieb ruhig und würdevoll wie immer und ignorierte die anderen. Torn Ear kümmerte sich um ihre eigenen Angelegenheiten. Slit Ear und Tania aber benutzen die Gelegenheit, wichtige Beziehungen aufzufrischen und neue anzuknüpfen. Als Mariana, die Leitkuh der MAs, langsam fressend herüberkam, hob Slit Ear den Kopf. Sie schlenderte mit leicht nach vorn gestrecktem Kopf und etwas abgespreizten Ohren auf Mariana zu. Diese hörte auf zu fressen, stand aufrecht da und beobachtete, wie Slit Ear näher kam, doch dann kehrte sie um und drehte schnell ab. Tania, die dicht hinter Slit Ear gefolgt war, stürzte sich auf Marcia, eine junge Kuh aus derselben Familie, und verjagte sie. Als Tania zurückkehrte, kollerte sie und klappte mit den Ohren. Die anderen Ts kamen zu ihr und begrüßten sie mit anerkennendem Antwortkollern und Ohrenklappen. Die Ts hatten ihre dominante Stellung gegenüber den MAs behauptet.

Durch die Kollerlaute bei den Mitgliedern der T-Familie angelockt, näherten sich drei ältere Bullen: Steve, Lexi und M127 (manchmal auch Flop Ear genannt). Sie gehörten nicht zu den größten Bullen der Population, doch sie waren Mitte bis Ende Zwanzig, also in einem Alter, in dem Bullen damit anfangen, ernsthaft in Wettbewerb um die Kühe zu treten. Steve und Lexi waren beides stattliche Bullen, hochgewachsen mit langen, asymmetrischen Stoßzähnen. M127 hatte das Pech, daß ihm in einem Kampf ein Ohr beschädigt worden war, wodurch er ein Hängeohr hatte, und seine Stoßzähne waren nur mittelmäßig. Er war allerdings einige Jahre älter als Steve und Lexi und dadurch im Vorteil. Er erreichte die Ts als erster und schlenderte, um sie nicht zu beunruhigen, in »lässigem Gang«, den Rüssel über den linken Stoßzahn gehängt, durch die Runde der Kühe. Die großen Kühe ignorierten ihn, als er sie testete. Aber die jungen Kühe, die schon allein durch das Aufeinandertreffen so vieler Elefanten erregt waren, kollerten, liefen umher, drehten sich im Kreise und harnten. M127 prüfte sie, beroch ihre Genitalien und schmeckte ihren Harn, und Lexi und Steve taten es ihm gleich. Keine der Kühe war im Östrus, doch die von der sozialen Situation ausgehende stimulierende Wirkung auf ihre Hormone setzte allmählich ein.

Die vermischte Gruppe aus annähernd 110 Elefanten beruhigte sich nach ungefähr einer Stunde, und alle fingen an, ernsthaft zu fressen, die ganze Nacht hindurch. Kurz vor der Morgendämmerung erreichten sie einen kleinen Bach, der den Hügel hinunterfloß und nur in der Regenzeit Wasser führte. Hier tranken sie von dem schnell dahinfließenden, bräunlichen Wasser, das ganz anders schmeckte als das klare Quellwasser innerhalb des Beckens. Als der Morgen dämmerte, zog von Osten her eine dunkle Wolke auf, und bald darauf regnete es gleichmäßig bei völliger Windstille, was auf eine gute, gesunde Durchfeuchtung des Bodens deutete. Die Elefanten wanderten in ein von *Acacia mellifera*- und *Acacia nubica*-Bäumen bestandene Gebiet hinüber, wo sie sich in kleineren Gruppen zusammendrängten und sich, mit dem Rücken im Regen, ausruhten.

Am Vormittag regnete es noch immer ohne Unterlaß, und die Gruppe kehrte zum Fressen auf die buschbestandene Grasfläche zurück. Als der Landregen am späten Vormittag aufhörte und die Sonne hervorkam, hoben sich die nassen Elefanten schwarz von dem dunkelblauen Himmel und dem grünschimmernden Gras ab. Sie verbrachten noch einige Stunden in dieser Idylle, bis der Wind von Osten her den Klang der Glocken von Massai-Rindern und die Pfiffe der Hirten herübertrug. Die Massai waren noch weit entfernt, so daß die Elefanten nicht in Panik gerieten, sie gingen ganz einfach langsam auf ihrer Futtersuche nach Südwesten.

Die Tiere verließen die Hügel und erreichten nach einiger Zeit die Hauptstraße, die von Westen in den Park führt. Gerade, als sie die Straße überqueren wollten, rasten zwei Minibusse vorbei. Die Elefanten an der Spitze der Gruppe waren durch die Geschwindigkeit der Fahrzeuge leicht beunruhigt. Aber sie betrachteten sie nicht als Gefahr, denn sie waren an Autos gewöhnt. Ohne zu fressen, wanderten sie in einer langen Kolonne weiter. Lilian, die alte Leitkuh der LA-Familie, eine der beständigsten

Anführerinnen der Population, war an der Spitze und führte den Verband zu einer Stelle, von der sie wußte, daß dort gutes, frisches Gras sein würde.

Die große Herde betrat ein Gebiet westlich vom Bett des Amboseli-Sees, in dem niedriges Buschwerk wuchs, durchsetzt von Grasflächen. Hier verteilten sie sich, überall war Nahrung zu finden. Aus der Entfernung hörten sie tiefe Kollerlaute anderer Elefanten und wußten, daß weitere Gruppen in dieser Gegend waren und keine unmittelbare Gefahr bestand. Sie fraßen bis in die Nacht hinein und machten alle paar Stunden kurze Ruhepausen. Sie hatten nach der langen Dürre viel nachzuholen, und obwohl sie von dem frischen Gras zunächst leichten Durchfall bekamen, würden sie sich bald daran gewöhnen.

Sie blieben noch zwei Tage in diesem Gebiet. Es gab hier keine Flüsse, deshalb tranken sie aus Wasserpfützen, die sich durch den Regen vorübergehend gebildet hatten. Am dritten Tag befanden sie sich weiter südwestlich, nahe der tansanischen Grenze. Die Elefanten hatten sich verstreut und fraßen zwischen den Büschen. In weiter Entfernung hörten sie das Motorengeräusch von einem Landrover. Er näherte sich langsam aus südlicher Richtung, hielt von Zeit zu Zeit an, startete wieder, fuhr weiter und kam allmählich näher. Als das Fahrzeug noch etwa eineinhalb Meilen entfernt war, wurden die Elefanten wachsamer. Erneut hielt der Landrover an, aber diesmal hörten sie ihn nicht wieder starten. Der Wagen befand sich jetzt westlich von ihnen, und der Wind wehte in seine Richtung. Teresia und einige der anderen weisen, alten Kühe hoben den Rüssel und witterten in die Richtung, aus der das Motorengeräusch gekommen war. Sie konnten im Wind nichts riechen, was sie beunruhigte.

Es verging fast eine Stunde, die Elefanten fraßen ganz friedlich. Es war jetzt Mittag, und sie fingen an, schläfrig zu werden. Im Schatten einiger größerer Bäume hatten sich schon die ersten kleinen Gruppen gebildet, die sich dort ausruhten. Die Ts fraßen noch weiter am westlichen Rand der Herde. An der Spitze der dahinziehenden Tiere war Torn Ear mit ihrem dreijährigen Sohn ('74). Torn Ear griff gerade nach einem kleinen, saftigen Kraut, das im Gras eingebettet war, als ihr eine schnelle Bewegung links von ihr ins Auge fiel. Sie wirbelte herum, und da standen, nur dreißig Meter entfernt, zwei Männer. Ohne zu zögern senkte sie den Kopf und griff an. Sie konnte den Knall nicht einmal mehr hören, ehe die Kugel ihren hohlen Stirnknochen durchschlug und sich tief ins Gehirn bohrte.

Sie war schon tot, als sie vornüber auf den Kopf und die Stoßzähne fiel und durch die Wucht ihres Angriffs noch einige Meter über den Boden schlidderte. Als nächster wurde ihr Sohn getroffen, zuerst in die Schulter, so daß er vor Wut und Schmerzen aufschrie, und dann durch die Seite ins Herz.

Noch bevor der erste Schuß gefallen war, wurde die Herde gewahr, daß äußerste Gefahr drohte, denn Torn Ear hatte im Augenblick des Angriffs einen Alarmruf ausgestoßen. Alle hatten ihn gehört, und sie wußten, von wem er stammte, und handelten entsprechend. Die meisten Elefanten liefen sofort weg, nur ihre eigene Sippe kam Torn Ear ohne Zögern zu Hilfe. Sie eilten zu ihr und ließen sich auch nicht aufhalten, als sie die Schüsse hörten und Torn Ear fallen sahen. Die Männer ergriffen die Flucht, gaben aber noch mehrere Schüsse ab, die bis auf einen ihr Ziel verfehlten. Tina wurde von einer Kugel in die Brust erwischt, die ihre rechte Lunge traf.

Diese Schüsse bewirkten, daß die Ts umkehrten und nun ebenfalls vor der Gefahr davonliefen, in Richtung Norden der Herde hinterher. Genau darauf hatten die Wilderer gehofft: Dort warteten noch zwei Männer. Die WA-Familie war an der Spitze der Fliehenden, angeführt von ihrer Leitkuh Wendy, dichtgefolgt von Willa, der nächstältesten Kuh. Wendy lief geradenwegs in die Gewehre hinein. Diese Männer waren jedoch nicht so erfahren wie die anderen und benötigten sieben Schüsse in Kopf, Hals und Schulter, bis Wendy fiel und starb. Willa hinter ihr drehte ab, und eine Kugel erwischte ihren Schwanz, der fast in zwei Hälften geteilt wurde, wobei der untere Teil nur noch von einem Stückchen Haut gehalten wurde.

Die ganze Herde war jetzt dicht zusammengedrängt und lief in voller Geschwindigkeit. Die Mütter schoben ihre Babies buchstäblich vorwärts, damit sie Schritt hielten. Sie rannten am Rande der glitschigen Uferzone des Sees entlang, zunächst nach Norden und dann nach Osten. Die Ts, die am weitesten westlich gewesen waren und sich verspätet hatten, weil sie versucht hatten, Torn Ear zu helfen, bildeten den Schluß. Tina war die allerletzte. Ihre Familie wußte, daß sie verletzt war; sie konnten das schaumige, rosarote Blut riechen, das aus ihrem Mund tropfte. *Es gelang ihr mitzuhalten, bis sie die Hügelkette erreichten.* Aber an der Steigung wurde sie langsamer und stöhnte vor Schmerzen. Ihre Mutter Teresia blieb immer wieder zurück, um neben ihr zu laufen, sie streckte ihren Rüssel hinüber und berührte sie, doch schließlich konnte Tina nur noch gehen. Der Rest ihrer Familie, die TDs, und Slit Ear's Familie, die TCs, wurden ebenfalls langsamer. Sie ließen die übrige Herde, einschließlich der verbliebenen Familie von Torn Ear und der Familie von Tania, weiterlaufen. Die TAs und TBs waren durch den Verlust von Torn Ear völlig verwirrt und in Panik geraten, sie rannten einfach blindlings mit der großen Herde mit.

Teresia führte ihre Elefanten zur abgelegenen Seite des Meshanani, einem kleinen Hügel in der Kette oberhalb des Amboseli-Sees. Dort bot sich etwas mehr Schutz, da Tina nicht mehr weitergehen konnte. Das Blut, das aus ihrem Mund lief, war hellrot, und sie keuchte, daß ihre Flanken bebten. Die anderen Tiere stellten sich dicht um sie herum und streckten die Rüssel nach ihr aus. Tina's Knie wurde weich, langsam sank sie nieder. Teresia stellte sich auf eine Seite und Trista auf die andere, und beide stützten sie, um sie aufrecht zu halten. Bald aber hatte Tina keine Kraft mehr, rutschte zwischen ihnen nach unten und sank auf die Seite. Noch mehr Blut kam im Schwall aus ihrem Mund, ein Schaudern durchlief ihren Körper, dann starb sie.

Teresia und Trista waren verzweifelt. Sie knieten nieder und versuchten, sie hochzuheben. Mühsam schoben sie ihre Stoßzähne unter Tina's Rücken und Kopf. Einmal gelang es ihnen, sie in eine sitzende Position aufzurichten, aber ihr Körper fiel wieder zusammen. Ihre Familie tat alles, um sie mit Rüsseln und Füßen hochzuheben. Tallulah ging sogar los, holte einen Rüssel voll Gras und versuchte, es in ihren Mund zu stopfen. Schließlich stellte sich Teresia hinter Tina, kniete nieder, schob die Stoßzähne unter ihre Schulter und begann, sie mit aller Kraft hochzuheben. Als sie sich aufgerichtet hatte und das ganze Gewicht von Tina's Kopf und Vorderteil auf ihren Stoßzähnen lastete, war ein scharfes Krachen zu hören – die tote Elefantenkuh entglitt Teresia, und der rechte Stoßzahn der Helferin fiel zu Boden. Er war ein paar Zentimeter unterhalb von Teresia's Lippe bis auf den Nerv abgebrochen; ein gezacktes Stückchen Elfenbein und die blutige Pulpa waren alles, was ihr blieb.

Nun gaben sie auf, aber sie gingen nicht fort. Die Tiere standen um Tina's Leiche herum und berührten sie sanft mit den Rüsseln und den Füßen. Da der Boden felsig und feucht war, gab es keine lockere Erde. Trotzdem versuchten sie, mit Füßen und Stoßzähnen zu graben. Jedesmal, wenn es ihnen gelungen war, etwas Erde zu lockern, streuten sie diese über den toten Körper. Trista, Tia und einige andere gingen los und brachen Äste von kleinen Büschen ab, brachten sie zurück und legten sie auf den

Leichnam. Dabei achteten sie weiter genau auf die Geräusche, die sie umgaben, und witterten immer wieder nach Westen, doch sie verließen Tina nicht. Als es Nacht wurde, hatten sie die Tote unter Ästen und Erde beinahe begraben. Dann standen sie fast die ganze Nacht Wache bei ihr, und erst, als der Morgen dämmerte, gingen sie widerstrebend fort und wanderten zurück in die Sicherheit des Parks.
Teresia ging als letzte. Die anderen waren zur Hügelkette gewandert, hielten dort an und kollerten sanft. Teresia stand mit dem Rücken zu ihrer Tochter und sah zu ihnen hinüber. Sie griff noch einmal mit dem Rüssel nach hinten und berührte den Leichnam mehrere Male sanft mit dem Hinterfuß. Die anderen kollerten wieder, ganz langsam ging Teresia los, um sie zu treffen, dabei berührte sie ihren abgebrochenen Stoßzahn mit der Rüsselspitze.

Seit die Massai in dieser Gegend leben, sind die Amboseli-Elefanten auf ihren jahreszeitlichen Wanderungen aus dem Becken hinaus- und wieder hineingewandert. Die mündlich überlieferte Geschichte der Massai beschreibt nicht nur ihre eigenen Wanderwege, sondern auch die der Wildtiere, mit denen sie ihren Lebensraum teilen. Solange sich die Massai zurückerinnern können, haben sie sich während der Trockenzeit mit ihrem Vieh und den anderen wandernden Pflanzenfressern (Elefanten, Büffeln, Zebras, Gnus, Grant- und Thomson-Gazellen) um die ständigen Sümpfe herum konzentriert, die ihnen sowohl Wasser wie auch Nahrung boten. Dann sind sie, sobald die Regenfälle begannen, aus dem Becken hinaus zu den Hügelketten im Norden und Osten, den buschbestandenen Flächen im Westen und den Hängen des Kilimandscharo im Süden gewandert.
Im Jahre 1967 hatte ein junger Doktorand eine Untersuchung darüber begonnen, wie die Massai und ihr Vieh sowie die Elefanten und andere Tierarten die Lebensräume im Amboseli-Ökosystem nutzen. David Western, seinen Freunden als Jonah bekannt, war von der dynamischen Natur des Amboseli fasziniert und davon, wie das Leben von Mensch und Tier unter diesen Umweltbedingungen ablief. Jonah's Untersuchung zeigte: Das Wanderverhalten und die Ausnutzung der Lebensräume während der Regenzeit und dem anschließenden schnellen Plfanzenwachstum sind bei Mensch und Tier erstaunlich ähnlich. Mit Ausnahme einiger weniger Tierarten, die kein Trinkwasser benötigen, wird die Wahl des Lebensraumes dadurch bestimmt, ob es Wasser gibt. Während der Trok-

kenzeit findet man das einzige bleibende Wasser in den Sümpfen innerhalb des Beckens. In der Regenzeit führen auch die Flüsse und Bäche in dem ausgedehnten, buschbestandenen Grasland außerhalb des Amboseli-Beckens Wasser, und selbst kleine Wasserstellen füllen sich dann. Solange hier Wasser vorhanden ist, ernähren sich Haus- und Wildtiere von dem qualitativ besseren Futter, das auf der fruchtbaren Erde in der Umgebung außerhalb des Beckens wächst. Wenn die Wasserstellen austrocknen, müssen die Tiere in das Becken zurückkehren und sich mit der qualitativ schlechteren, aber reichlichen Vegetation in den Sümpfen und Wäldern begnügen.

Als ich 1972 mit der Elefantenstudie begann, erklärte mir Jonah die allgemeine ökologische Stituation der Elefanten in Amboseli. Auf Grund seiner Zählungen schätzte er, daß zwischen 600 und 700 Elefanten das Amboseli-Ökosystem nutzten. Seine Zählungen nur innerhalb des Bekkens ergaben, daß 200 bis 300 Elefanten regelmäßig während der Trokkenzeit in dieses Gebiet kommen. Er stellte fest, daß, sobald es zu regnen anfängt, Vergesellschaftungen von manchmal mehr als hundert Elefanten zu beobachten sind. In diesen großen Gruppen ziehen sie mehrere Tage umher, bis sie das Becken verlassen. Jonah erzählte mir auch, daß es drei klar erkennbare Wege gebe, die in die Regenzeit-Gebiete führen. Einer von ihnen sei so breit und tief, daß Kartographen, die anhand von Luftaufnahmen aus dem Jahre 1950 eine Karte erstellt hatten, den Elefantenpfad für eine kleine Straße hielten und ihn als solche in der Karte gekennzeichnet hätten.

In der Anfangszeit unserer Untersuchungen wanderten die Elefanten je nach Jahreszeit aus dem Becken hinaus und wieder herein. Im Jahre 1974 brachten Harvey und ich kleine Funkgeräte an den Hälsen von Bertha, Echo und Sona an, den Leitkühen von drei Familienverbänden. Obwohl sich herausstellte, daß Echo in Bezug auf ihre Wanderbewegungen sehr konservativ, ja richtig häuslich war, bestätigten die per Funk erhaltenen Daten Jonah's allgemeine Beschreibung der Elefanten-Wanderungen. Dadurch wurden auch einige meiner eigenen Beobachtungen über die Verteilung einzelner Familien im Becken während der Trockenzeit bekräftigt.

Seit Beginn unserer Studie hatten wir jedesmal, wenn eine Elefantengruppe gesichtet wurde, besondere Daten registriert, die später auf einen codierten Computerbogen übertragen wurden:

Datum
Uhrzeit
Aufenthaltsort (Angabe des Planquadrats=km^2)
Typ des Biotops
Aktivität der Elefanten (als sie zum ersten Mal gesichtet wurden)
Gruppengröße
Anwesende Familienverbände (repräsentiert durch anwesende Individuen)
Anwesende Bullen

Außerdem notierte ich die Anwesenheit neugeborener Kälber und kranker oder verletzter Tiere, das Auftreten von Östrus-Verhalten sowie alle ungewöhnlichen Verhaltensweisen und ökologischen Gegebenheiten. Unter günstigen Bedingungen versuchte ich eine vollständige Zählung der anwesenden Familie bzw. Familien.

Diese Basisdaten ließen ziemlich bald erkennen, daß jede Familie in der Population die Tendenz hatte, während der Trockenzeit jeweils in einem ganz bestimmten Teil des Parks zu bleiben: Und nur sehr selten wurden sie mal in anderen Teilen gesehen. Teresia's Familie zum Beispiel, die TDs, konnten bis Ende 1976 genau 99mal gesichtet werden, und in 98 Prozent dieser Beobachtungen, also fast immer, befand sich die Familie in dem zentralen Gebiet des Parks, entweder im Longinye-Sumpf oder im Ol Tukai Orok-Wald. Nur einmal wurde sie westlich des Enkongo Narok-Sumpfes und einmal westlich von Longinye gesehen. Bei den drei anderen T-Familien verhielt es sich ähnlich. Außerdem teilten sich die Ts ihr Trockenzeit-Gebiet offensichtlich mit etwa fünf anderen Familien.

Andererseits verbrachte die FA-Familie, angeführt von Filippa, die meiste Zeit westlich des Longinye-Sumpfes. Im selben Zeitraum, von 1972 bis 1976, war sie 78mal dort gesehen worden, und in 91 Prozent dieser Beobachtungen hatte sie sich im Enkongo Narok-Sumpf aufgehalten oder in der Nähe, am Fuße der Ilmberisheri-Hügel und im Ol Tukai Orok-Wald. Nur bei sieben Gelegenheiten wurde diese Familie in Longinye oder östlich davon gesehen. Und auch sie teilte ihr Trockenzeit-Gebiet mit anderen Familien.

Ich beschloß, jene Familien, die während der Trockenzeit dasselbe Areal teilten, als »Clan« zu bezeichnen. Um die zwei Hauptsümpfe im Park herum konzentrierten sich offensichtlich vier bis fünf solcher Clans.

Allerdings stellten die Elefanten, die diese Sümpfe nutzten, nur einen Teil des Gesamtbestandes, und ich fragte mich, wo sich die anderen Elefanten aufhielten. Jonah's Zählungen aus der Luft hatten gezeigt, daß von den etwa sechshundert Amboseli-Elefanten nicht alle zur gleichen Zeit im Becken angetroffen worden waren. Es schien möglich, daß sich die verschiedenen Familien abwechselnd im Becken und in den außerhalb liegenden Gebieten aufhielten und vielleicht mehr oder weniger nach einer Art Rotationsprinzip hinein- und herauswanderten. Infolgedessen wären einige Tiere im Becken, während andere sich in den buschbestandenen Flächen der Umgebung aufhielten. Wiederholte, mindestens einmal wöchentlich stattfindende Beobachtungen derselben Familien in denselben Gebieten legten dies allerdings nicht nahe.

Als ich dann allmählich immer neue Elefanten kennenlernte, auf neue Familien stieß und sie fotografierte, begann ich, eine Teilung der Population zu erkennen. Die Familien, die ich in der Nähe der zentralen Sümpfe traf, waren Fahrzeugen gegenüber sehr tolerant und duldeten, daß ich sie aus einer Entfernung von nur wenigen Metern fotografierte. Dann wiederum traf ich im Park von Zeit zu Zeit Gruppen, die schon wegliefen, wenn mein Fahrzeug noch zweihundert Meter entfernt war. Schließlich gelang es mir, mit viel Geduld und durch langsame, vorsichtige Fahrweise auch an diese scheuen Elefanten nahe genug heranzukommen, um sie aufzunehmen. In jenen Jahren geschah es oft, daß ich eine dieser Gruppen fotografierte und sie dann zwei oder drei Monate lang nicht wiedersah.

Eine viel bessere Vorstellung davon, was diese seltenen, scheuen Besucher machten, erhielt ich, als wir – wie bereits erwähnt – Sona mit einem Funkgerät um den Hals versahen. Sie war die Leitkuh einer kleinen Familie, die sich, wenn sie gesehen wurde, im westlichen Teil des Parks aufhielt. Harvey und ich konnten Sona's Bewegungen von einem kleinen Flugzeug aus mehrere Monate verfolgen. Wir entdeckten, daß sie die meiste Zeit südlich des Parks am Fuße des Kilimandscharo im Lava- und Buschland verbrachte oder im buschbestandenen Grasland im Westen. In der Regenzeit wanderte sie manchmal nach Norden. Ihre Familie fand sich meist in enger Verbindung mit den zwei Familien von Jezebel und Yolanda, und ich faßte diese drei Familien zu einer Bond Group zusammen. Während der Trockenzeit kamen sie in den Park und in die Sümpfe, aber sie blieben offensichtlich nur wenige Tage zu Besuch, dann wanderten sie in das außerhalb liegende Buschland zurück. Wahrscheinlich nutzten sie zum Trinken einige kleine Sümpfe am Fuße des Kitirua und der Ilmberisheri-Hügel im Westteil des Parks. Oder sie kamen vielleicht nachts zum Trinken in den Enkongo Narok-Sumpf. Auf jeden Fall verbrachten sie, im Gegensatz zu den Elefanten, die sich um die Hauptsümpfe herum konzentrierten, tagsüber die meiste Zeit außerhalb des Parks.

Schließlich entdeckte ich, daß etwa zwanzig Familienverbände an der Peripherie der Hauptsümpfe lebten. Ich nannte sie die »periphere Subpopulation« und die Elefanten, die ich regelmäßig sah, die »zentrale Subpopulation«. Fast alle der »peripheren« Elefanten stammten aus dem Westteil des Ökosystems. 1976 und 1977 jedoch registrierte ich auch fünf Familien auf der östlichen Seite. Anfangs waren diese östlichen »peripheren« Elefanten Fahrzeugen gegenüber sehr argwöhnisch. Jedesmal, wenn ich versuchte, mich ihnen zu nähern, rannten sie in Panik davon. Mit der Zeit wurden sie jedoch ruhiger, und es gelang mir, einige Aufnahmen von ihnen zu machen. Es stellte sich heraus, daß sie tatsächlich etwas anderes taten als die Elefanten der westlichen Peripherie. Als sie regelmäßiger beobachtet wurden und sie sich an Autos gewöhnten, wurde mir klar, daß sie von Osten her in den Lebensraum der zentralen Population einzuwandern versuchten. Ich habe die Theorie, daß sie einen Clan bildeten, der sich um Namalog und Kimana herum konzentrierte. Das sind die beiden Sümpfe im Osten, außerhalb des Parks.

In der Nähe dieser Sümpfe hatten einige moderne Massai mit Ackerbau begonnen. Sie verwendeten Wasser aus den Sümpfen, um ihre Felder zu bewässern, und sie duldeten die Elefanten nicht länger und vertrieben sie. Der Amboseli-Park war wohl ein Teil des Lebensraums dieser Elefanten, aber wahrscheinlich hatten sie dieses Gebiet während der Trockenzeit nur selten aufgesucht. Als die Massai sie nun verdrängten, waren die Elefanten gezwungen, ihr Trockenzeit-Gebiet woanders zu suchen. Ich weiß nicht, ob die »Einwanderer« auf irgendwelche Feindseligkeiten seitens der schon in Amboseli lebenden Elefanten stießen, aber falls es so war, dann müssen sie dem widerstanden haben. Denn heute leben sie hier und verbringen ebensoviel Zeit im Park wie die ursprünglich dort ansässigen Familien, und sie zeigen sich in der Nähe meines Fahrzeugs entspannt und duldsam.

Einmal entstand während der allmählichen Einwanderung der östlichen Elefanten Verwirrung. Eine der besser bekannten Gruppen in der zentralen Population waren die BBs, die Familie von Big Tuskless. Diese Familie zählte zwölf Tiere, zu denen zwei erwachsene, stoßzahnlose Kühe gehörten (Big Tuskless und Bette) sowie eine Kuh mit nur einem linken Stoßzahn (Belinda). Anhand dieser Merkmale waren sie sehr leicht zu erkennen. Im Jahre 1974 hatte Harvey während zweier Aufenthalte die BBs registriert, die »Doppelt-Stoßzahnlosen«, wie wir sie später nannten. Er hatte auch einige Fotos gemacht, die nicht sehr scharf waren; er hatte die Tiere aus einiger Entfernung aufnehmen müssen, da sie sehr nervös waren. Nachdem er von diesen Aufenthalten zurückgekehrt war, erwähnte er, daß er die Doppelt-Stoßzahnlosen gesehen habe. Aber ich dachte nicht weiter daran.

Gegen Ende des Jahres 1975, als ich im Park lebte, war ich an einem Spätnachmittag in meinem Camp – plötzlich betrat eine Gruppe Elefanten die Lichtung am Nordende des Camps. Sie kamen näher, warfen einen Blick auf die Zelte und flohen erschrocken. Es gelang mir noch, sie zu zählen: Es waren zwölf Tiere, darunter zwei stoßzahnlose Elefanten und ein Tier mit nur einem Stoßzahn – also die Doppelt-Stoßzahnlosen. Ich hielt ihr Verhalten zwar für merkwürdig, notierte aber pflichtgemäß die Beobachtung der BBs im Q-17, dem Planquadrat des Camps.

Im Januar 1976 traf ich draußen im östlichen Teil des Parks wieder auf die Doppelt-Stoßzahnlosen. Sie liefen schon davon, als ich mit meinem Landrover noch mehr als hundert Meter entfernt war. Das machte mich stutzig, denn Big Tuskless war eine riesige, friedfertige alte Kuh, die normalerweise mein Auto kaum eines Blickes würdigte, wenn ich an ihre Familie heranfuhr. Ich näherte mich der Gruppe aus einem anderen Winkel, stellte den Motor ab und beobachtete sie mit meinem Fernglas. Es waren nur elf Tiere, einschließlich der großen, stoßzahnlosen Kuh sowie einer kleineren Kuh ohne Stoßzähne – und, haltstopp, einer Kuh mit nur einem Stoßzahn rechts!

Eilig zog ich die Fotokartei zu Rate – ja, richtig, Belinda von den BBs war eindeutig ein Linksstoßzahner. Aber wer war nun das hier? Ich betrachtete die große Stoßzahnlose genauer. Sie hatte, wie Big Tuskless, ein Loch im linken Ohr, aber es war an einer etwas anderen Stelle. Und außerdem – Big Tuskless hatte die größten Ohren, die ich jemals bei einem Elefanten gesehen habe, so riesig, daß sie wie eine Karikatur eines Elefanten aussah. Doch die große Stoßzahnlose hier hatte normal große Ohren. Ich betrachtete noch einmal das Foto von Big Tuskless und war mir nun sicher: Der Elefant, der vor mir stand, war bestimmt nicht sie. Ich machte aus der Entfernung einige Aufnahmen und kehrte kopfschüttelnd ins Camp zurück.

In den nächsten Monaten sah ich die Doppelgänger der Doppelt-Stoßzahnlosen noch mehrere Male. Sie hatten immer noch Angst vor meinem

Fahrzeug, aber es gelang mir, weitere Aufnahmen von ihnen zu machen. Sie waren eindeutig eine ganz andere Familie, die ich schließlich die GBs nannte. Die beiden Stoßzahnlosen nannte ich Gloria und Gladys, und die Kuh mit dem rechten Stoßzahn Grace. Als ich einige Jahre später die alten Fotos durchging, entdeckte ich, daß Harvey 1974 zweimal Aufnahmen von Gloria und Gladys gemacht hatte, ohne zu bemerken, daß sie nicht unsere ursprünglichen Doppelt-Stoßzahnlosen waren.

Gegen Ende 1976 wurde mir klar, daß ich eine ziemlich gute Vorstellung von den Zahlen und der Verteilung der Amboseli-Elefanten hatte. Es gab offenbar 48 Familienverbände, von denen sich 28 bei den zentralen Sümpfen konzentrierten, fünf von Osten her einwanderten und 15 im westlichen und südwestlichen Buschland lebten. Alle diese Familien umfaßten etwa 350 Kühe und Kälber. Ich schätzte, daß es außerdem noch 150 erwachsene Bullen gab. Die Population bestand also aus insgesamt ungefähr 500 Tieren. Das waren, infolge der Dürre, des Speerens und der Wilderei, mindestens 150 Elefanten weniger als zu Beginn der Studie. Doch die Zeit der Verluste war noch nicht ganz überstanden.

Als im Dezember 1976 die lange Dürre endlich vorbei war und die Elefanten begierig das Amboseli-Becken verließen, um frische Weideflächen zu finden, warteten schon die Wilderer auf sie. Obwohl Wilderer in Amboseli wegen der Massai kein leichtes Spiel hatten, gab es skrupellose Burschen, die mit den Elfenbeinjägern zusammenarbeiteten. Im Dezember 1976 wurden zusammen mit Torn Ear, Tina, dem Kalb C'74 und Wendy, mindestens zehn Elefanten in Amboseli getötet.

Als Anfang Januar die Wasserlöcher auszutrocknen begannen und die Elefanten in den Park zurückkehrten, zählte ich mit ungutem Gefühl die Elefanten. Ich mußte die T-Familien erst mehrere Male zu Gesicht bekommen, bis ich akzeptierte, daß es Todesfälle gegeben hatte.

Als erste T-Familie entdeckte ich am 3. Janaur 1977 die TCs: Slit Ear mit allen anderen Mitgliedern dieser Familie. Aber Teresia's TD-Familie war nicht mit ihnen zusammen, und das war ungewöhnlich. Am 8. Januar sah ich die TCs wieder, diesmal in einer großen Vergesellschaftung von Elefanten beim Longinye-Sumpf. Nun war zwar Tania (TB) mit ihren zwei Kälbern dabei, doch wiederum fehlten Teresia und Torn Ear. Dann sah ich am 16. Januar eine kleine Gruppe von fünf Tieren, die nervös und unentschlossen wirkten. Es war Torn Ear's TA-Familie mit Tuskless, Tonie, Teddy, Tilly und Tuskless' sechs Monate altem Kalb C'76. Obwohl Tuskless erst vierzehn Jahre alt war, versuchte sie eindeutig, wie eine

Leitkuh zu handeln, und die anderen hatten sich ihren Bewegungen und Aktivitäten angepaßt. Sie waren an einer Stelle vor der Amboseli-Lodge, wo – sehr zu meinem Kummer und meiner Mißbilligung – Obst und Gemüse ausgelegt worden waren, um die Elefanten für Touristen anzulocken. Bis zu diesem Zeitpunkt hatten nur wenige Elefanten diese »Futterstelle« aufgesucht. Die Familien der TA und der TB, die auf ihrem normalen Weg von den Wäldern nach Longinye an der Lodge vorbeigingen, gewöhnten sich jedoch schnell an das Futterangebot.

Für Tuskless und ihre kleine Truppe war es wahrscheinlich ein Ort, an dem sie sich sicher fühlten und an dem sie mit höchst wohlschmeckendem Futter belohnt wurden. Es paßte ins Bild, daß ich sie hier vorfand und zum ersten Mal vermutete, daß Torn Ear tot war. Denn seit dem Verlust von Torn Ear sollten die Besuche der TA-Familie bei der Lodge ein sehr vertrautes Verhaltensmuster werden – und schließlich auch zu einem ernsten Problem. Im Januar sah ich die kleine Fünfergruppe noch achtmal, und Ende des Monats gab es keinen Zweifel mehr, daß Torn Ear und ihr Kalb C'74 tot waren. Eine traurige Erkenntnis für mich, denn Torn Ear war eine der Leitkühe, die ich am besten gekannt hatte. Ihre ruhige Würde war mir ans Herz gewachsen. Es bekümmerte mich auch, wie der Rest der Familie versuchte, allein durchzukommen.

Am 7. Februar fand ich Teresia und ihre Familie endlich wieder bei Slit Ear mitten in Longinye. Mir fiel sofort auf, daß Tina fehlte und daß Teresia's rechter Stoßzahn abgebrochen war. In den ersten Monaten nach den Todesfällen schienen die sozialen Beziehungen zwischen den vier T-Familien gestört zu sein. Während sie sich in der Vergangenheit häufig zueinander gesellt hatten, blieb im Januar, Februar und März meist jede Familie für sich. Besonderes Tuskless schien sich von den anderen Familien fernzuhalten, möglicherweise fühlte sie sich ohne Torn Ear von den älteren Kühen bedroht. Immerhin war sie noch sehr jung, ziemlich klein und hatte keine Stoßzähne.

Ich stellte im Januar fest, daß auch mehrere Tiere aus anderen Familien fehlten, unter ihnen Wendy, die Leitkuh der WAs. Ende Dezember hatte ich zum ersten Mal die restlichen Elefanten dieser Gruppe gesehen und bemerkt, daß Willa mit einigen merkwürdigen Tieren aus der CB- und OA-Familie in einer Gruppe war. In meinen Feldaufzeichnungen steht:

> 10.55 – Ein kleines Kalb taucht neben Willa auf, der Größe nach könnte es Wendy's C'74 sein. Der obere Teil des rechten Ohres ist zum Teil umgeklappt. Die Stoßzähne kommen gerade hervor – es muß Wendy's Kind sein.

Willas Schwanz sieht wie angefressen aus. Er ist ungefähr ein Viertel über der Stelle, wo die Schwanzhaare anfangen, fast in zwei Teile getrennt. Sie wedelt oft damit hin und her und reibt sich dauernd an den Büschen. Ich frage mich, ob ihr Schwanz sich in einer Schlinge verfangen hat. Er sieht aus, als ob er abfallen wird. Ich halte es auch für möglich, daß ein Speer oder eine Kugel hindurchgegangen ist. Aber was ist mit Wendy geschehen?

Am 6. Januar sah ich Willa wieder, der untere Teil ihres Schwanzes war abgefallen. Die Gruppe stand im hohen Gras, und ich konnte nicht sehen, ob Wendy's jüngeres Kalb dabei war. Ich hatte eine ziemlich gute Vorstellung, wie alt es war. Als ich der Familie im März 1975 das erste Mal begegnet war, hatte ich das Kalb auf sechs Monate geschätzt, es war also wahrscheinlich im September oder Oktober 1974 geboren. Im November 1976 waren seine Stoßzähne so weit gewachsen, daß sie neben der Lippe zu sehen waren, ein Hinweis darauf, daß es zwei Jahre oder etwas älter war. Ich war nun sehr besorgt, ob dieses Kalb am Leben bleiben würde. Willa, jetzt die einzige erwachsene Kuh in der Familie, hatte keine Milch, so daß dieses Kalb in sehr jungen Jahren abrupt entwöhnt worden war. Als ich am 18. Januar die WAs erneut traf, war Wendy's kleines Kalb C'74 wieder bei Willa. Am 11. Februar sah ich dann, daß Willa's Schwanz abgeheilt war. Am 15. Februar entdeckte ich in einer Gruppe von sieben Tieren Willa und das Kalb zusammen mit den von Mariana geführten MAs. Es war interessant, Willa mit dem jungen Kalb zu beobachten. Soweit ich wußte, hatte Willa noch kein eigenes Kalb gehabt. Für Wendy's C'74, das ich »Wendy II« nannte, war sie nun eine ausgezeichnete Mutter (Ich habe vorher niemals denselben Namen zweimal benutzt, aber dieses Kalb mußte einfach den Namen seiner Mutter erhalten). Klein-Wendy stand oft direkt unter Willa's Kinn oder zwischen ihren Vorderbeinen und reckte den Kopf nach den verschrumpelten Brüsten ihrer Ersatzmutter. Von Zeit zu Zeit griff Willa sanft nach ihr und berührte sie. Während der nächsten Monate behielt ich Wendy II immer im Auge, sie war ständig bei Willa und entwickelte sich offensichtlich gut.
Interessanterweise war es das ältere, männliche Kalb von Wendy, das nicht überlebte. Obwohl es schon fünf bis sechs Jahre alt war und vollständig entwöhnt, verschwand es einfach und wurde nie wieder gesehen. Vielleicht war es verwundet worden, als Wendy getötet wurde, und ich habe seine Verletzungen nicht gesehen, als ich es das erste Mal mit Willa traf. Es ist aber wahrscheinlicher, daß es von seiner Familie getrennt worden ist und dann gewildert, gespeert oder sogar von Löwen getötet

wurde. In den nächsten Jahren sollte ich lernen, daß männliche Kälber anfälliger sind als weibliche und sowohl als Kinder mit einer Mutter wie auch als Waisen eher sterben.

Als im April die große Regenzeit kam, verließen die Elefanten das Amboseli-Becken wieder und wanderten hinaus zu den Hügelketten im Norden und Osten, ins Buschland im Westen und zu den unteren Hängen des Kilimandscharo im Süden. Für die Tiere war das der Übergang von Zeiten der Dürre, der Gefahr und des Todes zu Zeiten des Überflusses und des relativen Friedens. Von den Wanderungen im April und Mai 1977 kehrten nur zwei Kühe nicht zurück. Eine war Quelea, die junge Leitkuh einer nur aus drei Tieren bestehenden Familie, die andere war Trista.

Im April und Mai war ich meistens in Amboseli, aber diesmal entdeckte ich die TCs und TDs nicht. Ich vermutete, daß sie sich die meiste Zeit außerhalb des Parks aufhielten. Am 1. Juni zogen dann die TCs und TDs zusammen mit Tuskless' TA-Familie duch das Camp. Als sie meine Witterung bekamen, wurden sie sehr nervös und eilten mit erhobenem Rüssel durch das Lager. Dies war ungewöhnlich; denn nach meinen Erfahrungen gehörten die Ts zusammen mit den AAs zu den am besten an Menschen gewöhnten Kühen in der Population. Ich bemerkte, daß bei den TDs Trista und ihr Baby fehlten und wurde sofort argwöhnisch. Am Nachmittag fuhr ich hinaus, fand die Tiere wieder und nahm eine Zählung der ganzen Gruppe vor. Mit Ausnahme von Trista und ihrem C'76 waren alle da. Am 4. Juni traf ich die T-Familien erneut. Ich notierte:

> 16.20 – Teresia führt sie nach Westen. Die anderen folgen. Trista und C'76 und Tania sind nicht hier. Sogar Tuskless ist nervös und zeigt Imponierverhalten. Trista muß erschossen worden sein, denn die Tiere sind dem Auto gegenüber ungewöhnlich mißtrauisch.
> 16.27 – Sie haben sich beruhigt, aber als ein anderer Landrover näher kommt, erschreckt sich Tuskless und entfernt sich schnell, obwohl sie nur einen Meter von meinem Auto entfernt war und Teddy das Auto sogar einmal berührt hat. Sie sind um meinen Landrover herum auf Futtersuche und scheinen ihn zu akzeptieren, aber sie sind anderen Fahrzeugen gegenüber immer noch argwöhnisch.

Am 7. Juni entdeckte ich Tuskless und ihr C'76 in einer großen Gruppe von 130 Elefanten. Mir fiel auf, daß ein weiteres '76-Kalb bei Tuskless war, ein weibliches Tier, etwa so groß wie ihr eigenes. Am 8. Juni fand ich Tuskless und die beide Babies wieder und dazu noch Tallulah von der TD-

Familie und Tonie von den TAs. An diesem Tag folgte das fremde Kalb Tallulah, und ich erkannte nun, daß es Trista's Baby war. Ich schrieb:

> 17.05 – Ich frage mich, ob dieses Baby eine Zeitlang allein gewesen war, denn bei den letzten Beobachtungen hatte ich es bestimmt nicht bei den TDs gesehen. Wo kann es gewesen sein? Es ist sehr mager und eingefallen in der Beckengegend. Langsam folgt es Tallulah.

Am 10. Juni fuhr ich auf der Suche nach Elefanten durch den Longinye-Sumpf, als ich eine Vierergruppe entdeckte. Ich fuhr heran und erkannte Tania und ihre zwei Kälber Taabu und C'73, also die kleine TB-Familie, zusammen mit Tilly, der jüngeren Tochter von Torn Ear. Bestürzt sah ich, daß Tania sehr krank war. In meinen Aufzeichnungen steht:

> 17.32 – Tania sieht krank aus – sie steht herum und macht nichts – sie ist hohläugig, ihre Haut faltig. Auf der linken Seite hat sie mindestens zwei Wunden – eine an der Schulter und die andere hoch oben hinter dem Ohr. Sie bedeckt die Wunden mit Staub und betastet sie.
> 17.40 – Sie fängt an zu fressen, allerdings nicht energisch. Ihr Körper scheint die Milchproduktion eingestellt zu haben, ihre Brüste sind klein. Sie hat die dritte Wunde am Rumpf. Die Wunden sind klein, aber sie eitern. Ich schätze, es sind eher Schußwunden als Speerwunden. Ihre beiden Bullenkälber tragen einen Übungskampf in der Nähe aus und spielen eifrig.

Gerade als ich weiterfahren wollte, kam Tania zum Seitenfenster meines Landrovers, stand einfach da, hob von Zeit zu Zeit die Augenlider und sah mich an. Ich spürte, sie versuchte irgendwie, mir ihren Kummer mitzuteilen. Ich war gerührt und bewegt. Natürlich konnte ich nichts tun.
Zuzusehen, wie Tania verletzt war und Trista's Kalb immer schwächer wurde, war besonders traurig für mich; zumal in dieser fruchtbaren Zeit das Leben für alle anderen Tiere buchstäblich ein einziger Festschmaus war. Es hatte sechs Monate lang hochwertiges Futter im Überfluß gegeben. Die Elefanten waren gesund und – um ein Wort zu gebrauchen, das nicht sehr elefantisch scheint – springlebendig. Es war eine Freude, in ihrer Nähe zu sein. Jeden Tag konnte ich dicke, glückliche Elefanten sehen, die erstaunlich alberne Dinge taten. Ich nannte ihr allgemeines Spielverhalten »being silly« (albern sein), weil diese Bezeichnung mindestens ebenso zutreffend war wie jeder seriöse Fachterminus.
Nur drei Tage bevor ich Tania entdeckt hatte, war ich nachmittags draußen auf der Westseite des Parks gewesen und hatte am Rande des Sumpfes eine große Gruppe von etwa 150 Elefanten beobachtet. Die meisten fraßen, einige ruhten sich aus. Aber um 16.40 Uhr fingen zwei

Tiere einen sanften Übungskampf an, und ich war überrascht, daß es zwei weibliche Tiere waren. So etwas hatte ich zuvor selten gesehen. Es waren Celeste und Calandre, zwei junge Kühe der CB-Familie. Bald trugen auch andere Paare Übungskämpfe aus, junge Bullen, Kälber und Kühe.

Um siebzehn Uhr fuhr ein Touristenfahrzeug heran, und alle Tiere, die geruht hatten, erwachten. Vida griff sofort den Wagen an, der – gefolgt von den meisten Mitgliedern der VA-Familie – davonbrauste. Da das Auto als Zielscheibe nicht mehr in der Nähe war, wandten sie ihre Aufmerksamkeit meinem Landrover zu und fingen an, in meine Richtung zu imponieren. Sie bildeten einen Kreis, die klassische Verteidigungsformation der Elefanten, wobei die großen Kühe außen stehen. Sie kollerten, schlugen mit den Ohren, schüttelten die Köpfe und machten Scheinangriffe gegen mich. Ich konnte sie nur auslachen, denn es war ganz offensichtlich, daß sie es nicht ernst meinten.

In der Zwischenzeit hatten noch mehr Tiere begonnen, Übungskämpfe auszutragen und sich zu jagen. Es war ein allgemeines Umherlaufen, und sie machten eine Menge Lärm. Es war wie in einem Zirkus mit drei Manegen; ich konnte nur einiges von dem, was ich sah, aufschreiben:

> Diejenigen, die spielen, beziehen dabei häufig die Vegetation mit ein, sie werfen Pflanzenteile umher und laufen durch den Bewuchs hindurch.
>
> Willa hat gerade eine junge Kuh gejagt.
>
> Interessant ist auch, daß so viele erwachsene Kühe mitspielen und sich genauso albern benehmen wie alle übrigen. Eine Elefantenkuh hat ein ganzes Bäumchen ausgerissen, das sie unablässig herumschleudert. Virginia wendet sich Lexi zu, kniet sich vor ihm hin und besprüht ihn mit Flüssigkeit aus dem Rüssel. Calandre ist eines der albernsten Tiere, sie bricht durch die Büsche und greift einen Minibus an.
>
> Sie verbrauchen unheimlich viel Energie.
>
> Jetzt spielt sogar Grace. Es ist ein erstaunlicher Anblick. Sie kommt angerannt, erschrickt, als sie fast in mich hineinläuft, trompetet ganz laut und erschreckt damit alle anderen, so daß sie davonlaufen. Kurz darauf eilen Gloria, Gladys und einige andere zu ihr, rennen aber gleich wieder davon, laufen und trompeten spielerisch auf dem ganzen Weg quer über den offenen Landstrich bis hinüber zum Sumpf.

Zu dieser Zeit kannte ich die Elefanten schon gut genug, um zu erkennen, daß es sich dabei nicht um echte Angst oder Aggression handelte. Wenn Elefanten sich fürchten, sind sie ungewöhnlich still. An diesem Nachmittag drückten alle ihre Körperhaltungen, ihre Bewegungen und ihre Lautäußerungen Hochstimmung und Spiellaune aus. Ich fuhr lächelnd nach

Hause und war glücklich, Zeugin einer solchen Szene gewesen zu sein. Mich betrübte jedoch, daß der Tod von Trista's Baby unausweichlich schien, und ich wünschte nur, daß es bis dahin nicht so lange dauern möge. Das Kalb war zehneinhalb Monate alt gewesen, als Trista getötet worden war, und es konnte in diesem Alter ohne Muttermilch unmöglich überleben. Die anderen Kühe der T-Famlie, besonders Tallulah, sorgten dafür, daß es dicht bei ihnen blieb und nicht wieder von ihnen getrennt wurde. Sie hatten aber keine Milch, und so wurde das Kälbchen immer magerer. Als ich die Familie am 22. Juni fand, war es nicht mehr dabei.
Es hat Geschichten über Elefanten gegeben, die Kälber nach dem Tode der Mutter adoptiert haben. Ich glaube jedoch, daß sich so etwas nur selten ereignet. Kühe, die Milch geben, lassen es manchmal zu, daß ein ganz kleines Kalb einer anderen Kuh (wenn es jünger als zwei Monate ist) bei ihnen mittrinkt. Sie dulden jedoch keine älteren Kälber. Eine Elefantenkuh muß so viel Milch für ihr eigenes Kalb produzieren, daß sie auch unter den günstigsten Bedingungen einfach nicht genug für ein Waisenkind hätte, ohne das Leben ihres eigenen Kalbes aufs Spiel zu setzen.
In den Tagen, nachdem ich Tania in Longinye gesehen hatte, machte ich mir große Sorgen um sie. Als ich sie vier Tage später, am 14. Juni wiedertraf, war ich entsetzt. Sie hatte weitere Wunden, die ich vorher nicht bemerkt hatte. Eine davon, am rechten Hinterbein, war besonders schlimm und eiterte. Sie war allerdings wieder bei Tuskless und den anderen der TA-Familie, und ich wertete das als ein gutes Zeichen. Am 18. Juni sah ich sie erneut zusammen mit Tuskless und auch mit Tallulah. Sie hatte hinter dem linken Ohr eine feuchte, blutige Stelle und stand mit hängendem Kopf ganz still, während die anderen in der Nähe spielten. Tallulah war mit »Albernsein« beschäftigt, schüttelte ihren Kopf und setzte sich in einer sehr unvorteilhaften Haltung nieder.
Ich glaube, dieser Tag war der Wendepunkt für Tania; denn als ich sie am nächsten Tag fand, fraß sie energisch. Obwohl sie mager war, war sie gut zu Fuß. In den folgenden Monaten ging es ihr immer beser (Tania hatte Glück gehabt: Elefanten haben leicht Probleme mit Wunden. Ihre Haut ist so dick, daß eine Wunde sich äußerlich oft schließt oder fast schließt und ein Abfluß des Wundsekrets verhindert wird. Innen entzündet sich die Wunde, die Infektion breitet sich im Körper aus, und in den meisten Fällen stirbt der Elefant). Obwohl sich Tania völlig erholte, begann sie nicht wieder, Milch zu geben. Ihr C'73 war damit entwöhnt und brauchte einen Namen. Ich nannte das vierjährige Bullenkalb »Toby«.

Mit Tania's Genesung schienen sich die Bindungen zwischen den vier T-Familien wieder zu festigen. Die Familien von Tania und Tuskless, die TBs und TAs, verbrachten wie früher die meiste Zeit gemeinsam und streiften in einer Gruppe aus acht Tieren umher. Ohne Führung von Torn Ear suchten sie täglich die Futterstelle und die Abfallgruben bei der Lodge auf. Die TC- und TD-Familien von Slit Ear und Teresia wurden von den Abfällen nicht angelockt; sie nutzten ihre Streifgebiete in traditioneller Weise. Auch diese beiden Familien mit zusammen dreizehn Tieren wurden fast immer gemeinsam angetroffen. Sie bildeten nun eine der Bond Groups, die am engsten miteinander verbunden waren. Mit den Familien von Tuskless und Tania waren sie jetzt seltener zusammen – wahrscheinlich, weil Torn Ear, die Slit Ear's Altersgenossin war, nicht mehr da war, und wohl auch, weil die TAs und die TBs ihre täglichen Bewegungsmuster geändert hatten. Ende 1977 sah die Gruppenstruktur der Ts, die von 26 auf 21 Tiere reduziert waren, so aus:

TA	Tuskless (62)	♀
	C'76	♀
	Teddy (66)	♂
	Tonie (67)	♀
	Tilly (70)	♀
TB	Tania (44)	♀
	Toby (73)	♂
	Taabu (69)	♂
TC	Slit Ear (36)	♀
	C'76	♀
	Tamar (71)	♀
	Tara (67)	♀
	Tess (63)	♀
	Tia (50)	♀
	C'76	♂
	Right Fang (70)	♂
TD	Teresia (22)	♀
	Tolstoi (71)	♂
	Theodora (67)	♀
	Tallulah (63)	♀
	Tim (69)	♂

4
Paarung

1978

Saibulu und Chris, zwei Bullen um die 25, verfolgten Tia in vollem Lauf. Sie lief um Baumstümpfe und Büsche herum und erreichte schließlich offenes Gelände, wo sie, so schnell sie konnte, davonlief. Die beiden Bullen waren ihr dicht auf den Fersen, schienen aber nicht so schnell wie die Kuh zu sein oder vielleicht nicht ganz so entschlossen. Daher gewann Tia allmählich einen Vorsprung. Sie rannte in einem großen Bogen, und als sie dessen Scheitelpunkt erreichte, war sie den Bullen etwa dreißig Meter voraus. Sie verlangsamte ihr Tempo, lief aber immer noch schnell. Am Ende des Bogens traf sie auf Slit Ear, Teresia und die anderen. Die Bullen, die draußen auf der Ebene standen, hatten aufgegeben und ruhten sich vorübergehend von ihrem Sprint aus.

Als Tia zu ihrer Familie zurückkehrte, kollerten die anderen Tiere. Ihr zweijähriges Kalb lief eilig auf sie zu, öffnete den Mund und stieß ein heiseres Brüllen aus. Mit ihrem Rüssel berührte Tia seinen Mund, es kam näher und begann zu trinken. Tallulah wirkte besonders aufgeregt. Sie kam herüber, streckte ihren Rüssel zu Tia hin, beroch sie, kollerte und schüttelte den Kopf.

Zehn Minuten später näherte sich Mac, ein mittelgroßer Bulle, und fing an, die Kühe zu untersuchen. Als er versuchte, Tia zu prüfen, ging sie schnell davon. Sie hielt den Kopf hoch erhoben, hatte die Ohren leicht abgespreizt und blickte über die Schulter zu ihm zurück. Unverzüglich wandte er sich von den übrigen Kühen ab, die er noch nicht untersucht hatte, und folgte Tia. Sein Penis trat aus der Vorhaut hervor und erigierte. Tia entfernte sich von ihrer Familie, Mac folgte ihr mit derselben Geschwindigkeit. Dabei hielt er sich ungefähr zwanzig Meter hinter ihr. Als sie sich hundertfünfzig Meter von den anderen entfernt hatten, blieb Tia stehen. Mac, immer noch auf Distanz, hielt ebenfalls an. Tia stand eine

Weile da, nahm mit ihrem Rüssel Staub auf und sprühte ihn sich über Kopf und Rücken. Sie hatte Mac zwar den Rücken zugewandt, stand aber leicht schräg, so daß sie ihn im Auge behalten konnte. Er machte ein paar Schritte auf sie zu, und sie setzte sich sofort wieder in Bewegung. So zogen sie in einem Kreisbogen weiter, bis Tia zu ihrer Gruppe zurückgekehrt war.

Inzwischen hatten sich Saibulu und Chris, die beiden anderen Bullen, wieder zu den TCs und TDs begeben. Zwei jüngere Bullen kamen ebenfalls hinzu. Tallulah ging los, um diese jungen Bullen zu treffen, und verwikkelte einen von ihnen in ein kurzes Kampfspiel. Danach stand sie dann zwischen den fünf männlichen Tieren und rieb ihren Kopf an Chris' Hinterteil. Sie schien erregt und aufmerksam, doch die Bullen waren nicht an ihr interessiert. Tia schien ihnen offenbar verlockender. Jedenfalls wurde sie nun von den drei mittelgroßen Bullen verfolgt. Wieder rannte sie in vollem Lauf davon, und es gelang ihr, ihnen zu entkommen.

Es geschah noch etliche Male im Verlaufe des Vormittags, daß Tia mal langsam, mal schneller verfolgt wurde. Doch keiner dieser Bullen kam ihr jemals nahe genug, um sie zu berühren. Manchmal lief ihr Kalb mit, wenn sie gejagt wurde, und versuchte verzweifelt, Schritt zu halten. Schließlich lernte es, daß es besser sei, bei den anderen Kühen zurückzubleiben. Als die Gruppe im Schatten einer Akazie anhielt, ruhten sich die Bullen ebenfalls aus. Später, am Nachmittag, nahmen sie mit frischen Kräften die Verfolgung erneut auf. Um 16.30 Uhr schließlich wurde Tia von Chris in einem dichtbewachsenen Gelände gestellt und von ihm bestiegen. Aber Tia wich immer wieder zur Seite aus, und er schaffte es nicht, mit seinem Penis einzudringen. Gleichzeitig kam Tia's Familie herübergelaufen. Die Tiere umringten das Paar, kollerten und trompeteten. Chris ejakulierte, die Samenflüssigkeit ergoß sich über die Hinterseiten von Tia's Beinen, und er stieg ab.

Tia stand mit hängendem Kopf da, sie sah müde aus, nachdem sie den ganzen Tag hatte herumlaufen müssen und ihr nur wenig Zeit zum Fressen und Trinken geblieben war. Bald zog ihre Familie davon, um wieder mit dem Fressen zu beginnen. Tia und Tallulah, die sich ausruhten, blieben zurück. Auch Chris stand ruhig in der Nähe. Tallulah blieb wachsam. Sie hörte als erste aus weiter Entfernung einen tiefen Kollerlaut, fast wie ein Motorengeräusch. Als Tallulah ein Antwortkollern von sich gab, horchte auch Tia auf. Sie warteten gespannt und horchten. Nach ungefähr zehn Minuten konnten sie den unverkennbaren, stechenden und beißenden Geruch eines Bullen in Musth wahrnehmen – eines großen, sexuell aktiven Elefanten in voller Brunst.

Tia und Tallulah beobachten die Ankunft von Bad Bull mit großem Interesse. Er war ein massives Tier mit zwei gezackt abgebrochenen Stoßzähnen und einer großen V-förmigen Kerbe im unteren Teil seines rechten Ohres. Mit seinen etwa 45 Jahren war er mindestens sechzig Zentimeter größer als die mittelgroßen Bullen. Sein Kopf, besonders seine Stirn und die Partie zwischen seinen Stoßzähnen, war außergewöhnlich breit. Seine Schläfendrüsen, sie sich auf beiden Gesichtsseiten auf halber Strecke zwischen den Augen und den Ohren befinden, waren grotesk angeschwollen und sonderten größere Mengen einer zähen Flüssigkeit ab. Sein Geruch, der eine fast berauschende Wirkung auf die weiblichen Tiere hatte, rührte von den Schläfendrüsen her und von der Gegend um seinen Penis herum. Der Urin, der ständig abging, spritzte sehr schnell heraus. Seine Vorhaut war mit einem grünlichen Schaum bedeckt, und die Innenseiten der Beine waren schwarz vor Nässe.

Obwohl alle sein Näherkommen gehört und gerochen hatten, verursachte Bad Bull's Ankunft eine beträchtliche Unruhe. Er ging direkt auf die Kühe zu, dabei trug er in der charakteristischen Haltung eines Bullen in Musth den Kopf hoch erhoben und wedelte mit den Ohren. Dann legte er seinen Rüssel lässig über die Stoßzähne und senkte den Kopf, um die Kühe zu beruhigen. Sie fühlten sich ebenso angezogen, wie sie wachsam waren. Sie begrüßten ihn mit einem Kollern, liefen umher, drehten und wendeten sich, und einige streckten den Rüssel nach ihm aus, während andere urinierten. Selbst die jungen Kälber waren fasziniert und kamen heran, um Bad Bull zu beriechen. Die Bullen, die Tia umringt hatten und auf ihre nächsten Bewegungen warteten, schlenderten sofort an den Rand der Gruppe davon und fingen an zu fressen. Dabei »gaben sie vor«, daß sie kein Interesse an Tia hatten, stellten sich jedoch so hin, daß sie Tia und Bad Bull im Auge behalten konnten.

Bad Bull untersuchte die anderen Kühe erst gar nicht, obwohl sich Tallulah immer wieder genau vor ihn stellte. Tia hatte sich ein paar Schritte entfernt und die charakteristische Östrus-Haltung eingenommen, ihre Ohren waren gespannt ausgebreitet, und mit ihrem erhobenen, leicht umgewandten Kopf blickte sie über die Schulter zurück. Er kam sofort zu ihr. Als sie merkte, daß sie seine Aufmerksamkeit auf sich gezogen hatte, entfernte sie sich in schnellem Gang von den übrigen

Tieren. Auch er wurde schneller, gleichzeitig trat sein Penis aus der Vorhaut hervor, sank herab und berührte fast den Boden.
Tia fing an zu laufen, allerdings nicht so schnell und entschlossen, wie sie davongelaufen war, als die jüngeren Bullen sie verfolgt hatten. Bad Bull holte sie rasch ein, streckte seinen Rüssel aus und legte ihn über ihren Rücken. Tia blieb sofort stehen. Er schob seinen Rüssel nach vorn auf ihren Kopf, bis sich sein Kopf und seine Stoßzähne über ihrem Hinterteil befanden. Dann stellte er sich auf die Hinterbeine und legte seine Vorderbeine auf ihren Rücken. Dabei sank er jedoch soweit nach hinten, daß sein Gewicht fast ganz auf seinen Hinterbeinen lastete. Sein Penis war steif geworden und in der Form so verändert, daß aus einem einfachen Bogen eine S-förmige Doppelkurve entstanden war. Von der Vorhaut aus verlief ein Bogen nach unten, dann bog er sich an der Spitze in die andere Richtung. Voll erigiert war der Penis fast 1,20 Meter lang. Er war mit Muskeln versehen, die eine Bewegungskontrolle gestatteten. Bad Bull bewegte ihn hin und her und suchte Tia's Scheideneingang, der zwischen den Beinen mit der Öffnung nach unten gerichtet liegt und nicht, wie bei den meisten Huftieren, oben unter dem Schwanz. Tia schob sich rückwärts noch näher und spreizte die Beine. Jetzt kam zum Tragen, daß der Penis S-förmig gebogen war. Bad Bull sank noch weiter herunter und legte die Spitze seines Penis in die Scheidenöffnung. Dann stieß er ihn nach oben und schob ihn in ganzer Länge in die Vagina, dabei hob er deren Öffnung und die hervorstehende Klitoris mindestens dreißig Zentimeter nach oben. Tia stand still, und beide behielten diese Position etwa 45 Sekunden lang bei. Danach stieg Bad Bull ab und zog seinen Penis unter gleichzeitigem Samenerguß zurück.
Tia machte mit noch gespreizten Beinen einen Schritt nach vorn, öffnete den Mund und stieß einen sehr tiefen, lauten Ton aus, der eher einem Brüllen als einem Kollern gleichkam. Ihre Angehörigen kamen herbeigelaufen, klapperten mit den Ohren, und in einem großen Ausbruch von Lautäußerungen kollerten, schrien und trompeten sie. Sie streckten ihr die Rüssel entgegen, einige in Richtung auf ihren Mund, andere in Richtung auf ihre Genitalien. Tia kehrte zu Bad Bull zurück und griff mit dem Rüssel in Richtung seines Penis, der, obwohl nicht mehr voll erigiert, frei aus der Vorhaut herabhing. Dann drehte sie sich um, stellte sich parallel zu ihm hin und rieb ihren Kopf an seiner Schulter. Die Mitglieder ihrer Familie begannen, sich zu beruhigen. Nur Tia gab während der nächsten zehn Minuten weiterhin lange, tief pulsierende Kollerlaute von

sich und streckte gelegentlich ihren Rüssel aus, um seinen Penis zu berühren oder den Samen auf dem Boden zu beriechen. Tallulah blieb dicht bei dem Paar und zeigte immer noch eine gewisse Erregung. Nach einiger Zeit ging sie näher an Bad Bull heran und stellte sich an seine andere Seite.

Bad Bull blieb für den Rest des Tages und die ganze Nacht hindurch bei Tia. Sie war nie mehr als ein oder zwei Meter von ihm entfernt. In seiner Nähe konnte Tia fressen und ruhen, ohne von den anderen Bullen belästigt zu werden. Erst am nächsten Morgen begattete er sie erneut, und diesmal lief sie nicht einmal mehr vor ihm davon, um das Begattungsritual einzuleiten. Nur ihre Familie kam wieder aufgeregt herbeigelaufen, und Tia stieß nach der Kopulation die langgezogenen, tiefen Kollerlaute aus.

Am Morgen waren inzwischen acht Bullen bei den TCs und TDs. Aus Furcht vor Bad Bull waren sie alle sehr zurückhaltend mit ihrem Interesse an Tia. In der Nacht hatten einzelne Bullen mehrere Male versucht, dem Paar schrittweise näher zu kommen. Bad Bull stürzte sich auf sie, und sie ergriffen unter einem Aufstöhnen die Flucht. Einige Male entfernte Tia sich beim Fressen ein paar Meter vom ihm, doch sobald ein männliches Tier sich ihr zu nähern versuchte, ging sie sofort zu Bad Bull zurück.

Die nächsten zwei Tage hindurch hielten sie ihre Paarungsgemeinschaft aufrecht. Er begattete sie jedoch nur noch einmal. Am vierten Tag begann Bad Bull, das Interesse an Tia zu verlieren. Sie versuchte die Gemeinschaft mit ihm aufrechtzuerhalten, aber er bewachte sie nicht mehr mit demselben Enthusiasmus. Schließlich gestattete er den anderen Bullen, sie von ihm zu trennen. Bald darauf verließ er die TCs und TDs und zog auf der Suche nach anderen Kühen im Östrus davon.

Ohne ihren Beschützer wurde Tia erneut von den jüngeren Bullen gejagt und belästigt. Aber wieder war Tia entschlossen, ihnen zu entkommen, und obwohl sie bei ihrer Verfolgung unnachgiebig waren, gelang es ihr mit einer Ausnahme, allen zu entgehen. Hector, ein ziemlich großer Bulle, schaffte es, sie einzuholen und sich mit ihr zu paaren. Aber die Chancen, daß er sie befruchtete, waren gering, da sie nun am Ende ihrer Östrus-Periode war. Am folgenden Morgen hatten auch diese Bullen das Interesse an ihr verloren und verließen ebenfalls die Familie. Tia kehrte zu ihrem verwirrten und ermüdeten Kalb zurück und fügte sich wieder in die normale Routine des Elefantenfamilienlebens.

Schon am nächsten Tag kam Tallulah, die durch die Gegenwart der Bullen und durch die sexuellen Aktivitäten stimuliert worden war, schließlich selbst in den Östrus. Sie war fünfzehn Jahre alt und noch nie zuvor im Östrus gewesen. Obwohl sie Tia und Slit Ear (die eine Woche vor Tia eine Paarungsgemeinschaft mit Bad Bull eingegangen war) sorgfältig beobachtet hatte, schien Tallulah alles vergessen zu haben, was sie aus ihren Beobachtungen hätte lernen können.
Von dem Augenblick an, als die Bullen Interesse für sie zeigten, verlor Tallulah völlig den Kopf. Jedesmal, wenn sich ihr einer von ihnen auf zwanzig Meter näherte, rannte sie in Panik davon. Da sie jünger und leichter war als die männlichen Tiere, war sie schnell und beweglich und konnte ihnen entkommen. Aber bald wurde sie müde, weil sie überhaupt nicht in der Lage war zu unterscheiden, wer es ernst meinte und wer nicht. Schließlich wurde sie von Ed, einem unbedeutenden, jungen Bullen, eingeholt und begattet, dem Slit Ear und Tia niemals gestattet hätten, sie einzufangen. Während der gesamten Kopulation kollerte, schrie und stöhnte Tallulah, stand mit weit geöffnetem Mund da und brüllte, nachdem Ed abgestiegen war. Die Mitglieder ihrer Familie kamen pflichtschuldigst herbeigelaufen, und es fand die übliche, von entsprechenden Lautäußerungen begleitete Gruppenzeremonie statt. Wie vorauszusehen, lockte dies noch weitere Bullen herbei.
Innerhalb der nächsten halben Stunde waren Tallulah und ihre Familie von siebzehn erwachsenen Bullen umringt. Einzeln, paarweise und manchmal auch zu dritt und zu viert jagten sie Tallulah und trennten sie schließlich von ihrer Familie. Sie wurde immer wieder verfolgt, einmal über mehr als eine Meile. Dann wurde sie eingeholt und erneut bestiegen, allerdings ohne Erfolg. Dem Bullen gelang es nicht, mit seinem Penis einzudringen, und Tallulah schaffte es, sich unter ihm herauszuwinden und wieder fortzulaufen. Den restlichen Nachmittag über bis in die Nacht hinein setzte sich dieses Verhalten fort. Zum Glück für Tallulah wurden auch die männlichen Tiere müde, und es gab Pausen, in denen alle, einschließlich Tallulah, in einer Gruppe zusammenstanden und sich ausruhten.
Endlich, um vier Uhr morgens fand Ajax, ein großer Bulle in Musth, Tallulah. Er verscheuchte schnell ihre Verfolger und begattete sie. Sie stieß nach der Kopulation den charakteristischen tiefen, pulsierenden Kollerlaut aus, aber da ihre Familie jetzt mehrere Meilen entfernt war, bekam sie keine Antwort.

Nach der Begattung stand Tallulah bei Ajax, und es sah aus, als ob sie eine Paarungsgemeinschaft mit ihm eingehen würde. Sie folgte ihm, als er ein paar Schritte vorwärts machte, und sie rieb sogar ihren Kopf an ihm. Nach etwa einer halben Stunde jedoch kamen einige der aggressiveren Bullen näher, und Tallulah wurde nervös. Ajax ruhte sich mit geschlossenen Augen aus, während zwei der Bullen, RBG und M135, sich hinter seinem Rücken langsam an sie heranmachten. Statt dicht an Ajax' Seite zu bleiben, wie das eine erfahrenere Kuh getan hätte, geriet Tallulah in Panik und lief davon, mit RBG und M135 dicht auf den Fersen.

Ajax erwachte und rannte ihnen nach. Sie befanden sich auf einer freien Ebene. Alle vier Elefanten liefen in rasender Geschwindigkeit und wirbelten eine große Staubwolke auf. Nach ungefähr hundertfünfzig Metern holte RBG Tallulah ein, brachte sie zum Stehen und bestieg sie. Gerade als er seinen Penis in ihre Scheidenöffnung schob, kam Ajax an, rammte RBG mit seinem breiten Kopf und stieß ihn von Tallulah hinunter. RBG taumelte ein paar Meter weiter, bis er wieder sicher auf den Beinen stand und sich blitzschnell umdrehte. Mit erhobenem Kopf und abgespreizten Ohren kam er drohend auf den Rivalen zu. Ajax wiederum richtete sich zu seiner vollen Größe auf und stellte die Ohren ab. Beide Bullen stoppten und sahen sich an. Dann machte Ajax einen Schritt nach vorn und stellte seine Ohren so auf, daß deren Oberränder eine waagrechte Linie bildeten. RBG hielt einen Moment lang die Stellung, doch dann wich er einen Schritt zurück, drehte sich um und ging schnell davon. Ajax folgte ihm ein kurzes Stück und kehrte dann zu Tallulah zurück.

Doch in der Zwischenzeit hatte sich M135 die Auseinandersetzung der beiden Bullen zunutze gemacht und Tallulah über die Ebene verfolgt. Tallulah war so verwirrt und erregt, daß sie davonlief. Ajax gab schließlich auf und fiel ins Schrittempo zurück. Hundert Meter weiter hielt Tallulah an und stand für sich allein.

Tallulah war fünf Tage im Östrus, und die meiste Zeit hindurch wurde sie von Bullen gejagt. Mehrere Elefantenbullen hatten sich mit ihr gepaart, unter ihnen nochmals Ajax. Am dritten Tag versuchte sie erneut, bei Ajax zu bleiben. Doch die anderen Bullen hatten mittlerweile mitbekommen, wie leicht sie einzuschüchtern war, und daß es ihnen meistens gelang, sie von Ajax zu trennen. Dieser mußte viel Zeit und Kraft aufbringen, einzelnen Rivalen zu drohen, aber er konnte nicht alle fernhalten.

Am fünften Tag ihrer Östrus-Periode war Tallulah für die größeren Bullen nicht mehr interessant. Nun wurde sie von jüngeren Bullen im Alter von

Anfang Zwanzig gejagt und belästigt. Doch schließlich hörten auch diese auf, sie attraktiv zu finden, und sie machte sich auf den Weg zu ihrer Familie. Sie ging in das Waldgebiet von Ol Tukai Orok und versuchte, eine Spur der Familie zu finden, indem sie mit ihrem Rüssel den Wind witterte und den Boden beroch. Sie zog auf einem viel benutzten Elefantenpfad entlang, schlängelte ihren Rüssel auf dem Boden entlang und witterte beim Gehen. Ab und zu blieb sie stehen, stieß ein sehr tiefes, langgezogenes Kollern aus und horchte. Als sie das südliche Ende des Waldgebietes erreichte, wo die freie Ebene begann, hielt sie plötzlich kurz an und beroch den Boden zu ihren Füßen. Ihre Schläfendrüsen sonderten Sekret ab, bis ihre Wangen von den Drüsen bis zum Kinn hinunter von der Flüssigkeit schwarz waren. Sie ging schneller und behielt den Rüssel auf dem Boden. Alle fünfzehn Sekunden kollerte sie sanft. Nach fünfhundert Metern hielt sie wieder an, hob den Rüssel, witterte im Wind und kollerte lauter. Aus dem hohen Elefantengras auf der anderen Seite der Ebene kam ein Antwortkollern. Tallulah fing an zu laufen und brachte weitere fünfhundert Meter hinter sich, bis sie das hohe Gras erreichte. Die Mitglieder ihrer Familie, aus deren Schläfendrüsen ebenfalls Sekret floß, hatten sich aufgemacht, um ihr entgegenzugehen. Sie lief genau in ihre Mitte hinein. Teresia, Theodora und einige andere begrüßten sie mit lautem Kollern, Trompeten und häufigem Ohrenschlagen und streckten ihr die Rüssel entgegen. Tallulah öffnete den Mund und stieß den nachhallenden Kollerlaut aus, der üblicherweise ertönt, wenn sich eine Familie wieder vereint.

Als sich 1977 ergiebige Regenfälle einstellten, die bis ins Jahr 1978 anhielten, kam es zu einer solchen Fülle von sexuellen Aktivitäten, daß es manchmal wie eine bacchantische Orgie wirkte. Vor unserer Amboseli-Studie war eigenartigerweise kaum etwas über das Fortpflanzungsverhalten der Elefanten in freier Wildbahn bekannt. Es waren nur sehr wenige Kopulationen beobachtet und dokumentiert worden. Viele Leute schlossen daraus, daß Elefanten sich ausschließlich nachts paaren würden oder tagsüber nur im Verborgenen. Während seiner viereinhalbjährigen Studie in Manyara hatte Iain Douglas-Hamilton nur viermal eine Kopulation beobachtet. Kühe, die offensichtlich im Östrus waren, hatte er bei zehn Gelegenheiten gesehen. Das war schwer zu verstehen, denn während seiner Studie gab es etliche Geburten; die Elefanten mußten sich also irgendwann gepaart haben. Roger Short, ein anderer Wissenschaftler, der über Elefanten arbeitete, bot in einem Park in Uganda fünfzig Wildhütern eine beträchtliche Belohnung, falls sie für ihn eine Kuh im Östrus ausfindig machten. Während einer über vier Monate dauernden intensiven Suche konnten sie nicht eine finden. Am Ende stieß er selbst zufällig auf eine solche Kuh und beobachtete ihr Verhalten zwei Tage lang. Da er an den physiologischen Aspekten der Fortpflanzung interessiert war, erschoß er sie anschließend und entnahm ihre Fortpflanzungsorgane. Short kam zu dem Schluß, daß es keine äußeren Anzeichen des Östrus gäbe und daß dieser Zustand nur bemerkt werden könnte, wenn man beobachtet, daß ein Tier begattet wird.

Als ich meine Untersuchung begann, hatte ich keine vorgefaßten Vorstellungen vom Sexualverhalten der Elefanten; allerdings erwartete ich nicht, solche Verhaltensweisen häufig beobachten zu können. Als ich mit Iian in Manyara arbeitete, hatte ich nur einmal eine Kopulation gesehen. Und Harvey und ich hatten während der Teilzeitstudie 1974 in Amboseli an einem Tag mehrere Paarungen aus ziemlicher Nähe beobachtet. Wir waren sehr aufgeregt und erfreut gewesen, daß uns das gelungen war: Katrineka, eine junge Kuh (die nach Harvey's Tochter genannt war), war im Verlauf von sechs Stunden von zwölf Bullen verfolgt und von M2, einem großen Bullen, viermal gestellt und begattet worden. Mit Ausnahme der Tatsache, daß ihr nachgestellt wurde und daß eine Kopulation stattfand, hatten wir keine äußeren Anzeichen des Östrus' gesehen, genau wie Short es berichtet hatte. Ihre Vulva war nicht angeschwollen, und sie hatte auch keinerlei Ausfluß.

Während der restlichen Teilzeitstudie sah ich ein- oder zweimal, wie Kühe von Bullen verfolgt worden waren, aber ich hatte keine weiteren Kopulationen beobachtet. Nachdem ich im September 1975 nach Amboseli gezogen war und mit den intensiveren Beobachtungen begonnen hatte, hätte ich eigentlich erwartet, häufiger sexuelle Aktivitäten zu sehen. Doch während des gesamten Jahres 1976 konnte ich nur eine einzige Kopulation beobachten. Zweimal sah ich Kühe, die ein ungewöhnliches Benehmen zeigten, von dem ich vermutete, daß es Östrus-Verhalten war. In Anbetracht der Berichte anderer Forscher, die über Elefanten arbeiteten, erschien mir dies damals normal. Was ich nicht erkannte, war, daß ich in den Jahren 1975 und 1976 deswegen kein Östrus-Verhalten beobachtete, weil infolge der extremen Trockenheit tatsächlich nur sehr wenige Kühe in den Östrus gekommen waren. Sobald Ende 1976 die Dürre vorüber war und reichlich Pflanzennahrung zur Verfügung stand, besserte sich die körperliche Verfassung der Kühe, und sie kamen wieder in den Zyklus.

Ab Februar 1977 konnte ich Östrus-Verhalten regelmäßig studieren. Bis dahin hatte ich die Amboseli-Elefanten viereinhalb Jahre lang beobachtet; ich kannte sie also ziemlich gut. Obwohl ich sie überwiegend während trockener Jahre beobachtet hatte, in denen sie ziemlich teilnahmslos gewesen waren, fielen mir im Verhalten von Kühen merkwürdige Abweichungen auf, die zeigten, daß sich die Tiere anders benahmen als normalerweise. Wenn ich ungewöhnliche Verhaltensweisen beobachtete, hatte ich stets Aufzeichnungen dazu gemacht, und das setzte ich auch weiterhin fort, obwohl so etwas 1977 recht häufig vorkam. Ich bemerkte jedoch bald, daß ein ungewöhnliches Benehmen ausschließlich im Umgang mit männlichen Tieren etwas ganz anderes war als beispielsweise das schon erwähnte »Albernsein«. Ich entwickelte langsam ein Gespür für Östrus-Verhalten: 1977 und 1978 beobachtete ich es bei mehr als achtzig Gelegenheiten und neunzehnmal sah ich dabei Kopulationen. Die Paarung war jedoch nicht der wichtigste Hinweis auf den Östrus, andere Verhaltensweisen waren viel verbreiteter. Schließlich unterteilte ich das Östrus-Verhalten der Kühe in fünf Kategorien: 1.) Argwöhnische Aufmerksamkeit; 2.) Östrus-Gang; 3.) Verfolgung; 4.) Besteigung; 5.) Paarungsgemeinschaft.

Der Östrus, der zwei bis sechs Tage dauert, verläuft bei älteren, erfahrenen Kühen wie Tia nach einem eindeutigen Schema. An den ersten ein oder zwei Tagen ist das weibliche Tier Bullen gegenüber argwöhnisch und versucht, deren Annäherungsversuchen aus dem Wege zu gehen. Während dieses Zeitraums ist der sogenannte Östrus-Gang häufig zu sehen, und es gibt etliche Verfolgungen. Wenn die Kuh begattet wird, veranstaltet ihre Familie – wie bereits geschildert – mit ihr zusammen meist ein ziemlich lautes Spektakel, das dann weitere Bullen anlockt – höchstwahrscheinlich der Hauptzweck solcher Gruppenzeremonien. Während eines Zeitabschnitts, den man als das zweite Östrus-Stadium bezeichnen könnte, geht ein großer Bulle mit der Kuh, die er begattet hat, eine Paarungsgemeinschaft ein. Solche Gemeinschaften können wenige Stunden bis hin zu drei Tagen bestehen bleiben. Es ist eine ziemlich ruhige Zeit, der Bulle und die Kuh bleiben ganz nahe beieinander, und gewöhnlich wird das weibliche Tier von anderen Bullen nicht gejagt. Häufig folgt dann noch ein drittes Stadium, wenn die Paarungsgemeinschaft endet und die Kuh erneut von jüngeren, männlichen Tieren verfolgt wird.

Bei einer jungen, unerfahrenen Kuh, die wie Tallulah noch niemals oder erst ein- oder zweimal im Östrus war, wird das normale Verhaltensmuster völlig unterbrochen. Diese jungen Kühe werden – wie wir gesehen haben – während der gesamten Östrus-Periode gejagt und belästigt. Häufig werden sie wiederholt von einer ganzen Reihe männlicher Tiere der unterschiedlichsten Altersstufen begattet. Es scheint also, als sei auch die Paarbildung ein Verhalten, das – wie so vieles bei Elefanten – durch Erfahrung gelernt wird.

Zu der Zeit, als ich anfing, die einzelnen Komponenten des Östrus-Verhaltens bei Kühen zusammenzufügen, begann auch mein Interesse an den männlichen Tieren stärker zu werden. Man wirft mir manchmal vor, ich sei ein weiblicher Chauvinist, weil ich die männlichen Elefanten angeblich vernachlässige. In meinen eigenen Untersuchungen habe ich mich zwar auf die Kühe und Kälber konzentriert, und es trifft auch zu, daß den Bullen Nummern zugeordnet wurden, während die Kühe Namen erhielten, aber ich kann das alles erklären. Es reicht zurück bis zu meiner Zeit mit Iain in Manyara. Er gab den Kühen Namen und den Bullen Zahlen, und ich führte diese Methode der Kennzeichnung ganz einfach fort. Es war schon – ohne die Bullen einzubeziehen – schwierig genug, mehr als dreihundert weibliche Namen mit einem unverwechselbaren, dreibuchstabigen Code zu finden. Zwar gab ich später auch vielen Bullen Namen, doch auf den Computerbögen verwendete ich für sie nur Zahlencodes. Iain hat auch meine Betrachtungsweise der Elefanten beeinflußt. Er konzentrierte sich eindeutig auf die weiblichen Tiere und ihre soziale Organisation. Und auch ich fand die vielschichtigen Beziehungen zwischen den Kühen sowie ihr komplexes soziales Gefüge faszinierend und machte dies zum Gegenstand meines eigenen Forschungsprojektes.

Am Ende der Teilzeitstudie hatten Harvey und ich etwa hundert erwachsene Bullen fotografiert. Wir betrachteten männliche Elefanten als erwachsen, sobald sie die Familienverbände, in denen sie geboren waren, verlassen hatten. Bullenkälber werden im Alter von ungefähr zehn bis zwölf Jahren geschlechtsreif und verlassen ihre Familien irgendwann zwischen zehn und neunzehn Jahren. Das Durchschnittsalter der Unabhängigkeit liegt bei vierzehn Jahren. Als ich mit der Vollzeitstudie begann, fertigte ich auch weiterhin Fotografien von männlichen Elefanten an und sammelte Daten darüber, wo sich die einzelnen Tiere befanden: ob sie sich in reinen Bullengruppen oder mit Kühen und Kälbern zusammen aufhielten und so fort. Allerdings verbrachte ich nicht viel Zeit damit, ihr

Verhalten zu beobachten; es sei denn, sie waren in Gesellschaft weiblicher Tiere.

Im Oktober 1975, wenige Wochen nachdem ich mein Camp in Amboseli errichtet hatte, besuchte mich Bob Poole mit seiner Familie. Er war der Direktor der African Wildlife Foundation, für die ich arbeitete und die mich finanziell unterstützte. Bob hatte eine 19jährige Tochter, Joyce, die ihr Studium am Smith College in den Vereinigten Staaten (zufällig auch meine Universität) unterbrochen hatte, um ein Jahr in Afrika zu verbringen. Sie studierte Zoologie im Hauptfach und hatte vor, Kurse an der Universität in Nairobi zu belegen in der Hoffnung, etwas Felderfahrung mit afrikanischen Wildtieren zu sammeln. Bob fragte mich, ob sie bei mir arbeiten könnte, und ich stimmte freudig zu. Er arrangierte alles, erwirkte die Genehmigung von der Wildtier-Abteilung der Regierung, und so kam Joyce 1976 für einen dreimonatigen Aufenthalt nach Amboseli.

Von Anfang an empfand ich Joyce mehr als eine Kollegin denn als Assistentin und gab ihr ein eigenes Projekt, die Untersuchung von Elefantenbullen. Das war der Anfang einer langen und sehr erfolgreichen Zusammenarbeit, die bis zum heutigen Tag andauert. Ich sollte noch hinzufügen, daß Joyce nie das Gefühl hatte, man hätte ihr für ihre Untersuchung das weniger interessante Geschlecht überlassen. Im Gegenteil.

Ein Teil von Joyce's Arbeit bestand darin, die Identifikationskartei für die Bullen auf den neuesten Stand zu bringen. Sie machte weitere Fotografien und arbeitete mit den Bildern, die ich noch nicht sortiert hatte. Ich hatte für die Bullen ein anderes System der Daten-Ablage entwickelt als für die Kühe und benutzte Lochkarten. Chris Hillman, ein Freund von mir, hatte solche Karten bei seiner Untersuchung über Elenantilopen benutzt und gemeint, daß es auch für Elefanten geeignet sein könnte. Jede Karte hatte rundherum um den Rand 102 Löcher. Ich entwickelte einen Schlüssel, indem ich den verschiedenen Erkennungsmerkmalen, wie etwa »großes Loch im linken Ohr« oder »rechter Stoßzahn höher als der linke«, Nummern zuordnete. Drei der Löcher gaben die allgemeine Größenklasse der Bullen an – jung, mittel, groß. Die Merkmale jedes Bullen wurden erhoben, und auf seiner Identifikationskarte wurden die entsprechenden Löcher für diese Merkmale zum Rand hin geöffnet. Wenn ich nun draußen im Feld einem mittelgroßen Bullen mit einer großen V-förmigen Kerbe im linken Ohr und einem abgebrochenen linken Stoßzahn begegnete, den ich nicht erkannte, so konnte ich den Kartenstapel nehmen, einen Stab durch das Loch für »V-Kerbe rechts« führen, und schon fielen die Karten aller Bullen mit diesem Merkmal aus dem Stapel heraus. Dann konnte ich die herausgefallenen Karten nehmen, den Stab durch das Loch für »rechter Stoßzahn abgebrochen« führen, und weitere Karten fielen heraus. Wenn es noch immer viele Karten waren, so konnte ich den Stab durch das Loch für »mittelgroß« schieben. Nun fielen wahrscheinlich nur noch wenige Karten heraus, und ich konnte sie schnell durchsehen.

Dieses System bewährte sich bei den Bullen gut, weil ein Bulle, losgelöst von Familien, an allen möglichen Orten und mit allen möglichen anderen Elefanten zusammen sein konnte, und es daher keine anderen Hinweise gab als seine Ohren, seine Stoßzähne und seine Körpergröße. Die Fotos der Kühe hingegen konnten auf einfache Karten geklebt und in alphabetischer Reihenfolge der Familien abgelegt werden. Hatte man nur ein Familienmitglied erkannt, so konnte man alle Bilder dieser Familie der Kartei entnehmen und sie mit den anwesenden Elefanten vergleichen. Schließlich übertrugen wir auch die Erkennungsmerkmale der Kühe auf Lochkarten. Wissenschaftler, die neu zu uns kamen, konnten mittels dieses Verfahrens die Elefanten schnell kennenlernen.

Im Jahre 1976 arbeitete Joyce hart daran, das Lochkartensystem für die Bullen auf den neuesten Stand zu bringen, und bald kannte sie die meisten mittelgroßen und großen Bullen (Bei den jungen Bullen, die *alle* makellos glatte Ohren und symmetrische Stoßzähne zu haben schienen, dauerte das deutlich länger; ihre Karten vervollständigten Joyce und ich erst vor einigen Jahren zusammen mit zwei anderen Wissenschaftlern). Joyce fuhr auch hinaus und beobachtete Bullen. Sie fand diese an neuen Plätzen, die ich im allgemeinen nicht aufsuchte, weil diese Gebiete von Kühen und Kälbern nicht häufig genutzt wurden. Ich fragte mich oft, wohin wohl die Bullen gingen, wenn sie nicht mit den Kühen zusammen waren, und was sie dann machten.

In Manyara hatte Iain bemerkt, daß er für einige Monate einen großen Bullen mit den Kühen und Kälbern zusammen beobachten konnte, den er dann vielleicht ein Jahr lang nicht wiedersah. Andere Bullen schienen zwar im Park zu leben, aber sich nicht häufig unter die Kühe zu mischen. Er vermutete, daß es bei den Bullen einen sexuellen Zyklus geben könnte, entdeckte aber kein eindeutiges Schema. Auch ich sah ab und zu einen großen Bullen für einen gewissen Zeitraum und später dann nicht mehr. Ich wußte nie, ob der Bulle tot war, oder ob er nur irgendwohin fortgegangen war und eines Tages wiederkommen würde.

Anfang März 1976 waren Joyce und ich eines Tages in meinem Landrover draußen, als wir auf einen sehr großen Bullen trafen, den größten, den wir bislang in Amboseli registriert hatten. Er befand sich in einer lockeren Vergesellschaftung aus Kühen, Kälbern und jungen Bullen und überragte sie alle. Gerade hatte er eine kleine Akazie umgestoßen, und die EA-Familie fraß gemeinsam mit ihm davon. Evangeline von den EAs war Bullen gegenüber gerade sehr argwöhnisch und wurde auch einmal von mehreren Bullen verfolgt, jedoch nicht von diesem riesigen, alten Elefantenbullen. Ich hatte ihn erst zweimal vorher gesehen, und zwar im vorausgegangenen Monat. Wir hatten ihm die Nummer »103« gegeben. Ich vermutete, daß er einer jener Bullen war, die immer wieder für lange Zeit aus Amboseli verschwanden, und daß er zur Zeit zu Besuch hier war. Uns fiel auf, daß bei ihm ständig Urin tropfte, so als litt er unter einer Fehlfunktion des Schließmuskels. Auf Grund seiner Größe wußten wir, daß er ein altes Tier war (Elefanten wachsen ihr ganzes Leben lang, daher ist ein Elefant um so älter, je größer er ist). Wir dachten, M103 wäre so alt, daß er inkontinent geworden wäre.

Ein paar Tage später sahen wir M103 wieder, sein Urin tropfte immer noch. Er war mit einer großen Gruppe von Elefanten zusammen, zu der auch die EAs mit Evangeline gehörten, die immer noch von anderen Bullen verfolgt wurde. Wir beschlossen, ihn »Zeus« zu nennen, weil er das größte männliche Tier von allen war. Wir kamen jedoch nicht mehr dazu, seinen Namen zu benutzen; es war das letzte Mal, daß wir ihn sahen.

Am Morgen des 26. März fand ich einen weiteren großen Bullen, M117, bei dem Urin herabtropfte. Er war mit sieben anderen Bullen zusammen. Als ich später an dem Morgen ein paar Meilen entfernt bei einer kleinen aus Kühen und Kälbern bestehenden Gruppe war, erschien er plötzlich und prüfte eine der Kühe, die sich den schon dort anwesenden Bullen gegenüber argwöhnisch und kokett verhalten hatte.

Am nächsten Tag fand ich M117 bei einer anderen Gruppe aus Kühen und Kälbern. Sein Urin tropfte immer noch, und in meinen Aufzeichnungen notierte ich:

> Es sieht aus, als käme grüner Eiter aus der Öffnung seines Penis und seiner Vorhaut.

Am 30. März waren Joyce und ich wieder draußen und fanden die AA-Familie mit vielen Bullen zusammen, unter ihnen auch M117 (»der Bulle mit dem tropfenden Penis«, wie ich in meinen Notizen schrieb). Inzwischen hatte seine Vorhaut eine grünlich-weiße Farbe angenommen und verströmte einen scharfen, durchdringenden Geruch, der zwar stark, aber nicht unangenehm war. Wir waren überzeugt, daß M117 an einer furchtbaren Krankheit litt und bezeichneten diesen Zustand als »Grüner Penis-Krankheit«. Den unglückseligen Bullen selbst nannten wir »Grüner Penis«. Ich war beunruhigt, daß unter den Bullen offenbar eine Krankheit grassierte, aber wirklich alarmiert war ich erst, als Grüner Penis anfing, Interesse an einer Kuh zu zeigen, die im Östrus zu sein schien. Als er eine Erektion bekam und ihr in ein kleines Wäldchen folgte, sahen wir, daß er eindeutig sexuelle Absichten hatte. Joyce und ich bemerkten, daß auch sein Penis zu etwa einem Drittel grün geworden war. Ich war sicher, daß er die Krankheit auf eine *meiner* Kühe übertragen würde, und sah vor meinem geistigen Auge eine böse Epidemie in der gesamten Population um sich greifen.

Joyce sah Grüner Penis am 1. und 2. April noch zweimal. Am 2. April kam sie zurück und sagte mir: »Ich konnte ihn schon riechen, bevor ich ihn überhaupt sah.« Joyce sah ihn bis zu ihrer Abreise aus Amboseli am 10. April nicht noch einmal, und auch ich traf ihn das ganze restliche Jahr 1976 hindurch nicht wieder. Zu meiner Erleichterung entdeckte ich in den nächsten Monaten keinerlei Anzeichen einer weiblichen Variante der »Grüner Penis-Krankheit«.

Am 13. Juni 1976 fiel mir ein anderer Bulle mit Grüner Penis-Krankheit auf, der sich bei der VA-Familie aufhielt. Er war hochgewachsen und hatte einen abgebrochenen rechten Stoßzahn und eine große V-förmige Kerbe im unteren Teil seines rechten Ohres. Aus seinen Schläfendrüsen floß Sekret, was bei einem so großen Bullen ungewöhnlich schien. Am 30. Juni traf ich ihn erneut, immer noch mit Absonderungen aus den Schläfendrüsen, und diesmal notierte ich: »Bei diesem Bullen tröpfelt Urin wie bei Zeus.« Ich sah ihn im September noch einmal mit Elefantenkühen zusammen, dann aber das restliche Jahr über nicht mehr. Er wurde fotografiert und erhielt die Nummer »126«.

Vier Monate später, Anfang Januar 1977, traf ich auf M126 und war erleichtert, daß er sich von der Grüner Penis-Krankheit erholt hatte, der Urin tröpfelte nicht mehr. In den nächsten drei Monaten sah ich ihn noch einmal, jedesmal war er mit anderen männlichen Elefanten zusammen. Es schien ihm gutzugehen. Im Februar fand ich noch einen weiteren Bullen, M22, mit einem grünen Penis und Schläfendrüsenabsonderungen. Er war mit weiblichen Tieren zusammen und schien an der erwachsenen Kuh Delia interessiert zu sein, von der ich vermutete, daß sie im Östrus war. Es sah so aus, als gäbe es irgendeinen Zusammenhang zwischen dem grünen Penis (abgekürzt GP) und sexueller Betätigung.

Später in demselben Jahr lernte ich einen weiteren Aspekt von GP kennen – einen, der mich direkt anging und mir überhaupt nicht gefiel. Die erste leise Andeutung davon bemerkte ich am 2. April 1977. In der Nähe des Enkongo-Narok-Sumpfes traf ich auf eine Gruppe von etwa fünfzig Elefanten. Bei den Kühen und Kälbern hielten sich drei oder vier ziemlich große Bullen auf, der größte von ihnen war M107, David. In meinen Aufzeichnungen notierte ich:

> David kommt zweimal absichtlich zu meinem Auto, kommt ganz nahe heran, droht mir sanft, indem er sich hoch aufrichtet. Als ich das erste Mal weiterfuhr, folgte er. Er hat eindeutig die GP-Krankheit und riecht schon. Er ließ die Kühe vorbeiziehen und kam dann zurück, um mir zu drohen. Wenn ich es nicht besser wüßte, würde ich sagen, er bewacht ›seine Herde‹.

Mit »Wenn ich es nicht besser wüßte«, meinte ich, daß aus allen vorausgegangenen Arbeiten von Iain, Harvey und anderen eindeutig herauszulesen war, daß es so etwas wie ein Haremssystem mit einem »Herdenbullen«, der bei einer bestimmten Familie lebte, nicht gab. Ein einzelner Bulle verbrachte nie mehr als ein paar Tage bei einer bestimmten Familie. Ich hatte das gleiche Schema beobachtet, aber an jenem Tag war David eindeutig aggressiv, was bei einem Amboseli-Elefanten an sich schon ungewöhnlich ist. Und er schien zu versuchen, mich daran zu hindern, den Kühen zu nahe zu kommen.

Am 22. Juni 1977 traf ich M126 wieder, den großen Bullen mit den abgebrochenen Stoßzähnen und der V-förmigen Kerbe im Ohr. Er war bei einer Herde von über fünfzig Kühen und Kälbern und mindestens zwölf Bullen. Die Bullen trotteten hinter der Gruppe her, bei ihnen war eine junge Kuh. M126 sowie Pablo und Cyclops, mein Liebling unter den großen Bullen, rieben sich aneinander und trugen offenbar spielerische Übungskämpfe aus.

Es war eine ruhige, friedliche Szene, wie die Elefanten so gemächlich zum Sumpf wanderten. Ich stellte mein Fahrzeug parallel zu ihrer Bewegungsrichtung auf, schaltete den Motor ab und beobachtete, wie die Gruppe vorüberzog. Als M126 vorbeikam, wirbelte er plötzlich herum und kam, ohne zu zögern, mit gesenktem Kopf auf mich zu. Ungefähr drei

Meter vor meinem Auto hielt er an, stand hochaufgerichtet mit abgespreizten Ohren da und türmte sich vor mir auf. Es gab nichts, was ich tun konnte. Es war zu spät, um den Motor zu starten, weil ich Angst hatte, ich würde ihn dadurch provozieren. Nach kurzer Zeit wandte er sich ab und ging weiter, um sich zu den anderen zu gesellen.

Ich setzte mein Auto in Bewegung, um der Gruppe zum Rand des Sumpfes zu folgen. Als ich um eine Ecke bog, stieß ich auf M126, und wieder griff er mich an. Ich dachte, er wäre einfach übermütig, denn es hatte Übungskämpfe unter den Bullen gegeben, und die jüngeren Tiere hatten viel gespielt. Ich fuhr weiter, um der Gruppe beim Erreichen des Sumpfes zu begegnen. Ich blieb ungefähr fünfhundert Meter auf dem Weg, bog dann von der Straße ab und kurvte um Bäume und Büsche herum, bis ich mich in einem Dickicht aus nachwachsenden Akazien am Rande des Sumpfes befand. Ich saß eine Weile da und beobachtete, wie die Kühe am Wasser ankamen. Plötzlich hatte ich ein merkwürdiges Gefühl im Nakken, blickte in den Rückspiegel, und sah, daß er von dunkelgrauer, runzeliger Haut völlig ausgefüllt war. Blitzschnell drehte ich mich auf meinem Sitz herum und sah M126, der genau auf mich zuhielt. Ich startete den Wagen, und es gelang mir gerade noch, durch eine Lücke in den Büschen zu entkommen, den Wagen zu wenden und in das offene Gelände zurückzufahren. M126 war mir dicht auf den Fersen, und als ich um die Bäume kurvte, versuchte er tatsächlich, mich abzufangen.

Ich erreichte die freie Fläche, gab Gas und ließ M126 hinter mir. Dann stoppte ich und saß eine Zeitlang zitternd da. Ich beschloß, ihm das nicht durchgehen zu lassen. Wenn Iain in Manyara angriffslustigen Kühen oder Bullen begegnete, wo Aggression viel häufiger als im Amboseli war, dann hielt er entweder die Stellung oder ging sogar selber in die Offensive. Ich erinnerte mich, daß ich mehrere Male mit Iain zusammen war, als ein unangenehmer Bulle, den er »Mr. Big« nannte, uns drohte und angriff. Iain startete den Wagen, ließ den Motor aufheulen und griff ihn an. Und zu meiner großen Erleichterung war Mr. Big jedesmal zurückgewichen. Ich dachte: Cynthia, wenn du Elefanten untersuchen willst, kannst du es nicht zulassen, daß sie dich einschüchtern. Du mußt zeigen, daß du dominant bist.

M126 stand ungefähr fünfzig Meter entfernt und hatte mich im Auge. Ich wendete das Auto und fuhr, so schnell ich auf dem unebenen Untergrund konnte, genau auf ihn zu. Mit gesenktem Kopf, eingerolltem Rüssel und ausgestellten Ohren setzte er sich ebenfalls in Bewegung. Wir kamen uns näher und näher, doch in letzter Sekunde wich ich aus. Ich kehrte um und griff ihn erneut an, und wieder war ich diejenige, die auswich. Er schlug jedesmal nach mir und verfolgte mich mit höchster Geschwindigkeit. Es gab keinen Zweifel, daß er seinen Angriff auch zu Ende führen würde. Ich fuhr weiter, bis er aufgab, dann hielt ich an. Ich zitterte und spürte den Adrenalinstoß, der mir in den Kopf stieg.

Ich war ärgerlich und erregt, aber auch neugierig, warum er das getan hatte. Ich kehrte um und fuhr auf der Straße dorthin zurück, wo er mich das zweite Mal angegriffen hatte. Dort fand ich seine Fußabdrücke, die mitten auf der Straße entlangführten, und sein Rüssel hatte schlangenförmige Spuren über meinen Reifenspuren hinterlassen. Er hatte die Herde verlassen und war mir fast eine halbe Meile weit gefolgt, zunächst entlang der Straße und später auf meiner um Bäume und Büsche herumführenden Route zum Ufer des Sumpfes. Keiner der anderen Elefanten hatte diesen Weg, der nicht direkt zum Sumpf führte, genommen. Ich fand sein Verhalten überaus befremdlich, überraschend und ganz schön unheimlich. Seit jenem Augenblick war er für mich »Bad Bull«*, und das wurde sein Name (Es war jener Bulle, der zwei Jahre später, wie ich am Anfang dieses Kapitels schildere, mit Tia eine Paarungsgemeinschaft einging).

Ich lehnte es ab, mich ganz meiner Angst zu ergeben, und blieb noch zwei Stunden bei der Herde. Aber ich blickte immer wieder über die Schulter zurück. Die Büsche standen zu dicht, um jederzeit wissen zu können, wo Bad Bull sich aufhielt. Tatsächlich sah ich ihn erst mehr als eine Stunde nach unserer Konfrontation wieder. Er war bei der jungen, nervösen Kuh, die ich schon früher mit den Bullen zusammen beobachtet hatte, und ich dachte, daß sie wahrscheinlich im Östrus war. In dem Durcheinander der Ereignisse hatte ich nicht notiert, ob Bad Bull einen grünen Penis hatte, aber ich erinnerte mich, daß seine Wangen mit dem dickflüssigen, zähen Sekret seiner Schläfendrüsen bedeckt waren, was fast immer mit GP einhergeht.

Joyce kam während ihrer Sommerferien 1977 für mehrere Wochen zurück und begann damit, einige wichtige Lücken des Bullenrätsels zu füllen. Wir fragten uns, ob es sich bei einem grünen Penis wirklich um eine Krankheit handelte. Joyce fuhr jeden Tag hinaus, um Bullen zu suchen und fand sie an Plätzen, die ich gewöhnlich nicht aufsuchte. Sie

* Bad Bull = Böser Bulle

entdeckte eindeutige Bullengebiete, in denen männliche Elefanten allein oder in kleinen Gruppen ihre Zeit damit verbringen, zu fressen und zu ruhen. Und dort begegnete Joyce auch den Bullen, die »verschwunden« waren. Es schien, daß die großen Bullen einen Großteil des Jahres abseits von den Kühen in reinen Bullengruppen verbringen. Es sah so aus, als hätten wir hier etwas ähnliches wie den Geschlechtszyklus, den Iain in die Diskussion gebracht hatte. Und es war besonders interessant, daß GP irgendeine Beziehung zu diesem Zyklus zu haben schien.

In den nächsten sechs Monaten sammelte ich weiterhin Daten über GP und Östrus-Verhalten. Ich sah noch mehrere Bullen mit GP, und jedesmal waren sie in Gesellschaft von weiblichen Tieren, oft Kühen im Östrus. Während der Weihnachtsferien war Joyce wieder zwei Wochen in Amboseli. Inzwischen nannten wir das Phänomen »Grüner Penis-Syndrom«, statt »Krankheit«. Sie fand die Daten, die ich während ihrer Abwesenheit erhoben hatte, sehr aufregend, und war sicher, daß es sich um etwas Wichtiges handelte. Kurz bevor sie in die Vereinigten Staaten zurückkehrte, war sie mit Harvey zum Mittagessen, der zufälligerweise gerade einen Artikel über Indische Elefanten erhalten hatte. Er gab ihn ihr, Joyce las ihn und hielt plötzlich inne, als sie eine Abbildung betrachtete und sagte: »Mein Gott, das ist es!« Der Artikel handelte von dem Phänomen der Musth bei Indischen Elefanten, und das Bild zeigte einen Bullen in voller Musth. Pfeile wiesen auf seine Schläfendrüsen, aus denen Sekret floß, auf seine feuchten Beine und auf den tröpfelnden Urin.

Der Artikel beschrieb die Kennzeichen der Musth. Dieses Hindi-Wort bezieht sich auf den physiologischen und psychologischen Zustand, der bei männlichen Elefanten periodisch auftritt. Die auffälligsten Merkmale sind das Anschwellen der Schläfendrüsen und deren reichliche Absonderungen, der beständige Ausfluß von Urin und eine starke Zunahme aggressiven Verhaltens. Unter den Indischen Arbeitselefanten sowie in Zirkussen und Zoos sind die Musth-Bullen seit jeher berüchtigt.

Sie müssen isoliert und angekettet werden und erhalten gewöhnlich weniger Futter, bis die Musth vorüber ist. Weitere Studien in Asien haben gezeigt, daß die Musth von einem hohen Blutspiegel des männlichen Geschlechtshormons Testosteron begleitet ist.

Bei männlichen Indischen Elefanten tritt die Musth nur bei den Bullen auf, die Geschlechtsreife erreicht haben. Häufig kommt ein Bulle jedes Jahr ungefähr zur gleichen Zeit in die Musth, die gewöhnlich zwei bis drei Monate dauert. Die Musth tritt nicht synchron auf, das heißt, es kommen nicht alle Bullen gleichzeitig in Musth. Von wildlebenden Indischen Elefantenbullen ist bekannt, daß sie sich in dieser Zeit häufiger weiblichen Herden anschließen. Wissenschaftler, die Indische Elefanten untersucht haben, sind zu dem Schluß gekommen, daß dieses Phänomen dem Brunstverhalten bei Hirschen ähnlich ist – mit dem Unterschied, daß die Musth eben nicht synchron auftritt. Bei Hirschen gibt es eine eindeutige Paarungssaison. In dieser Zeit kommen alle erwachsenen Männchen in die Brunst, und die Kühe kommen in den Östrus. Weibliche Elefanten hingegen können das ganze Jahr hindurch in den Östrus kommen.

Als Joyce den Artikel und einige weitere Veröffentlichungen zu diesem Themenkreis gelesen hatte, schien alles klarer zu werden. Im Sommer 1978 kehrte sie zu uns zurück und folgte nun sowohl Musth-Bullen als auch Bullen, die nicht in Musth waren. Bad Bull kam das dritte Jahr hintereinander pünktlich im Juni, Juli und August in Musth und bereitete Joyce eine sehr schlimme Zeit. Anfangs war sie furchtbar erschrocken und kam zitternd und ganz bleich im Gesicht ins Camp zurück. Joyce ist jedoch einer der entschlossensten Menschen, die ich kenne. Deshalb fuhr sie auch weiterhin zu den Elefanten hinaus. Wenn Bad Bull sie bei einer Herde aus Kühen und Kälbern sah, ging er auf ihren Wagen zu, manchmal aus einer Entfernung von mehr als vierhundert Metern. Oft mußte sie sich zurückziehen, fuhr dann jedoch im Bogen herum und führte die Beobachtungen von einer anderen Stelle aus weiter. Wenn er eine Paarungsgemeinschaft mit einer Kuh im Östrus eingegangen war, konnte er Joyce gewöhnlich nicht verfolgen, denn sofort wären die anderen Bullen herbeigelaufen und hätten die allein gelassene Kuh mit Beschlag belegt. Deshalb starrte er Joyce finster an und drohte ihr, wenn sie ihm entsprechend nahe kam. Trotzdem konnte Joyce unter diesen Bedingungen ihre Beobachtungen zumindest aus der Entfernung machen. Zum Glück waren in dem Sommer auch einige andere Bullen in Musth, die Joyce's Gegenwart eher tolerierten, und sie konnte wertvolle Daten über deren Verhalten sammeln.

Am Ende des Sommers 1978 wußten Joyce und ich sicher, daß die Musth auch beim Afrikanischen Elefanten auftritt. Um das Phänomen jedoch noch weitgehender zu verstehen, war es erforderlich, eine detaillierte Studie durchzuführen. Joyce kehrte an die Universität zurück, schrieb ihre Ergebnisse über die Bullen für ihre Examensarbeit zusammen und bestand im Juni 1979 ihre Abschlußprüfung. Sie war, genau wie ich, ganz auf Elefanten fixiert. Sie immatrikulierte sich an der Universität von

Cambridge für ihre Doktorarbeit, um unter dem bekannten Tierverhaltenskundler Robert Hinde zu arbeiten, den ich in Manyara kennengelernt hatte und zu dem ich all' die Jahre hindurch Kontakt gehalten hatte. Im Januar 1980 kam Joyce dann wieder nach Amboseli und führte, mit finanzieller Unterstützung der New York Zoological Society und des Smith College, eine 18monatige Feldstudie über die Musth durch.

Als uns Ende 1980 Daten vorlagen, die sich über einzelne Elefantenbullen im Verlauf von fünf Jahren angesammelt hatten, schrieben wir einen gemeinsamen Artikel für die Zeitschrift »Nature« und verkündeten die Entdeckung der Musth bei Afrikanischen Elefanten. Unsere Kollegen und andere Forscher stellten daraufhin die Frage, warum dieses Phänomen bei Afrikanischen Elefanten noch nie zuvor bemerkt worden war? Dafür schien es mehrere Gründe zu geben.

Die Irritation hing hauptsächlich mit den Absonderungen der Schläfendrüsen zusammen. Bei Indischen Elefanten sondern vorwiegend die männlichen Tiere dieses Sekret ab, und zwar nur, wenn sie in Musth sind. Bei Kühen kommen diese Absonderungen sehr selten vor. Afrikanische Elefanten hingegen sondern sehr häufig Schläfendrüsensekret ab, die Kühe sogar noch häufiger als die Bullen. Bei weiblichen Elefanten produzieren die Drüsen das ganze Jahr hindurch diese Absonderungen, und zwar zu allen Jahreszeiten, wenn auch in der Trockenzeit am häufigsten. Wir und auch andere haben vermutet, daß die Absonderungen bei den weiblichen Tieren der Kommunikation dienen. Vielleicht ist es ein Weg, wie die Mitglieder von Familien und Bond Groups miteinander in Kontakt bleiben, wenn sie sich auf der Futtersuche im dichten Buschwerk verteilt oder weit voneinander entfernt haben. Die Absonderungen haben wahrscheinlich einen individuellen Geruch, und Elefanten mit ihrem ausgezeichneten Geruchssinn könnten sich so gegenseitig besser finden. Wenn ein einzelner Elefant von seiner Familie getrennt ist, zeigt er fast unweigerlich frische Schläfendrusen-Absonderungen. Bei Kälbern beiderlei Geschlechts sind Sekrete etwa ab dem sechsten Lebensmonat wahrzunehmen, allerdings werden diese Absonderungen bei männlichen Tieren mit zunehmendem Alter weniger. Vollerwachsene Bullen sondern nur während der Musth Sekret ab, und dann scheint die Flüssigkeit dicklicher und von anderer Konsistenz zu sein. Beim Indischen Elefanten sind diese Absonderungen eines der Hauptkennzeichen für den Beginn der Musth.

Als nun Beobachter in Afrika solche Absonderungen bei Kühen sahen,

zogen sie den Schluß, daß die Sekretion einen anderen Zweck erfüllt und daß es die Musth bei Afrikanischen Elefanten nicht gibt.
Andere Elefantenbeobachter, unter ihnen Iain, hatten Bullen gesehen, bei denen Urin herabtropfte. Aber sie hatten das nicht mit einem besonderen physiologischen Zustand in Verbindung gebracht. Die meisten Forscher, die sich mit Afrikanischen Elefanten beschäftigten, hatten die Leichen von Elefanten untersucht, die im Rahmen des kontrollierten Abschusses zur Bestandsregelung oder -nutzung getötet worden waren. Nur sehr wenige Wissenschaftler hatten individuell bekannte lebende Tiere über mehrere Jahre beobachtet. Joyce und ich glaubten, daß wir nur so das Phänomen der Musth bei Afrikanischen Elefanten entschlüsseln könnten. Wir beobachteten, daß uns bekannte Bullen mit GP und Schläfendrüsen-Absonderungen in den von Kühen genutzten Gebieten auftauchten, daß sie sexuelles Interesse an den weiblichen Tieren zeigten und daß sie sich anderen männlichen Tieren gegenüber aggressiv verhielten. Und dann sahen wir, daß dieselben Bullen ein paar Monate später ohne äußere Symptome ihre Zeit ruhig in der Gesellschaft anderer Bullen verbrachten. Als wir dies mehrere Jahre hintereinander registriert hatten, konnten wir gar nicht anders, als ein bestimmtes Schema darin zu erkennen. Wie sich heute herausstellt, beginnen die Leute nun, nachdem wir das Phänomen beim Afrikanischen Elefanten beschrieben haben, es auch bei Elefantenbeständen in anderen Regionen zu sehen.
Nach der bloßen Entdeckung der Musth war die nächste Frage, welche Funktion und Bedeutung sie hat. Von keinem anderen Säugetier ist etwas Vergleichbares bekannt. Bei den meisten Tierarten, deren Weibchen ganzjährig fortpflanzungsbereit sind, folgen die Männchen den weiblichen Tieren das ganze Jahr hindurch oder bewachen sie zumindest (z.B. Löwen, Zebras und Paviane). Bei den Tierarten, deren Weibchen nur während einer kurzen Paarungszeit fortpflanzungsbereit sind, werden auch die männlichen Tiere nur während dieser Zeit sexuell aktiv (z.B. Gnus und Hirsche). Es ist eine allgemein akzeptierte Theorie, daß das Hauptziel eines einzelnen Individuums darin liegt, sein Erbgut im Verlaufe seines Lebens an so viele Nachkommen wie möglich weiterzugeben. Um dieses Ergebnis zu erreichen, gibt es bei Tieren verschiedene Strategien. Bei männlichen Elefanten sieht es allerdings auf den ersten Blick so aus, als wäre ihr sexueller Aktivitätszyklus diesem Ziel entgegengesetzt. Die Elefantenkühe in Amboseli kommen das ganze Jahr hindurch in den Östrus, die Mehrzahl von ihnen zwischen Januar und Juli. Aber ein

großer Bulle, wie Bad Bull etwa, stellte ihnen nur im Juni, Juli und August aktiv nach, obwohl er das theoretisch von Januar bis Juli tun könnte. Warum? Und welche eventuellen Vorteile können das Urintröpfeln und der Geruch einem männlichen Tier bringen?
Joyce nahm die Untersuchung für ihre Doktorarbeit auf, um zu versuchen, einige Antworten zu finden. Solche männlichen Strategien zu erläutern, würde ein weiteres Buch erfordern – und ich hoffe, Joyce wird es eines Tages schreiben. Doch einiges von dem, was Joyce herausgefunden hat, sowie ihre Theorien darüber, warum dies alles so abläuft, möchte ich beschreiben. Letztendlich ist Joyce zu dem Schluß gekommen, daß die Musth als eine Folge des Wettbewerbs um die weiblichen Tiere entstanden ist. Bei polygynen* Tierarten, deren Männchen intensiv um die Paarung mit den Weibchen konkurrieren, gibt es gewöhnlich einen markanten Geschlechtsunterschied: Die männlichen Tiere sind nämlich meist deutlich größer als die weiblichen. Erwachsene Elefantenbullen (mit einer Schulterhöhe von 3,30 bis 3,60 Meter und einem Gewicht von 12 000 Pfund) sind fast doppelt so groß wie Kühe (2,40 Meter Schulterhöhe, 6000 Pfund Gewicht). Das läßt vermuten, daß in der Entwicklungsgeschichte dieser Tierart größere Bullen erfolgreicher in der Fortpflanzung waren, und daß sie ihr Erbgut an ihre männlichen Nachkommen weitergegeben haben. Ihre Nachfahren wiederum erbten die Körpergröße vom Vater, und die größten dieser Söhne zeugten ihrerseits wieder mehr Nachkommen. Schließlich wurden die männlichen Elefanten so riesig, wie es die ökologischen und die in ihnen selbst liegenden Bedingungen gestatteten (Dazu gehört beispielsweise die Begrenzung der Futtermenge, die ein so riesiges Tier finden und verzehren konnte). Im Zuge dieser biologischen Entwicklung kann dann die Musth entstanden sein, die dem Wettbewerb um die weiblichen Tiere eine weitere Dimension eröffnete.
In Amboseli unterteilten wir die erwachsenen Bullen in sechs Altersklassen: 1a) 11 – 15; 1b); 16 – 20; 2) 21 – 25; 3) 26 – 25; 4) 36 – 50 und 5) 50 +. Die männlichen Tiere werden ungefähr mit zwölf Jahren geschlechtsreif; in diesem Alter sind sie in der Lage, lebensfähige Samen hervorzubringen, mit denen sie ein weibliches Tier begatten und befruchten könnten. In freier Wildbahn kommt so etwas allerdings sehr selten vor. Weder die erwachsenen Kühe noch die älteren Bullen würden das

* Polygyn (griechisch) = in Vielweiberei lebend

dulden. Gewöhnlich verlassen junge Bullen die Familie, in der sie geboren wurden, wenn sie in Klasse 1a sind, aber sie haben die Tendenz, sich in der Nähe von Mutter-Kind-Gruppen aufzuhalten und trotten zusammen mit einigen anderen jungen Bullen am Rande dieser Gruppen mit. Joyce fand heraus, daß die Bullen mit zunehmendem Alter allmählich mehr Zeit abseits von den Kühen und Kälbern in rein männlichen Gruppen und in sogenannten »Bullengebieten« verbringen. Gewöhnlich treten die Bullen, erst wenn sie die Klasse 3 erreichen in den Wettbewerb ein um Kühe im Östrus. Und selbst dann können sie nur hoffen, klammheimlich eine Kuh zu begatten, wenn die größeren Bullen abgelenkt oder gar nicht in der Nähe sind. Die Bullen in der Klasse 4 und 5 sind bei Paarungen erfolgreicher. Wenn die männlichen Elefanten so um die dreißig Jahre alt sind, kommen sie in Musth, und die älteren Bullen in Musth sind die erfolgreichsten von allen.

Joyce entdeckte bei den Bullen ein Rangordnungsgefüge, das auf der Körpergröße und damit dem Alter beruht. Jeder Bulle kennt offenbar seinen eigenen Rang im Verhältnis zu jedem anderen Bullen in der Population. Die fünf ältesten Bullen in Amboseli sind: 1. M13; 2. M22; 3. M126; 4. M45 und 5. M99. Wenn sich diese Bullen zum Beispiel an einem umgestürzten Baum treffen, wird es M13 fast immer gelingen, M22 und M126 vom besten Ast zu verdrängen, und so setzt sich diese Rangfolge nach unten fort. Wenn aber einer dieser Bullen in Musth kommt, ist alles anders. Wenn M22 in Musth ist und auf M13 trifft, der nicht in Musth ist, wird M13 ihm ausweichen und eine Konfrontation mit ihm vermeiden. Die Musth verleiht einem Bullen also einen höheren Status in der Rangordnung.

Die männlichen Tiere der Klasse 4 und 5 verbringen die meiste Zeit des Jahres in Bullengebieten. Dabei halten sich bestimmte Bullen in bestimmten Regionen auf, in die sie immer zurückkehren, wenn sie nicht in Musth sind. Es ist ein bißchen so wie in einem reinen Männerclub. Die großen Elefantenbullen wandern allein oder mit ein oder zwei Kumpanen umher und fressen, ruhen, wälzen sich im Schlamm oder stauben sich ein. Es ist eine sehr friedliche Zeit, in der sie an Gewicht zunehmen und ihre Kaftreserven aufbauen.

Wenn ein Bulle dann in Musth kommt, verläßt er das Bullengebiet und macht sich auf die Suche nach Kühen. Es ist fast so eine Art Dr. Jekyll-Mr. Hyde-Verwandlung. Alles an dem Tier scheint sich zu verändern. Zuerst schwellen die Schläfendrüsen an, dann sondern sie Sekret ab, und schließlich beginnt auch der Urin tropfenweise abzugehen. Gleichzeitig ändert sich die Körperhaltung. Neben dem »Musth-Gang« gibt es noch weitere Gebärden und Verhaltensweisen. Die Bullen wedeln dann auf eine merkwürdige Art mit den Ohren, die ganz anders ist als das Ohrenklappen der Kühe und der Bullen, die nicht in Musth sind. Joyce hat die Theorie aufgestellt, daß die Bullen durch das Ohrwedeln den Geruch ihrer Schläfendrüsensekrete vor sich herfächeln. Musth-Bullen haben auch spezielle Lautäußerungen, die von weiblichen Tieren und Bullen, die nicht in Musth sind, niemals zu hören sind. Der Laut hat eine niedrige Frequenz und trägt wahrscheinlich über weite Entfernungen. Selbst wenn ein Bulle ganz in der Nähe ist, klingt dieser Ton für das menschliche Ohr gedämpft und weit entfernt. Bullen in Musth machen auch mit dem Rüssel sonderbare Dinge, häufig legen sie ihn in einer charakteristischen Gebärde auf die Stirn.

Die auffälligste Veränderung jedoch, wenn ein Bulle in Musth kommt, betrifft sein Benehmen. Er wird dann gegen andere Bullen äußerst aggressiv und, wie wir gesehen haben, manchmal auch menschlichen Beobachtern gegenüber. Joyce hatte gelesen, daß bei Indischen Bullen in Musth die Testosteronspiegel im Blut deutlich anstiegen, und sie war neugierig darauf, ob bei Afrikanischen Elefantenbullen das gleiche geschieht. Es war praktisch nicht durchführbar, von wildlebenden Elefanten Blutproben zu bekommen; aber es war möglich, Urin von den Amboseli-Elefanten einzusammeln. Harvey und ich hatten das in der Anfangszeit der Studie getan. Während der Trockenzeit ist der Boden in Amboseli größtenteils ziemlich hart, und wenn ein Elefant harnt, sickert die Flüssigkeit nicht gleich ein, sondern bleibt für kurze Zeit als Pfütze stehen. Als Harvey und ich Urinproben von Elefantenkühen nahmen, war es ziemlich einfach, an diese heranzufahren und sie sanft aufzufordern, weiterzugehen. Dann konnten wir aussteigen und eine kleine Probe mitnehmen. Der Versuch, von einem Musth-Bullen Urin zu bekommen, war viel schwieriger. Aber wenn jemand es schaffen sollte, dann Joyce! In ihrem winzigen Suzuki-Jeep raste sie zu einem Bullen, nachdem er uriniert hatte, und irgendwie überzeugte sie ihn, ein paar Meter weiterzugehen. Dann sprang sie aus dem Wagen und nahm mit einer riesigen Spritze schnell eine Urinprobe.

Der Urin wurde in Flaschen umgefüllt, etikettiert und tiefgekühlt gelagert. Dann schickten wir die Proben zu Bill Lasley und seinem Team im Zoo von San Diego, wo sie analysiert wurden. Die Ergebnisse waren faszinierend: Die Bullen in Musth hatten deutlich erhöhte Testosteronspiegel. Testosteron ist bei anderen Säugern, einschließlich der Menschen, mit Aggression in Verbindung gebracht worden; das Verhalten der Musth-Bullen war also nicht verwunderlich. Es war auch nicht überraschend, herauszufinden, daß Musth-Bullen ernsthaft miteinander kämpfen.

Es ist bekannt, daß echte Kämpfe bei Elefanten selten sind. Iain hatte während seiner Zeit in Manyara nur einen einzigen Kampf beobachtet. Ich selbst habe bis 1978 keinen ernstgemeinten Kampf gesehen. Zwar hatte ich beobachtet, wie junge und selbst ziemlich große Bullen Übungskämpfe austrugen, in deren Verlauf sie manchmal auch ziemlich hitzig wurden. Aber ein richtiger Kampf ist etwas völlig anderes. Wenn zwei Bullen ein Übungsgefecht austragen, so handelt es sich im Grunde um ein freundliches Testen ihrer gegenseitigen Stärke. Diese Kämpfe dienen dazu, die Rangordnung festzulegen und aufrechtzuerhalten. Bei Übungsgefechten gehen die beiden Bullen gewöhnlich direkt aufeinander zu, berühren mit dem Rüssel den Mund und manchmal auch die Schläfendrüsen des Gegners, dann schlingen sie die Rüssel umeinander oder legen sie sich gegenseitig auf den Kopf. Nach diesem sanften Abtasten stoßen sie die Köpfe aneinander und verhaken ihre Stoßzähne. In dieser Stellung schieben sie sich hin und her oder weichen zurück und prallen erneut aufeinander. Ein Übungsgefecht eskaliert nie zu einem ernsthaften Kampf.

Bei echten Kämpfen berühren sich die beiden Bullen vorher nicht mit dem Rüssel. Sie nähern sich einander mit hoch erhobenem Kopf und abgespreizten Ohren und manövrieren hin und her, um in die günstigste Angriffsposition zu kommen. Dann führen sie rasche, kurze Ausfälle gegen ihren Kontrahenten durch und prallen dabei mit ungeheurer Wucht aufeinander. Manchmal verhaken sie ihre Stoßzähne, und jeder von ihnen versucht, den Gegner umzuwerfen. Wenn ein Bulle stürzt, wird ihm der andere die Stoßzähne in den Kopf oder in die Flanken stoßen. Ein solcher Kampf ist etwas Schreckliches, und es erschüttert mich immer noch, wenn ich dabei zusehe. Joyce hat jede Menge Kämpfe beobachtet, und obwohl sie ruhig genug bleibt, um Notizen und Video-Aufnahmen zu machen, findet sie es immer erschreckend – besonders wenn sie daran denkt, daß einer der Bullen getötet werden könnte. Mehrfach hat sie das furchtbare Krachen gehört, wenn ein Stoßzahn bricht, und gesehen, wie drei Viertel eines Stoßzahns zu Boden fielen. Einige der Kämpfe haben bis zu acht Stunden gedauert. Wir haben Grund zu der Annahme, daß in den vergangenen Jahren zwei Bullen in Amboseli infolge solcher Kämpfe gestorben sind.

Einen Bullen in Musth während der zwei oder drei Monate zu beobachten, die er in diesem Zustand ist, zeigt recht gut, warum er nicht das ganze Jahr in Musth ist. Die Musth-Strategie scheint für einen Bullen zu bedeuten, daß er all seine Energie darauf verwendet, während weniger Monate im Jahr Elefantenkühen nachzustellen. Während der Musth verbringt ein Bulle die meiste Zeit damit, auf der Suche nach Kühen umherzustreifen. Wenn er dann eine Kuh findet, hat er nur sehr wenig Zeit zum Fressen und Ausruhen, weil er ständig andere Bullen wegjagen und die Kuh bewachen muß. Und manchmal kann es sogar sein, daß er mit einem anderen Musth-Bullen ernsthaft kämpfen muß. Um die körperliche Verfassung eines Musth-Bullen zu beurteilen, machte Joyce eine ganze Serie von Fotografien. Sie fand heraus, daß die Bullen während der Musth-Periode allmählich an Gewicht abnehmen, bis sie am Ende ganz dünn geworden sind. Dann ist die Musth vorüber, und die Tiere kehren in ihr Bullengebiet zurück:

Bad Bull zum Beispiel kann es sich also nicht leisten, das ganze Jahr in Musth zu sein. Er kann auch nicht zu jeder beliebigen Zeit im Jahr in diesen Zustand kommen. Das hängt davon ab, wann die Bullen, die ihm gegenüber dominant sind, in Musth sind. Bad Bull kommt im Juni in Musth, wenn die Kondition von M13 nachläßt und dessen Musth zu Ende ist. Juni, Juli und August sind nicht die besten Monate, um Kühe im Östrus zu finden. März, April und Mai sind besser, aber dann stünde Bad Bull in Konkurrenz mit M13 und M22, die beide ihm gegenüber dominant sind. Er würde sein Leben riskieren und wahrscheinlich nur jene Kühe begatten können, die die beiden anderen nicht gefunden haben. Später im Jahr ist er der ranghöchste Musth-Bulle, und das Feld steht ihm allein offen.

Schließlich hat ein Bulle durch die Musth offenbar große Vorteile in seinen Beziehungen zu anderen Bullen. Männliche Tiere, die nicht in Musth sind, können zwar kopulieren, aber im Falle eines Streits geben sie einem Musth-Bullen immer nach. Wenn ein Musth-Bulle also eine Kuh im Östrus findet, wird er gewöhnlich auch in der Lage sein, sie zu begatten, und er wird sie dann während der kritischen Zeit um den Eisprung herum bewachen. Joyce vermutet, daß der tropfende Urin, die Absonderungen der Schläfendrüsen sowie die typischen Körperhaltungen, Gebärden und Lautäußerungen des Musth-Bullen geruchliche, optische und akustische Signale sind. Ein Bulle in Musth zeigt an, daß er in ausgezeichneter körperlicher Verfassung ist, einen hohen Testosteronspiegel hat und gewillt ist, sogar auf Leben und Tod um Kühe im Östrus zu kämpfen oder einfach nur um seinen Platz in der Rangordnung (Elefanten sind langlebig, daher kann es für sie wichtiger sein, ihren zukünftigen Status dauerhaft zu sichern, als um eine einzelne Kuh im Östrus zu buhlen). Die anderen Elefanten können einen Musth-Bullen schon sehen, riechen und hören, bevor er sich ihnen nähert. Die Kenntnis, daß ein Musth-Bulle in der Gegend ist, kann bei den anderen Elefanten unterschiedliche, von ihrem Geschlecht abhängige Reaktionen auslösen. Wenn ein Musth-Bulle umherwandert, hinterläßt er zum Beispiel durch den tropfenden Urin eine Duftspur. Joyce hat herausgefunden, daß männliche und weibliche Tiere unterschiedlich auf diese Duftspur ansprechen. Kühe werden anhalten, die Duftspur beschnüffeln und dann gewöhnlich ihre Erregung zeigen, indem sie kollern und mit den Ohren klappen. Die Art, wie ein Bulle auf die Duftspur reagiert, hängt von seinem eigenen Musth-Status ab und davon, welcher Bulle die Duftspur hinterlassen hat und wie ihr gegenwärtiges Rangordnungsverhältnis ist. Ein jüngerer Bulle in Musth wird anhalten, wenn er auf die Duftspur eines älteren, dominanten Musth-Bullen trifft, sie beriechen und sich ängstlich nach dem Bullen umsehen.

Gleichzeitig kann sich bei ihm selbst der Urinabgang und die Schläfendrüsen-Sekretion verstärken. Ein ranghoher Bulle hingegen wird gewöhnlich die Duftspur eines jüngeren Bullen einfach ignorieren. Wenn sich die beiden Bullen im Rang nahestehen, so kann einer den anderen aufspüren und die Konfrontation suchen, um die Rangordnung klarzustellen.

Meine Ergebnisse über das Paarungsverhalten zeigen ebenso wie die von Joyce, daß Elefantenkühe es vorziehen, sich mit Musth-Bullen zu paaren, und daß sie in dieser Frage auch tatsächlich eine gewisse Auswahl treffen können. In einem Artikel mit dem Titel »Östrus-Verhalten und weibliche Partnerwahl beim Afrikanischen Elefanten«, den ich für die Fachzeitschrift «Behaviour« schrieb, stellte ich das Östrus-Verhalten dar und erläuterte meine Erkenntnisse: Eine Kuh kann einem Bullen, der sie verfolgt, meistens entkommen, wenn sie dazu entschlossen ist. Sie muß sich also nicht mit jedem Bullen paaren, der ihr nachjagt. Wenn eine Elefantenkuh eine Paarungsgemeinschaft mit einem Bullen eingeht und gestattet, daß er sie begattet und bewacht, handelt es sich in 87 Prozent der Fälle um einen Musth-Bullen. Tia zum Beispiel, deren Geschichte ich im ersten Abschnitt dieses Kapitels beschrieben habe, gelang es immer wieder, ihren Verfolgern zu entkommen, bis sie sich mit Bad Bull paarte, einem großen Bullen in Musth, und mit ihm eine Paarungsgemeinschaft einging. Nach ein paar Tagen verlor Bad Bull das Interesse an ihr, wahrscheinlich nachdem er ihren Urin geprüft und dabei festgestellt hatte, daß der Zeitraum des Eisprungs vorüber war. Zu der Zeit, als er sie verließ, war sie vermutlich schon befruchtet worden. Dies war eine typische Reihenfolge der Geschehnisse.

In dem »Behaviour«-Artikel äußerte ich die Vermutung, daß es für eine Kuh mehrere Vorteile hat, zur Paarung einen großen Bullen in Musth aus Klasse 4 oder 5 zu wählen. Es gibt zwei unmittelbare, kurzfristige Vorteile: Indem eine Kuh einen Musth-Bullen zur Paarung und für eine Paarungsgemeinschaft auswählt, wird sie in die Lage versetzt, die Belästigungen durch andere Bullen zu vermeiden, da der Musth-Bulle diese fortjagt.

Wenn sich eine Kuh nahe bei einem Musth-Bullen aufhält, verringert sie dadurch die für sie anstrengenden Folgen, die sich daraus ergeben, daß sie im Östrus ist. Drei oder vier Tage lang von Bullen verfolgt zu werden, ist sehr ermüdend; es stört den Familienzusammenhalt, verringert die normalerweise zum Fressen und Ruhen zur Verfügung stehende Zeit und kann bei der Kuh und ihrem jüngsten Kalb zu Verletzungen führen. Zweitens ist es für eine Kuh wichtig, einen fruchtbaren Bullen zu finden, da sie nur wenige Tage hat, um trächtig zu werden. Bei anderen Tierarten ist gezeigt worden, daß ein hoher Testosteronspiegel mit einer gesteigerten Samenproduktion zusammenhängen kann. Bei Musth-Bullen mit ihren hohen Testosteronspiegeln ist daher die Wahrscheinlichkeit größer, daß sie ein weibliches Tier befruchten.

Die Paarung mit einem Musth-Bullen könnte auch langfristig Vorteile haben. Nur die älteren Bullen, also die über dreißig, kommen in Musth, und diejenigen, die am erfolgreichsten sind und am längsten in Musth bleiben, sind die über vierzigjährigen. Ein älterer Bulle hat ganz einfach dadurch, daß er noch am Leben ist, auf gewisse Weise bereits bewiesen, daß er über »gutes Erbgut« verfügt. Und wenn Langlebigkeit erblich sein sollte, wäre es zusätzlich für eine Kuh von Vorteil, diese Eigenschaft an ihre Söhne und Töchter weitergeben zu können. Langlebigkeit ist für weibliche Elefanten wichtig, denn je länger eine Kuh lebt, desto mehr

Kälber kann sie bekommen und erfolgreich aufziehen. Für den Fortpflanzungserfolg eines Bullen kann Langlebigkeit sogar noch wichtiger sein, da er erst mit gut dreißig Jahren anfängt, Nachkommen zu zeugen.

Man könnte dagegenhalten, daß eine Kuh eigentlich keine große Wahl hat, mit wem sie sich paart, weil sie fast immer auf den Bullen angewiesen ist, der zufällig zur selben Zeit in Musth ist wie sie im Östrus. Manchmal können sich mehrere Musth-Bullen in der Nähe einer Kuh im Östrus aufhalten, aber es wäre unwahrscheinlich, daß sie zwischen ihnen wählen kann. Denn das Ergebnis der Auseinandersetzungen zwischen den Bullen könnte die Möglichkeit der Kuh, einen Partner zu wählen, aufheben. Ich glaube, es lohnt sich, darüber nachzudenken, ob vielleicht eine Kuh als Reaktion darauf, daß ein bestimmter Bulle in Musth ist, in den Östrus kommen kann. In diesem Fall könnte sie ihrerseits eine Partnerwahl praktizieren.

Ich persönlich kann mir nicht vorstellen, warum Tia sich mit Bad Bull paaren wollte, aber vielleicht hat sie in ihm etwas gesehen, was mir verborgen geblieben war.

Im Laufe des Jahres 1978 hat sich die Zahl und die Zusammensetzung der T-Familien nicht verändert, aber in Anbetracht der Tragezeit von 22 Monaten erwartete ich für das Jahr 1980 einige Neuankömmlinge.

5
Soziale Beziehungen

1979

Teresia wanderte mit ihren beiden Kälbern Theodora und Tolstoi sowie ihren Enkeln Tallulah und Tim nach Süden, zuerst durch einen Streifen mit *Acacia tortilis*-Bäumen und dann weiter durch ein Gebiet mit Lavafelsen und kleinen Büschen. Es war früh am Morgen, eine ungewöhnliche Zeit für sie, um in diese Richtung zu ziehen. Am späten Nachmittag des vorausgegangenen Tages hatten sie zusammen mit Slit Ear und deren TC-Familie den Longinye-Sumpf verlassen und waren in die Ol Tukai Orok-Wälder hinübergewechselt. Dort fraßen sie eine Zeitlang von den Palmen und den *Acacia xantholophoea*-Bäumen, bis sie sich zum Schlafen in einem offenen Gelände nahe dem Südende des Enkongo Narok-Sumpfes niederließen.

Slit Ear war früher als Teresia erwacht und hatte sich wieder nach Ol Tukai Orok und Longinye gewandt. Es entsprach ihren traditionellen Gewohnheiten, nachts die Sümpfe zu verlassen und tagsüber wieder dorthin zurückzukehren. Slit Ear war mit ihrer Familie schon beinahe eine Meile weit gekommen, als Teresia erwachte und sich erhob. Der Rest ihrer kleinen Gruppe stand ebenfalls auf. Sie reckten sich und gähnten, staubten sich ein und kratzten sich. Teresia gab ein langes, tiefes Kollern von sich, den Kontaktruf, der im Prinzip besagt: »Hier bin ich, wo bist du?« Sie hielt inne und horchte mit erhobenem Kopf und ausgebreiteten Ohren, hörte jedoch keine Antwort. Sie rief wieder, und diesmal produzierte sie einen noch tieferen Ton, der weiter trug. Aus der Entfernung hörte Teresia eine Antwort von Slit Ear, sie drehte den Kopf, um auszumachen, wo sich Slit Ear befand, kollerte erneut und erhielt diesmal wieder keine Antwort.

Statt jedoch in die Richtung loszugehen, die Slit Ear genommen hatte, wandte sich Teresia nach Süden. Die übrigen Familienmitglieder blickten weiterhin nach Norden. Teresia schwang ihren rechten Vorderfuß hin und her, das ist eine typische Bewegung bei Elefanten, wenn sie unentschlossen sind. Sie machte ein paar Schritte nach vorn, nahm etwas Staub hoch und warf ihn auf ihren Rücken. Dann rief sie wieder, wartete und horchte. Als nächstes spreizte sie entschlossen die Ohren ab, schlug mit ihnen gegen Hals und Schultern, ließ sie mit einem kratzenden Geräusch wieder zurückgleiten und marschierte schließlich auf den Kilimandscharo zu. Ihre TD-Familie folgte ihr treu.

Sie wanderten ungefähr eineinhalb Meilen südwärts, ohne zum Fressen anzuhalten. Teresia schien ein besonderes Ziel vor Augen zu haben. Kurz vor der Morgendämmerung erreichten sie ungefähr am Fuße des Kilimandscharo eine weite Senke. Die Gegend war mit kleinen, dornigen Bäumen, *Balanites glabra* und *Acacia nubica,* bestanden, dazwischen wuchsen einige Gräser und niedrige Büsche. Im Juli und besonders im August war dies eine von den Amboseli-Elefanten bevorzugte Gegend für die Futtersuche. Es waren die Monate auf der Höhe der Trockenzeit, wenn die schmackhafteren und nahrhafteren Gräser auf den buschbestandenen Grasflächen schon zur Neige gegangen waren. In den Wäldern außerhalb des Parks war dann jedoch immer noch gutes Futter zu finden. Die Elefanten nutzten diese Wälder im Süden als Futtergebiete, bis sie schließlich zum Ende der Trockenzeit, in den Monaten September und Oktober, sich wieder in die Sümpfe im Park zurückzogen. Wenn sie in den südlichen Waldgebieten fraßen, mußten sie sich zum Trinken entweder zum Longinye- oder zum Enkongo Narok-Sumpf begeben, doch das taten sie im allgemeinen nachts. Teresia, die Ende Fünfzig war, hatte bereits als junges Kalb jedes Jahr im Juli und August diese Gegend aufgesucht. Der Tradition ihrer Familie folgend, hatte sie nun auch diesmal beschlossen, einige Tage im Süden zu verbringen.

Die TD-Familie blieb drei Tage in der Senke, aber die Tiere waren niemals völlig entspannt. Es waren viele Massai in der Nähe. Doch die Nahrung war gut, und es ereignete sich nichts Unerfreuliches. Seit Trista's Tod fühlte sich die kleine Familie nicht so sicher wie in einer größeren Gruppe, die einfach über mehr wachsame Augen, Ohren und Rüssel verfügt. Ohne die acht Mitglieder von Slit Ear's TC-Familie als Gesellschaft und zusätzlichen Schutz waren sie isoliert und verwundbar. Am Morgen des vierten Tages führte Teresia ihre Familie wieder nach Norden, Amboseli und Slit Ear entgegen.

Als sie die Parkgrenzen überquerten und sich den Ol Tukai Orok-Wäldern näherten, fingen Tallulah, Theodora, Tim und Tolstoi an zu laufen und zu trompeten. Sie hielten sich ganz locker beim Laufen, so daß die Ohren und Rüssel hin und her schlackerten; gleichzeitig stießen sie das laute, pulsierende Trompeten aus, von dem das Spiel begleitet wird. Teresia behielt ihre Würde mehr oder weniger bei, aber schließlich lief auch sie eilends den jüngeren Tieren hinterher. Tim und Tolstoi hielten plötzlich mitten im Lauf an, wirbelten herum und begannen einen Übungskampf. Tallulah und Theodora entdeckten einige Büsche, die sie mit den Stoßzähnen bearbeiteten. Ihre Schwänze hielten sie aufgerichtet, erhoben die Köpfe und streckten den Rüsselansatz vor. Und wenn sie mit den Augen rollten, konnte man das Weiße darin sehen. Teresia holte die anderen ein, blieb mit erhobenem Kopf stehen, und in ihren sonst so friedlichen braunen Augen war ein entschlossenes, wildes Glitzern.

Die jüngeren Tiere spielten noch zehn Minuten lang weiter, bis alle anfingen, von den frisch nachwachsenden Akazien zu fressen. Sie brachen kleine Äste ab und schälten vorsichtig die wohlschmeckende und nahrhafte Rinde ab. Nach einiger Zeit wandten sie sich dem Gras zu, das unter und zwischen den Bäumen wuchs. Es war ein Jahr mit ungewöhnlich starken Niederschlägen gewesen, und obwohl es schon auf das Ende der Trockenzeit zuging, war immer noch etwas Gras übriggeblieben. Sie fraßen etwa zwanzig Minuten, als sie plötzlich in einer Meile entfernt den Kontaktlaut eines Elefanten hörten. Sie hielten alle inne, horchten einen Augenblick, begannen jedoch wieder zu fressen und gaben keine Antwort, weil es niemand aus ihrer Bond Group war.

Bald darauf zogen sie langsam weiter, fraßen noch während des Gehens, durchquerten ein mit Palmen und Akazien bestandenes Gebiet und erreichten schließlich am Vormittag den nördlichen Waldrand. Hier ruhten sie sich aus, wobei sie dichtgedrängt unter einer Fieberakazie standen. Teresia kollerte mehrmals, erhielt jedoch keine Antwort. Sie und ihre Gruppe waren ganz begierig darauf, wieder mit Slit Ear's Familie zusammenzutreffen, aber sie wußten nicht, wo diese war.

Nachdem sie geruht hatten, überquerten sie die Pfanne und die offene Ebene und erreichten das nördliche Ende vom Longinye-Sumpf. Teresia rief weiterhin in Abständen, aber sie erhielt immer noch keine Antwort. Allen Mitgliedern der Gruppe rannen fast ständig frische Absonderungen aus ihren Schläfendrüsen. Sie trafen in Longinye auf verschiedene andere Familien, aber sie beachteten diese nicht und zogen einfach an ihnen vorbei.

In der Nacht verließen sie den Longinye und gingen nach Osten in den Olodo Are-Wald. Dort blieben sie die Nacht, fraßen und ruhten sich aus. Nachts rief Teresia mehrmals, aber erst am frühen Morgen, als die Gruppe erwachte, hörte sie aus nordwestlicher Richtung eine Antwort. Der Ruf kam aus mehr als einer Meile Entfernung, und Teresia war nicht sicher, ob er von Slit Ear stammte. Die TDs machten sich auf den Weg in jene Richtung und marschierten nach Westen. An der Ostseite von Longinye, wo nachwachsende Akazien standen, hielt Teresia an und kollerte. Prompt bekam sie eine Antwort, diesmal nur noch aus ungefähr einer Viertel Meile Entfernung im Süden. Nun war sie sicher, das war Slit Ear, und auch Tia und Tess antworteten.

Teresia änderte ihre Richtung und eilte mit ihrer Familie nach Süden. Aus ihren Schläfendrüsen rann Sekret in Strömen, und auf beiden Seiten ihrer Gesichter zeigten sich dicke schwarze Streifen bis hinunter zum Kinn. Sie durchquerten das Waldstück mit den jungen Akazien und erschienen in einem Sumpfgebiet, das mit bewaldeten Inseln durchsetzt war. Auf einer kleinen Erhebung über dem Sumpf hielten sie an. Teresia, Theodora und Tallulah kollerten, horchten, hörten eine Antwort und kollerten noch einmal lauter. Sie waren eindeutig aufgeregt und hielten ihre Köpfe und Ohren hoch erhoben. Dann änderten sie ihre Laufrichtung ein wenig, stürzten sich ins Wasser, das den Sumpf durchzog, und kamen auf der ersten Insel am anderen Ufer wieder heraus.

Plötzlich rannte vor ihnen eine Elefantengruppe zwischen den Bäumen heraus und kam direkt auf sie zu. Teresia stoppte einen Augenblick in Alarmbereitschaft, dann erkannte sie Slit Ear. Beide Gruppen liefen kollernd und schrill trompetend aufeinander zu. Die jüngeren Tiere waren Teresia vorausgeeilt, aber als die beiden Gruppen zusammentrafen, kümmerte sich Slit Ear nicht um die übrigen Tiere, sondern drängte sich zwischen ihnen hindurch, um Teresia zu begrüßen. Beide Elefantenkühe hoben die Köpfe hoch in die Luft, legten krachend die Stoßzähne aufeinander und schlangen die Rüssel umeinander, dabei kollerten sie laut und klappten als Begrüßungsgebärde mit den Ohren. Sie wirbelten herum, lehnten sich gegeneinander und scheuerten sich aneinander. In der Zwischenzeit begrüßten sich auch alle anderen Familienmitglieder. Sie drehten und wendeten sich, urinierten, schlugen mit den Ohren, schlangen die Rüssel umeinander und schlugen, genau wie ihre Leitkühe, krachend die Stoßzähne gegeneinander. Alle Elefanten sonderten so viel Sekret aus den Schläfendrüsen ab, daß es ihnen am Kinn entlang in den

Mund tropfte. Vor allem aber erfüllten die Geräusche ihrer Begrüßung die Luft, wiederholte Kollerlaute und durchdringendes Freudentrompeten.

Auch noch nach achtzehn Jahren der Elefantenbeobachtung empfinde ich eine enorme Spannung, wenn ich Zeugin einer solchen Begrüßungszeremonie werde. Irgendwie verkörperte sie all das, was Elefanten zu so besonderen und faszinierenden Tieren macht. Auch in meinen streng wissenschaftlichen Momenten habe ich keinen Zweifel daran, daß die Elefanten Freude empfinden, wenn sie sich wiedertreffen. Diese Freude mag menschlicher Freude nicht ähnlich oder gar vergleichbar sein, aber sie spielt eine sehr wichtige Rolle im gesamten sozialen System der Elefanten.

Verglichen mit den meisten anderen Tieren, führen Elefanten ein bemerkenswert komplexes Sozialleben. Selbst in Affengesellschaften, die im allgemeinen als sehr differenziert angesehen werden, gehen die Beziehungen eines Individuums selten über die Gruppe hinaus, in die es hineingeboren wurde, bestenfalls noch bis in benachbarte Gruppen. Im sozialen System der Paviane zum Beispiel bleiben die Weibchen in der Gruppe oder Horde, in der sie geboren wurden. Innerhalb dieser Horde haben sie sehr vielgestaltige soziale Beziehungen. Sie können auch auf Individuen aus benachbarten Horden treffen, aber ihre Kontakte sind dann nur kurz. Die Männchen verlassen ihre Geburtshorde, wechseln zu anderen Horden in der Gegend über und erweitern so ihre sozialen Beziehungen. Dennoch wird ein männlicher Pavian im Laufe seines Lebens nur mit einer begrenzten, relativ kleinen Zahl von Tieren wechselseitige Beziehungen haben. Auch Elefanten leben in Gruppen aus eng miteinander verbundenen weiblichen Tieren, und die Kühe bleiben ein Leben lang in der Gruppe, in die hinein sie geboren wurden. Die Bullen hingegen verlassen diese Gruppe, wenn sie geschlechtsreif werden. Die Kontakte weiblicher und männlicher Elefanten reichen allerdings weit über die Familie hinaus, und es gibt ein vielschichtiges Netz von Beziehungen, das eine ganze Population umfaßt.

Dieses Netzwerk von Beziehungen ist das Gerüst der Elefantengesellschaft. Die Beziehungen reichen von der Mutter-Kind-Bindung, der stärksten Bindung, die es gibt, bis zur bloßen Bekanntschaft zwischen Tieren, deren Wohngebiete sich kaum überschneiden. Ich finde, daß das System am einfachsten zu verstehen ist, wenn man sich jeden Elefanten als den Mittelpunkt einer Reihe ineinandergeschachtelter Kreise vorstellt. Dabei werden die Kreise immer größer, je weiter sie von dem Tier entfernt sind (siehe Abbildung Seite 121). Wenn ich im Jahre 1971 zum Beispiel Slit Ear als das Tier in der Mitte wähle, besteht die engste Beziehung zu C'76, ihrem jüngsten Kalb, das sich gewöhnlich nicht weiter als ein paar Meter von ihr entfernt aufhält. Die ihr dann am nächsten stehenden Tiere sind ihre älteren, aber noch nicht erwachsenen Kälber Tamar und Tara. Diese vier Tiere der TC-Familie gehören meiner Ansicht nach in den ersten Kreis. In dem zweiten Kreis befinden sich die übrigen Mitglieder ihrer Familie: Tia und Tess (die wahrscheinlich Slit Ear's ältere Tochter ist) sowie Tia's Nachkommen, C'76 und Right Fang. Von diesen Tieren wird Slit Ear selten mehr als fünfundzwanzig Meter entfernt sein. Manchmal kann es zu einer Trennung der Familie kommen, aber das dauert meistens nur wenige Tage. Die im Laufe der Jahre gesammelten Daten darüber, wie häufig die einzelnen Tiere dieser Familie zusammen sind, haben ergeben, daß Slit Ear und ihre Kälber in 99 Prozent der Zeit gemeinsam angetroffen werden und daß Slit Ear und die übrigen Familienmitglieder 90 Prozent der Zeit zusammen verbringen. Doch der Prozentsatz der Zeit, den diese Tiere gemeinsam verbringen, ist nur die Zusammenfassung vieler Einzelbeobachtungen. Noch aufschlußreicher ist das Verhalten der einzelnen Tiere untereinander. Die Tätigkeiten der TC-Familie sind gewöhnlich koordiniert, das heißt, alle Elefanten fressen, trinken, wandern und ruhen gleichzeitig und bekommen ihr Stichwort von Slit Ear, der Leitkuh. Die engen Bindungen zwischen den einzelnen Tieren werden ständig durch gegenseitige Berührungen und akustische Verständigungen bekräftigt. Mitglieder einer Familie haben häufig Körperkontakt. Sie scheuern sich aneinander, berühren sich mit dem Rüssel, lehnen sich gegeneinander, wenn sie ruhen, und die jüngeren spielen oft zusammen. Die älteren weiblichen Kälber verbringen bemerkenswert viel Zeit damit, sich um die jüngeren Kälber zu kümmern. Auf diese Weise entwickeln sich schon frühzeitig Bande zwischen Tieren unterschiedlicher Altersstufen. Auch wenn Slit Ear's Familie nicht dichtgedrängt beisammen ist, halten die Mitglieder Kontakt durch sanfte Kollerlaute und rufen sich gegenseitig, wenn sie im Pflanzendickicht verstreut sind.

Das beste Kennzeichen für die Stärke der Bindung zwischen Elefanten ist jedoch die Begrüßungszeremonie. Fast alle Elefanten begrüßen sich. Aber die Art und die Intensität der Begrüßung hängt davon ab, wer die Elefanten sind, die sich begegnen, was für eine Beziehung sie zueinander

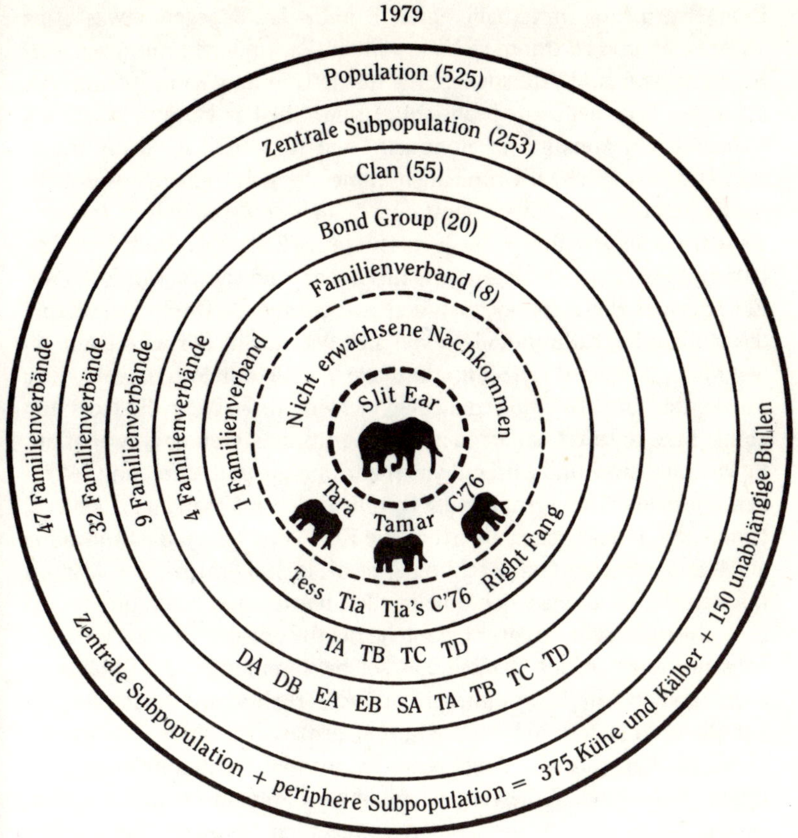

haben und wie eng diese ist; und davon, wie lange sie getrennt waren. Wenn Slit Ear's Familie auf der Futtersuche in Longinye auf Estella's Familie trifft, so können einige Mitglieder einen Rüsselgruß austauschen – das bedeutet, daß sie sich gegenseitig die Rüsselspitze in den Mund stecken. Gewöhnlich ist das rangniedere Tier dasjenige, das die Begrüßung eröffnet. Bei den jüngeren Mitgliedern der beiden Familien findet fast immer eine Begrüßung statt, sie wird allerdings nicht von Lautäußerungen begleitet. Slit Ear würde sich ebenso wie Estella nicht herablassen, irgendeinen Elefanten auf diese Weise zu begrüßen; sie würden sich also im Grunde genommen gegenseitig nicht beachten, während sich die anderen Familienmitglieder ruhig begrüßen.

Eine Begrüßung innerhalb einer Familie ist dagegen etwas ganz anderes. Ab und zu trennt sich Tia von Slit Ear und geht mit ihren zwei Kälbern allein auf Futtersuche. Eine solche Trennung kann zufällig oder auch von Tia's Seite aus beabsichtigt sein. Slit Ear kann in bezug auf Nahrung sehr konkurrenzbetont sein, und Tia weicht ihr dann immer aus. Aber aus welchem Grund auch immer sie sich trennen – was nicht häufig geschieht –, es findet stets eine besondere Zeremonie statt, wenn sie sich wieder vereinen. Falls sie nur für kurze Zeit, etwa einige Stunden, getrennt waren, ist die Begrüßung nicht sehr intensiv. Tia würde auf Slit Ear zugehen, den Kopf hochnehmen, mit gehobenen Ohren wedeln und das kehlige Begrüßungskollern von sich geben. Slit Ear wird dann gewöhnlich, je nach ihrer Stimmungslage, ebenso antworten, wobei ihre Antwort sich mit Tia's Kollern überschneiden würde. Wenn die Trennung einige Tage gedauert hat, dann ist die Begrüßungszeremonie zwangsläufig viel intensiver und wird mit viel mehr Energie und Aufregung vollzogen. Die beiden Untergruppen der Familie laufen aufeinander zu, kollern, trompeten und schreien, sie heben die Köpfe und lassen die Stoßzähne aufeinanderkrachen. Dann schlingen sie die Rüssel umeinander, klappen mit den Ohren, drehen sich umeinander, harnen und koten und zeigen sich allgemein sehr erregt. Eine solche Begrüßung dauert manchmal bis zu zehn Minuten. Ich glaube, daß solche Zeremonien die Bindungen zwischen den Familienmitgliedern aufrechterhalten und verstärken.

Familienmitglieder sind der Definition gemäß irgendwie miteinander verwandt; ich wäre allerdings versucht, meinen rechten Arm dafür zu geben, einen Blick in die Vergangenheit zu werfen, um herauszufinden, welche Verwandtschaftsbeziehungen eigentlich bestehen. Bei einigen Familien fühlte ich mich einigermaßen sicher, ihre Stammbäume herauszuarbeiten, besonders wenn es sich um eine verhältnismäßig kleine Familie handelte. 1979 zum Beispiel entwarf ich für die Familien TA, TB und TD Stammbäume, die wahrscheinlich annähernd exakt waren. Bei den Familien TB und TD war es sehr einfach: Tania war die Mutter von drei männlichen Kälbern, deren Alter jeweils ungefähr vier Jahre auseinander lag; und Teresia war vermutlich die Mutter oder Großmutter von allen vier Tieren der Familie. Bei der TA-Familie stand außer Frage, daß Torn Ear die Mutter von dem (1976 verstorbenen) Kalb C'74 sowie von Tilly, Teddy und Tuskless war – nur Tonie konnte ich nicht genau einordnen. Offenbar war Tonie's Mutter in der Anfangszeit der Studie gestorben, doch ich frage mich, wie diese Mutterkuh mit Torn Ear

verwandt gewesen war. Kann sie ihre Tochter oder ihre Schwester gewesen sein, oder was sonst?
Bei der TC-Familie war es etwas schwieriger: Slit Ear hätte Tia's Mutter sein können; wir schätzten, daß sie 1936 und Tia 1950 geboren wurde. Slit Ear wäre also vierzehn Jahre alt gewesen, als sie Tia zur Welt brachte. In der Amboseli-Population war die jüngste Kuh, die ein Kalb zur Welt gebracht hatte, elf Jahre alt; theoretisch hätte Slit Ear also durchaus Tia's Mutter sein können, aber instinktiv bezweifelte ich das. Ich vermutete vielmehr, daß Tia die Tochter einer älteren, bereits gestorbenen Kuh aus dieser Familie war, möglicherweise der früheren Leitkuh. Tess, 1963 geboren, war wahrscheinlich Sit Ear's Tochter, aber auch dafür hatte ich keinen sicheren Beweis, ausgenommen, daß sie sich eng an Slit Ear hielt und daß der altersmäßige Abstand zwischen ihr und Slit Ear's nächstjüngerem Kalb vier Jahre betrug, also dem durchschnittlichen Altersabstand bei Kälbern entsprach. Tara, 1967 geboren, folgte Slit Ear, und als ich sie 1973 zum ersten Mal traf, benahmen sich beide, wie es für Mutter und Kind typisch ist – Tara war also mit ziemlicher Sicherheit eine Tochter von Slit Ear. Da Tamar, 1971 geboren, 1973 noch von Slit Ear gesäugt wurde, gab es kaum einen Zweifel, daß auch sie Slit Ear's Kalb war. Bei Slit Ear's jüngstem Kalb, ihrem C'76, gab es gar keinen Zweifel mehr. Nach Beginn der Studie war von jedem Kalb, das dann geboren wurde, das Alter sicher bekannt. Bei Tia's Nachkommen ist deshalb alles klar: Right Fang wurde 1973 noch gesäugt, und die Geburt von Tia's C'76 wurde noch an dem Tag registriert, an dem es tatsächlich zur Welt kam.
Meine Bemühungen, die Verwandtschaftsbeziehungen zu klären, wurden allerdings durch die Frage der Vaterschaft erschwert. Bei einem durchschnittlichen Geburtenabstand von vier bis fünf Jahren und angesichts der Sterblichkeit der großen, erwachsenen Bullen und weil schließlich ein Bulle nur wenige Monate im Jahr in Musth kommt und damit sexuell aktiv ist, wird die Chance, daß die aufeinanderfolgenden Kälber einer Kuh denselben Vater haben, wahrscheinlich nicht sehr hoch sein. Slit Ear's Töchter waren also vermutlich Halbschwestern. Andererseits sind, gerade wegen Musth, die Chancen recht hoch, daß Kälber, die innerhalb weniger Monate in einer Familie geboren werden, denselben Vater haben (aber verschiedene Mütter).
Im vorausgegangenen Kapitel erwähnte ich, daß Slit Ear nur wenige Tage vor Tia im Östrus gewesen war und daß auch sie in einer Paarungsgemeinschaft mit Bad Bull gesehen worden war. Meine Ergebnisse zeigen,

daß es innerhalb der Familien die Tendenz gibt, den Östrus zu synchronisieren – das bedeutet, daß die »verfügbaren« Kühe (also jene, die weder trächtig sind, noch Kälber unter zwei Jahren säugen) oft nur wenige Wochen nacheinander in den Östrus kommen. Wenn also zu der Zeit, da die Kühe einer Familie in den Östrus kommen, ein dominanter Bulle in Musth ist, dann wird dieser wahrscheinlich der Vater aller Kälber sein, die in diesem Zeitraum gezeugt wurden. Die Kälber werden also väterlicherseits Halbgeschwister sein und Halbbrüder oder Halbschwestern ihrer Geschwister mütterlicherseits. Außerdem wären sie untereinander verwandt als Enkel, Nichten, Neffen, Tanten, Onkel, Cousins oder Cousinen. Die Verwandtschaftsbeziehungen sind also wirklich ziemlich verwikkelt.

Auf jeden Fall aber sind die Tiere in den beiden inneren Kreisen der Abbildung (auf Seite 121) eng miteinander verwandt. Das ist eine wichtige Überlegung, um das Verhalten zwischen den einzelnen Individuen zu verstehen. Im dritten Kreis vom Zentrum aus sind die Mitglieder von Slit Ear's Bond Group. Am nächsten stehen ihr die TDs, die Familie von Teresia, dann folgen die TAs und die TBs, die von Tuskless und Tania geführt werden. Alle vier Familien haben enge Bindungen zueinander, was sich darin ausdrückt, wieviel Zeit sie miteinander verbringen und wie sie sich verhalten, wenn sie sich treffen und wenn sie zusammen sind. Meine Beobachtungen über die Vergesellschaftungen zeigen, daß die TCs, also Slit Ear's Familie, zu mehr als 80 Prozent der Zeit mit den TDs zusammen angetroffen wurden. Das ist ein sehr hoher Prozentsatz; tatsächlich sogar einer der höchsten von allen Bond Groups der Population. Beweis dieser auffallend engen Verbundenheit ist die intensive Begrüßungsszene zwischen den TCs und den TDs, wie ich sie im ersten Teil dieses Kapitels beschrieben habe. Das wichtigste Band, auf dem die Beziehung beider Familien beruht, scheint die sehr starke Zuneigung zwischen Slit Ear und Teresia zu sein. Dem Alter nach könnten sie Mutter (Teresia) und Tochter (Slit Ear) sein. Aber ich habe immer vermutet, daß es sich um irgendeine andere Bindung handelt. Was immer es für eine Beziehung sein mag, ich bin sicher, daß sie über Slit Ear's ganzes Leben, also mehr als vierzig Jahre zurückreicht.

Mit den TAs und TBs ist Slit Ear nicht so eng verbunden. Auf Grund einiger Begrüßungen, die ich in der Anfangszeit der Studie beobachtet habe, glaube ich, daß Slit Ear zwar eine ziemlich enge Beziehung zu Torn Ear und ihrer TA-Familie hatte. Doch als Torn Ear 1976 starb, schien die

Anziehungskraft zwischen den Familien schwächer zu werden, und sie begannen, weniger Zeit miteinander zu verbringen. Die TCs verbrachten 34 Prozent ihrer Zeit mit den TAs und 35 Prozent mit den TBs. Das ist immer noch viel mehr Zeit, als sie irgendeiner anderen Familie in der Population widmeten. In der weiteren Rangfolge steht ihnen die DB-Familie mit 15 Prozent am nächsten. Alle anderen Familien in der Population wurden noch seltener zusammen mit den TCs angetroffen.

Die Beziehungen zwischen den Familien und zwischen den einzelnen Tieren in einer Bond Group faszinieren mich. Da meine Geburtenaufzeichnungen nur bis 1970 zurückreichen, kann ich unmöglich wissen, wie oder ob überhaupt die erwachsenen Kühe miteinander verwandt sind. Für die gegenwärtig erwachsenen Kühe kann diese Frage niemals beantwortet werden. Aber ich werde in den kommenden Jahren wohl einige Einblicke bekommen, wenn ich beobachte, was mit den Strukturen jener Familien und Gruppen geschieht, bei denen ich die Verwandtschaftsverhältnisse kenne.

Ein Ereignis hat mir bereits geholfen zu begreifen, wie eine aus verschiedenen Familienverbänden zusammengesetzte Bond Group entsteht. In den ersten Jahren der Untersuchung waren die PAs mit ihrer Leitkuh Penelope der größte Familienverband der Population. Außerdem gab es noch mehrere andere große Kühe in der Familie: Phoebe, Patricia, Philomena, Priscilla und Zoya (eindeutig auch ein P-Mitglied, das aber ursprünglich einen Z-Namen bekommen hat, weil sie das erste Mal in einer kleinen Untergruppe angetroffen worden war, die ich irrtümlich für einen neuen Familienverband gehalten hatte). Die PA-Familie wuchs auf 29 Mitglieder an, was in Anbetracht der durchschnittlichen Familiengröße von nur neun Tieren sehr viel ist. Die Familie teilte sich von Zeit zu Zeit in Untergruppen auf, aber diese Trennungen zeigten bis 1978/79 kein klares Schema. Immer häufiger spaltete sich die Familie in zwei Gruppen auf, die eine wurde von Penelope geführt und die andere von Phoebe. Anfangs war die Familie offenbar nicht in der Lage gewesen, zu entscheiden, wer sich Penelope und wer sich Phoebe anschließt. In den folgenden zwei Jahren schien ihnen das zu gelingen, wobei 16 Tiere die Gruppe von Penelope bildeten und 13 Tiere Phoebe's Gruppe. Im Jahre 1982 betrachtete ich sie dann als zwei getrennte Familienverbände: die PAs und die PCs. Dennoch verbrachten sie immer noch mehr Zeit miteinander als mit irgendwelchen anderen Familien der Population; wenn sie sich trafen, fand eine Begrüßungszeremonie statt, und wenn sie zusammen waren, bewegten sie sich koordiniert und zeigten gegenüber den Mitgliedern der anderen Familie freundschaftliche Verhaltensweisen. Mit anderen Worten: Diese beiden Familien bildeten eine Bond Group.

Ich vermute, daß die Aufteilung der PA-Familie in typischer Weise zeigt, wie Bond Groups mit mehreren Familienverbänden entstehen. Familienverbände werden einfach zu groß, um noch leistungsfähige soziale Gruppierungen darzustellen. Entweder spalten sie sich mehr oder weniger je zur Hälfte, oder aber eine Untergruppe trennt sich ab. In Lake Manyara hatte Iain Douglas-Hamilton einmal beobachtet, wie sich eine kleine Untergruppe allmählich von einer großen Familie mit 22 Tieren löste. Die Splittergruppe bestand aus einer erwachsenen Kuh, ihrer erwachsenen Tochter und den drei Kälbern der beiden. Die Anführerin der Untergruppe war, verglichen mit den anderen Kühen der Familie, relativ jung. Iain vermutete, daß der Wettbewerb mit diesen älteren Kühen in einer so großen Familie die jüngere Kuh dazu brachte, ihre Familie zu verlassen, um allein, nur mit ihren nächsten Verwandten, auf Futtersuche gehen zu können. Aber genau wie bei den Elefanten in Amboseli blieben enge Bindungen dieser neuen Familie zu der ursprünglichen Familie bestehen. Sie gesellte sich oft zu ihr und zog in demselben Gebiet umher wie diese.

Der vierte Kreis um Slit Ear herum schließt die Mitglieder jener Familien ein, die ihren Clan bilden. Nun muß ich allerdings zugeben, daß ich nicht sicher bin, ob der Begriff »Clan« überhaupt irgendeine Bedeutung für Slit Ear hat. Wie ich in Kapitel 3 erklärt habe, gibt es bei einigen Familien die Tendenz, während der Trockenzeit in bestimmte Gebiete des Amboseli-Beckens zurückzukehren. Die vier T-Familien verbringen die Trockenzeit damit, sich tagsüber im Longinye-Sumpf und in den Ol Tukai Orok-Wäldern zu konzentrieren. Nachts dagegen suchen sie die buschbestandenen Lavagebiete im Süden und die Gegend von Olodo Are im Osten auf. Man erlebt nur sehr selten, daß sie den Enkongo Narok-Sumpf und das Gebiet westlich des Sumpfes nutzen. Es gibt noch fünf weitere Familienverbände, die sich mehr oder weniger nach demselben Schema richten: die DAs, DBs, EAs, EBs und die SAs. Ich denke, daß diese neun Familien zusammen einen Clan bilden. Sie teilen sich freundschaftlich dasselbe Streifgebiet und ziehen manchmal sogar in lockeren Verbänden umher, lassen aber keine engen Bindungen zueinander erkennen. Ich habe niemals beobachtet, daß ein Tier von den Ts sich einem der Mitglieder der anderen Familien näherte und eine Begrüßungszeremonie stattfand.

Allerdings habe ich den Austausch von Aggressionen unter den Clan-Mitgliedern beobachtet. Dabei nähert sich ein Tier einem einzelnen Elefanten oder einer Gruppe Elefanten von einer anderen Familie in der charakteristischen Drohhaltung. Dann sind die Ohren so abgespreizt, daß ihre oberen Ränder über dem Kopf eine waagerechte Linie bilden. Das andere Tier oder die Gruppe wird entweder ausweichen, die Stellung halten oder ebenfalls aggressiv reagieren. So etwas kann passieren, wenn ein Tier etwas haben möchte, das ein anderes Tier gerade frißt. Oder wenn es in den Schatten eines Baumes möchte, wo bereits andere Elefanten stehen. Es kann aber auch ohne einen für den menschlichen Beobachter erkennbaren Anlaß zu Feindseligkeiten kommen.

Aggressives Verhalten tritt auch innerhalb von Familien oder Bond Groups auf. Tatsächlich sind wechselseitige Aggressionen innerhalb der Familien sehr häufig. Das ist auch nicht überraschend, da die Mitglieder fast die ganze Zeit über zusammen sind. Es gibt eine Abnahme der Aggressivität innerhalb der Sippen und Clans und dann wieder eine Zunahme zwischen Angehörigen verschiedener Clans. Slit Ear zum Beispiel ist anderen Elefanten gegenüber häufig aggressiv, und einige meiner Kollegen sagen, sie sei ein »richtiges Miststück«. Das stimmt zwar – doch ich mag ihr temperamentvolles Wesen.

Im fünften Kreis um Slit Ear ist ihre Subpopulation. In Kapitel 3 habe ich beschrieben, wie sich die Population in eine zentrale und eine periphere Subpopulation aufteilt. Dabei sammeln sich die zentralen Elefanten während der Trockenzeit bei den Sümpfen im Becken. Die peripheren Elefanten hingegen durchstreifen das Buschland in der Umgebung des Beckens und nutzen die Sümpfe nur zum Trinken oder für einige Zeit zum Fressen. Slit Ear und die übrigen T-Mitglieder gehören zur zentralen Subpopulation.

Slit Ear's Subpopulation besteht aus 32 Familien; die Streifgebiete von 26 dieser Familien überlappen sich während der Trockenzeit mit dem von Slit Ear's TC-Familie. Die anderen fünf Familien verbringen mehr Zeit in der Gegend um den Enkongo Narok-Sumpf, und sie werden daher Slit Ear während der Trockenzeit wahrscheinlich nur selten begegnen. Ihre Beziehungen und Kontakte mit anderen Mitgliedern der Subpopulation hängen davon ab, ob es sich um Familienmitglieder, Angehörige ihrer Bond Group oder ihres Clans handelt und ob es sich dabei um einen überlappenden oder entfernteren Clan handelt. Slit Ear kennt alle Elefanten in der Subpopulation und auch ihre Stellung in der Rangordnung.

Ihre Kontakte zu ihrer Familie und ihrer Bond Group sind im großen und ganzen freundschaftlich, obwohl sie mit den anderen Tieren in einem Konkurrenzverhältnis steht und einem von ihnen auch mal einen Stoß in das Hinterteil versetzt, wenn es ihr nicht schnell genug ausweicht. Mit den übrigen Elefanten der Subpopulation hat sie während der Trokkenzeit nur ab und zu Kontakte, aber wenn sie den Tieren begegnet, kann es zu wechselseitigen Aggressionen kommen.

Der letzte Kreis der Beziehungen um Slit Ear umfaßt die gesamte Population, einschließlich der peripheren Subpopulation und der erwachsenen, unabhängigen Bullen. Viele dieser Tiere werden ihr während der Trokkenzeit überhaupt nicht begegnen. Die aus fünfzehn Familien bestehende periphere Subpopulation verbringt die Trockenzeit westlich vom Enkongo Narok-Sumpf und nahe dem Berg im Süden. Im allgemeinen treffen sich die beiden großen Subpopulationen erst wieder, wenn die Regenfälle beginnen und das System der getrennten Trockenzeit-Aktionsräume zusammenbricht. Dann bilden die Familien große Verbände und durchstreifen gemeinsam das gesamte Becken und die umliegenden Gebiete.

Wenn sich die Familien aus unterschiedlichen Clans und Subpopulationen treffen und vermischen, erscheint es mir immer, als wäre die soziale Aufmerksamkeit erhöht und als würden wechselseitige Kontakte stark zunehmen. Besonders die männlichen Kälber suchen sich junge Bullen aus anderen Familien, die sie nicht so gut kennen, tragen Übungskämpfe aus und messen ihre Kräfte. Auch die erwachsenen Kühe überprüfen ihre Rangstellung zu anderen Kühen. Sie drohen einer anderen Kuh oder verjagen sie sogar manchmal, um ein bestehendes Dominanzverhältnis zu festigen oder neu zu klären. Slit Ear gehört zu den ranghöchsten Kühen der ganzen Population; sie verpaßt kaum eine Gelegenheit, um sicherzustellen, daß das von allen anerkannt wird. Gleichzeitig gibt es aber auch viele freundschaftliche und spielerische Kontakte zwischen den Mitgliedern verschiedener Familien. Elefanten scheinen sich zu Artgenossen hingezogen zu fühlen, und wenn die ökologischen Bedingungen es gestatten, ziehen sie es offenbar vor, sich in diesen großen, sozial stimulierenden Herden aufzuhalten.

Möglicherweise sind Clans und Subpopulationen nur ein Hirngespinst von mir, weil ich hinter der einfachen geographischen Trennung von Familien eine übergeordnete Struktur vermute. Vielleicht aber nehmen diese Tiere selbst wahr, daß sie zu einem bestimmten Trockenzeit-Aktionsraum gehören, den sie willens sind, gegen das Eindringen anderer Familien zu verteidigen. Es wird noch Jahre dauern, alle Daten zu sammeln, um herauszufinden, ob einige Familien aus den Streifgebieten anderer Familien ausgeschlossen werden; doch ich vermute stark, daß das zutrifft. Meine Kollegen und ich haben Vorfälle beobachtet, bei denen eine Gruppe aus einem Gebiet in das Streifgebiet einer anderen Gruppe gekommen ist und von den dort ansässigen Elefanten aggressiv behandelt wurde. Wenn ein Gebiet besser ist als ein anderes, und es gibt viele Hinweise darauf, dann würde es Sinn machen, zu vermuten, daß die dort ansässigen Tiere diese Ressourcen verteidigen. Vom theoretischen Standpunkt aus ist es in der Verhaltensökologie eine wichtige Frage, ob und wie verwandte und nicht verwandte Tiere ihre Ressourcen verteidigen und wie sie sich dabei zusammenschließen. Und für das Management von Elefanten in Schutzgebieten ist dies gleichermaßen von Bedeutung. Es ist unbedingt erforderlich zu wissen, was mit einer Elefantenpopulation geschehen kann, wenn ein Teil ihres »Wohngebietes« abgeschnitten wird und ein Teil der Tiere in neuen Gebieten heimisch werden muß; oder was passiert, wenn einige der Mitglieder im Rahmen des Culling abgeschossen werden und bestimmte Gegenden ohne Elefanten zurückbleiben.

Schließlich müssen der Vollständigkeit halber noch Slit Ear's Beziehungen zu den 150 erwachsenen Bullen in der Population genannt werden. Ihre Einstellung ihnen gegenüber hängt von mehreren Faktoren ab: vom Alter des Bullen, von seinem Verwandtschaftsverhältnis zu ihr, von ihrem eigenen sexuellen Status und – wenn es sich um einen älteren Bullen handelt – davon, ob er in Musth ist oder nicht. Während der Trockenzeit begegnet Slit Ear im allgemeinen täglich irgendwelchen Bullen. Junge Bullen im Alter zwischen zehn und zwanzig Jahren können sich zum Fressen und Umherziehen zu ihrer Familie gesellen. Sie kann dann ihre Gegenwart dulden oder auch nicht. Mein Eindruck ist, daß Slit Ear jungen Bullen gegenüber ziemlich intolerant ist. Andere Familien scheinen sie freundlicher aufzunehmen, und einige Familien scheinen immer eine kleine Schar von Bullen im Gefolge zu haben. Wenn Slit Ear nicht gerade von jungen Bullen irgendwie irritiert wird, ignoriert sie diese fast völlig; man könnte sagen, daß sie fast gar kein Verhältnis zu ihnen hat.

Bei älteren, etwa zwanzig- bis dreißigjährigen Bullen ist es problematischer. Mit Anfang Zwanzig sind die meisten Bullen größer als Slit Ear und daher ihr gegenüber dominant. Mit Bluff und auf Grund früherer Erfahrungen kann sie zwar immer noch einen zwanzig- bis zweiundzwanzigjährigen Bullen verjagen, aber schließlich wird sie nachgeben und dessen neuen Status akzeptieren. Allerdings ziehen diese Bullen im Übergangsalter nicht umher, um mit Kühen zu kämpfen – das liegt nicht in ihrem Interesse. Es kommt eher zu einer gewaltlosen Machtprobe, wobei der Bulle und die Kuh mit erhobenem Kopf und abgespreizten Ohren dastehen und versuchen, den anderen zum Nachgeben zu bewegen. Bei diesen Konfrontationen tasten sich die männlichen Tiere wahrscheinlich zu ihrem neuen Status als sozial erwachsene Bullen vor. Im allgemeinen aber haben sie im Alter zwischen zwanzig und dreißig bereits begonnen, mehr Zeit mit anderen männlichen Elefanten in den Bullengebieten zu verbringen. Während der Trockenzeit sind sie meistens von den Kühen getrennt, und Slit Ear wird diesen männlichen Artgenossen nur begegnen, wenn sich ihre Freßgebiete überschneiden oder wenn ein Bulle auf der Suche nach Kühen, die im Östrus sind, in die Kuh-Kalb-Gegenden kommt. Wäre Slit Ear zu der Zeit im Östrus, so würde sie versuchen, ein männliches Tier dieses Alters zu meiden, und darauf warten, daß ein älterer Bulle vorbeikommt.

Wenn Bullen älter als dreißig sind, haben sie ein ganz neues Reich betreten, das der Musth-Bullen, und ihr Status ist absolut eindeutig. Slit Ear würde niemals versuchen, einen dieser älteren Bullen herauszufordern. Es ist viel wahrscheinlicher, daß sie einen großen Bullen begrüßt, wenn er in ihre Gruppe kommt. Ist er in Musth, wird sie wahrscheinlich etwas Interesse und Erregung zeigen, und sie und ihre Familie würden auf seine Ankunft mit einem Chor von Kollerlauten reagieren. Wieder würde ich einen Arm oder ein Bein dafür hergeben, zu erfahren, welche Beziehungen Slit Ear zu den großen Bullen in der Population hat. Sie ist älter als die meisten von ihnen (auf Grund der Wilderei und der Jagd auf Bullen wegen ihrer viel größeren Stoßzähne gibt es weniger männliche als weibliche Tiere über vierzig; während es mehrere Kühe gibt, die gut über fünfzig sind, und einige, die wahrscheinlich schon über sechzig Jahre alt sind, kommen nur zwei oder drei Bullen auf ein Alter von über fünfzig. Einige könnten aber jüngere Brüder, Neffen oder Cousins von Slit Ear sein. Behandelt sie diese Tiere nun irgendwie anders als Nicht-Verwandte? Würde sie sich mit einem Bruder paaren? Oder, was vielleicht noch interessanter ist, da sie bei einem Bullen in Musth kaum eine andere Wahl hat, würde er sich mit ihr paaren?

In der Regenzeit hat Slit Ear natürlich häufiger Kontakte und wechselseitige Beziehungen mit Bullen als in der Trockenzeit. In den lockeren

Verbänden, die sich bilden, wenn reichlich Vegetation zur Verfügung steht, findet man männliche Elefanten aller Altersstufen. Typischerweise besteht ein solcher Verband ungefähr zu zehn Prozent aus Bullen. Es ist wahrscheinlich, daß sich dieser Anteil ändert, sobald eine Kuh im Östrus ist. Ich habe einmal eine Gruppe von zweihundert Elefanten angetroffen, zu der 63 erwachsene Bullen gehörten. Zwei Kühe waren im Östrus, davon eine jung und unerfahren, und es herrschte das vollkommene Chaos.

Über lange Zeiträume ist Slit Ear im Grunde genommen an Bullen nicht interessiert. Doch das ändert sich, sobald sie in den Östrus kommt. Dann versucht sie, sie anzulocken und dafür zu sorgen, daß sie an ihr interessiert bleiben. Als ältere, erfahrene Kuh wird Slit Ear nicht dulden, daß sich jüngere Bullen mit ihr paaren. Sie wird sie meiden, bis sie einen Musth-Bullen findet, um eine Paarungsgemeinschaft mit ihm einzugehen. Seit ich Slit Ear kenne, hat sie mehrere Kälber in Abständen zwischen drei und fünf Jahren bekommen (ein mittlerer Geburtenabstand von vier Jahren bedeutet: eine trächtige Kuh gebärt nach zweiundzwanzig Monaten ein Kalb; dann folgt ein Zeitraum von etwa zwei Jahren, in dem kein Eisprung stattfindet; und erst danach ist sie wieder bereit für eine neue Befruchtung). Wahrscheinlich war Slit Ear vor jeder von mir registrierten Trächtigkeit jeweils immer nur ein einziges Mal im Östrus und wurde gleich wieder begattet. Sie hatte also nur alle drei oder vier Jahre für ein paar Tage beträchtliches Interesse an Bullen. Neben ihren eigenen Östrus-Perioden wird Slit Ear sich auch etwas für Bullen interessieren, wenn ihre Töchter und andere ihr nahestehende Familienmitglieder in den Östrus kommen. Dann wird sie, wenn eine Kuh verfolgt und begattet wurde, an der Gruppenzeremonie und dem Spektakel teilnehmen. Im allgemeinen aber sind die Kontakte einer Kuh mit den erwachsenen Bullen in einer Population flüchtig und nur etwa einmal in vier Jahren von größerer Bedeutung.

Zusammenfassend kann man sagen, daß die Beziehungen von Slit Ear sich strahlenförmig durch die sechs sozialen Kreise der Abbildung ziehen. Sie reichen von vertrauten, engen Bindungen zu nahen Verwandten bis hin zu bloßer Bekanntschaft mit peripheren Elefanten und – jedenfalls die meiste Zeit – auch mit dem Großteil der Bullen.

Im Jahre 1979 hatte ich viele Gelegenheiten, zu beobachten, wie die sozialen Beziehungen ablaufen. Es war ein Jahr mit starken Regenfällen und folglich satter, üppiger Vegetation, und die Elefanten hielten sich oft

in großen Ansammlungen auf, wobei es zu vielen Kontakten kam. Ich sah in diesem Zeitraum jede der vier T-Familien etwa dreißig- bis vierzigmal, häufig genug, um über das, was sie taten, auf dem laufenden zu bleiben. Die Neuorientierung der Bindungen schien sich gefestigt zu haben. Die Familien von Slit Ear und Teresia waren fast immer zusammen, und auch Tania und Tuskless waren beinahe unzertrennlich. Tuskless hatte in ihrer kleinen TA-Familie eindeutig die Rolle der Leitkuh übernommen. Ich war sehr erfreut zu sehen, daß sich Tania und Tuskless in dieser Zeit des Überflusses zumindest vorübergehend nicht um die Abfallgruben kümmerten, sondern wieder »richtige« Elefanten geworden waren, die den zentralen Teil des Parks verließen und mit den großen Herden zogen.
Im allgemeinen war es eine gute Zeit für die Elefanten, obwohl die Ts einen Verlust erlitten. Irgendwann gegen Ende des Jahres 1978 war Taabu, Tania's älterer Sohn, verschwunden. Zuerst dachte ich, daß er vielleicht unabhängig geworden war. Er war damals neun Jahre alt, das ist zwar sehr jung, um allein loszuziehen, aber so etwas ist durchaus schon vorgekommen. Als ich ihn aber bis zum März 1979 weder bei seiner oder bei anderen Familien noch allein oder zusammen mit anderen Bullen gesehen hatte, mußte ich zu dem Schluß kommen, daß er tot sei. Es wurde zu jener Zeit nur wenig gewildert oder gespeert, aber junge Bullen in seinem Alter sind verletzlich. Taabu war ein besonders frecher, junger Bulle, der in der Nähe der Lodges und Zeltplätze häufig etwas anstellte (einmal nahm er ein kleines Zelt von Joyce hoch, trug es davon und schwenkte es mit dem Rüssel, während ich ihn anschrie und ihm nachjagte, bis er es fallen ließ). Vielleicht war er in der Nähe von einigen Massai, die seine Eskapaden nicht schätzten, zu selbstsicher geworden. Andererseits kann er auch in der Abfallgrube etwas gegessen haben, das ihn getötet hat. Aber ich habe seine Leiche niemals gefunden.
Im Mai und Juni 1979 war ich für sechs Wochen in England und in den Vereinigten Staaten. Ich verließ die Elefanten immer nur sehr widerwillig, weil ich wußte, daß ich wichtige Ereignisse verpassen würde. Diesmal jedoch hatte ich einen Kollegen, der am Projekt mitarbeitete: Keith Lindsay, ein junger kanadischer Ökologe war 1978 gekommen, um über das Freßverhalten und die Nutzung des Lebensraumes der Elefanten zu arbeiten. Es war beruhigend zu wissen, daß er in Amboseli war und die Elefanten im Auge behielt. Er kannte, als ich wegfuhr, schon die meisten der erwachsenen Kühe und viele von den unabhängigen Bullen.
Die Arbeit von Keith war ein integraler Bestandteil des gesamten For-

schungsprojektes über die Amboseli-Elefanten. Seit Beginn der Studie hatten Jonah, Harvey und ich uns gewünscht, jemanden zu finden, der über die ökologischen Aspekte der Biologie von Elefanten arbeitet, besonders darüber, wie die Elefanten die Lebensräume von Amboseli nutzten und welche Interaktionen zwischen ihnen und in diesen Lebensräumen bestanden. Neben den Rindern waren die Elefanten die wichtigsten Pflanzenfresser im Öko-System des Amboseli, und sie waren unter Umständen in der Lage, durch ihre Freßaktivitäten beträchtliche Veränderungen in der Vegetation zu verursachen. Wir brauchten jemanden, der diese Aktivitäten untersuchte.

Joyce war während des größten Teils des Jahres 1978 und das ganze Jahr 1979 in die Vereinigten Staaten zurückgekehrt, um ihren Universitätsabschluß zu machen und mit den Vorbereitungen für ihre Doktorarbeit zu beginnen. Ich teilte mein Camp mit Phyllis Lee, einer Doktorandin aus Cambridge, die bei Grünen Meerkatzen die soziale Entwicklung im Kindesalter studierte. Phyllis war eine kluge, lebhafte Kalifornierin, deren Gesellschaft ich sehr genoß. Dieses Arrangement funktionierte gut, aber ich wünschte immer noch dringend, eine zweite Person für das Elefantenprojekt zu haben. Ich war daher sehr erfreut, als Keith kam.

Er hatte schon einige Forschungsarbeiten an Bären in Kanada durchgeführt, war dann auf Neues gespannt und nach Afrika gekommen, um durch das Land zu reisen. Als er in Kenia ankam, suchte er verschiedene Ökologen auf. Einer von ihnen war Harvey. Er stellte den Kontakt zwischen Keith und mir her, und ich wiederum machte Keith mit Jonah bekannt. Wir alle zusammen arrangierten, daß Keith auf Teilzeitbasis für Jonah an der ökologischen Überwachung des Parks arbeitete und in der übrigen Zeit an seiner eigenen Elefantenstudie. Er immatrikulierte sich an der Universität von Britisch-Kolumbien für den Magister, wurde, dank Jonah's Fürsprache, von der New York Zoological Society unterstützt und erhielt ferner ein eigenes Stipendium vom Natural Sciences And Engineering Research Council of Canada. Er wohnte ungefähr drei Meilen von meinem Camp entfernt in Jonah's Haus.

Wie bei Joyce war auch die Ankunft von Keith der Beginn einer langen, erfolgreichen Zusammenarbeit. Keith zog, und das war irgendwie ungewöhnlich, über die eigentliche Wissenschaft hinaus auch das Umfeld mit in Betracht, in dem die Elefanten leben mußten. Das betraf den Naturschutz im allgemeinen und jene Probleme, die bei dem Versuch eine Rolle spielen, die Bedürfnisse der Menschen und die der Wildtiere in Einklang zu bringen. Dieses Anliegen von Keith und seine Fähigkeit, es auch noch gut formuliert vorzubringen, machten ihn zu einem äußerst wertvollen Teilnehmer an unserem Projekt.

Als ich im Juni 1979 von meiner Reise zurückkehrte, war ich gespannt, von Keith zu hören, wie es den Tieren ergangen war: Wer hatte Babies bekommen? Wer war im Östrus oder in Musth? Und, immer mit angehaltenem Atem gefragt, wer war gestorben? Keith hatte hauptsächlich gute Nachrichten für mich. Es waren viele Kälber geboren, einige von Kühen, die ich im Östrus gesehen hatte – was bestätigte, daß die Verhaltensweisen, die ich beobachtet hatte, Fortpflanzungsverhalten gewesen waren. Aber es gab auch einige schlechte Nachrichten: Alyce war im Mai gespeert worden, offensichtlich als die AAs außerhalb des Parks gewesen waren. Ihr junges Kalb, im April erst geboren, starb mit ihr, und zur gleichen Zeit war auch Amy's kleines, erst im Mai geborenes Kalb verschwunden. In der Woche vor meiner Rückkehr wurde auch das C'76 von Tuskless vermißt. Das war schwer zu verstehen, denn es war ein gesundes, gutgenährtes, dreijähriges Kalb. Ich vermutete, daß sein Tod mit dem Müll zusammenhing. Im Jahre 1979 hatten die TAs und TBs die Gewohnheit intensiviert, regelmäßig die Müllkippen zu durchsuchen, nur während kurzer Perioden auf dem Höhepunkt der Regenzeit hatten sie, wie bereits geschildert, darauf verzichtet. Außerdem plünderten sie ständig und gründlich die Zeltplätze. Vielleicht hatte das Kalb von Tuskless etwas Giftiges gegessen oder einen scharfen Glassplitter oder eine Plastiktüte verschluckt (tatsächlich waren in der Nähe der Lodge solche Gegenstände in der Losung von Elefanten gefunden worden). Mich beunruhigte, daß diese beiden Familien von menschlichen Nahrungsmitteln abhängig geworden waren. Die Situation spitzte sich zu, besonders auf den Zeltplätzen, wo tagsüber und nachts zwei bis drei Camps geplündert wurden. Ich befürchtete, die Parkverwaltung könnte vielleicht meinen, daß einige der Ts abgeschossen werden müßten.

1979 schien ein Jahr zu sein, in dem viele Todesfälle indirekt mit den Aktivitäten der Menschen zusammenhingen. In der Woche, in der ich nach Amboseli zurückkehrte, war ein eigentümlicher Verwesungsgeruch wahrzunehmen, der immer stärker wurde. Ich vermutete, daß er von einem toten Elefanten stammte und fuhr mit meinem Landrover zu den nahegelegenen öffentlichen Zeltplätzen, wo ich alle Lichtungen zwischen den Palmen und Akazien durchsuchte. Schließlich drang ich bis zu einer versteckten Lichtung vor und machte eine grauenvolle Entdeckung: In einer nicht mehr benutzten Abfallgrube lag der verwesende Kadaver einer jungen Elefantenkuh ohne Kopf. Knapp sieben Meter weiter fand ich die Reste des Kopfes, den mit großer Wahrscheinlichkeit Löwen oder Hyänen weggeschleppt hatten. Es sah so aus, als wäre die Elefantenkuh in die Grube gefallen und hätte es dann nicht mehr geschafft herauszukommen. Vielleicht hatte sie sich auch ein Bein gebrochen oder sich beim Sturz die Wirbelsäule verletzt. Es gab Anzeichen dafür, daß andere Elefanten versucht hatten, ihr zu helfen. Schließlich müssen die Retter aufgegeben und den Löwen und Hyänen das Feld überlassen haben. Ich glaube, daß diese das hilflose Tier angriffen, als es noch am Leben war, es dann töteten und seinen Kopf gefressen haben, der über den Rand der Grube hinausragte. Die Stoßzähne waren noch unversehrt, und so wußte ich, daß es keine Wilderer gewesen waren. Ich gab den Wildhütern Bescheid. Sie kamen mit einem Trecker, bedeckten den Kadaver, füllten die Grube auf und nahmen die Stoßzähne mit.

Die Ohren des Elefanten waren abgefressen, daher konnte ich nicht gleich sagen, um welches Tier es sich handelte. Nachdem ich die Familien gezählt und ermittelt hatte, wer fehlt, und die Stoßzähne mit den Fotografien verglichen hatte, stellte ich schließlich fest, daß das tote Tier Pamela aus der PA-Familie war, die 17jährige Tochter von Philomena. Arme Pamela! Ich war entsetzt, daß dieser grausame Tod durch menschliche Nachlässigkeit verursacht worden war.

Alles in allem jedoch wurde das Leben der Wildtiere von Amboseli durch die Touristen in den Lodges, durch die Camps, die Fahrzeuge und die Straßen nur wenig beeinträchtigt. Jenes Jahr schien einfach nur eine ganze Serie von höchst beunruhigenden Vorfällen mit sich zu bringen: das wachsende Problem mit den Familien von Tania und Tuskless, das Verschwinden von Taabu und von Tuskless' C'76 sowie der schreckliche Tod von Pamela.

Ansonsten fiel meine Rückkehr nach Amboseli in eine sehr gute Zeit. Es war das dritte Jahr mit außergewöhnlichen Regenfällen, der Park war grün und die Vegetation üppig. Im Camp stand das Gras fast einen Meter hoch. Viele gelbblühende Büsche und Sträucher mit dunkelroten Blüten wuchsen, die ich noch nie zuvor gesehen hatte. Die Elefanten waren dick und gesund, und nach zwei Jahren fast ohne Geburten wurden jetzt viele Babies geboren. Es war eine große Freude, jeden Tag hinauszufahren und sich vorzustellen, was einen erwartete: Würde es eine phantastische Ansammlung von mehr als fünfhundert Elefanten sein, die über die

Ebene zogen? Oder eine junge Kuh, die ich schon kannte, seit sie ein junges Kalb gewesen war, und die nun das erste Mal in den Östrus kam? Oder ein winziges, neugeborenes Kalb, das noch kaum laufen konnte?

Schon im Jahre 1978 hatte ich damit begonnen, die Brustentwicklung sämtlicher Kühe zu überprüfen, die alt genug waren, um trächtig zu werden. Elefanten haben zwischen den Vorderbeinen zwei etwas nach hinten verlagerte Brüste. In Form und Lage sind sie denen bei Menschen sehr ähnlich. Männliche und kleine weibliche Elefanten haben nur kleine Brustwarzen auf einer flachen Oberfläche. Kühe, die Milch geben, haben ein großes, angeschwollenes Gesäuge mit hervorstehenden Zitzen. Jedesmal, wenn ich eine Kuh sah, notierte ich die Größe und die Fülle ihrer Brüste und verglich sie mit denen einer säugenden Kuh. Dabei entdeckte ich, daß die Kühe mit fortschreitender Trächtigkeit allmählich größere Brüste entwickeln. Das war ein gutes Erkennungsmerkmal für die Trächtigkeit vor allem bei solchen Kühnen, die noch nie ein Kalb geboren hatten; aber auch bei denen, die ein Kalb verloren hatten oder deren älteres Kalb nicht mehr gesäugt wurde. Kühe wie Slit Ear und Tia, die noch ihre ’76-Kälber säugten, hatten ein riesiges, prall gefülltes Gesäuge, so daß es nicht möglich war, dessen Größe und die Fülle als Kennzeichen für eine Trächtigkeit zu verwenden. Ich nahm zwar an, daß sie wahrscheinlich trächtig seien, weil ich 1978 beide im Östrus gesehen hatte, aber es gab dafür keine körperlichen Anzeichen. Kühe, die älter als zwanzig Jahre sind, scheinen gewöhnlich nicht dicker zu werden, und der Bauch wölbt sich nicht, wenn sie trächtig sind. Jüngere Kühe hingegen werden gegen Ende der Tragezeit oft deutlich dicker und runder.

Am 26. Februar 1979 überprüfte ich die Brustgröße bei den Kühen der Familien TC und TD. Ich registrierte, daß die von Slit Ear und Tia »voll« waren und daß Tallulah’s Gesäuge bereits größer war als das von Tess. Ich hatte den Verdacht, daß Tess schon einmal trächtig gewesen war und eine Fehlgeburt hatte. Sie hatte kleine, wenig entwickelte Brüste, die ungefähr ein Achtel so groß wie bei einer säugenden Kuh erschienen; sie waren aber nicht voll. Tallulah’s Brüste hingegen waren etwa ein Viertel so groß und fingen an, sich zu füllen.

Im Juli 1979 bemerkte ich weitere Veränderungen bei einigen T-Kühen. Tallulah’s Gesäuge hatte nun die Hälfte der endgültigen Größe erreicht, und auch Tania schien plötzlich große, volle Brüste zu haben. Am 1. Juli notierte ich: »Tania hat dreiviertel große, volle Brüste – eine sehr auffällige Veränderung.«

Im August waren Tuskless und ihre »Bande« ganz besonders schlimm beim Plündern der Camper, und am 12. August mußten die Wildhüter über die Köpfe der Elefanten hinweg Schüsse abfeuern. Dann sah ich Tania zehn Tage lang nicht wieder und dachte, daß die Schüsse sie erschreckt hatten. Aber am 23. August erschien sie mit einem großen, neugeborenen Bullenkalb im Camp. Das Baby erweckte sofort das Interesse der ganzen Familie. Tilly und Tonie bemutterten es, streckten ihre Rüssel nach ihm aus und berührten und streichelten es. Es schien diese Aufmerksamkeit sehr zu genießen.

Meine Camp-Gefährtin Phyllis war entzückt von diesem Baby, das sie Tom nannte, und sie war fasziniert von all den Verhaltensweisen, die sich um dieses Kalb drehten. Es war ungefähr zu jener Zeit, daß ich sie auf eine Idee brachte. Ich wollte, daß Phyllis nach Amboseli zurückkäme, wenn sie ihre Doktorarbeit fertiggestellt hatte, um die Entwicklung von Elefantenkälbern zu untersuchen. Auch in einer anderen Richtung heckte ich etwas aus, indem ich die sich anbahnende Romanze zwischen Phyllis und Keith förderte. Ich hätte es gern gesehen, wenn auch Keith nach Abschluß seiner Magisterarbeit zurückkehren würde, und ich dachte, wie schön es für die beiden wäre, wenn sie ihre Untersuchungen gemeinsam durchführen könnten.

Der Rest des Jahres 1979 war wenig ereignisreich für die Ts. Sie genossen weiterhin die sehr guten Bedingungen. Es gab keine Wilderei und nur sehr wenige Zwischenfälle mit den Massai. Wenn ich heute zurückblicke, wünsche ich mir, daß für die T-Elefanten jedes Jahr so gut verlaufen möge wie dieses. An einem schönen Spätnachmittag, als die Sonne durch die Palmen schien, traf ich die Ts in der Nähe meines Camps. Eigentlich war ich hinausgefahren, weil ich die Geräusche spielender Elefanten gehört hatte, besonders das nasale, pulsierende Trompeten, das sie beim Spielen ausstoßen, wenn sie mit gesenktem Kopf rennen, angreifen oder sich durch die Büsche schlagen. Ich fand Theodora, Tara und Tamar, die zwischen den Palmen mit einigen jungen Bullen herumtobten, darunter auch mit Conrad, einem meiner Lieblinge, der vor kurzem die CB-Familie verlassen hatte. Ihr Spiel war sehr aktiv und lärmend, wobei die jungen Kühe die Bullen jagten und spielerische Kämpfe mit ihnen austrugen. Ich machte einige Notizen, saß aber hauptsächlich einfach da und hatte meine Freude an ihnen. Ich schrieb:

17.30 – Theo(dora) und Tara sind immer noch sehr albern und jagen die Bullen. Theo kommt aus den Palmen herausgelaufen und rennt genau auf mich zu. Sie imponiert, hebt den Kopf, breitet die Ohren aus und macht kurze, tänzelnde Ausfälle gegen mich. Dann findet sie ein Stück Holz und greift es an, zuerst mit den Vorderfüßen, dann mit den Hinterfüßen, sie versetzt ihm Tritte und bricht es kaputt, indem sie drauftritt. In voller Fahrt greift sie mich an, trompetet, dreht sich im Kreis, weicht zurück und rennt weg. Ich starte den Motor und stelle den Wagen anders hin. Sie kommt wieder angerast und macht unter großem Lärm erneut einen eindrucksvollen Angriff. Sie ist wunderbar.

Theodora, Tara und Tamar spielten eine gute Stunde lang und verbrauchten dabei eine beträchtliche Menge an Energie. Tallulah, die sonst zu den verspieltesten und lebhaftesten jungen Kühen gehört, nahm nicht daran teil. Am 12. Dezember bemerkte ich, daß sie, abgesehen von ihren vollen Brüsten, tatsächlich trächtig aussah. Sie war dick, und ihr Bauch wölbte sich deutlich. Sie schien sich auch langsamer zu bewegen als sonst. Ich war ganz aufgeregt. Sie war eines der weiblichen Tiere, die ich schon kannte, als sie noch Heranwachsende gewesen waren. Und nun zu beobachten, wie sie eine erwachsene Kuh wurde, erfüllte mich irgendwie mit Dankbarkeit.

Am Ende des Jahres 1979 gehörten zu den vier T-Familien zwanzig Tiere:

TA	Tuskless (62)		♀
	Teddy (66)		♂
	Tonie (67)		♀
	Tilly (70)		♀
TB	Tania (44)		♀
		C'79 – Tom	♂
		Toby (73)	♂
TC	Slit Ear (36)		♀
		C'76	♀
		Tamar (71)	♀
		Tara (67)	♀
		Tess (63)	♀
	Tia (50)		♀
		C'76	♂
		Right Fang (70)	♂

TD Teresia (22) ♀
Tolstoi (71) ♂
Theodora (67) ♀
Tallulah (63) ♀
Tim (69) ♂

6
Geburten und Babies

1980

In den frühen Morgenstunden des 30. März 1980 legte sich Tallulah gemeinsam mit den anderen Mitgliedern ihrer TD-Familie zum Schlafen nieder. Sie hatte Schwierigkeiten, sich hinzulegen, und wenn sie endlich lag, konnte sie nicht bequem ruhen. Nach kurzer Zeit stand sie mühsam wieder auf, dabei rollte sie sich zuerst auf den Bauch, dann erhob sie sich auf die Knie und schließlich auf die Füße. Sie stand mit hängendem Kopf da, die Spitze ihres Rüssels ruhte auf dem Boden. Sie döste zwar, schlief aber nicht so fest wie die anderen.

Eine halbe Stunde später hob Tallulah abrupt den Kopf, klappte mit den Ohren und kollerte. Teresia, die Leitkuh, rührte sich, aber sie stand nicht auf. Tallulah trat mit dem Fuß gegen den Boden, und nachdem sie etwas Erde gelockert hatte, staubte sie sich damit ein. Sie entfernte sich ungefähr zehn Meter von der Gruppe und fraß halbherzig von den Gräsern am Rande des freien Geländes, auf dem die Gruppe schlief. Nach ungefähr fünf Minuten begann sie wieder, sich einzustauben. Dann ging sie zu den anderen zurück, die immer noch wie große Haufen auf dem Boden lagen, und versuchte in stehender Haltung zu ruhen. Dieses Nickerchen dauerte nur etwa zwanzig Minuten, bis Tallulah ihren Fuß schwang, sich Augen und Ohren rieb, etwas feine Erde aufnahm und sich über den Rücken warf. Ihre Familie ruhte weiter, einige der Tiere schliefen so tief, daß sie schnarchten.

Während der restlichen Schlafenszeit, die ungefähr bis fünf Uhr morgens dauerte, war Tallulah ruhelos. Als der Himmel eben anfing, hell zu werden, rührten sich die Mitglieder ihrer Familie und die Tiere von Slit Ear's TC-Familie, und eines nach dem anderen kam auf die Beine. Die Elefanten reckten sich, gähnten, rieben sich mit dem kurz oberhalb der Spitze gebogenen Rüssel die Augen und Ohren und, wie auf ein Signal

hin, harnten und koteten alle, und man hörte das geräuschvolle Rauschen und Plumpsen.
Tallulah war schon völlig wach und fraß ungefähr fünfzehn Meter entfernt. Sie ging zu den anderen und begrüßte sie mit sanftem Kollern. Ihr Verhalten war mit dem der übrigen Familienmitglieder nicht synchron. Einige von ihnen streckten den Rüssel aus, um sie zu beriechen. Sie wandte sich um, und in Demutshaltung schob sie sich friedfertig, mit dem Hinterteil voran in die Gruppe. Theodora rieb ihren Kopf an Tallulah's Hinterteil, und Teresia legte ihren Rüssel an Tallulah's Scheide und schüttelte einmal heftig den Kopf. Tallulah kollerte erneut, und Theodora und Teresia antworteten.
Nachdem sie sich alle noch etwas mehr eingestaubt, gekratzt, begrüßt und freundlich einander gescheuert hatten, zog die Gruppe in nördlicher Richtung zum Südende des Enkongo Narok-Sumpfes los. Sie hielten mehrfach für unterschiedlich lange Zeit zum Fressen an. Von Zeit zu Zeit rupfte Tallulah ein paar Grasbüschel raus, aber sie fraß nicht ernsthaft. Ab und zu blieb sie für einige Sekunden ganz still stehen. Einmal schüttelte sie den Kopf und ging ein paar Schritte zurück. Dann hielt sie an und schwang ein Bein vor und zurück.
Um acht Uhr hatten die beiden Familien den südöstlichen Rand des Enkongo Narok passiert und gingen auf das Ol Tukai Orok-Waldland zu. Sie durchquerten ein Gebiet mit hohem *Sporobolus consimilis*-Gras und hielten dort kurz an, um von den frischen Schößlingen dieses zähen, grobfaserigen Grases zu fressen. Tallulah fraß jetzt überhaupt nicht mehr, ihr Verhalten war eindeutig ungewöhnlich. Sie blieb zögerlich, bewegte sich immer wieder rückwärts und benahm sich insgesamt sehr erregt und unruhig. Die übrigen Elefanten schienen sich nicht um sie zu kümmern.
Um 8.20 Uhr gab Slit Ear das »Auf geht's«-Kollern von sich und machte sich auf den Weg über die offene Pfanne hin zum Waldrand. Alle anderen folgten ihr. Plötzlich sank Tallulah hinten in die Knie. Dicht unter ihrem Schwanz wurde eine leichte Wölbung sichtbar. Ihre Scheide hing weiter herunter als gewöhnlich, und Flüssigkeit tröpfelte herab. Sie stand auf und begab sich in eine dichte Baumgruppe aus Akazien und Palmen. Dort legte sie sich ungefähr fünf Minuten lang auf die Seite. Als sie aufstand, war die Wölbung, die zunächst unter ihrem Schwanz erschienen war, viel größer geworden und hatte sich ungefähr dreißig Zentimeter nach unten verlagert. In den nächsten Minuten war Tallulah sehr unruhig, ging aus

der Baumgruppe heraus und wieder hinein und drehte und wendete sich. Die Ausbuchtung wanderte weiter nach unten.
Und dann, genau um 8.44 Uhr, gebar Tallulah, ohne erkennbare Anstrengung ihr erstes Baby. Das vollständig von Eihäuten umhüllte Elefantenbaby wurde in nur wenigen Sekunden ausgetrieben und lag auf dem Boden. Ungefähr 45 Sekunden lang blieb Tallulah ruhig, dann wandte sie sich dem umhüllten Etwas zu und berührte es sanft mit dem Fuß. Von innen trat das Kalb mit den Beinen gegen die Hüllen, dann war es ruhig. Die anderen Mitglieder ihrer Familie waren ungefähr zwanzig Meter entfernt beim Fressen. Mit dem Vorderfuß kratzte Tallulah das Gras und die Erde um die Eihülle herum weg. Offenbar bemühte sie sich, den Boden zu säubern. Sie beugte sich hinunter und versuchte, das Baby mit Hilfe ihrer Stoßzähne von den Häuten zu befreien. Das Kalb fing wieder an zu treten, und Tallulah scharrte wie wild auf dem Boden.
Um 8.47 Uhr, drei Minuten nach der Geburt, kamen einige von den jüngeren Kühen der T-Familien – Tara, Tess, Theodora und Tamar – mit erhobenen Köpfen herüber, kollerten und bedrohten ein kleines Fahrzeug, das in der Nähe stand. Die Kühe drängten sich um die Mutter und das Kind, dabei gaben sie geräuschvolle Lautäußerungen von sich und halfen, die Eihüllen zu entfernen. In diesem Augenblick drängte sich M170, ein junger, unabhängiger Bulle, zu Tallulah hindurch. Das regte Tallulah sichtlich auf. Sie drohte allen und jagte die jungen Kühe fort. Die Kühe wiederum versuchten, M170 zu verjagen, doch der ließ sich nicht einschüchtern. Ein zweiter, größerer Bulle, M12, näherte sich der Baumgruppe. Tallulah und die anderen weiblichen Tiere waren sehr erregt, aus ihren Schläfendrüsen rann Sekret herab.
Um 8.54 Uhr kam Slit Ear dazu, sie bedrohte jeden. Einige der anderen kollerten und harnten. Slit Ear drehte sich um und bewegte sich rückwärts in die Baumgruppe hinein. Tallulah versuchte, das Baby, das jetzt von den Eihäuten befreit war, mit einem Fuß und mit dem Rüssel hochzuheben. Um 8.56 Uhr endlich, zwölf Minuten nach der Geburt, brachte sie es auf die Beine, aber das Kalb blieb nicht stehen. Zwei Minuten später stand es wieder, fiel jedoch abermals hin. Währenddessen wurde Tallulah von den durch die ungewohnten Gerüche und Verhaltensweisen angeregten Bullen weiterhin gestoßen und geschoben. Die Bullen legten Rüssel und Stoßzähne auf ihren Rücken, als ob sie die Kuh besteigen wollten. Sie ignorierte das, so gut es ging, hielt ihre Stellung und ließ sich nicht von ihrem Kalb wegdrängen. Tallulah schien sich

jedoch unschlüssig zu sein, was sie mit dem Baby tun sollte. So bearbeitete sie weiterhin den Erdboden, zerrte an dem Pflanzenbewuchs und trampelte ihn nieder, brach Äste ab und drehte und wendete sich.
Um etwa 9.10 Uhr gesellten sich weitere weibliche Tiere zu der Gruppe um das neugeborene Kalb. Diese Kühe stammten aus der VA-Familie, die keine besonderen Bindungen zu den Ts unterhielt. Einige der größeren Tiere bedrohten die jungen T-Kühe und verursachten damit einige Unruhe. Zwischen den Familien kam es häufig zu wechselseitigen aggressiven Gebärden. In ihrer Aufregung knieten sich zwei junge Kühe auf die Hinterbeine und hoben die Köpfe in die Luft. Sie drängten sich alle um Tallulah und das Baby. Eine der Kühe fand die Eihäute, nahm sie auf, steckte sie in den Mund, schleuderte sie umher und warf sie schließlich über ihren Kopf. Nach zehn Minuten ausgeprägter Geschäftigkeit waren alle VAs und die meisten T-Kühe verschwunden. Tallulah und das Baby blieben mit Tara zurück.
Um 9.21 Uhr, also 37 Minuten nach der Geburt, war das Kalb endlich in der Lage, mehr oder weniger sicher zu stehen. Es suchte nach den Zitzen seiner Mutter, fand sie nicht und versuchte, bei der etwas kleineren Tara zu trinken. Dabei fiel es erneut hin. Noch mehrere Male stand es auf und fiel wieder hin, doch um 9.43 Uhr schließlich, knapp eine Stunde nach der Geburt, konnte das Kalb gehen. Tallulah, das Baby, das noch sehr wackelig auf den Beinen war, und Tara kamen aus der Baumgruppe heraus. Das Baby hatte Schwierigkeiten, eine Wurzel zu überwinden, aber Tallulah half ihm hinüber. Nun kam der zehnjährige Right Fang hinzu und übernahm es, Tallulah und das Kalb gegen das kleine Fahrzeug zu verteidigen, das immer noch dort war. Draußen im offenen Gelände schien das Kalb zu Kräften zu kommen. Obwohl es mit weit gespreizten Beinen stehen mußte, um das Gleichgewicht zu halten, war es nun doch in der Lage, ein paar Schritte zu machen, ohne hinzufallen. Riechend und suchend, streckte es seinen Rüssel aus, wedelte mit den Ohren und schüttelte den Kopf. Tallulah streckte den Rüssel nach unten und berührte die Nabelschnur, die immer noch herabhing. Dann betastete sie sanft Kopf, Gesicht und Mund des Babys.

An diesem Morgen im März 1980 saß ich in meinem Zelt am Schreibtisch und wertete Daten aus, als ein Safariwagen ankam. Widerstrebend verließ ich meine Arbeit und ging hinaus, um festzustellen, was der Fahrer wollte. Er berichtete mir, daß meine Kollegin Joyce Poole ihn geschickt habe, um mir mitzuteilen, daß »in Q-18 ein Elefant zur Welt gekommen war«, und ich sollte sofort kommen. Ich dankte ihm überschwenglich, weil er so überaus freundlich gewesen war, seine Route zu verlassen, um zum Camp zu kommen. Ich sprang in meinen Landrover und machte mich auf den Weg zur anderen Seite von Ol Tukai Orok. Dabei fragte ich mich, wo innerhalb des einen Quadratkilometer großen Planquadrats mit den Koordinaten Q-18 Joyce sein könnte. Ich brauchte weniger als zehn Minuten, um sie zu finden.

Joyce war frühmorgens hinausgefahren, um nach Elefantenbullen zu suchen. Dabei hatte sie die TCs und die TDs entdeckt, die gerade die offene Fläche im Süden des Waldes überquerten. Sie bemerkte, daß sich Tallulah merkwürdig verhielt, stoppte und beobachtete die Gruppe einige Zeit. Sie hatte großes Glück, die Geburt und das ganze Verhalten um Tallulah und das Neugeborene aus nächster Nähe zu erleben. Die Elefanten waren kaum zwanzig Meter von ihr entfernt gewesen.

Ich kam kurz nach zehn Uhr an und übernahm die Beobachtungen von Joyce. Obwohl im Verlaufe der jahrelangen Studie mehrere hundert Kälber geboren wurden und manchmal drei Beobachter von uns in drei verschiedenen Fahrzeugen draußen bei den Elefanten waren, haben von uns Wissenschaftlern, die an dem Projekt arbeiteten, nur zwei Geburten miterlebt. Und auch an anderen Orten in Afrika hatten nur sehr wenige Forscher dieses Glück. Vermutlich erfolgt die Mehrzahl der Geburten nachts, und diejenigen, die sich tagsüber ereignen, finden möglicherweise an abgelegenen Stellen statt.

Die andere Geburt war zufälligerweise fünf Tage vorher von mir selbst beobachtet worden. Da sie einen interessanten Gegensatz zu der Geburt von Tallulah's Kalb darstellt, will ich sie zuerst beschreiben, bevor ich die Geschichte von Tallulah fortsetze. Am 25. März beobachtete ich eine große Ansammlung von Elefanten am äußersten feuchten Ende des Longinye-Sumpfes. Weil ich mit dem Wagen nicht näher heranfahren konnte, hielt ich ungefähr dreihundert Meter von den Elefanten entfernt. Alle fraßen friedlich im hohen Gras. Ungefähr um zwölf Uhr erregten das Kollern und Ohrklappen von Mitgliedern der DA- und der DB-Familie meine Aufmerksamkeit. Aus den Schläfendrüsen von Dinah, einer erwachsenen Kuh, rann Sekret, und Deborah, eine andere erwachsene Kuh, stand in einer ungewöhnlichen Haltung da: Sie hatte den Kopf erhoben, den Schwanz ausgestreckt und die Beine gespreizt, und unterhalb ihres Schwanzes, zwischen den Hinterbeinen, befand sich eine große Ausbuch-

tung, die halb bis zum Boden reichte. Offenbar mußte sie sich sehr anstrengen. Nach ungefähr dreißig Sekunden ging sie, mit noch immer gespreizten Beinen, ein paar Schritte rückwärts und streckte ihren Rüssel ins Gras. Dinah, Daisy (eine zwölfjährige Kuh), Denise (Dinah's fünfjährige Tochter) und Daniel (Deborah's dreijähriger Sohn) kamen herübergelaufen und steckten ebenfalls ihre Rüssel ins Gras. Viel konnte ich von meinem Platz aus nicht sehen. Dinah und Deborah schienen jedoch irgendetwas mit den Füßen und den Rüsseln zu bearbeiten. Nach zwölf Minuten sah ich ein feuchtes, glänzendes Etwas im Gras zappeln. Zwei Minuten später kam es mühsam hoch – und ein Elefantenbaby stand da. Deborah, eine erfahrene Mutter von etwa 45 Jahren, die schon mehrere Kälber gehabt hatte, wirkte seit dem Augenblick der Geburt entspannt und der Situation gewachsen. In der ersten halben Stunde fiel das Kälbchen fünfmal hin, aber Deborah brachte es jedesmal vorsichtig wieder auf die Beine, indem sie es mit dem Fuß unterstützte und mit dem Rüssel festhielt. Das Neugeborene, ein weibliches Tier, erkundete ständig seine neue Umgebung, streckte dabei den Rüssel aus und berührte und beroch seine Mutter sowie andere Mitglieder der Gruppe. Die jungen Kühe Daisy und Denise waren besonders fasziniert von dem neuen Elefantenbaby, sie betasteten es mit dem Rüssel und stellten sich schützend über das Kleine. Auch Daniel ging hinüber und berührte seine Schwester einmal, dann hatte er offensichtlich kein Interesse mehr an ihr.
Als das Kalb gerade 34 Minuten alt war, fing Deborah schon wieder an zu fressen; nach 40 Minuten machte das Kleine seine ersten wackeligen Schritte vorwärts; und nach einer Stunde und 36 Minuten fand es Deborah's Zitzen und saugte eifrig länger als zwei Minuten. Später nuckelte es sogar bei Dinah und wurde völlig toleriert. Sowohl Deborah als auch Dinah standen ruhig da. Sie streckten das dem Kalb zugewandte Bein weit nach vorn, so daß es die Zitze erreichen konnte. Als ich drei Stunden nach der Geburt wegfuhr, war das Kalb sicher auf den Beinen und folgte Deborah auf Schritt und Tritt.
Der Unterschied im Verhalten der erfahrenen Deborah und dem der jungen Mutter Tallulah war auffällig. Tallulah war zu jener Zeit ungefähr siebzehn Jahre alt und hatte vorher noch kein Kalb gehabt, aber ich war doch recht überrascht, als Joyce mir Tallulah's sehr erregten Zustand schilderte. Während Deborah durch die Geburt nicht beunruhigt schien, war Tallulah völlig durcheinander und offenbar unschlüssig, was sie machen sollte.

Zum Zeitpunkt meiner Ankunft waren Tallulah, Tara und das Baby, ebenfalls ein weibliches Tier, tief in eine andere Baumgruppe aus jungen Akazien hineingegangen. Eine junge Mutter wird häufig von einer anderen erwachsenen Kuh begleitet; ich hätte jedoch eher erwartet, daß es in diesem Fall Theodora aus der eigenen TD-Familie sein würde, die bei Tallulah blieb, und nicht Tara, Slit Ear's dreizehnjährige Tochter.

Nachdem Joyce mir die Ereignisse bis zu diesem Punkt berichtet hatte, fuhr sie davon und versuchte, den Bullen zu finden, den sie ursprünglich hatte beobachten wollen. Ich blieb bei Tallulah, Tara und dem Baby und protokollierte alle fünf Minuten ihr Verhalten, wobei ich davon ausging, daß die Geburt um 8.44 Uhr erfolgt war:

> 10.29 – Ich kann hören, wie das Baby Trinkgeräusche macht. Sie sind tief zwischen den Bäumen und Büschen, und ich kann nichts sehen.
> 10.34 – Tallulah geht rückwärts. Ich kann jetzt etwas sehen. Sie tritt heftig gegen den Erdboden.
> 10.39 – Tallulah zerpflückt weiterhin Pflanzen und trampelt darauf herum. Tara bleibt ziemlich ruhig.
> 10.44 (zwei Stunden nach der Geburt) – Sie trampelt immer noch. Räumt sie das Gelände frei? Höre wieder Sauggeräusche, muß aber bei Tara sein, Tallulah ist zu aktiv.
> 10.49 – Das Kalb greift nach Tara und untersucht sie. Tallulah trampelt immer noch.
> 10.52 – Das Kalb gibt Laute von sich – eine Art heiseres Brummen.

Verhaltensweisen dieser Art setzten sich noch eine weitere halbe Stunde fort. Ich konnte sehen, daß das Kalb immer wieder seinen Rüssel ausstreckte und die Körper der beiden Kühe untersuchte. Mehrere Male machte es Saugbewegungen und -geräusche an der Flanke und dem Bein einer der Kühe, aber die Zitzen hatte es noch nicht gefunden.

Um 11.19 Uhr, als das Kalb etwas über zweieinhalb Stunden alt war, kamen die Tiere, nur ein paar Meter von meinem Auto entfernt, wieder auf die offene Fläche. Ich konnte das Kalb deutlich sehen. Ein Elefantenbaby ist die fast perfekte Miniaturausgabe eines erwachsenen Tieres – es fehlen ihm nur die Stoßzähne, und es hat meist mehr Haare. Dieses Kalb hatte schwarze Haare auf der Stirn, sehr rote, blutunterlaufene Augen, und die Rückseiten seiner Ohren waren leuchtend rosa. Seine Hinterbeine waren sehr steif, und es hatte Schwierigkeiten beim Gehen. Doch genau wie Deborah's Kalb untersuchte es ständig mit dem Rüssel seine neue Umgebung. Tallulah und Tara waren wachsam, beunruhigt und rastlos, beide traten fortwährend gegen den Boden, lockerten Erde und bewarfen sich selbst mit Staub.

11.20 – Das Kalb geht zu Tar(a). Tal(lulah) kehrt um und folgt. Tal nähert sich dem Kalb rückwärts. Tar wendet sich um, wiegt sich mit erhobenem Kopf hin und her. Beide aufmerksam. Die Rüssel erhoben, sehr nervös. 2× tiefes Kollern. Rüssel wieder oben.
11.24 – Tal geht rückwärts, stellt sich neben das Kalb, das mit dem Kopf zu Tara's Schwanz hin steht. Sie stehen in der prallen Sonne. Kalb versucht bei Tara zu trinken. Diese geht nach vorn. Wieder geht Tal rückwärts herum, so daß das Kalb neben ihr ist. Es greift nach Tar. Nabelschnur hängt noch herab.
11.29 – Tal dreht sich herum, Kalb blickt noch immer zu Tar. Tar greift mit dem Rüssel nach ihm. Tal und Tara schwanken. Tal dreht sich um und streckt Rüssel 2× nach dem Gesicht des Babys. Beine des Kälbchens sind beim Stehen sehr wackelig. Immer noch in der Sonne. Tal dreht sich um und manövriert sich in seine Nähe. Sie greift nach der Nabelschnur, schüttelt dann sanft den Kopf. Kalb scheint sich auszuruhen. Steht ganz still
11.34 – Tal zieht Kalb zu sich. Das steht, die Vorderbeine zittern, der Rüssel berührt den Boden. Wirkt deutlich schwächer als Deborah's Baby. Tal entfernt sich vom Kalb. Tar dreht sich um, greift mit dem Rüssel nach dem Baby. Es ruht sich eindeutig in Tara's Schatten aus. Nun geht Tar nach vorn, und Tal geht zum Kalb zurück. Tal greift 2× mit Rüssel zur Nabelschnur. Versuchte möglicherweise, ein Stück abzuziehen.
11.39 – Baby ruht noch immer. Tar streift umher. Tal frißt.
11.44 (drei Stunden nach der Geburt) – Etwas Blut auf dem Boden. Tal nimmt es auf und ißt es. Tal drängt Tar 2× aus dem Weg. Baby sucht und erkundet immer noch. Ist sehr wackelig. Tal wirkt mutlos. Bewegt sich dauernd und stellt das Bein nicht vor.

Das Kalb war jetzt mehr als drei Stunden alt, und ich war sicher, daß es noch nicht getrunken hatte. Die beiden Kühe wirkten äußerst ungeschickt. Ich glaube nicht, daß das Junge zu diesem Zeitpunkt wußte, welche Kuh seine Mutter war, und es vergeudete viel Zeit damit, Tara's Zitzen zu finden. Tallulah versuchte, sich so hinzustellen, daß ihr Baby neben ihr war. Aber sie hatte nicht die Erfahrung, das Kalb zu ihren Zitzen zu leiten und sich dann ruhig, mit einem Bein nach vorn, so hinzustellen, daß ihr Junges saugen konnte. Möglicherweise kam auch gerade die Nachgeburt, denn es tropfte immer noch Blut aus ihrer Scheide. Vielleicht war das ein Grund dafür, daß sie so unruhig war. Auf jeden Fall stand sie selten länger als ein paar Sekunden still. Jedesmal, wenn sich das Kalb Tallulah's Zitzen näherte, wurde es durch die Tretbewegungen daran gehindert, die Brustwarze zu finden. Einmal hatte es sie schon fast im Mund, doch da wurde es prompt am Rüssel getroffen und beinahe umgestoßen. Ich war sehr bestürzt, diese Szenen zu beobachten. In der nächsten halben Stunde versuchte das Baby fortwährend, Tara's oder Tallulah's Zitzen zu finden. Einmal fand es Tara's Brustwarzen und saugte ungefähr eine Minute lang, aber Tara hatte keine Milch. Die drei Tiere blieben draußen in der prallen Sonne; der März ist in Amboseli der heißeste Monat des Jahres. Um 12.17 Uhr gab das Kalb die Suche auf.

> 12.21 – Baby legt sich hin. Tal fängt an, überall in seiner Umgebung gegen das Gras zu treten. Das Baby strampelt, Hinterbeine sind in der Luft. Auch Tar bearbeitet den Boden mit den Füßen. Tal geht um das Baby herum, betastet es mit dem Rüssel, stößt es mit dem Fuß, während sie das Gras mit Tritten traktiert. Das Baby setzt sich hin, legt sich dann wieder. Ist immer noch in der Sonne. Ich mache mir Sorgen, daß das zur Austrocknung führt.
> 12.24 – Beide stoßen das Gras mit den Füßen überall herum.
> 12.27 – Tal geht auf die andere Seite des Kälbchens und stupst es mit dem Fuß an. Es strampelt, steht aber nicht auf. Nun drängt sie es dazu.
> 12.29 – Wirbeln mit den Füßen immer noch Erde umher, über das Kalb und über sich selbst.
> 12.34 – Das Kalb müht sich ab, kommt aber nicht hoch. Wieder in der Sonne.
> 12.39 – Das Kalb ist fast völlig unter Erde und Gras begraben. Tal und Tar machen Tretbewegungen um es herum. Es atmet merkwürdig. Strampelt, liegt dann still.

Inzwischen war ich fast genauso verzweifelt wie Tallulah und Tara. Das Kleine wirkte schwach und unfähig, allein hochzukommen. Und Tara schien nicht zu wissen, wie sie es mit dem Fuß hochheben und gleichzeitig mit dem Rüssel festhalten sollte. Als sie das Baby beinahe begraben hatten, begann ich, die Hoffnung aufzugeben. Ich befürchtete, dem durch die Unerfahrenheit seiner Mutter verursachten Tod eines neugeborenen Elefanten zuzusehen. Verzweifelt wünschte ich, »irgend etwas« zu unternehmen; aber ich wußte, daß ich nicht eingreifen konnte und durfte. Meine Hände schwitzten, mein Magen war wie zugeschnürt. Ich wollte Tallulah anschreien und ihr sagen, was sie tun sollte, aber das hätte natürlich nichts genützt.

Dann, fast genau um 12.44 Uhr, als das Kalb vier Stunden alt war, ging Tallulah um es herum und schob die Spitze ihres Fußes unter seine

Schulter. Mühsam kam das Baby auf die Beine, wobei es ein heiseres Kollergeräusch machte. Es ging zu Tara hinüber und begann wieder, nach deren Zitzen zu suchen. Dann begab es sich zu Tallulah und suchte an ihrem ganzen Körper herum. Um 12.51 Uhr schließlich, als es vier Stunden und sieben Minuten alt war, fand es die Zitze seiner Mutter und trank eine Minute und fünf Sekunden lang. Ich hätte am liebsten vor Begeisterung in die Hände geklatscht.

Ich beobachtete die drei noch eine Stunde, bis sie anfingen, langsam in die Richtung zu gehen, die die anderen Ts genommen hatten. In dieser einen Stunde war Tallulah fortwährend in Bewegung, sie ging rückwärts, und manchmal kniete sie und reckte sich, aber es gingen nur kleine Blutmengen ab. Ich glaube, sie muß den Mutterkuchen stückchenweise geboren haben. Das Kalb erkundete seine Umgebung, ruhte, versuchte mehrere Male, wieder zu saugen, jedoch ohne Erfolg. Häufig stieß es das komische, tiefe Babykollern aus. Einmal blieb es an einem Ast hängen und wurde von Tara befreit. Es kam zu meinem Auto herüber und stieß dreimal dagegen. Die Kühe waren mitgekommen und wirkten nicht im mindesten beunruhigt. Ich empfand es als ein Privileg, ihr Vertrauen zu haben. Um 13.44 Uhr, als das Kleine fünf Stunden alt war, sah es kräftiger aus und stand nun auch ziemlich sicher auf den Beinen. Tallulah fraß zum ersten Mal ohne Unterbrechung. Um 13.50 Uhr verließ ich sie und fuhr zum Camp zurück. Ich fühlte mich völlig ausgelaugt und erschöpft und war keineswegs sicher, daß das Neugeborene überleben würde.

Am späten Nachmittag desselben Tages kamen Tallulah, ihr Kalb und Tara zu der offenen Lichtung am Südende meines Lagers. Das bedeutete, daß das Baby mehr als eine Meile gegangen war. Tania's und Tuskless' Familien gesellten sich zu ihnen, und es gab große Aufregung, als diese die Kühe begrüßten und das Baby in Augenschein nahmen. Am nächsten Morgen fand ich Tallulah wieder und war erfreut zu sehen, daß das Baby gut trank und kräftig aussah. Den Rest des Tages verbrachte ich bei ihnen und führte spezielle Beobachtungen an der Mutter und dem Kalb durch. Am Nachmittag stießen Tallulah, ihr Junges und Tara zur gesamten T-Gruppe. Für einen Augenblick war ich allerdings verwirrt, als ich ein zweites Neugeborenes sah. Bald entdeckte ich, daß es zu Tia gehörte. In meinen Aufzeichnungen steht:

> 16.50 – Tia mit einem neuen Baby, einem männlichen Tier. Dieses Kalb ist kräftig, es trinkt gut. Hat blutunterlaufene Augen, ist nicht behaart. Noch

wackelig. Rückseiten der Ohren rosa. Erkundet seine Umgebung, geht zu einem Bullen hinüber. Die anderen Gruppenmitglieder sind wachsam, nähern sich ihm rückwärts. Bei Tia ist kein Blut an der Scheide zu sehen, die Geburt muß also letzte Nacht oder gestern stattgefunden haben.

Ich bemerkte, daß Tia's älteres Kalb nicht bei ihr war. Etwas später an dem Nachmittag fand ich sowohl Tia's C'76-Kalb als auch ihren älteren Sohn Right Fang mehrere hundert Meter von den anderen Tieren entfernt bei Teresia. Man hat vermutet, daß die älteren Leitkühe eine Art Großmutterrolle wahrnehmen. Und es sah wirklich so aus, als wenn Teresia an diesem Tag jene Rolle spielte.

Am nächsten Tag, dem 1. April, machte ich mich früh auf den Weg und versuchte, die Ts wiederzufinden, um meine Beobachtungen an den beiden neugeborenen Kälbern fortzusetzen. Ich suchte überall um das Ol Tukai-Waldland herum und fuhr schließlich zum Longinye-Sumpf hinüber. Nach mehr als dreistündiger Suche fand ich sie dort mit noch einem weiteren Baby. Es war Slit Ear's Kind. Obwohl ich erwartet hatte, daß auch sie ein Kalb bekommen würde, war es doch ungewöhnlich, daß in ein und derselben Bond Group drei Babies innerhalb von drei Tagen geboren wurden. Slit Ear's Neugeborenes, ein weibliches Tier, war ziemlich behaart auf Kopf und Rücken und sehr wackelig auf den Beinen. Ein Stückchen der Nabelschnur war noch vorhanden. Slit Ear hatte auf den Innenseiten der Hinterbeine dunkle Flecken, und aus ihren Schläfendrüsen rann das Sekret. Ich schätzte, das Kalb war erst wenige Stunden alt. Tilly, Tonie, Tess, Tara, Tamar und Theodora, die jungen Kühe der T-Familien, waren fast außer sich vor Aufregung über die drei Neugeborenen. Im August 1979 war zwar Tania's Sohn Tom zur Welt gekommen, aber in den anderen drei Familien hatte es seit 1976 keine weiteren Babies gegeben. Während die jungen Kühe ein intensives Interesse an diesen neuen Kälbern hatten, zeigten die jungen Bullen kaum irgendwelche Neugierde. Die jungen Kühe versuchten ständig, so nahe wie möglich an die Kleinen heranzukommen. Tia und Tallulah waren ihren Annäherungsversuchen und Aufmerksamkeiten gegenüber sehr duldsam. Slit Ear hingegen gestattete zwar ihrer älteren Tochter Tara, über Tallulah's Baby zu stehen und es zu tätscheln, aber sobald Theodora das versuchte, wurde sie bedroht.

Die Kleinen schienen alle diese Aufmerksamkeit zu genießen. Sie gingen ungehindert von einer Kuh zur nächsten und versuchten, bei jeder zu trinken. Sie reckten sich hoch und saugten an den Warzen der flachen, unentwickelten Brüste der heranwachsenden Kühe und schienen schon durch das bloße Saugen zufriedengestellt zu werden. Die jungen Kühe standen ganz still, mit einem Bein nach vorn gestreckt und griffen von Zeit zu Zeit nach hinten, um den Mund des Babys zu berühren. Wenn ich jemals sagen könnte, ein Elefant habe einen Ausdruck völliger Glückseligkeit, dann wäre es bei einer dieser kleinen Kühe. Ich habe oft gesehen, daß die Kühe mit dem Rüssel nach ihren Brustwarzen griffen und sie befühlten, wenn ein Baby mit dem Nuckeln fertig war. Es wirkte, als wären sie erstaunt, daß ihre Brüste eine Funktion hatten. Vermutlich war all' dies eine gute Vorbereitung für sie, um eines Tages selbst Mutter zu sein. Vielleicht hatte Tallulah wirklich nicht genug Erfahrung, da in ihrer Familie so lange kein Kalb geboren worden war.

Zu der Zeit, als diese drei T-Babies im Frühjahr 1980 auf die Welt kamen, ließen mich neugeborene Kälber schon fast ein wenig gleichgültig. Elefantenbabies schienen überall wie Pilze aus dem Boden zu schießen. Es gab allerdings einen Grund für diese Fülle von Neugeborenen in Amboseli. Der Babyboom war eine Folge der schweren Dürre in den Jahren 1975 und 1976; während dieser Zeit hatten die Elefanten ihre Fortpflanzungsaktivitäten fast völlig eingestellt. In jenen beiden Jahren waren nur fünf Elefantenkühe trächtig geworden. Wenige Monate nachdem die Dürre Anfang 1977 zu Ende gegangen war, hatten die weiblichen Tiere wieder einen Zyklus gehabt. Die meisten erwachsenen Kühe der Population standen also für eine Befruchtung »zur Verfügung«, und viele von ihnen wurden 1977 und 1978 trächtig. Zweiundzwanzig Monate später, erstmals Ende 1978, sowie dann 1979 und 1980 kamen die Babies.

Am 25. November 1978 fand ich Delia, die ich im Februar 1977 im Östrus beobachtet hatte, mit dem ersten Neugeborenen nach der langen Dürrezeit. Ich selbst war vielleicht ebenso aufgeregt wie ihre ganze Familie. Auch ich hatte damals länger als ein Jahr kein neugeborenes Baby mehr gesehen. Im nächsten Monat kamen vier weitere kleine Elefanten zur Welt, 1979 wurden 57 Kälber geboren, und bis zum 1. April 1980 erblickten erneut 28 das Licht der Welt. Insgesamt waren das 90 Kälber innerhalb von einem Jahr und vier Monaten.

Ende 1979 meinten Berater und Freunde: »Welch' eine großartige Gelegenheit, die Entwicklung der Kälber zu untersuchen.« Doch ich mußte immer wieder einwenden: »Ich habe leider keine Zeit dafür.« Bis zum damaligen Zeitpunkt lagen mir die Daten von sieben Jahren Forschung vor, die ausgewertet und für wissenschaftliche Artikel aufgearbeitet werden mußten. In dem Jahr hatte die New York Zoological Society (NYZS) angefangen, mich finanziell zu unterstützen, und man erwartete von mir, daß ich die Arbeit im Feld einschränkte und sehr viel mehr Schreibtischarbeit erledigte. Ich war ebenfalls der Meinung, daß ich das nun machen müsse, und so widerstand ich der Versuchung, eine neue Studie zu beginnen. Im Februar 1980 dann kam George Schaller, der bekannte Wildbiologe und Direktor der Forschungsabteilung der NYZS, nach Amboseli. Er wollte Jonah, der bei der NYZS angestellt ist, Joyce, die mit Unterstützung der NYZS gerade das Projekt an den Bullen für ihre Doktorarbeit begonnen hatte, und mich besuchen. Wir fuhren alle vier hinaus zu den Elefanten. George warf einen Blick auf die Babies und sagte: »Du mußt eine Studie über die Entwicklung und das Verhalten der Kälber durchführen.« Ich fügte mich ins Unvermeidliche, und im März 1980 schob ich die Berge von Daten beiseite und begann mit den systematischen Beobachtungen von Jungtieren.

Ich entschied mich, die Studien an sechs Neugeborenen und sechs neun Monate alten Kälbern durchzuführen. Beide Gruppen wollte ich bis zum Jahresende untersuchen. Wenn ich beide Gruppen zusammenfaßte, konnte ich die ersten achtzehn Monate im Leben von Elefantenkälbern überblicken. Für die Stichprobe mit den älteren Tieren wählte ich drei männliche und drei weibliche Tiere, die im Juni 1979 geboren waren. Und zwar nahm ich zwei Tiere von Müttern, die zuvor noch kein Kalb gehabt hatten, zwei andere von Müttern, die vorher schon ein Kalb geboren hatten, das gestorben war, und zwei weitere von erfahrenen Müttern, die ein oder mehrere überlebende Kälber zur Welt gebracht hatten. Auch für die Gruppe mit den Neugeborenen wollte ich drei männliche und drei weibliche Kälber auswählen, deren Mütter ähnlich unterschiedliche Erfahrungen hatten. In diesem Fall mußte ich darauf warten, daß geeignete Jungtiere zur Welt kamen, damit ich mit den Beobachtungen an ihren ersten Lebenstagen beginnen konnte.

Ich war froh, daß die drei Kälber der T-Familien meinen Anforderungen entsprachen, denn die Ts waren gewöhnlich leicht zu finden, und es war angenehm, in ihrer Umgebung zu arbeiten. Zwei Wochen nach Slit Ear gebar zudem auch noch Tuskless ein Kalb; das bedeutete unter anderem, daß in jener Bond Group vier der sechs erwachsenen Kühe innerhalb von drei Wochen Kälber zur Welt gebracht hatten, was darauf hindeutet, daß die Fortpflanzung in diesen Familien zweifelsohne synchronisiert ist.

Ich beschloß, alle vier Jungtiere in die Studie einzubeziehen, denn obwohl sie in derselben Bond Group lebten, wuchsen sie doch unter verschiedenen Bedingungen auf. Das Kalb von Tallulah, ein weibliches Tier, hatte keine älteren Schwestern oder Brüder; Tia's Kind, ein männliches Tier, hatte zwei ältere Brüder; Slit Ear's Baby, eine kleine Tochter, hatte vier ältere Schwestern; und das männliche Kalb von Tuskless hatte keine Geschwister, seine Mutter hatte aber schon ein Kind gehabt, das im Alter von drei Jahren gestorben war. Tom, das fünfte Kalb in der Gruppe, der zwar nicht zu meiner Stichprobe gehörte, dessen Interaktionen mit den anderen Kälbern ich jedoch beobachtete, hatte keine Altersgenossen zum Spielen gehabt, bis diese anderen Tiere geboren waren. Tom hatte jedoch keinen Mangel an Gefährten, denn all die jungen Kühe der Gruppe widmeten ihm viel Aufmerksamkeit. Seit dem Tag seiner Geburt folgten ihm die fünf jungen Kühe und hätschelten und liebkosten ihn. Tom war, möglicherweise infolge dieser ungeteilten Aufmerksamkeit, sehr kontaktfreudig und verbrachte viel Zeit entfernt von seiner Mutter Tania.
Um die Notizen auf den speziellen Erhebungsbögen zu vereinfachen, gab ich jedem dieser Kälber einen Codenamen. Ich nahm die ersten zwei Buchstaben vom Namen der Mutter und fügte die letzte Zahl des Geburtsjahres hinzu. Ein Beispiel für den Code im Jahre 1979 war Lilian's Baby, »LI9«. Für die im Jahre 1980 geborenen T-Kälber lauteten die Codes »TA0« für Tallulah's, »TI0« für Tia's, »SL0« für Slit Ear's und »TU0« für Tuskless' Kalb. Da ich in Gedanken dazu neigte, aus der Null für 1980 den Buchstaben »O« zu machen, waren diese Codes auch Namen, die man aussprechen konnte. Schließlich wurden bei allen vier T-Kälbern die Codes ihre endgültigen Namen, die dann Tao, Tio, Slo und Tuo geschrieben wurden. Die meisten anderen, 1980 geborenen Kälber und alle in den anderen Jahren geborenen Jungtiere behielten ihre Codes, bis sie entwöhnt wurden und einen richtigen Namen erhielten. LI9 zum Beispiel wurde später »Lewis«.
Als Tuskless' Kalb Mitte April zur Welt gekommen war, hatte ich meine Stichprobe mit sechs neugeborenen Kälbern komplett, und die Studie ging gut voran. Die beiden anderen Kälber, die meine Stichprobe vervollständigten, waren das weibliche Baby von Lynne, das am 2. März geboren worden war, und das am 22. März geborene weibliche Kalb von Penelope. Lynne hatte 1976 ein Junges zur Welt gebracht, das gestorben war. Penelope war eine ältere, erfahrene Mutter mit mehreren, am Leben gebliebenen Kälbern.

Im ersten Jahr dieser Studie lernte ich viel über diese Kälber und, obwohl ich sie und ihre Mütter oft verfluchte, wenn ich sie nicht finden konnte, hatte ich immer meine Freude an ihnen, wenn ich bei ihnen war. Ich interessierte mich sowohl für die körperliche, als auch für die soziale Entwicklung der Kälber. Ein Elefant wiegt bei der Geburt etwa 260 Pfund und hat eine Schulterhöhe von ungefähr 85 Zentimetern. Das ist, verglichen mit den Maßen der meisten anderen Tierbabies, recht beachtlich, entspricht tatsächlich jedoch nur vier Prozent des Gewichts einer erwachsenen Elefantenkuh und zwei Prozent des Gewichts eines erwachsenen Bullen. Ein Elefant muß also tüchtig wachsen, besonders ein männliches Tier.

Ein neugeborener Elefant gilt als »frühreif« – das heißt, er kann gleich nach der Geburt laufen und mit den erwachsenen Tieren in der Gruppe mithalten. Das ist aber auch so ungefähr alles, was er kann. Ansonsten ist er total abhängig von der Fürsorge seiner Mutter und anderer Familienmitglieder. Während der ersten Lebenstage ist ein Elefantenbaby fast völlig hilflos. Es kann kaum sehen und findet seine Mutter offenbar hauptsächlich durch den Geruch, das Betasten und die Geräusche. Es kann zwar so gerade eben laufen – aber es bewegt sich dabei auf steifen, wackeligen Beinen und bleibt häufig an kleinen Wurzeln oder Grasbüscheln hängen, aus denen es dann, gewöhnlich von einer aufmerksamen halbwüchsigen Kuh, befreit werden muß. Seine Augen sind rotgerändert und die Rückseiten seiner Ohren sind dort, wo das Blut durch die zarte Haut schimmert, leuchtend rosa. Verglichen mit älteren Jungtieren oder erwachsenen Elefanten sieht selbst die Haut am Körper dünn und verletzlich aus, obwohl sie rauh ist. Ein neugeborener Elefant ist, wie bereits erwähnt, auf Stirn, Kopf und Rücken meist stark behaart, und diese Haare sind entweder schwarz oder überraschenderweise rötlich (ich habe die kleinen Rotschöpfe besonders gern, denn sie sind in der Familie leicht zu erkennen).

Der Rüssel eines Babys ist sein hauptsächliches Hilfsmittel, um Kontakt mit der es umgebenden Welt zu bekommen. Dauernd greift, beriecht und berührt es irgend etwas damit. Gleichzeitig stellt der Rüssel aber auch oft ein Problem dar. Meistens scheint ein Kalb nicht zu wissen, was es damit anfangen soll. Oft steht ein Baby da und schwingt den Rüssel heftig hin und her, schleudert ihn hoch und runter, und manchmal wirbelt es ihn im Kreis herum. Es ist der sehr bewegliche, biegsame Rüssel, der ein Elefantenbaby so sehr wie ein Gummispielzeug aussehen läßt. Oft ist er dem Baby auch im Wege. Ich habe ein Kalb gesehen, das beim Gehen auf seinen Rüssel getreten und dann gestolpert war. Der Rüssel ist jedoch eine Quelle des Wohlbehagens. Häufig saugen die kleinen Elefanten daran, wie ein Menschenkind an seinem Daumen nukkelt.

In den ersten Lebensmonaten verbringt ein Jungtier die meiste Zeit damit, zu ruhen und seiner Mutter zu folgen; mit kurzen Unterbrechungen, um zu trinken und seine Umgebung zu erkunden. Ein Kalb ist nur sehr selten mehr als etwa einen Meter von seiner Mutter entfernt, gewöhnlich hat es weniger als dreißig Zentimeter Abstand von ihr. Es berührt sie oft, indem es sich an eines ihrer Beine anlehnt oder sich mit dem Kopf gegen irgendeinen ihrer Körperteile lehnt. Wenn sich ein junger Elefant, entweder aus Verwirrung oder weil er seine Umgebung erkundet, von seiner Mutter entfernt, wird sie oder ein älteres weibliches Kalb ihm folgen.

Während meiner sogenannten »Fokus-Tier-Beobachtungen« (die so heißen, weil für den Beobachter ein einzelnes Tier für einen festgesetzten Zeitraum im Brennpunkt steht) notierte ich unter anderem in fünfminütigen Abständen, welche Tiere dem Kalb am nächsten waren. In mehr als neunzig Prozent der Zeit war es die Mutter, die am dichtesten bei dem Neugeborenen war, als nächstes Tier dann oft eine junge Kuh aus der Familie oder ein älteres Geschwister des Kälbchens, entweder seine Schwester oder – manchmal – sein Bruder. Die älteren Brüder haben allerdings eher die Tendenz, sich von der Mutter und ihrem Neugeborenen zu entfernen.

Die Mutter äußert ihrem Kind gegenüber sanfte, fast summende Laute, die wahrscheinlich dazu beitragen, die beiden zusammenzuhalten. Wenn das Baby aus irgendeinem Grunde beunruhigt wird – zum Beispiel weil es hinfällt, in einem Busch hängenbleibt oder von einem älteren Tier geschubst wird –, so stößt es einen lauten, heiseren Schrei aus, der wie das Quietschen einer Tür klingt. Alle jungen Kühe der Gruppe eilen dann zu ihm hinüber und versuchen zu helfen. Manchmal stiften sie dabei mehr Verwirrung, als sie hilfreich sind, weil sie der Mutter im Wege sind. Mit zunehmendem Alter des Kalbes gestattet die Mutter den jungen Kühen häufig, sich um seine Probleme zu kümmern, während sie selbst weiterfrißt. Rufe des Verlassenseins äußern die Babies ziemlich häufig, und man muß daher annehmen, daß sie nur selten wirklich in Schwierigkeiten sind.

Ein Kalb erkundet seine Umgebung vom ersten Lebenstag an. Es beriecht und befühlt Dinge und versucht, an ihnen zu ziehen; es greift nach jedem Elefanten, der in seine Nähe kommt und kennt dabei offenbar überhaupt keine Angst. Angst ist etwas, was ein Baby erst lernen muß. Neugeborene kommen häufig zu meinem Landrover herüber und berühren ihn, manchmal sehr zum Mißbehagen ihrer Mütter oder »Babysitter«. Bei den Familien, die nicht so sehr an Menschen gewöhnt sind wie die Ts, ist der Konflikt bei den Kühen deutlich zu sehen. Sie wähnen das Baby in Gefahr, haben aber selbst zuviel Angst, um nahe an das Auto heranzugehen und das Kalb wegzuziehen. Sie stehen mit erhobenem Kopf da, schwingen einen Fuß oder schaukeln vor und zurück. Das Baby berührt gewöhnlich nur ein- oder zweimal das Chassis des Autos, ist aber bald gelangweilt und schlendert zu seinen Aufpassern zurück. Diese ziehen es zu sich heran, betasten es und schütteln dann heftig den Kopf oder machen einen Scheinangriff gegen mich, um ihre Mißbilligung zum Ausdruck zu bringen.

Ich war überrascht, wie früh die neugeborenen Kälber damit beginnen, ihren Rüssel zu benutzen. Schon in der ersten Lebenswoche versuchen sie, Dinge mit dem Rüssel aufzuheben. Am meisten scheinen sie Stöcke zu lieben. Ein Kalb wirkt urkomisch, wenn es immer wieder unbeholfen versucht, sein gummiartiges, offenkundig außer Kontrolle geratenes Anhängsel um einen kleinen Stock oder einen Grashalm zu wickeln. Manchmal gibt es auf, oft aber war ich von der Ausdauer und der Konzentration beeindruckt, die ein Kälbchen in sein Vorhaben steckt. Schließlich hebt es den Stock hoch, wobei es ihn entweder mit den »Fingern« an der Rüsselspitze greift oder ihn vorsichtig auf dem umgebogenen Rüssel balanciert.

Ungefähr nach der ersten Lebenswoche ist das Kalb kräftiger geworden, es hat eine bessere Koordinationsfähigkeit und kann dann gut laufen und sogar rennen. Dann kann es anfangen, wechselseitige Beziehungen mit den anderen Mitgliedern seiner Familie aufzunehmen, und es begreift, wie es sich in seiner vielschichtigen sozialen Umwelt verhalten soll: Es lernt die festen Regeln im Umgang mit seinen Geschwistern sowie mit anderen Gruppenmitgliedern, Fremden und erwachsenen Bullen oder auch einfach nur mit Elefanten, die größer oder kleiner sind als es selbst. Eines Tages führte ich eine Fokus-Tier-Beobachtung an Tao durch, dem Kalb von Tallulah, und entdeckte dabei, wie der ein Jahr ältere Tom das Problem des Größenunterschiedes beim Spielen mit den kleineren Kälbern in seiner Gruppe bewältigte. Die Kühe und die älteren Jungtiere fraßen friedlich in einer üppig bewachsenen Gegend. Tom hatte auch gefressen und sich dann zum Ausruhen ins Gras gelegt. Tao entdeckte ihn, näherte sich ihm schnell und fing an, auf ihn hinaufzuklettern, ein Lieblingsspiel von allen jungen Elefanten. Tom strampelte und trat mit den Beinen, Tao fiel herunter, und beide zappelten und strampelten mit ineinander verschlungenen Rüsseln und Beinen. Tom, der besonders robust war, trat etwas heftiger zu, und Tao sprang auf und lief zu Tallulah zurück. Tom folgte ihr. Statt aber, wie gewöhnlich, sie direkt zum Spiel aufzufordern, legte er sich nun neben Tao flach auf die Seite. Sie wandte sich um, sah ihn und kletterte sofort erneut auf ihn rauf. Wieder zappelten und strampelten sie, und als es zu heftig wurde, sprang Tao auf und rannte zu Tallulah. Wieder ging Tom zu ihr und legte sich neben Tao hin. Insgesamt machte er das viermal.

Früher schon hatte ich einmal Mark, einen erwachsenen Bullen, dabei beobachtet, wie er sich in aufrechter Haltung hinlegte, um mit einem anderen Bullen einen Übungskampf auszutragen, der beträchtlich kleiner war als er. Sie hatten spielerisch gekämpft und dabei kurze Zeit beide gestanden, aber M140, der junge Bulle, wandte sich ab, und obwohl Mark ihm folgte, kämpfte M140 nicht weiter mit ihm. Daraufhin ließ sich Mark auf die Knie nieder, wobei er die Hinterbeine nach hinten wegstreckte. Als M140 ihn so sah, kehrte er um und nahm den Übungskampf wieder auf. Nun war M140 der größere von beiden. Ich fragte mich, ob Mark diese Technik, ein kleineres Tier zum Spiel aufzufordern, aus der eigenen Kindheit in Erinnerung hatte.

Die monatelange Beobachtung der sechs Babies vermittelte mir die Erkenntnis, wann sie die wichtigen Stadien in ihrer Entwicklung erreichten. Das vielleicht Wichtigste war, wann sie anfingen zu essen. Es stellte sich heraus, daß das etwas früher geschah, als ich angenommen hatte. Alle sechs Kälber begannen ungefähr im Alter von drei Monaten, mit Pflanzen herumzuspielen, und zwischen dem dritten und vierten Lebensmonat schafften sie es alle, einige Grashalme in den Mund zu stecken, zu zerkauen und herunterzuschlucken. Zu diesem Zeitpunkt muß die tatsächliche Nahrungsmenge, die sie verdauten, noch sehr klein gewesen sein, denn es kostete sie viel Mühe, einen Grashalm abzupflücken, ihn mit dem Rüssel zu greifen und in den Mund zu praktizieren. Das konnte mehr als eine Minute dauern. Erwachsene Tiere können in derselben Zeit leicht neun Rüsselvoll verzehren. Häufig sah ich, wie ein Kalb immer wieder den Rüssel um einen einzelnen Grashalm schlang, bis es ihn endlich abriß, dann unweigerlich fallen ließ und noch mehr Zeit mit dem Versuch verbrachte, ihn wieder aufzuheben. Schließlich hielt es den Halm fest im Rüssel, hob ihn hoch und legte ihn sich auf den Kopf, weil es offenbar vergessen hatte, welchen Zweck das Ganze hatte.

Vom vierten Monat an verbringen die Kälber immer mehr Zeit mit Fressen. Und wenn sie sechs Monate alt sind, enthält ihr Speiseplan bereits einen beträchtlichen Anteil pflanzlicher Nahrung. Die andere Gruppe von Kälbern, mit deren Beobachtung ich erst begonnen hatte, als sie neun Monate alt waren, verbrachte schon mehr als vierzig Prozent ihrer Zeit mit Fressen. Dennoch hatte die Häufigkeit, mit der sie Milch tranken, nur leicht abgenommen. Um eine optimale Ernährung zu gewährleisten, benötigten sie sowohl Milch als auch Pflanzen. Als sie das Stadium erreichten, in dem sie ernsthaft fressen, war es interessant zuzusehen, wie sie lernten, was sie essen konnten und wie sie damit umgehen mußten. Ein Kalb greift häufig in den Mund seiner Mutter, seines älteren Bruders oder seiner älteren Schwester und zieht etwas von dem heraus, was diese essen. Ich vermute, daß das junge Tier auf diese Weise lernt, welche Pflanzenarten es essen kann. Bei anderen Gelegenheiten standen die Kälber fast unter dem Kinn der Mutter oder einer Verwandten und nahmen die Pflanzenteile auf, die diesen beim Fressen heruntergefallen waren. Einige der derben, kurzen Gräser mußten mit Fußtritten bearbeitet werden, damit sie als Büschel losgemacht werden konnten. Den Kälbern schien dieses Manöver nicht zu gelingen, und oft mußten sie mit dem vorliebnehmen, was die anderen Familienmitglieder übrigließen. Eine andere Technik, die von den jungen Kälbern angewendet wurde, bestand darin, sich hinzuknien und die Grasstücke mit den Zähnen abzubeißen. Das habe ich immer als Schummeln betrachtet.

Ungefähr zu der Zeit, wenn die Kälber anfangen, pflanzliche Nahrung zu sich zu nehmen, lernen sie auch, mit dem Rüssel zu trinken. Auch diese Fähigkeit trat viel früher auf, als ich vermutet hatte. Ich hatte geschatzt, daß es ungefähr ein Jahr dauern würde, um die Technik zu beherrschen, das Wasser im Rüssel hochzuziehen, dann den Kopf nach hinten zu heben und das Wasser in den Mund fließen zu lassen. Die kleinen Kälber knieten sich im Wasser hin und tranken mit dem Mund, aber schon mit drei bis vier Monaten versuchten sie, den Rüssel zu benutzen. Selbstverständlich verschütteten sie dabei das meiste Wasser, aber sie versuchten es. Im Alter von vier bis fünf Monaten waren sie schon ziemlich geschickt dabei.

Es war stets ein Vergnügen, die Zeit bei den Kälbern zu verbringen. So erübrigt es sich auch zu sagen, daß ich jene zwölf, die ich beobachtete, besonders ins Herz schloß. Vielleicht waren die sechs Älteren nicht ganz so liebenswert wie die sechs Kleinen. Mit neun Monaten hatten sie sich schon eindeutig zu Persönlichkeiten entwickelt; ihre spielerischen Auseinandersetzungen waren interessanter, weil sie eben kräftiger waren als die jüngeren, und weil sich ihre Koordinationsfähigkeit bereits besser entwickelt hatte.

Es gibt bei Kälbern verschiedene Formen des Spiels. Am häufigsten beschäftigen sie sich mit Übungskämpfen Kopf an Kopf. Da sie jedoch noch keine Stoßzähne haben, laufen sie bloß aufeinander zu und stoßen mit den Köpfen zusammen. Auch jagen sie sich gegenseitig, wobei der Verfolger nach dem Schwanz des weglaufenden Tieres greift. Sie lieben es, aufeinander herumzuklettern, besonders wenn sie in einer Schlammsuhle sind. Dann findet man oft einen großen Haufen von Kälbern, die im glänzenden Matsch zappeln, herumwühlen, rutschen und schliddern. Manchmal besteigt ein Kalb ein anderes in sexueller Stellung, und es ist fast immer ein männliches Kalb, das aufreitet.

Es gibt schon in sehr frühem Alter eindeutige Geschlechtsunterschiede in der körperlichen Entwicklung. Im Jahre 1982, um einmal zeitlich etwas vorzugreifen, kam zu meiner großen Freude meine frühere Camp-Gefährtin Phyllis wieder nach Amboseli, nachdem sie ihre Doktorarbeit über die soziale Entwicklung von jungen Grünen Meerkatzen abgeschlossen hatte. Mit finanzieller Unterstützung der National Geographic Society nahm sie eine zweijährige Untersuchung an Elefantenkälbern auf. Eines ihrer Hauptinteressensgebiete waren diese Geschlechtsunterschiede. Unter Verwendung meiner Untersuchungen von 1980/81 und ihrer eigenen späteren Forschungsarbeiten, faßten wir unsere Ergebnisse zusammen und veröffentlichten gemeinsam einen wissenschaftlichen Artikel über die Unterschiede im Trinkverhalten und in der Wachstumsrate zwischen männlichen und weiblichen Kälbern sowie über die Unterschiede im mütterlichen Verhalten gegenüber den verschiedenen Geschlechtern.

Ein allgemein anerkannter Lehrsatz in der Evolutionsbiologie besagt, daß das vorrangige Ziel eines Tieres sein Fortpflanzungserfolg ist; das bedeutet: Jedes Tier versucht, so viele gesunde, widerstandsfähige Junge wie möglich zu bekommen, die die Geschlechtsreife erreichen und sich wiederum selber fortpflanzen. Bei Arten mit sogenanntem polygynen Fortpflanzungsverhalten besteht die Möglichkeit, daß sich ein männli-

1

2

Eine Gruppe von Elefanten, zu der auch die T-Familien gehören, überquert auf ihrem morgend-
hen Weg in die Sümpfe eine offene Pfanne. Im Hintergrund der Kilimandscharo.
Dicht zusammengedrängt ruht sich eine Elefantengruppe aus. Die kleineren Kälber haben sich
ter ihren Müttern und älteren Geschwistern hingelegt.

3

4

3 Beim Trinken.

4 Ein Elefant beim Fressen grobfaseriger Sumpfpflanzen.

5 In der Schlammsuhle.

6 Slit Ear, Tara und andere weiden in der üppigen Vegetation. E hat in diesem Jahr reichlich geregnet.

5

6

7

9

10

7 Ein großer Bulle (nicht in Musth) verfolgt eine Kuh und stellt sie, indem er sei nen Rüssel auf ihren Rücken legt. Der S-förmig gebogene Peni beweist seine starke Erregung.

8 Sie bleibt stehen, e besteigt sie und sucht mit seinem beweglichen Penis die Öffnun ihrer Scheide.

9 Es gelingt ihm ein zudringen, indem er nach unten sinkt, seinen Penis in ihre Vulv steckt und dann nach oben stößt. Sein Hauptgewicht lastet auf den Hinterbeinen. Der junge Bulle im Vordergrund sieht fas ziniert zu, doch er hä den Kopf ganz tief, ur zu zeigen, daß er keir Konkurrenz darstellt und friedfertig ist.

10 Bullen in Musth haben stark angeschwollene Schläfendrüsen, die eine zähe Flüssigkeit absonderr

12

13

11 Tallulah's gerade geborenes Kalb versucht , am Bein seiner »Geburtshelferin« Tara zu saugen.

12 Ermüdet von den Anstrengungen seiner ersten Lebensstunden, ruht das Baby aus. Tallulah und Tara haben es unter Gräsern und feiner Erde fast begraben.

13 Noch recht wacklig auf den Beinen, erkundet das Neugeborene die Brust seiner Mutter. Ein Teil der Nabelschnur hängt noch an ihm herab.

14 Tonie versucht, ihr totes Baby hochzuheben. Es wurde entweder tot geboren oder starb kurz nach der Geburt im November 1980.

14

15

16

15 »Periphere« Elefanten kommen ab und zu für ein paar Tage zu Besuch in den Amboseli-Park.
16 Begrüßung: Tallulah, Tuskless (Mitte), Teresia (links) und Tonie (rechts).

17 Ein junges Kalb mit abgespreizten Ohren beim »Angriff« auf das Fahrzeug der Autorin; einige Kälber sind von klein auf abenteuerlustiger als andere.

18 Tom und Tao spielen im Gras, während ihre älteren Verwandten fressen.

17

18

19

20

19 Eine Elefanten-familie frißt am späten Nachmittag im Camp. Die drohenden Wolken geben ein bizarres Licht.

20 Elfenbein: Es mag ein schönes Material sein, wenn es zu einer eleganten Schnitzerei verarbeitet wird, aber es war einmal der Stoßzahn eines leben-digen Elefanten, der ihn zum Fressen und Graben, zum Spielen und Kämpfen brauchte und benutzte.

ches Tier mit vielen weiblichen Tieren paart. Dadurch könnte es weit mehr Nachkommen zeugen als ein einzelnes weibliches Tier im Verlaufe seines gesamten Lebens. Bei diesen Arten kann man voraussagen, daß eine Mutter für die Aufzucht ihrer männlichen Nachkommen mehr Zeit und Energie aufwenden wird als für ihre Töchter. Im Falle der Elefanten wird eine Kuh wahrscheinlich mehr Nachfahren haben, wenn sie einen großen, kräftigen Bullen großzieht, der viele Kälber zeugen wird, als wenn sie mehrere erfolgreiche Töchter hätte. Allerdings könnten einige Bullen im Wettbewerb erfolglos bleiben und am Ende gar keine Nachkommen zeugen, während die Töchter wahrscheinlich einige Kälber zur Welt bringen werden. So könnte es im biologischen Sinne ein Glücksspiel sein, mehr in die Söhne zu investieren. Trotzdem ist es theoretisch eine Chance, die es wert ist, wahrgenommen zu werden. Ich muß allerdings hinzufügen, daß einem Tier dieses Ziel, das sein Verhalten beeinflußt, natürlich nicht bewußt ist.

Der Rothirsch, eine Tierart, die viele Jahre lang von einem Wissenschaftlerteam unter Leitung von Tim Clutton-Brock intensiv untersucht wurde, ist dem Elefanten darin ähnlich, daß die weiblichen Tiere in kleinen Familien leben. Die männlichen Tiere stehen in heftigem Wettbewerb um die Kühe, und durch ihre Größe und Stärke wird bestimmt, wer sich mit den Kühen paart. Clutton-Brock und seine Kollegen haben nachgewiesen, daß die männlichen Nachkommen des Rothirsches mehr Milch bekamen und daß sie später entwöhnt wurden als die weiblichen. Das frühe Wachstum des Geweihs scheint sehr wichtig dafür zu sein, wie erfolgreich ein Hirsch als erwachsenes Tier ist.

Phyllis und ich fragten uns, ob bei den Elefanten etwas Ähnliches geschieht. Unsere Ergebnisse offenbarten, daß die männlichen Tiere tatsächlich häufiger zu trinken versuchten als die weiblichen und daß sie bei diesen Versuchen auch erfolgreicher waren. Wenn die Mutter beim Säugen nicht stillstand oder nach nur wenigen Sekunden wegging, neigten die Söhne häufiger zu Protestgeschrei als die Töchter. Die Elefantenmütter waren den Wutanfällen ihrer Kälber gegenüber bemerkenswert duldsam, gaben immer nach und ließen sie trinken. Da die Bullenkälber mehr Milch forderten, bekamen sie auch tatsächlich mehr. Gleichzeitig fanden wir heraus, daß die männlichen Tiere von Geburt an schneller wachsen. Vermutlich benötigten sie für dieses Wachstum auch mehr Milch. Diese Theorie wird unterstützt durch die Sterblichkeitsraten der männlichen und weiblichen Kälber. In feuchten Jahren gab es in bezug auf die

Überlebensfähigkeit keine Unterschiede, während der Dürrejahre starben jedoch deutlich mehr männliche als weibliche Jungtiere. Wir haben die Behauptung aufgestellt, daß einige Mütter während der trockenen Jahre nicht in der Lage waren, die Milchproduktion auf einem Niveau zu halten, das den Ernährungsanforderungen ihrer Söhne genügte. Außerdem fanden wir heraus, daß bei einer Mutter mit einem überlebenden männlichen Kalb der Abstand zur Geburt des nächsten Kalbes größer war als bei einer Mutter, die als erstes ein weibliches Kalb geboren hatte. Da Elefantenmütter ihren Nachwuchs bis zur Geburt des nächsten Kalbes säugen, bestand also bei männlichen Nachkommen die Tendenz, daß sie in einem höheren Alter entwöhnt wurden als weibliche Tiere.

Unsere Ergebnisse zeigen, daß die Mütter in frühen Jahren tatsächlich mehr Fürsorge für männliche Kälber aufbringen. Daraus können wir jedoch nicht schließen, daß sie es tun, *damit* die männlichen Tiere schneller wachsen und sich damit zu großen, starken Bullen mit besseren Chancen auf Fortpflanzungserfolg entwickeln. Die Mütter könnten auch gezwungen sein, einfach deswegen mehr in ihre männlichen Nachkommen zu investieren, *weil* diese schneller wachsen, mehr fordern und eher sterben, wenn sie nicht ausreichend ernährt werden. Aus dem Blickwinkel der Evolution ist das Ergebnis in beiden Fällen dasselbe. Dennoch scheinen sich für die Elefanten auf lange Sicht die mütterlichen Investitionen in die beiden Geschlechter auszugleichen, denn die Söhne verlassen bei der Pubertät ihre Mütter, und die Töchter bleiben weiterhin in ihren Familien, in denen sie in den kommenden Jahren von ihren Müttern Hilfe und Unterstützung erhalten.

Im Jahre 1980 ereignete sich etwas, das mir die unerwartete Gelegenheit bot, die Geschlechtsunterschiede bei Geschwistern zu beobachten. Seit die Geburten Ende November 1978 wieder begonnen hatten, waren bis Ende Mai 99 Kälber in der Amboseli-Population zur Welt gekommen. Weil es ein reichliches Nahrungsangebot gab, weil Wilderei und Speeren nicht stattfanden und besonders weil sie in der Fortpflanzung so erfolgreich waren, war es für die Elefanten eine gute Zeit gewesen. Ich beschloß daher, ein kleines Fest zu feiern, wenn das einhundertste Kalb zur Welt käme. Anfang Juni mußte ich nach Nairobi fahren, um einige Arbeiten für die African Wildlife Foundation zu erledigen. Ich bat Joyce, ein Auge auf Estella zu haben, der Leitkuh der EA-Familie, die wohl wahrscheinlich dieses einhundertste Kalb bekommen würde. Vor 22 Monaten hatte ich Estella im Östrus gesehen. Ungefähr eine Woche nach mir kam Joyce nach Nairobi und sagte: »Mensch, ich hab' vielleicht 'ne Nachricht für dich: Estella hat das einhundertste Kalb zur Welt gebracht, aber auch das einhundertunderste. Sie hat Zwillinge!«

Ich war sehr aufgeregt und konnte es kaum erwarten, Estella zu sehen. Von Zwillingen bei Elefanten war schon früher berichtet worden, aber in Amboseli hatte ich noch keine gesehen. In Gebieten, in denen Elefanten kontrolliert abgeschossen und obduziert werden, findet man von Zeit zu Zeit ungeborene Zwillinge im Mutterleib; und kürzlich hatte man bei einer Elefantenkuh in Simbabwe sogar Drillingsfoeten entdeckt. Als der Fortpflanzungsbiologe Richard Laws in den sechziger Jahren in Ostafrika arbeitete, schätzte er das Auftreten von Zwillingen bei Elefanten auf etwa ein Prozent. »Meine« Zwillinge, die bei der einhundertsten Geburt zur Welt kamen, paßten also haargenau in diese Statistik, und Dr. Laws freute sich, als ich ihm davon berichtete.

Obwohl Zwillinge bei Elefanten etwa genauso häufig wie bei Menschen gezeugt werden, ist es bei Elefanten offenbar selten, daß beide Zwillinge am Leben bleiben. Im Jahre 1976 bekam eine junge Kuh in Lake Manyara Zwillinge, aber einer davon starb im Alter von fünf Monaten. Auch im Aberdare-Nationalpark in Kenia gab es einen Fall mit einer Zwillingsgeburt, aber wieder starb ein Tier nach wenigen Monaten. Wahrscheinlich kann eine Kuh unter den in diesen Regionen vorherrschenden Bedingungen nicht genug Milch produzieren, um zwei Kälber zu ernähren. Ich war sehr besorgt, was mit Estella's Zwillingen geschehen würde.

Am 16. Juni fuhr ich nach Amboseli zurück, und zwei Tage später fand ich Estella. Es war ein neugeborenes Kalb bei ihr, aber nur eines. Ich wartete in der Hoffnung, das andere könnte sich an einer Stelle hingelegt haben, an der ich es nicht sehen konnte. Aber bald war klar, daß es nicht da war. Ich war schrecklich enttäuscht und dachte, es sei gestorben und ich hätte es verpaßt, die Zwillingsgeschwister zusammen zu sehen. Doch dann tauchte Estella's neunjährige Tochter Elfrida auf und hatte ein weiteres neugeborenes Kalb bei sich. Es war bestimmt nicht ihr Kalb, denn sie hatte überhaupt keine Brustentwicklung. Die Neuankömmlinge gesellten sich zu Estella und ihrem Kalb, und nun konnte ich sehen, daß die beiden Kälber fast gleich groß waren, und daß sie das gleiche dichtgelockte, schwarze Haar auf der Stirn hatten. Ein Kalb war männlich und eines weiblich. Kein Zweifel – das waren die Zwillinge!

Etwas später begannen die Zwillinge bei Estella zu trinken, jedes auf einer Seite. Anfangs ging es ziemlich friedlich zu, aber dann duckte sich das männliche Kalb unter Estella und verdrängte seine Schwester von der Brustwarze. Die ging daraufhin zur anderen Seite herum, und wieder stellte sich ihr Bruder eilig unter seine Mutter und schob die Schwester weg. Dabei gab sie – oder möglicherweise auch alle beide – heisere Schreie und knurrende Kollerlaute von sich. Ich war überrascht, wieviel Aggression zwischen ihnen herrschte. Stets war es das eine Spur größere, männliche Tier, von dem die Aggression ausging.

Ich beobachtete sie die nächste Woche hindurch und machte mir Sorgen, ob das weibliche Kalb das überstehen würde. Aber es war klüger, als ich dachte. Wenn die Zwillinge nicht gesäugt wurden, hatten sie keinen Streit und spielten miteinander. Sie rannten und fielen ins hohe Gras, kletterten aufeinander herum und schoben sich Kopf an Kopf. Schließlich, so nach zehn Minuten, wurde das männliche Kalb müde und legte sich zum Schlafen hin. Sobald es das tat, ging das weibliche Tier zur anderen Seite von Estella, wo ihr Bruder sie nicht sehen konnte, und trank ungestört mehr als drei Minuten. Nach mehreren Wochen schließlich hörten die Kämpfe auf, und ich erlebte zwischen ihnen keine Aggressionen mehr.

Ich bezog auch diese beiden Kälber in meine Gruppe mit den sechs Neugeborenen ein und beobachtete sie während der nächsten neun Monate systematisch. Sie erhielten Codes (»ES0« und »ET0«), aber ich beschloß auch, ihnen schon gleich Namen zu geben, weil sie etwas Besonderes waren. Mir fielen keine berühmten Zwillinge ein, deren Namen mit einem »E« beginnen. Da *Estella* »Stern« bedeutet, beschloß ich, bei dem astronomischen Thema zu bleiben und kam auf Eclipse für das weibliche Tier (es gab 1980 in Kenia eine völlige *Sonnenfinsternis* = *eclipse of the sun*) und auf Equinox (= *Tagundnachtgleiche*) für das männliche Tier. Anhänger der Astrologie waren sehr erfreut zu wissen, daß die Zwillinge unter dem Sternzeichen der Zwillinge auf die Welt gekommen waren.

Nie hörte ich auf, mir um die Zwillinge Sorgen zu machen. Ich wünschte ihnen so sehr, daß sie überlebten, und jedesmal, wenn ich die EAs fand, hielt ich den Atem an, bis ich sah, daß beide da waren. Aber wenn überhaupt eine Elefantenkuh Zwillinge haben sollte, die am Leben blieben, dann, dachte ich, würde es ein Tier wie Estella sein. Sie war eine ältere, erfahrene Leitkuh und Mutter mit mehreren Nachkommen, die am Leben geblieben waren, und zufällig waren ihre nächstälteren Kälber weibliche Tiere: Elvira, fünf Jahre, und Elfrida, neun Jahre. Beide verbrachten viel Zeit damit, sich um die Zwillinge zu kümmern.

Obwohl 1980 nicht sehr viel Regen fiel, gab es dank der drei vorausgegangenen feuchten Jahre immer noch üppigen Pflanzenbewuchs. Estella hatte reichlich zu essen und schien in der Lage zu sein, genug Milch für beide Kälber zu produzieren. Die Zwillinge blieben am Leben, und ich vermute, es war einer der seltenen Fälle, in denen die richtigen Umstände zusammentrafen. Während ich das heute schreibe, haben die Zwillinge ihren sechsten Geburtstag erreicht, und sie haben inzwischen eine jüngere Schwester, die im Dezember 1985 zur Welt kam. Nach deren Geburt waren sie völlig entwöhnt. Equinox ist größer als seine Schwester Eclipse, beide sind allerdings beträchtlich kleiner als andere gleichaltrige Kälber. Sie scheinen jedoch in guter Verfassung zu sein. Wenn bei Rindern eine Kuh Zwillinge mit einem männlichen und einem weiblichen Kalb zur Welt bringt, so ist das weibliche Tier immer unfruchtbar. Viele Leute haben mich gefragt, ob das bei den Elefantenzwillingen auch so sein werde. Um das herauszufinden, muß ich mindestens noch sechs oder sieben Jahre abwarten.
In der Zwischenzeit gab es bei den T-Familien im Jahre 1980 noch zwei weitere Geburten. Anfang November hatte Tonie aus der TA-Familie in der Nähe meines Camps eine Geburt. Das Kalb war entweder eine Totgeburt, oder aber es starb kurz nach der Geburt. Ich vermute, daß bei erstgebärenden Kühen wie Tonie Totgeburten und der Tod Neugeborener ziemlich häufig sind. In diesem Fall war ungewöhnlich, daß Tonie sich weigerte, ihr totes Kalb zu verlassen. Ich befand mich damals in Nairobi, aber zum Glück war Joyce wieder einmal zur Stelle. Außerdem sahen auch Clare und Brian Shorter – einheimische Touristen aus Nairobi, die sich begeistert für die Tierwelt interessierten – Tonie und das tote Kalb und machten Bilder und Aufzeichnungen. Joyce hatte Tonie gefunden, als das Kalb schon tot war. Die Familie hatte sie schon verlassen und war zum Fressen weitergezogen. Tonie befand sich in einer trostlosen Gegend, einer harten, mit Salzbüschen bestandenen Pfanne. Sie stand in der heißen Sonne über ihrem toten Kalb und bedrohte alles und jeden, der sich ihm zu nähern versuchte. Joyce's Beobachtungen ergaben, daß Tonie volle vier Tage bei ihrem Kalb blieb.
Die Shorters entdeckten Tonie am dritten Tag. Als sie ankamen, fanden sie zwei Löwinnen vor, die das tote Baby wegzerrten. Plötzlich bemerkte Tonie, was geschah, griff die Löwinnen an und jagte sie davon. Dann stand sie über dem Leichnam und hielt die Löwinnen, wie die Shorters schätzten, dreißig Stunden in Schach. Am zweiten Morgen, nachdem sie Tonie

zum ersten Mal gesehen hatten, fanden sie vier Löwen vor, die an dem toten Kalb fraßen – von Tonie keine Spur. Sie hatte endlich ihre Wache aufgegeben, wahrscheinlich, weil sie Durst hatte. Sie war eine kämpferische und tapfere Mutter gewesen, und ich hoffte, daß sie bald wieder trächtig wäre und mit ihrem nächsten Kalb mehr Glück haben würde.

Für die verbleibenden Monate des Jahres 1980 erwartete ich keine weiteren Geburten mehr bei den T-Familien. Tara, Tilly und Theodora, drei der jungen Kühe, kamen zum ersten Mal in den Östrus, und man konnte erwarten, daß sie 1982 ihre Babies bekommen würden. Tess, die vierte junge Kuh, zeigte keinerlei Anzeichen einer Trächtigkeit. Eigentlich fragte ich mich sogar, ob sie überhaupt in der Lage sei, ein Kalb zu bekommen, denn sie war schon siebzehn Jahre alt und hatte noch nie geboren. Mit Ausnahme von Teresia hatten alle anderen erwachsenen Kühe kleine Kälber. Teresia war 1980 ungefähr 58 Jahre alt. Ihr letztes Kalb hatte sie 1971, also im Alter von 49 Jahren, gehabt. Untersuchungen an kontrolliert abgeschossenen Elefanten ließen vermuten, daß die Kühe ungefähr mit 55 Jahren ein der Menopause vergleichbares Stadium erreichen. Zu diesem Zeitpunkt treten sie in eine Art Großmutter-Stand ein und nutzen ihre Erfahrungen und ihre Klugheit, um ihre Familien zu führen. Ich dachte, daß Teresia wahrscheinlich diesen Lebensabschnitt nun erreicht habe. Aber wieder einmal hatten die Amboseli-Elefanten eine Überraschung für mich auf Lager.

Am 20. Dezember traf ich draußen im Olodo Are-Waldgebiet auf eine große Ansammlung von Elefanten. Zu jenem Zeitpunkt hatte die Kleine Regenzeit begonnen, es gab dort grünes Gras, und die Elefanten fühlten sich wohl. Ich war in dem Abschnitt bei den Ts gewesen und hatte versucht, Fokus-Tier-Beobachtungen an den Babies durchzuführen. Die Elefanten zogen dahin und fraßen, als plötzlich alle zweihundert Tiere durch irgendetwas veranlaßt wurden, loszulaufen und über die offene Pfanne zu rennen. Doch sie waren keineswegs in Panik; denn dann laufen sie nämlich leise, ruhig und schnell. Was ich hier beobachtete, war mehr ein »schlaksiges Laufen«; dabei halten die Elefanten den Kopf nach unten und lassen Ohren und Rüssel locker hängen, so daß diese beim Laufen schlackern und hin und her wedeln. Gleichzeitig stoßen sie laute, pulsierende, zum Spiel gehörige Trompetentöne aus. In meinen Aufzeichnungen steht zu lesen:

10.20 – Die große Gruppe hinten beginnt, sich schnell zu bewegen, aber sie trompeten spielerisch. Alle fangen an zu laufen. Es hat gerade begonnen, etwas zu regnen. Jetzt rennen alle und machen sehr viel Lärm.
10.30 – Immer noch viel Lärm. Schlaksiges Laufen.
10.40 – Immer noch schlaksiges Laufen und Trompeten, Umherwirbeln und Attacken. Wie kann man eine ernsthafte Studie an Tieren betreiben, die sich so aufführen!
10.45 – Zurück im anderen Abschnitt. Sie kommen auf die offene Pfanne. Alle laufen schlaksig mit voller Geschwindigkeit hinüber, dabei spielerisches Trompeten wie verrückt. Sogar Slit Ear und Big T (die alte Leitkuh der BBs). Ausgenommen Teresia, die gesetzt hinüberschreitet. Die Ts heben die Köpfe und greifen imaginäre Gegenstände an.

Am 26. Dezember fand ich alle Ts zusammen. Sie ruhten sich unter einigen Bäume aus. Teresia stand dreißig Meter entfernt allein in der Sonne. Sie sah müde aus und deutlich älter als je zuvor; wohl auch deswegen, weil irgendwann im Laufe des Jahres ihr anderer Stoßzahn ebenfalls abgebrochen war und ihr nur zwei Stümpfe geblieben waren. An dem Tag des Massenspiels hatte sie sich langsam und träge bewegt, und heute benahm sie sich wiederum sonderbar, indem sie sich abseits von ihrer Familie ausruhte. Ich dachte, ihr Verhalten beruhe vielleicht auf ihrem hohen Alter.
Am Neujahrstag 1981 war ich im Longinye-Sumpf und stieß auf die TCs und TDs. Ich zählte die Familienmitglieder, als sie vorbeikamen. Teresia ging wie gewöhnlich am Ende, diesmal zusammen mit Theodora. Als sie jedoch näher kamen, bemerkte ich, daß auch ein winziges, neugeborenes Baby bei ihnen war. Es lief gut und sah kräftig und gesund aus. Es hatte noch ein Stückchen von der Nabelschnur hängen, und die Rückseiten seiner Ohren waren leuchtend rosa, wie bei allen neugeborenen Kälbern. Ich dachte, daß es wahrscheinlich ein oder zwei Tage alt war, also am 30. oder 31. Dezember 1980 geboren. An Teresia's Gesäuge hatte ich keine Veränderungen bemerkt, aber vielleicht hatte ich nicht sorgfältig nachgesehen. Jedenfalls hatte sie fast volle Brüste und gab eindeutig Milch. Kein Zweifel, Teresia war die Mutter! Es war bemerkenswert, daß eine Kuh in ihrem Alter immer noch ein Kalb bekommen konnte. Nun klärte sich auf, warum mir vor zehn Tagen Teresia so langsam und gesetzt erschienen war.
Während der nächsten vier Stunden blieb ich bei den Ts und beobachtete hauptsächlich die anderen Kälber, aber ich behielt auch das von Teresia

im Auge. Es war ein männliches Tier und wirkte gesund. Das einzig Ungewöhnliche war, daß dieses Kalb häufiger zu saugen schien als andere Neugeborene.
In den darauffolgenden zwei Wochen sah ich Teresia noch zweimal mit ihrem Kalb. Doch am 20. Januar war das Kalb verschwunden, und Teresia sonderte Sekret aus ihren Schläfendrüsen ab. Irgendwie war ich nicht überrascht, denn ich hatte eingedenk von Teresia's Alter schon befürchtet, daß das Kalb nicht überleben würde. Vor einiger Zeit erst hatte Virginia aus der VA-Familie, die ich auf 52 Jahre schätzte, ein Kalb geboren, das nur etwa einen Monat am Leben geblieben war. Auch sie hatte seit 1971 kein Kalb mehr gehabt. Offenbar kommt es bei Elefantenkühen mit fortschreitendem Alter eher dazu, daß sich die Fortpflanzung verlangsamt, als daß die Ovulationen völlig aufhören. Und wenn sie dann ein Kalb gebären, sind die Chancen, daß es überlebt, geringer. Es könnte sein, daß Teresia und Virginia für ihre Kälber nicht mehr genügend Milch produzieren konnten oder daß die Kälber genetische Schäden hatten. Ich habe für beide Theorien keinen Beweis. Immerhin starben beide Kälber zu einer Zeit, als die Kälbersterblichkeit allgemein niedrig war. Keine der beiden Kühe brachte nach 1980 noch mal ein Kalb zur Welt, obwohl beide auch weiterhin von Zeit zu Zeit in den Östrus kamen.
Teresia hat ihr letztes Kalb zwar verloren, aber insgesamt ist sie wohl ziemlich erfolgreich in ihrem Leben gewesen. Am Ende des Jahres 1980 verblieb ihr der Sohn Tolstoi, ein hochgewachsenes, junges Tier, das aussah, als würde es sich zu einem großen, erfolgreichen Bullen entwikkeln; und ihr Enkel Tim, bei dem ebenfalls alles darauf hindeutete, daß er eines Tages ein prächtiger Bulle werden würde. Teresia hat in ihrem langen Leben vermutlich noch mehrere andere Söhne großgezogen, die vor Beginn meiner Studie unabhängig geworden waren und höchstwahrscheinlich ihre Enkelkinder zeugten. Auf der weiblichen Linie verblieben ihre Tochter Theodora, ihre Enkelin Tallulah und ihre Urenkeltochter Tao. Ihr Erbgut wurde also mit Gewißheit in die nächsten Generationen weitergetragen.
Im allgemeinen hatten die Ts ein sehr gutes Jahr 1980. Ihre Zahl hatte zugenommen, und mindestens drei, möglicherweise sogar vier weitere Kühe waren trächtig. Kurz nachdem Slit Ear's und Tia's neue Kälber zur Welt gekommen waren, gab ich ihren C'76-Kälbern Namen. Es wurde immer schwieriger, für die Ts noch Namen zu finden, die mit einer unverwechselbaren Dreierkombination von Buchstaben begannen, aber

schließlich kam ich auf »Tabitha« für Slit Ear's Tochter und »Taddeus« für Tia's Sohn. Zu den vier Familien gehörten nun 24 Tiere. Nach dem Tod von Teresia's Kalb sah die Zusammensetzung der vier Familien wie folgt aus:

TA	Tuskless (62)	♀
	Tuo (80)	♂
	Teddy (66)	♂
	Tonie (67)	♀
	Tilly (70)	♀
TB	Tania (44)	♀
	Tom (79)	♂
	Toby (73)	♂
TC	Slit Ear (36)	♀
	Slo (80)	♀
	Tabitha (76)	♀
	Tamar (71)	♀
	Tara (67)	♀
	Tess (63)	♀
	Tia (50)	♀
	Tio (80)	♂
	Taddeus (76)	♂
	Right Fang (70)	♂
TD	Teresia (22)	♀
	Tolstoi (71)	♂
	Theodora (67)	♀
	Tallulah (63)	♀
	Tao (80)	♀
	Tim (69)	♂

7
Elefanten und Menschen

1981

Es war im November 1978, in einer dunklen, mondlosen Nacht. Die Sonne war vor zwei Stunden untergegangen, als Tuskless ihre kleine TA-Familie aus dem Longinye-Sumpf herausgeführt hatte. Zunächst wandten sie sich der Müllkippe der Amboseli-Lodge zu, dann der Grube der Safari-Lodge. In der Grube fanden sie einige frische Abfälle. Sie suchten sich heraus, was sie mochten, bis sie ihren Weg quer über die offene Pfanne zum Ol Tukai Orok Wald und den öffentlichen Zeltplätzen fortsetzten. Sie durchstreiften das Gebiet, gingen nahe an den Camps vorbei und witterten sorgfältig auf der Suche nach Lebensmittelbehältern. Die meisten Camper hatten ihre Mahlzeit schon beendet und sich in die Zelte zurückgezogen. Aber auf einer Lichtung saßen noch einige Leute am Tisch und genossen ihr Abendbrot.

Tuskless kam aus dem Palmenwald am Rande der Lichtung und verweilte einen Augenblick, um die Szene in sich aufzunehmen. Die Camper blickten hoch, entdeckten sie, wurden aufgeregt und fingen an, Kommentare abzugeben und zu lachen. Tuskless bewegte sich direkt auf sie zu. Das Lachen wurde lauter, fast hysterisch. Die Leute sprangen von ihren Stühlen auf, riefen, klatschten in die Hände, winkten mit den Armen und schlugen Töpfe und Pfannen gegeneinander. Tuskless ignorierte den Lärm und kam immer näher. Die Camper wichen zurück, flohen zu ihren Autos, drängten sich hinein und schlossen Fenster und Türen. Hilflos beobachteten sie, wie Tuskless und ihr Kalb sowie Teddy, Tonie und Tilly jedes bißchen Essen verzehrten, das sie auf dem Tisch und in den Safari-Behältern am Boden fanden. Nachdem die Elefanten alles aufgegessen hatten, schlenderten sie zurück zu den Palmen. Die Camper warteten noch lange Zeit in ihren Fahrzeugen, ehe sie sich vorsichtig herauswagten, um den Schaden zu begutachten.

In der Zwischenzeit hatten die TAs Tania und deren Kalb Toby getroffen und sich gegenseitig mit tiefen Kollerlauten und Ohrenklappen begrüßt. Eine Zeitlang fraßen sie gemeinsam Gras und Palmen, bis sie auf einer großen Lichtung auftauchten, auf der ein ständiges Lager errichtet worden war. Sie kannten es seit langer Zeit und auch die Menschen, die dort lebten – einen auffallend kleinen, wütenden Afrikaner und andere Leute, die sofort in ihre Fahrzeuge stiegen und die Elefanten verjagten, wenn sie zu nahe kamen. Tuskless wußte, daß sie vorsichtig sein mußte, wenn sie in dieses Lager kam. Sie marschierte niemals kühn hinein, sondern näherte sich indirekt.

Tuskless, Teddy und die anderen begannen, am Rande dieses Lagers zu fressen. Sie hatten scheinbar nur ihre eigenen Angelegenheiten im Kopf und konzentrierten sich darauf, Gras zu rupfen. Tuskless richtete allerdings ab und zu ihre Rüsselspitze in Richtung der Küche und der Zelte, um zu wittern, was es dort gab. Von dem Platz, an dem die Nahrungsmittel aufbewahrt wurden, schwebte ein verführerischer Duft reifer Bananen zu ihr herüber. Tuskless liebte Bananen. Zum erstenmal hatte sie diese gelben Dinger am Futterplatz der Lodge probiert, wo zweimal täglich ein Mann mit einer Schubkarre Obst- und Gemüseabfälle ablud. Gewöhnlich waren es Schalen und ältere Außenblätter von Salat- und Kohlköpfen. Eines Tages aber lag dort eine ganze Staude überreifer, schon fast vergorener Bananen. Tuskless mochte den Geruch sofort gern. Sie pflückte eine Banane von der Staude ab, stopfte sie in den Mund und ließ den süßen Geschmack auf der Zunge zergehen. Es gelang ihr, die meisten Früchte selbst zu essen, bevor noch die anderen Tiere so recht zum Zuge kamen. Seitdem war Tuskless ganz versessen auf Bananen.

An diesem Abend nun war der Geruch wieder unwiderstehlich. Tuskless ging näher auf die Küche zu – eine lose Konstruktion aus Holzpfählen, Sisalpfählen, Hühnerdraht und Dachpappe. Sie konnte auch andere gute Sachen riechen, Ananas, Apfelsinen und verschiedene Gemüsesorten. Außerdem bemerkte sie, daß es an diesem Abend ungewöhnlich ruhig im Lager war. Es waren weder Stimmen noch der starke, aufdringliche Geruch von Menschen wahrzunehmen. Sie hörte auf zu fressen und gab ein sanftes Kollern von sich. Tania antwortete mit ihrem unverkennbaren, langgezogenen Kollern, aber sie blieb zwischen den Palmen. Teddy, Tonie und Tilly antworteten ebenfalls und gingen zu Tuskless hinüber.

Diese vier Tiere, sowie Tuskless' zweieinhalbjähriges Kalb, näherten sich langsam, mit nach vorn gestreckten Rüsseln der Küche. Sie kamen bis auf

ein paar Meter heran, hielten an und lauschten. Immer noch gab es keine menschlichen Geräusche. Tuskless streckte ihren Rüssel aus und befühlte die Außenwand der Küche. Sie schlang den Rüssel um einen Sisalpfahl und riß ihn mit einem Ruck heraus. Aus keinem der Zelte kam jemand, um sie fortzujagen. Die anderen Tiere zogen nun ebenfalls an den Pfählen und Drähten. Schnell hatte Tuskless ein beachtliches Loch in eine der Küchenwände gerissen. Sie streckte ihren Rüssel hinein und versuchte, die Bananen zu ertasten. Aber die befanden sich auf der gegenüberliegenden Seite der Küche, und ein Tisch und ein Schrank waren im Wege. Tuskless wurde ungeduldig, lehnte ihren Kopf an die Wand und drückte dagegen. Die Hütte schwankte, dann brach sie zur Seite weg. Dadurch wurde die Lage jedoch nicht besser, denn die Bananen lagen nun unter der umgestürzten Wand und dem Dach. Aber Tuskless ließ sich nicht entmutigen. Sie ging zur anderen Seite herum, die noch einigermaßen unversehrt war, und versuchte, sich dort einen Weg durch die Wand zu erzwingen. Sobald sie ihren Kopf im Innern hatte, begann sie, alles herauszuziehen, umzustoßen und aufzumachen. Sie sammelte so viele Nahrungsmittel ein, wie in der kurzen Zeit überhaupt nur erreichbar waren.
Die anderen Familienmitglieder drängten sich in ihre Nähe, um ebenfalls so viel wie möglich abzukriegen. Das Kalb hatte es besonders gut, denn es konnte sich unter dem zusammengefallenen Dach hineinzwängen und Köstlichkeiten erreichen, an die die anderen nicht herankamen. Nur Tania und ihr Kalb blieben weiterhin am Rande des Lagers, weigerten sich, an dem Festmahl teilzunehmen, und fraßen von dem natürlichen Pflanzenbewuchs.
Zuerst waren natürlich die Bananen an der Reihe, dann kamen Ananas, Apfelsinen, Mangos und Papayas dran. Diese Früchte, sogar die großen Ananas, konnten im Ganzen in den Mund gesteckt und zwischen den riesigen mahlenden Backenzähnen zerquetscht werden, so daß der Saft nur so spritzte. Es war beinahe ekstatisch. Schließlich machten sie sich über Möhren, Kartoffeln, Tomaten, Zwiebeln, Salat, Kohl, Blumenkohl, Gurken, Avocados, Bohnen, Zucchinis und Auberginen her. Das meiste Obst und Gemüse war in Blechkanistern verstaut, aber die stellen für einen Elefanten kein Problem dar. Die Blechkanister wurden hochgehoben, umgedreht und, wenn nötig, noch ein bißchen mit den Füßen bearbeitet, bis sie ihren Inhalt freigaben.
Als sie mit den Frischprodukten fertig waren, begann Tuskless, nach

anderen Delikatessen zu suchen. In einem Holzschrank roch sie Brot, Kekse und Cracker. Er wurde umgestoßen und aufgebrochen. Schnell wurde das Brot herausgeholt, und dann wurden die Kekse und Cracker verzehrt, mitsamt den Schachteln und Plastiktüten. Als nächstes wurden ein kleiner Camping-Kühlschrank und eine Kühlbox zerquetscht, aber sie enthielten nichts Interessantes. Ein weiterer Schrank, mit Gläsern und Tellern darin, wurde zur Seite gekippt. Zu den Trümmern auf dem schmutzigen Küchenfußboden kamen nun noch Scherben hinzu. Tuskless nahm sich den Kühlschrank vor, zerrte ihn von seinem Platz und kippte ihn um, so daß er von seiner Gasflasche abgetrennt wurde. Aus der herabbaumelnden Leitung strömte giftiges Propangas aus und verursachte ein Geräusch und einen Geruch, die weniger selbstbewußte Elefanten bestimmt verjagt hätten.

Gerade als Tuskless und Teddy den dritten Schrank in Angriff nahmen, der Marmelade und Gewürze enthielt, hörten sie den Motor eines sich nähernden Autos. Kurz darauf bogen Scheinwerfer um eine Palmengruppe am Eingang der Lichtung und warfen ihr helles Licht auf die fünf Elefanten im Chaos der völlig zerstörten Küche. Das Fahrzeug blieb nur einen Moment stehen, dann heulte der Motor auf, und das Auto fuhr auf die Tiere zu. Jeder Elefant ergriff noch einen letzten Rüsselvoll, dann gingen sie rückwärts oder kehrten um und verließen widerwillig das Festmahl. Tuskless hielt die Stellung noch ein wenig länger als die anderen, aber das Fahrzeug kam direkt auf sie zu und machte laute Motorengeräusche. Daraufhin zog auch sie von dannen, hielt noch einen Spaghettipackung im Rüssel und kaute auf einer Papiertüte mit einem halben Pfund Knoblauch.

Wenn ich heute die Augen schließe, ist mir jene verheerende Szene noch immer gegenwärtig, als ich damals um die Ecke ins Camp bog und die Scheinwerfer etwas beleuchteten, das einmal unsere Küche gewesen war. Es war am 4. November, ungefähr zwei bis drei Jahre vor den anderen Ereignissen dieses Kapitels. Aber für mich war es der Beginn einer neuen Einstellung einigen Elefanten gegenüber und einer neuen Form des Zusammenlebens mit ihnen im Camp.

An diesem Abend war ich mit Phyllis, meiner Mitbewohnerin im Lager, und mit Warren und Genny Garst, Filmemachern von der World Kingdom-Fernsehsendung, zusammen, die sich bei uns aufhielten, um Phyllis' Arbeit mit den Grünen Meerkatzen zu filmen (ein Jahr zuvor hatten sie eine Sendung über das Elefantenprojekt gemacht). Als ich die Elefanten sah, hatte ich keine andere Wahl, als direkt auf sie zuzufahren. Sie kannten meinen Landrover und wußten, daß ich sie so lange bedrängen würde, bis sie abzogen. Natürlich würde ich niemals einen Elefanten anfahren, aber ich würde mich ihm bis auf ein paar Meter nähern; und dies wäre genug, um ihn in Bewegung zu bringen.

Sobald die Elefanten das Feld geräumt hatten, stieg ich schnell aus meinem Landrover und kroch, da ich hören und riechen konnte, daß Gas ausströmte, in die Küche. Ich fand die Gasflasche und entfernte den Regler, um das Ventil zu schließen. Später dachte ich daran, wie schrecklich es gewesen wäre, wenn ein Funke das Gas entzündet hätte, als die Elefanten noch da waren. Die baufällige Küche wäre in wenigen Sekunden in Flammen aufgegangen.

Sosehr ich mich auch über Tuskless und ihre »Bande« ärgerte, so wollte ich doch nicht, daß sie verletzt oder getötet würden. Überhaupt gab ich mir selbst die meiste Schuld für das, was in jener Nacht geschehen war. Tuskless war durch das ungewöhnliche Zusammentreffen verschiedener Umstände dazu verleitet worden, in unsere Küche zu kommen. Zunächst, und das war wahrscheinlich am wichtigsten, war Masaku, mein Koch und Lagerhelfer, am 3. November für fünf Tage in Urlaub gegangen. Am selben Tag kam Phyllis von einer Reise nach Nairobi zurück und brachte große Mengen von Nahrungsmitteln, Fleisch, Gemüse und frischem Obst, einschließlich einiger überreifer Bananen, mit denen sie Bananenbrot zubereiten wollte, mit. Am nächsten Tag kamen die Garst's mit einer weiteren riesigen Lebensmittelfuhre an. Da es ihr erster Abend hier war und Masaku fort war, luden sie uns zum Abendessen in eine der Lodges ein. Wir hatten freudig angenommen.

Früher hatten wir das Camp bei vielen Gelegenheiten unbeaufsichtigt gelassen. Zwei Jahre zuvor waren einmal Elefanten in die Küche eingebrochen, als niemand im Lager war. Es kann, aber muß nicht Tuskless gewesen sein; damals waren auch einige Bullen in der Nähe, die Camps plünderten. Sie hatten eine Ecke eingeschlagen, einen Blechkanister herausgezerrt, ihn ziemlich übel eingedrückt und den Inhalt gegessen. Der Kanister hatte offen dagestanden. Danach haben wir Lebensmittel immer sorgfältig verstaut und alle Behälter verschlossen, um die verführerischen Düfte zu reduzieren, und wir waren nicht wieder geplündert worden. Am Abend dieses 4. November hatten wir alle Lebensmittel verstaut, aber es war so viel, daß wir kaum die Kanister schließen konnten.

Einige der von Warren und Genny mitgebrachten Lebensmittel hatten wir sogar in ihrem Toyota eingeschlossen, damit sie nicht offen in der Küche standen. Am frühen Abend hatten wir gesehen, wie Tuskless mit der allgemeinen Marschrichtung auf unser Camp zu den Longinye verließ. Wir hätten mißtrauisch sein müssen.

Tuskless war in der zweiten Hälfte des Jahres 1978 eine schlimme Plünderin geworden. Sie und ihre Gruppe unternahmen Beutezüge in bis zu drei oder vier Camps pro Tag und oft auch in der Nacht. Unser Lager überprüfte sie beinahe täglich, aber wenn sie sich allzu interessiert zeigte, wurde sie von Masaku fortgejagt. Obwohl er nur ein Auge hatte, konnte er leere Weinflaschen unverschämt genau werfen. Die Flaschen taten den Tieren zwar nicht weh, aber Tuskless mochte es dennoch nicht, wenn eine zwischen ihren Augen landete. Im allgemeinen brauchte Masaku nur aus seinem Zelt herauszukommen, und die Tiere gingen gleichgültig fressend davon, so als ob sie gar nicht wüßten, daß es im Camp eine Küche gab. Wir dachten, daß wir zu einer gewissen Übereinkunft mit Tuskless gekommen wären; dies war aber offensichtlich nicht der Fall. Tuskless hatte nur auf ihre Chance gewartet.

Und wie wurde sie belohnt! Mit Ausnahme dessen, was im Toyota war, hatten sie und die anderen alle unsere frischen Lebensmittel und das meiste unserer Grundnahrungsmittel aufgefressen. Und was sie nicht gefressen hatten, hatten sie weitgehend zerstört. Es war ein schreckliches Durcheinander. Wir begannen sofort mit den Aufräumungsarbeiten. Am Ende stellten wir den Kühlschrank und einen Schrank mit den übriggebliebenen Nahrungsmitteln sicherheitshalber in ein geschlossenes Fahrzeug, falls die Elefanten sich entscheiden sollten, zurückzukommen.

Als wir am nächsten Morgen erwachten, konnten wie die Trümmer in ihrer ganzen Herrlichkeit betrachten. Es sah bei Tageslicht noch schlimmer aus. Ich glaube, Phyllis und ich waren am ärgerlichsten darüber, daß die Elefanten auch eine volle Flasche Scotch zerbrochen hatten, die Phyllis gerade für das Camp gekauft hatte. Es war ein Luxus, mit dem wir uns manchmal selbst belohnten, den wir uns aber nur selten leisten konnten. Unglücklich war ich vor allem über meinen zermalmten Camping-Kühlschrank, den ich seit mehreren Jahren besaß und an dem ich sehr gehangen hatte.

Warren und Genny packten mit an und halfen uns beim Saubermachen und Reparieren. Nachdem wir alles vorläufig sortiert hatten, fuhren Phyllis und ich zum Park-Hauptquartier in Ol Tukai hinüber und nahmen drei Fundis (Kisuaheli für Facharbeiter, in diesem Falle Zimmerleute) mit, die uns helfen sollten, die Küche wieder aufzubauen. Sie rissen alles ab und fingen ganz von vorn an. Wir arbeiteten hart und hatten die Küche bis zur Dämmerung fertig. Es gab darin zwar kaum Nahrungsmittel, aber wir konnten wenigstens den Kühlschrank aufstellen, das Wenige, was wir noch besaßen, verstauen und etwas zum Abendessen kochen.

Seit jenem Tag haben wir das Camp nie wieder länger als für die zehn Minuten unbeobachtet gelassen, die wir benötigten, um sonntags nach Ol Tukai und zurück zu fahren, wo wir Masaku morgens absetzten und abends wieder abholten. Jedesmal, wenn Masaku nicht da war, blieb einer von uns im Lager, um es zu bewachen. Aber selbst jetzt noch kam Tuskless mit ihrer Gruppe beinahe täglich, um im Camp oder in der Nähe zu fressen, die Lage auszuspionieren und verstohlen in die Richtung der Küche zu wittern. Wir wissen, daß sie wie der Blitz da sein wird, wenn wir die Bewachung lockern.

Hinter der Plünderung der Camps durch Tuskless und ihre Familie steckt die alte Geschichte von Menschen, die versuchen, mit wilden Tieren allzu vertraut zu werden. Es ist so ähnlich wie mit dem Bärenproblem in den Nationalparks der Vereinigten Staaten. Ironischerweise war ich gerade zwei Monate vor der Plünderung unserer Küche von dem damaligen Wildschutzbeamten Joe Kioko gebeten worden, einen Bericht über die Elefanten-Plünderungen zu schreiben und Vorschläge zu machen, wie dieses Problem entschärft werden könnte. Ich schrieb in meinem Bericht u. a.:

> »Um überhaupt Hoffnung auf eine Lösung des Problems zu haben, ist es notwendig, den Hintergrund zu verstehen. Ich glaube, daß das ganze Problem in der unsachgemäßen Abfallentsorgung liegt und noch erschwert wird durch eine zeitweilige, echte Anfütterung der Elefanten an der Amboseli-Lodge. Die Müllgruben der Amboseli Lodge und der Ol Tukai Bandas (kleiner Hütten für Selbstversorger) sind kaum mehr als kleine Bodenvertiefungen. Die TA-Familie ist eine der zentralen Gruppen in Amboseli, die tagsüber den Longinye-Sumpf und morgens und abends den Wald in Ol Tukai Orok nutzen. Ihr morgendlicher Weg nach Longinye führt nahe an der Abfallgrube der Amboseli-Lodge vorbei, und auf ihrer nächtlichen Route aus dem Sumpf heraus passieren sie die Abfallgrube der Bandas. Zu einem bestimmten Zeitpunkt, ich vermute etwa 1973, entdeckten einer oder mehrere der Elefanten dieser Familie, daß die Gerüche, die aus diesen Gruben kamen, von Nahrungsmitteln herrührten, die sie sehr wohlschmeckend fanden. Von

nun an gingen sie jedesmal, wenn sie dort vorbeikamen, zu derselben Stelle zurück und versuchten, noch mehr dieser neuen Nahrungsmittel zu finden. Ungefähr ein Jahr lang gingen sie nicht gezielt zum Müll, sondern untersuchten ihn nur, wenn sie in der Gegend waren. 1975 richtete die Amboseli-Lodge dann hinter dem Swimmingpool eine Fütterungsstation für Elefanten ein, wo schubkarrenweise Obst- und Gemüseabfälle aus der Küche abgeliefert wurden. Die Familien TA und TB und auch einige andere Familien gewöhnten sich fast unverzüglich an die Fütterungsstation; die anderen Gruppen besuchten sie nur, wenn sie zufällig dort vorbeigingen. Aber die Ts begannen bald, täglich mehrere Ausflüge zur Futterstelle zu unternehmen, und verließen sogar mitten am Tag den Longinye, um zur Lodge zu gehen. Im Jahre 1976 war die TA-Familie dann mit den Gerüchen menschlicher Nahrungsmittel so vertraut, daß sie sich nun auch von denselben Gerüchen auf den Campingplätzen angezogen fühlten.

Ende des Jahres 1976 war Torn Ear, die Leitkuh der TA-Familie, außerhalb des Parks von Wilderern getötet worden, und ihre Tochter Tuskless übernahm die uneingeschränkte Herrschaft über die Bewegungen ihrer Gruppe. Tania, die Leitkuh der eng mit den TAs verbundenen TB-Familie, war zwar viel älter, aber sie schien Tuskless nicht zu beeinflussen. Mit dem Verlust von Torn Ear verschlechterte sich die Situation deutlich. Tuskless und Teddy fingen an, die Camps noch viel häufiger zu plündern. Während der Wanderungen in der Regenzeit verließ die Familie zwar den Park, doch sobald die Trockenzeit begann, kam sie zur Lodge zurück.

Später, im Jahre 1977, war die Anfütterung der Elefanten bei der Lodge durch ministeriellen Erlaß unterbunden worden. Doch die Küchenabfälle wurden unglücklicherweise weiterhin in eine flache Vertiefung gebracht, welche die Elefanten ohne Schwierigkeiten erreichen konnten. Sie hielten sich einfach an die Abfallgruben und die Camps, nachdem die Fütterungsstation abgebaut worden war.«

Ich machte verschiedene Vorschläge; der erste und wichtigste war, daß die Müllplätze durch tiefe Gruben mit senkrechten Wänden elefantensicher gemacht und die Abfälle in diesen Gruben jeden Tag verbrannt werden sollten. Ich schlug auch vor, die Camper zu erziehen, sie über die Situation aufzuklären und sie um Mithilfe zu bitten, indem sie ihre Lebensmittel zumindest nachts in den Fahrzeugen einschließen sollten. Weiterhin regte ich an, daß die Elefanten durch Wildhüter mit Donnerschlägen und auch mit Lichtblitzen von den Campingplätzen vertrieben werden müßten, sobald der Müll außer Reichweite war. Ich endete mit der Schlußfolgerung:

»Das Wichtigste ist, daß den Elefanten, wenn sie (nach der nächsten Regenzeitwanderung) in den Park zurückkehren, keine Abfälle mehr zugänglich sind. Selbst wenn sie nur geringe Abfallmengen ergattern, wird dies für sie wie eine Belohnung dafür wirken, daß sie zurückgekommen sind und die Gegend durchsucht haben. Die Belohnung ist der Schlüssel dafür, wie sich ein Tier in seinem Lebensraum bewegt und nach Nahrung sucht. Ich glaube, daß sich Tuskless und Teddy durch eine starke negative Konditionierung bessern können. Das bedeutet, daß man Situationen schafft, in denen sie mit dem Versuch, ein Camp zu plündern, schlechte Erfahrungen verbinden. Es ist wichtig, sich vor Augen zu führen, daß diese Elefanten zum Überleben nicht auf die Abfälle angewiesen sind. Ein Elefant nimmt pro Tag etwa 300 Pfund Nahrung zu sich. Ich schätze, daß Tuskless, die am meisten bekommt, an guten Tagen nicht mehr als 20 Pfund Abfälle frißt. Das ist weniger als zehn Prozent ihres Nahrungsbedarfs. Es besteht also für die Tiere keine Notwendigkeit, Abfälle zu essen, aber sie empfinden sie als nahrhaft und wohlschmeckend, und deshalb verlassen sie ihre Wege, um danach zu suchen.
Ich empfehle keinesfalls, Tuskless zu töten, bevor nicht zuerst diese anderen Maßnahmen ausprobiert wurden. Durch den Tod von Tuskless würde das zugrunde liegende Problem ohnehin nicht gelöst werden. Andere Elefanten aus derselben Familie könnten die Plünderungen fortsetzen. Außerdem würde es nicht ausbleiben, daß auch andere Familien mit dem Müll vertraut werden, und dann müßten auch Mitglieder dieser Familien abgeschossen werden. In der Zwischenzeit aber wächst von Tag zu Tag das Risiko, daß ein Tourist getötet wird.«

Mein Bericht wurde dankbar angenommen, und zumindest eine der Maßnahmen wurde durchgeführt. Auf den Campingplätzen wurden Schilder aufgestellt, die die Leute darauf hinwiesen, daß sie ihre Nahrungsmittel in ihren Fahrzeugen einschließen sollten. Eine Zeitlang besserte sich die Lage. Die Abfallsituation allerdings wurde noch schlimmer. Es war für die Wildschutzbeamten ein Problem, daß Ol Tukai, die Gegend, in der die Hotels und die Selbstversorger-Bandas lagen, kein eigentliches Parkgebiet war, sondern zur regionalen Bezirksbehörde gehörte. Deswegen konnten die Parkangestellten nur vorschlagen, daß etwas mit dem Müll geschehen müsse, aber sie konnten selbst keine Veränderungen durchsetzen.
Im Jahre 1981 dann hatte sich das Elefantenproblem zugespitzt. Während die Lodges früher versucht hatten, die Elefanten für die Touristen anzulocken, waren sie nun besorgt wegen der Schäden, die die Elefanten

anrichteten. Die Elefanten fraßen von den Bäumen und Pflanzen rund um die Lodge, sie durchbrachen immer wieder einen Zaun und gelangten in den Küchenhof. In einer dunklen Nacht torkelte ein sturzbetrunkener Hotelangestellter auf dem Heimweg von der Kantine auf einen Elefanten zu, der ihm einen Stoßzahn in den Körper bohrte. Wie durch ein Wunder versuchte der Elefant nicht, den Schwerverletzten zu erledigen. Gott sei Dank hatte der Stoßzahn keine lebenswichtigen Organe verletzt, der Mann konnte nach zwei Monaten wieder arbeiten.

Ich weiß immer noch nicht, welcher Elefant den Mann verletzt hat. Möglicherweise war es Tania oder M76, ein neueres Mitglied der Mülltruppe; Tuskless, die Stoßzahnlose, kann es ja ganz offensichtlich nicht gewesen sein. Ich finde es nur erstaunlich, daß nicht schon früher jemand verletzt wurde. Tuskless und die anderen hatten im Laufe der Jahre jede nur denkbare Gelegenheit gehabt, Touristen und Lodge- und Parkangestellte anzugreifen und zu töten. Dabei waren sie auf jede nur vorstellbare Weise provoziert worden.

In den Camps und in der Nähe der Bandas und Lodges geschah es jeden Tag, daß man diese Elefanten anschrie, auf sie zulief und Gegenstände nach ihnen warf, und es gingen sogar Leute an sie heran und schlugen sie mit Stöcken oder Besen. Ein Elefant hätte nur mit dem Rüssel ausholen müssen, und der Betreffende wäre tot gewesen.

Elefanten sind unvorstellbar stark. In Amboseli und der näheren Umgebung töten sie manchmal Massai-Rinder. Sie machen das nicht etwa, indem sie eine Kuh umstoßen und mit den Stoßzähnen durchbohren, sondern sie töten eine Kuh (so ein Tier wiegt bis zu 500 Kilo) durch einen einzigen Schlag mit dem Rüssel. Man bedenke, was das bei einem Menschen mit nur 75 Kilo Gewicht anrichten würde. Und doch sind Tuskless und die anderen bei jedem einzelnen Vorfall, den ich bezeugen kann, immer ausgewichen, um zu vermeiden, daß ein Mensch verletzt wird. Manchmal war es für sie tatsächlich schwierig, nicht auf irgend jemanden zu treten oder jemanden umzurennen, doch sie machten jedesmal einen Bogen oder wichen schnell zurück.

Manchmal konnten solche Begegnungen amüsant sein, allerdings erst, nachdem sie vorbei waren. Bei der Lodge mit der Futterstation hatte der Manager am Rande des Rasens eine Linie aus weiß angemalten Steinen markieren lassen. Die Fütterungsstation befand sich nur etwa fünfzehn Meter dahinter. Es wurde ein Schild aufgestellt, daß es verboten sei, diese Linie zu übertreten. Sobald also die Elefanten kamen, griffen die folgsa-

1

2

)er große Elefant mit der V-förmigen Kerbe im rechten Ohr ist Torn Ear, die Leitkuh
ΓA-Familie.
3ei Torn Ear sahen wir diese stoßzahnlose junge Kuh im Alter von etwa elf Jahren.

3

3 Die Kuh mit den aufwärts gebogenen Stoßzähnen und dem Schlitz im rechten Oh nannten wir Slit Ear.

4 Am Ende der Gruppe befand sich eine uralte, aber ungeheuer würdevolle Elefantenkuh mit geraden Stoßzähnen. Sie wurde Teresia genannt.

5

5 Tina, die etwa elf jährige Tochter von Teresia, wurde leide nur vierzehn Jahre a

7

Ein sehr »gutaussehendes« weibliches Tier,
s wir Tania nannten, hatte das jüngste Kalb in
r Gruppe. Das männliche Jungtier, das meh-
re Jahre später den Namen Toby bekam, war
st wenige Monate alt.

7 Die junge Kuh mit den großen V-förmigen Kerben in beiden Ohren bekam den Namen Tallulah.

Diese »hübsche« junge erwachsene Kuh, die wir Tia nannten, hat ein lustiges Kälbchen bei sich,
s links einen richtigen Stoßzahn und rechts nur einen winzigen Stummel hatte. Wir gaben ihm
shalb den Namen Right Fang.

8

9

10

11

9–11 Mitglieder der T-Familie treffen sich in Longinye. Es findet eine intensive Begrüßungszeremonie statt. Sie kollern, harnen und schlingen die Rüssel umeinander.

13

12 M13 – Iain –, ein großer Bulle in Musth, schlendert zu einer Kuh, die im Östrus ist, hinüber. Er hält den Kopf hoch erhoben und wedelt mit den Ohren, um jüngere Bullen auszustechen.

13 M13 bleibt stehen und testet den Urin einer Kuh, indem er ihn mit dem Rüssel berührt und beriecht. Dann steckt er den Rüssel in den Mund, um den Hormongehalt zu testen.

14 Da er das Ergebnis interessant findet, macht er sich auf den Weg und verfolgt die Kuh.

15

Joyce, die in unserem Team mitarbeitet, folgt in ihrem Landrover dem Musthbullen Iain.
t der größte Bulle der Population.

16

17

16 Eine junge Kuh begrüßt ein kleines Kalb aus einer anderen Familie.
17 Sanfte Begrüßung zweier Jungbullen vor dem Übungskampf.

18 Zwei männliche Kälber beim Herumtollen: Ihr Lieblingsspiel besteht darin, auf einen schlafenden Gefährten zu klettern.

18

Das untere Jungtier rich-
: sich strampelnd auf, um das
dere loszuwerden …

19

20 … es müht sich ab, um zum Stehen zu kommen …

… dann wendet es sich
n anderen zu, um dessen
rausforderung anzuneh-
n.

21

22

23

: Estella mit ihren
villingskälbern
:lipse und Equinox,
e im Juni 1980 zur
elt kamen.

:–24 Die ältere
:hwester hilft einem
rschlafenen Kalb auf
e Beine, als es Zeit ist
r die Familie weiter-
ziehen.

Wes inspiziert den
naden, nachdem
fanten die Küche
plündert haben.

25

Die Autorin, Masaku
der Kater
shi«.

26

27 Ein Elefant kurz vor dem Tode. Er ist gespeert worden und hat eine Blutvergiftung bekommen.

28 Eine Elefantenkuh, die von den Massai gespeert wurde, trug den Speer ein Jahr lang am Kopf, bevor sie den lästigen Fremdkörper los wurde. Heute geht es dem Tier wieder gut.

29 Diese junge Kuh, von Massaikriegern gespeert, hat den Angriff nicht überlebt. Wildhüter haben den Leichnam geöffnet, damit die Löwen leichter davon fressen können.

Geier stürzen sich auf einen toten
efanten.

31

Agatha von der AA-Familie berührt den nädel ihrer Mutter Annabelle und bewegt ihn ıft hin und her. Obwohl Annabelle schon seit ehreren Jahren tot ist, sucht Agatha häufig se Stelle auf.

32

Elefanten untersuchen unweigerlich den Leichnam oder das Skelett eines toten Artgenossen, nn sie das erste Mal darauf stoßen. Hier werden die Knochen eines Elefanten, der im Park starb, den Mitgliedern seiner Familie berührt, gestreichelt und bewegt. Die Kuh auf der rechten Seite ft gerade einen Knochen in die Luft.

33 Teresia mit 58 Jahren.

34 Teresia im Alter von 51 Jahren mit ihrem zweijährigen Sohn Tolstoi.

35 Tolstoi mit 15 Jahren.

33

34

35

36 Slit Ear, 37, mit ihrer sechsjährigen Tochter Tara.

37 Slit Ear im Alter von 50 Jahren, kurz nachdem ihr der Zahn abgebrochen ist. Ihr C'83-Kalb kuschelt sich an sie.

38 Tara mit 19 Jahren.

36

38

39

39 Tess im Alter von 10 Jahren.

40

40 Tess als 23jährig

43 Tuskless als 13jährige.

Right Fang mit
ahren.

41

Right Fang als
ähriger.

42

44 Tuskless im Alter von 24 Jahren.

45  

45 Teddy als 7jähriger.

46 Teddy mit 21 Jahren.

47 Die Autorin 1987 mit ihrem Landrover.

47 

men Touristen nach ihren Fotoapparaten und liefen genau bis zur weißen Linie. Aus irgendeinem Grunde, den ich nur schwerlich nachvollziehen kann, wähnten sie sich hinter den Steinen, die nur etwa fünfzehn Zentimeter hoch waren, in völliger Sicherheit. Die Elefanten fühlten sich manchmal irritiert durch die Touristen, und Tania zeigte eindeutig, daß sie die Leute mißbilligte, die dort standen und riefen und lachten. Oft schüttelte sie heftig den Kopf oder machte einen kurzen Scheinangriff, der die Touristen veranlaßte, schreiend zur Lodge zu laufen. Ihr Sohn Taabu war einer der schlimmsten Übeltäter. Als junger Bulle an der Schwelle zur Unabhängigkeit, hatte er den Kopf voller Flausen und Unfug. Manchmal kam er in einer ganz besonders schwungvollen Gangart von der Müllkippe zur Fütterungsstation herüber, und ich konnte erkennen, daß dies Ärger bedeutete. Oft trug er eine Plastik- oder Stofftasche, die er auf der Müllkippe gefunden hatte, und stellte sich dann vor sein Publikum und schleuderte die Tasche hin und her, hoch und runter, über den Kopf, gegen den Rücken und zwischen die Beine, bis er sie schließlich in die Luft warf. Manchmal senkte er auch den Kopf und griff die Leute an, und siehe da, er konnte tatsächlich auch über die Steine hinüber laufen. Eines Tages verlor Tania die Geduld und griff eine bedauernswerte Touristin an, die zur Lodge zurückrannte, jedoch auf halber Strecke auf dem Rasen hinfiel. Tania, die nur etwa einen Meter hinter ihr war, bremste schliddernd und stand dann hoch über der Frau. Doch Tania wich zurück, kehrte um und schlenderte über die Steine zurück zu ihrer Familie. Sie hätte die Frau leicht töten können, aber aus irgendeinem Grund wollte sie das nicht; dabei hatte sie beträchtliche Energie aufwenden müssen, um es zu unterlassen. Die Familien der TA und der TB hatten jeden Tag Begegnungen mit Menschen, und dennoch ist mit Ausnahme des betrunkenen Zimmerkellners nie jemand angerührt worden.

Die Geschäftsführung der Lodge begriff schließlich, daß sie ein ernsthaftes Problem hatte. Nachdem sie die Fütterungsstation hatte abbauen lassen und hinter der Linie aus Steinen nur noch ein Wasserloch geblieben war, beauftragte sie einen Fachmann, einen elefantensicheren Zaun um die Abfallgrube herum zu errichten. Zunächst baute er einen Zaun aus Eisenbahnschwellen, starken Pfählen und dicken Tauen. Die Elefanten spazierten einfach hindurch. Er probierte es mit einer anderen Konstruktion – die Elefanten spazierten ebenfalls hindurch. Schließlich benutzte der Mann dickere Pfähle und dickere Taue und zementierte die schweren Bahnschwellen tief im Boden ein. Er war überzeugt, daß dies ein elefantensicherer Zaun sei. Der Tag der Fertigstellung kam. Der Hotelmanager und andere Angestellte bauten sich auf, um zuzusehen, und der Zaun-Konstrukteur hielt seine Kamera schußbereit. Tuskless, Tania und die anderen erschienen zur gewohnten Zeit bei der Abfallgrube. Sie sahen den neuen Zaun, hielten an, streckten die Rüssel aus und witterten. Sie verweilten ein wenig, dann hob Tuskless den Fuß, stellte ihn auf ein straff gespanntes Tau, drückte es hinunter, und ein Eckpfosten löste sich aus der Erde. Dann stieß sie den Zaun wie nichts um und spazierte schnurstracks hinein. Die anderen Tiere folgten ihr schnell. Tuskless war damals noch keine zwanzig und wog nicht mehr als 2500 Kilo. Es ist wunderbar, sich auszumalen, was ein großer, ausgewachsener Bulle mit einem Gewicht von 6000 Kilo angerichtet haben würde. Nach diesem Vorfall gab der Konstrukteur eine Zeitlang auf. Schließlich versuchte er es mit einem Elektrozaun, der sich als weitaus wirksamer erwies.

Ich kann mir nicht helfen, aber ich liebe und bewundere Tuskless. Sie ist klug und tapfer, mutig und erfinderisch, und gleichzeitig scheint sie eines der gutherzigsten Tiere zu sein, das ich kenne. Ich kann ihr niemals wirklich böse sein, ganz egal wie schlimm sie und die anderen sich auch manchmal benehmen. Ich finde es schön, wenn sie mitten im Camp sind, sogar direkt neben meinem Zelt, so lange sie sich von dem Gras und den Palmen ernähren. Die TAs und TBs sind mit den Jahren unsere Campgefährten geworden. Sie sind immer noch wilde Tiere, aber wir akzeptieren uns gegenseitig, und es besteht ein gewisses Einverständnis darüber, was gestattet ist und was nicht.

Zum Glück für alle, für die Elefanten, für mich (und meine Untersuchung), für die Parkbehörden und für die Lodge-Angestellten wurden keine weiteren Familienverbände zu Abfallplünderern. Die TCs und TDs sowie auch die EAs und EBs waren zwar manchmal ebenfalls zur Fütterungsstelle gegangen, aber nachdem diese abgebaut worden war, durchsuchten sie weder die Müllkippen noch die Camps. Alle anderen Elefanten in der Population ernährten sich von dem natürlichen Pflanzenbewuchs, und sie streiften durch den Park, wie es ihrem normalen Verhaltensmuster bei der Futtersuche entsprach. Nur M76 und M82, zwei Bullen aus anderen Familien, wandten sich weiter den Abfällen zu. M82 war friedlich, aber M76 konnte manchmal sehr gefährlich und hartnäckig sein.

So war es dann auch M76, der anfing, Autos zu »knacken«, um an die Nahrungsmittel im Inneren zu gelangen. Morgens erschienen zornige

Camper an der Bürotür des Wildschutzbeamten Bob Oguya (Bob war 1978 an die Stelle von Joe Kioko gerückt) und zeigten ihm eingedrückte Kofferräume, verbeulte Türen und kaputte Fenster. Bob schickte Wildhüter zu den Zeltplätzen, die über die Köpfe der Elefanten hinwegfeuerten und Donnerschläge nach ihnen warfen, aber das zeigte praktisch keine Wirkung. Nach einiger Zeit dachte sogar ich, daß man nun erwägen müsse, M76 zu erschießen. Er war ganz anders als Tuskless, und ich meinte, er könnte jemanden verletzen oder gar töten.

Eine Lösung des Problems bei den Zeltplätzen ergab sich auf Umwegen. Als Amboseli in einen Nationalpark umgewandelt worden war, wurde beschlossen, die öffentlichen Zeltplätze eben außerhalb des Parks auf einer Gemeinschaftsviehfarm der Massai anzulegen. Dadurch könnten die Massai die Campinggebühren kassieren und an Einnahmen aus dem Tourismus teilhaben. Der Ältestenrat der Massai allerdings, der aus sehr konservativen Leuten bestand, mißtraute diesem Plan, der ihnen – so befürchteten sie – noch mehr Land wegnehmen würde. Die jüngeren, gebildeten Massai-Angestellten der Gemeinschaftsviehfarm brauchten lange, um die Ältesten zu überzeugen, daß die Farm durch diesen Plan Geld einnehmen würde. Schließlich stimmten sie zu, und nach einer weiteren erheblichen Verspätung durch die Entscheidung, wo die Zeltplätze liegen sollten, wurde der öffentliche Zeltplatz im Juni 1982 eröffnet. Die Ältesten wollten nicht, daß an der Stelle Bäume standen, denn dann hätten sie ihre Ziegen nicht dorthin bringen können, um sie von den Akazienschoten fressen zu lassen; schließlich rodeten sie ein Gebiet im *Acacia tortilis*-Wald an der südwestlichen Parkgrenze für den Zeltplatz und errichteten einige Latrinen und ein Häuschen für den Aufseher.

Die Parkbehörde gestattete freundlicherweise, daß mein Forschungscamp blieb, wo es war. Aber alle öffentlichen Zeltplätze in unserer Nähe wurden geschlossen. Ich war ein wenig besorgt, daß Tuskless, ohne leichte Beute in der Nähe, nun mein Camp plündern würde, doch das geschah nicht. Auch den neuen Zeltplatz suchte sie nicht auf. Er lag weit außerhalb ihres Trockenzeitgebietes, und ihr blieben ja auf jeden Fall noch die Abfallgruben bei den Lodges. Damit war das Zeltplatzproblem gelöst, aber das Verhalten der TAs, TBs und von M76 und M82 blieb weiterhin lästig.

Ohne die anderen Camper in der Nähe war es in der Umgebung meines Camps erfreulich ruhig und still – eine Oase im trockenen, staubigen Amboseli, ein kühler Ort der Entspannung nach der Rückkehr von einem heißen Tag im Feld. Neben den Elefanten selbst ist es dieses Camp, das mich bei meiner Arbeit so glücklich macht.

Den Platz für das Lager hatte ich im August 1975 ausgewählt. Das Gebiet lag ein gutes Stück hinter den anderen Zeltplätzen. Ein zwischen Baumgruppen aus *Acacia xanthophloea* und *Phoenix reclinata*-Palmen gewundener Weg führte dorthin. Wenn man um die letzte Palmengruppe bog, lag vor einem eine große Lichtung, die dicht mit *Cynodon dactylon*-Gras bewachsen und an der westlichen und östlichen Seite von weiteren Palmen und Akazien gesäumt war. In der Mitte der Lichtung standen drei riesige, alte Fieberakazien, die fast das ganze Gebiet beschatteten. Im Norden lag eine weitere Lichtung, die ebenfalls von Akazien und Palmen umstanden war, und im Süden war eine langgezogene, grüne Wiese, an deren Ende ebenfalls große Bäume in den Himmel ragten. Dahinter erhob sich majestätisch der Kilimandscharo. Es war und ist ein Anblick, der mein Herz höher schlagen läßt.

Als ich 1975 von der African Wildlife Foundation ein Stipendium erhielt, um meine Studien fortzusetzen, zog ich die verschiedenen Unterbringungsmöglichkeiten in Amboseli in Betracht. Während der Teilzeituntersuchung hatte ich entweder in Jonahs' Haus oder in den Ol Tukai-Bandas gewohnt. Jonah's Haus stand nicht mehr zur Verfügung, da er nun selbst mehr Zeit in Amboseli zubrachte, und die Bandas sagten mir nicht zu, weil es dort sehr bevölkert und unruhig ist. Ich wollte ein ständiges Lager im Park errichten. Ich hatte schon einige Zeit in Amboseli verbracht und machte mir keine Sorgen, allein zu leben, obwohl zwei Jahre zuvor Melanie Fuller, eine befreundete Wissenschaftlerin, in Amboseli ums Leben gekommen war (wahrscheinlich ist sie von einem Löwen getötet worden).

Ich hatte tatsächlich schon 1974 den Versuch unternommen, mit der Einsamkeit und dem möglichen »Geist« meiner Freundin Melanie fertig zu werden: Ich war zwei Wochen in Jonah's Haus gewesen, ohne daß jemand im Park war, den ich kannte. Ich war einsam gewesen und hatte oft nicht zur Arbeit hinausfahren können; denn es war der Höhepunkt der Regenzeit, und mein kleiner Renault 4 wäre unweigerlich steckengeblieben. Der Tod von Melanie, die auch in Jonah's Haus gelebt hatte, machte mich betroffen und traurig, aber er schreckte und verfolgte mich nicht. Ich verbrachte jene Zeit in Amboseli mit der Arbeit an meinem Buch und mit der Identifikationskartei der Elefanten. Ich fütterte die Vögel mit Brotkrumen und redete mit ihnen. In einer Nacht, nachdem mir mit

Ausnahme eines Mannes, der nach der Gaspumpe gesehen hatte, zehn Tage lang niemand zu Gesicht gekommen war, hatte ich einen vielsagenden Traum: Ein offenes Auto näherte sich dem Haus. Auf dem Beifahrersitz saß eine sprechende Attrappe aus Holz. Ich war höchst erfreut und völlig zufrieden damit, eine Attrappe zu bekommen. Es schien alles zu sein, was ich mir wünschte.

Ich weiß nicht, ob dieser Traum nun bewiesen hat, daß ich allein leben kann oder nicht. Auf jeden Fall war ich – wie sich später herausstellte – in Amboseli nur selten allein. Zur gleichen Zeit, als ich ein Camp in Amboseli errichten wollte, begann Wesley Henry, ein Doktorand von der Colorado State University, eine Untersuchung über die Auswirkungen des Tourismus und über das Verhalten der Safari-Reisenden. Wes war ein großer, bebrillter und sehr ernsthafter junger Mann. Ich bin nicht sicher, was er von mir dachte, aber wir beschlossen, uns zusammenzutun und gemeinsam ein Camp zu errichten. Er mochte den Platz, den ich ausgewählt hatte, und am 12. September 1975 bauten wir unsere Zelte auf.

Im Laufe der Jahre ist das Camp gewachsen. Anfangs hatten wir nur zwei Zelte: Wes' großes Eureka-Segeltuchzelt (ca. 3 m x 4,80 m) mit zwei Räumen und mein mittelgroßes Segeltuchzelt (ca. 3 m × 3 m) aus einheimischer Produktion. Das Zelt von Wes stellten wir in der Mitte der Lichtung unter den drei großen Bäumen auf. Wes benutzte einen der Räume seines Zeltes als Schlaf- und Arbeitsbereich, die andere Seite benutzten wir gemeinsam als Küche und Eßraum. Mein Zelt, das unter einem anderen Baum am Südende unserer Lichtung mit Blick auf den Berg aufgestellt war, diente mir als kombinierter Schlaf- und Arbeitsraum. Darin standen ein kleines Feldbett aus Metall, ein Tisch mit einem Stuhl zum Arbeiten, ein Schrank für Kleidung sowie verschiedene Holzkästen, um darin andere Sachen unterzubringen. Wes hatte einen VW-Campingwagen, in dem er auch seine Kleidung und sein Forschungsmaterial aufbewahrte.

Wes steuerte einen Kühlschrank aus seinem Campingauto bei und ich einen zweiflammigen Herd (beide wurden mit einer Gasflasche betrieben), einen runden Eßtisch mit vier herkömmlichen Campingstühlen aus Holz und Segeltuch und einen großen Sisalteppich. Wes erwies sich als ein ziemlich guter Koch, und er hatte auch Spaß daran, Sachen zu bauen und im Camp zu arbeiten. Sein erstes Projekt war eine genial konstruierte Dusche. Über einer Feuerstelle wurde eine 44-Gallonentonne angebracht, um das Wasser zu heizen. In die Tonne wurde ein Rohr mit einem Hahn und einem Druckventil geschweißt. An dem Rohr wurde ein Schlauch befestigt, der nach oben zu einem Duscheimer führte. Dieser hing an einem Holzgestell, das über einem großen, mit Holzplanken bedeckten Loch im Boden errichtet war. Sobald man das Wasser mit Hilfe von Feuerholz erhitzte, baute sich in der Tonne Druck auf. Mittels einer Fußpumpe konnte man über das Ventil zusätzlichen Druck erzeugen. Wenn der Druck einen bestimmten Punkt erreicht hatte, stieg das heiße Wasser durch den Schlauch hoch in den Eimer. In der Anfangszeit hatten wir als Sichtschutz nur ein wenig Stoff, der an einem Rahmen befestigt war. Später bauten wir dann aus Sisalpfählen eine solidere Duschkabine. Im Camp war bereits ein »Plumpsklo« vorhanden, das, weit weg von den Zelten, sehr nett in einer Palmengruppe gelegen war. Es befand sich allerdings in einem schrecklich kaputten Zustand. Im Prinzip war es ein großes, tiefes Loch, über dessen Öffnung man einige gefährlich schwankende, morsche Bretter gelegt hatte. Der Überbau war schon vor Jahren zusammengebrochen. Die Benutzung des *Choo,* wie Toilette auf Kisuaheli heißt, war vermutlich unsere abenteuerlichste Unternehmung in jenem ersten Monat. Der Versuch, auf einem morschen Balken zu balancieren, gleichzeitig einige Palmwedel als Sichtschutz vor sich zu halten und dabei nicht daran zu denken, was passieren könnte, wenn der Balken bricht, machte das Choo zu einem Bestandteil des Camps, von dem ich mich nur allzu gerne sobald wie möglich trennen wollte. Das Choo wiederherzustellen, hatte erste Priorität. Wir ließen einige *Fundis* aus Ol Tukai kommen. Sie bauten ein neues Häuschen und verstärkten den Boden, aber die alten Balken blieben uns erhalten; erst 1978 ließen wir einen Zementboden machen.

Wir hatten das nicht eher gemacht, da wir uns innerhalb des Parks befanden und deswegen keine dauerhaften Gebäude errichten durften. Das Camp mußte einfach abzubauen sein und sollte entfernt werden können, ohne daß irgendwelche Einrichtungen zurückblieben. Wir stimmten mit dieser Politik völlig überein. Daß wir einige Jahre später trotzdem einen Zementboden in unserem Choo bekamen, hat mit dem Besuch des für die Bauarbeiten zuständigen Wildschutzbeamten zu tun. Phyllis und ich hatten ihn zum Tee eingeladen. Irgendwann fragte er, ob er unser Choo benutzen dürfe. Als er zurückkam, sah er etwas erschüttert aus und meinte, daß es gefährlich sei, ein Choo mit solchen Balken zu benutzen. Schon am nächsten Tag schickte er seine Leute mit einem Sack Zement herüber. Danach hatten wir ein wunderschönes Choo, das uns mit ungeheurem Stolz erfüllte und auf das wir unsere Gäste schicken konnten, ohne daß wir uns Sorgen darüber machen mußten, ob sie zurückkamen.

Im ersten Monat erledigten Wes und ich das Kochen, Waschen und Saubermachen noch allein. Aber wir hatten immer vor, einen Camparbeiter und -koch einzustellen, der das Lager beaufsichtigte und den größten Teil der zeitraubenden Hausarbeit erledigte, damit wir für unsere Feldforschung frei wären. Alte Ostafrika-Hasen haben verschiedene Theorien darüber, wie man einen zuverlässigen Angestellten findet. Einige meinen, es sei das Beste, jemanden mit guten Referenzen von außerhalb zu holen; andere meinen, es sei besser, jemanden, der schon am selben Ort arbeitet, zu bitten, einen Freund oder Verwandten zu empfehlen. Ich neige eher der letzteren Theorie zu, weil ich glaube, daß es für einen Neuling angenehm ist, wenigstens einen Freund in der Gegend zu haben, und ich schätze, daß jemand, der einen guten Job hat, diesen nicht gefährden wird, indem er jemanden empfiehlt, dem er nicht vertrauen kann. Ich wandte mich an Joe Kioko, den Wildschutzbeamten von Amboseli und seine in Amerika geborene Frau Christina. Sie waren im Jahr zuvor nach Amboseli gezogen und gute Freunde von mir geworden, immer herzlich, gastfreundlich und hilfsbereit. Sie hatten wesentlich dazu beigetragen, meine ersten Jahre in Amboseli glücklich und geborgen zu machen.

Sie beschäftigten Maundu, einen sehr freundlichen älteren Mann vom Kamba-Stamm, der traditionsgemäß die meisten Gewehrträger, Spurenleser, Köche und Camparbeiter für Jagdsafari-Gesellschaften stellte. Wir fragten ihn, ob er jemanden wüßte, der kochen, saubermachen, waschen und bügeln kann und, das war das wichtigste, der willens war, umgeben von großen, gefährlichen, wilden Tieren im Busch zu leben. Er sagte, daß es bei ihm zu Hause jemanden gebe, der als Koch in einem Camp gearbeitet habe und zur Zeit ohne Arbeit sei. Ich gab Maundu etwas Geld, um am Wochenende nach Hause zu fahren und herauszufinden, ob er den Mann mitbringen könne. Sein Zuhause lag etwa 75 Meilen entfernt in der Nähe einer Stadt mit dem interessanten Namen Sultan Hamud.

Am Montag fuhren Wes und ich zum Haus der Kiokos, um zu erfahren, ob Maundu erfolgreich gewesen war. Er war ein wenig enttäuscht, weil der Mann, an den Maundu gedacht hatte, nur wenige Tage zuvor Arbeit gefunden hatte und nun unterwegs auf Safari war. Aber Maundu hatte einen anderen Mann mitgebracht, der vor einigen Jahren als Koch gearbeitet hatte. Ob wir ihn kennenlernen wollten? Wir stimmten zu. Maundu

ging zu seiner Unterkunft und kam wenige Minuten später zurück, gefolgt von einem winzigen, ausgesprochen böse aussehenden Mann, der nur ein Auge hatte und uns damit anstarrte. Wir begrüßten uns förmlich, er überreichte uns ein uraltes Blatt Papier mit vergilbten Rändern. Es war ein »Empfehlungsschreiben« von einem früheren Arbeitgeber aus dem Jahre 1954. Aus dem Brief ging hervor, daß Masaku Silas als eine Art *Toto* in der Küche gearbeitet hatte, also als Hilfskraft des Kochs und Dieners im Haupthaus. Das klang nach einer sehr kolonialen *Memsahib* in Mombasa. Es war allerdings kaum eine Empfehlung, denn die Frau, deren schneidende Stimme ich förmlich aus dem Schreiben heraushören konnte, hatte in etwa geschrieben: Dieser Boy ist vertrauenswürdig, benötigt aber Aufsicht und arbeitet nicht gut selbständig.
Masaku erklärte uns, daß er, nachdem er für die Familie in Mombasa gearbeitet hatte, zwanzig Jahre lang als Arbeiter bei der Kenianischen Eisenbahn beschäftigt gewesen war, bis er in den Ruhestand ging. Er mochte den Ruhestand nicht und wollte wieder arbeiten. Zu der Zeit, als wir ihn kennenlernten, war er wahrscheinlich ungefähr 55 Jahre alt. Er kannte sein Geburtsdatum nicht, meinte aber, daß es ungefähr 1921 sei. Wes und ich berieten uns mit Christina. Masaku entsprach nicht ganz dem, was wir uns vorgestellt hatten. Er hatte ganz bestimmt keinerlei Erfahrung im Busch, konnte wahrscheinlich nicht kochen und sah etwas unheimlich aus. Aber er war nun mal da, und Maundu empfahl ihn. Wir beschlossen, ihn probeweise einzustellen.
Das war der Anfang einer langen, innigen Beziehung zwischen Masaku und mir, die manchmal fröhlich, oft turbulent und niemals gleichgültig war. Masaku gewöhnte sich sofort an das Leben im Camp. Den wilden Tieren, die uns besuchten, begegnete er mit großem Aplomb und augenscheinlich mit wenig Angst, aber mit genug Respekt, um nicht verletzt zu werden. Er war der geborene Koch. An einiges erinnerte er sich aus der Zeit in Mombasa, besonders Fisch und Chips konnte er besser zubereiten als irgend jemand in meiner Bekanntschaft. Wes und ich brachten ihm andere Rezepte bei, und schon, wenn er ein Gericht zum zweiten Mal servierte, schmeckte es meist besser als das, was wir ihm gezeigt hatten. Wir kauften eine Munitionskiste, um sie als Backofen zu benutzen. Ein Koch aus einem anderen Forschungscamp zeigte Masaku nur ein einziges Mal, wie man Brot backt. Das Brot dieses Mannes war hart und fest. Masaku hingegen brachte gleich beim ersten Mal ein wohlschmeckendes, leichtes, lockeres Brot auf den Tisch. Bald gab es bei uns reichhaltige

Eintöpfe, pikante Spaghettisaucen, scharfe Chili- und würzige Currygerichte, die in einem Drucktopf gekocht wurden; Brathähnchen, Rinderrollbraten und Lammkeule mit Knoblauch und Rosmarin, die in der Munitionskiste zubereitet wurden; und außerdem einfachere Kost, wie Steaks und Koteletts mit verschiedenen Gemüsesorten und Kartoffeln.
Von Joe Kioko erhielten wir die Erlaubnis, eine Küche zu bauen. Einzige Bedingung: Sie müsse relativ einfach wieder abgebaut werden können. Masaku und Wes errichteten sie in wenigen Tagen aus starken Eckbalken, Sisalpfählen, Hühnerdraht und Dachpappe, mit einer Tür aus Holzbrettern. Der Fußboden bestand aus gestampfter Erde. Zufällig hatte ich, bevor ich nach Amboseli gezogen war, auf einer Sisalplantage gewohnt. Wenn eine Sisalpflanze blüht, wächst ein langer, dicker Stengel empor, an dem die Blüten sitzen. Später stirbt die ganze Pflanze ab, und der Stengel trocknet und wird hart. Diese pfahlähnlichen Stengel erreichen unterschiedliche Maße, im Schnitt etwa drei Meter hoch und sieben bis acht Zentimeter im Durchmesser. Ich hatte gelernt, daß man sie für alles Mögliche verwenden kann.
Masaku war auch ein Wirbelwind, was seine Tätigkeit im Camp betraf: Er fegte die Zelte und wischte Staub, machte die Betten, hackte Feuerholz, heizte das Wasser zum Duschen, wusch unsere Kleidung und bügelte sie, was er ganz besonders gut mit einem Holzkohle-Plätteisen erledigte (eine Fähigkeit, die ich bis heute erstaunlich finde: Ich begreife nicht, wieso die Wäsche nicht von dem Eisen versengt oder von den Funken in Brand gesteckt wird).
Masaku war niemals eine schüchterne, schattenhafte Figur, die ruhig im Hintergrund arbeitete. Er war immer sehr gegenwärtig im Lager und prägte den Ort mit seiner ganzen Persönlichkeit. Er arbeitete erstaunlich hart, und im Gegensatz zu dem, was seine frühere Arbeitgeberin geschrieben hat, mußte man ihn nicht beaufsichtigen. Masaku brauchte allerdings besondere Fürsorge und Aufmerksamkeit. Zu Anfang, so in den ersten ein, zwei Jahren, war es noch nicht offensichtlich, aber dann wurde offenbar, daß Masaku radikalen Stimmungsschwankungen ausgesetzt war. Ich bin zwar weder Psychiaterin noch Psychologin, aber aus dem, was ich gelesen habe, wage ich zu sagen, daß Masaku manisch-depressiv war. Während seiner Hochstimmungen tanzte und hüpfte er durch das Camp und sang in einem hohen, schönen Falsett alte Kamba-Volkslieder. Das Saubermachen erledigte er in übersteigerter Intensität. Stets suchte er neue Aufgaben, wie etwa das Anstreichen der Pfosten für die Wäsche-

leine, die wir lieber ungestrichen behalten hätten. Manchmal, wenn wir draußen im Feld waren, hatte er irgendeine neue Arbeit schon erledigt, bevor wir Zeit hatten, ihn davon abzuhalten.

Während seiner depressiven Stimmungen war Masaku sehr still, und sein Gesicht veränderte sich: Es wurde schwärzer, alle Falten zwischen Stirn und Kinn waren herabgezogen. Er konnte kaum sprechen, und wenn er es tat, waren es gewöhnlich gemurmelte Selbstgespräche in der Küche. In solchen Zeiten war ihm nichts recht: Das Feuerholz war eine falsche Sorte, die Kartoffeln, die wir aus Nairobi mitgebracht hatten, waren wäßrig, der Fisch war zu klein, so daß man ihn nicht mehr richtig zubereiten konnte. Er klagte, seine Gelenke würden schmerzen, er könne nichts mehr heben. Oft zog er sich in sein Zelt zurück, um auszuruhen. Er war untröstlich, aber wir konnten ihm wenig helfen. Während seiner Tiefpunkte herrschte im Camp eine Atmosphäre des Trübsinns, wir flüsterten praktisch nur noch und gingen auf Zehenspitzen umher.

Ich lernte, mit Masaku's Hochs und Tiefs umzugehen, aber manchmal regten sie mich auf, und ich verlor die Geduld (gelegentlich dachte ich, daß die Hochs schlimmer waren als die Tiefs). Dennoch entwickelten sich im Laufe der Jahre zwischen uns gegenseitige Zuneigung und Respekt. Die anderen Leute, die später im Camp lebten, hatten es, soweit es Masaku betraf, nicht leicht. Es muß äußerst ärgerlich gewesen sein, daß sie jedesmal, wenn sie versuchten, im Camp etwas zu tun, gesagt bekamen: »Aber Cynthia und Wes haben das nicht so gemacht.« Erschwerend kam noch hinzu, daß Masaku nur Kisuaheli sprach und die meisten Neulinge diese Sprache gerade erst lernten. Aber wenn Masaku in Hochform war, war er großartig – klug, umsichtig, komisch, hart arbeitend, hundertprozentig verläßlich und vertrauenswürdig; mir gegenüber auf eine Weise loyal, wie ich es wahrscheinlich niemals wieder erleben werde. Aber trotzdem konnte er auch einige Leute wirklich zur Verzweiflung treiben.

Wes blieb zwei Jahre im Camp, dann ging er im Juli 1977 fort, um seine Doktorarbeit abzuschließen und eine neue Aufgabe beim US-Innenministerium zu übernehmen. Von Zeit zu Zeit kehrte er aber für kurze Besuche nach Kenia zurück (für jemanden, der einmal in Afrika gelebt hat, ist es schwer, für immer wegzugehen). Einige Monate lang blieb ich allein, abgesehen von dem kurzen Aufenthalt einer jungen Assistentin, Joan Riback, die bei mir im Camp wohnte. Joan's wichtigste Hinterlassenschaft war, mir Backgammon beigebracht zu haben. Wir spielten viele spannende Partien nach dem Abendessen bei Kerzenlicht.

Doch selbst wenn ich allein blieb, war ich in Amboseli nicht einsam. Es gab eine Gemeinschaft von Forschern und Angestellten des Parks, der Lodges und der Bezirksbehörde. Für die Langzeitprojekte an Pavianen und Grünen Meerkatzen war jeweils mindestens ein Wissenschaftler in Amboseli stationiert. Zu dem Pavian-Projekt gehörte ein festes Haus in Ol Tukai, und die Meerkatzen-Forscher hatten eine Banda gemietet. Und auch Jonah kam von Zeit zu Zeit. Gewöhnlich arbeitete ein Student für ihn und wohnte in seinem Haus. Es gab auch Wissenschaftler, die archäologische und paläontologische Studien durchführten; sie mieteten sich eine Banda oder zelteten. Zwei Studenten der Universität von Nairobi, die für ihren Magister arbeiteten, hatten ihr Lager neben uns aufgeschlagen. Sie waren ausgezeichnete Nachbarn. Es gab Zeiten, da waren mehr als zehn Leute im Feld. Die Wissenschaftler gaben zusammen mit den Lodges-Managern, den Wildschutzbeamten und anderen, die im Park arbeiteten, reihum Abendessen bei sich im Haus oder im Camp. Oft traf man sich auf einen Drink in den Lodges, organisierte Abschiedsparties für diejenigen, die weggingen, und half sich gegenseitig, wann immer es möglich und nötig war.
1978, als ich immer noch allein im Lager lebte, stieß Phyllis zum Meerkatzen-Projekt und mietete sich für die Dauer ihrer Untersuchung eine Banda. Sie war dort aber nicht glücklich. So lud ich sie ein, bei mir zu wohnen. Wir lebten zwei Jahre sehr zufrieden gemeinsam im Camp. Als Phyllis 1980 wegging, kam Joyce zurück, die schon seit 1976 für kurze Zeitabschnitte in Amboseli gearbeitet hatte, und begann für ihre Doktorarbeit mit einer Untersuchung über Elefantenbullen. Kurz danach entschloß sich das Ehepaar Robert Seyfarth und Dorothy Cheney, die Leiter des Meerkatzen-Projekts, die Bandas aufzugeben und auch ins Lager zu ziehen. Einige Monate später kam die Pflanzenökologin Cynthia Jensen, eine gute Freundin von Joyce, um mit Jonah zu arbeiten. Sie stellte ebenfalls ein Zelt im Camp auf. Robert und Dorothy blieben zunächst nur ein Jahr, bis Sandy Andelman, ihr neuer Student, 1981 eintraf. 1981 lebten also Joyce (Elefanten), Cynthia (Grasflächen), Sandy (Meerkatzen) und ich im Camp. Daß wir zwei Cynthias waren, machte nicht allzu viele Probleme. Aus irgendeinem Grund, den nur Masaku kennt, nannte er Cynthia Jensen »Sin Sing«, und so kam er nicht durcheinander. Seit 1978 hatten wir einen zweiten Angestellten, der mit Masaku arbeitete: zuerst seinen Neffen Boniface und später Masaku's Bruder Mwanga. Es war also immer was los im Camp, ein angenehmer Ort zum Leben und Arbeiten.

Im Januar 1981 beendete ich die Fokus-Tier-Beobachtungen an den Kälbern und plante, mich wieder der Auswertung meiner Ergebnisse und dem Schreiben zu widmen. Ich nahm mir vor, nicht mehr soviel Zeit wie früher in Amboseli zu verbringen. Im November 1980 hatte ich, zusammen mit zwei anderen Freunden, ein Haus in Nairobi gemietet. Dort hoffte ich, arbeiten zu können, ohne von den Elefanten abgelenkt zu werden. In Amboseli war es doch sehr schwer, am Schreibtisch zu bleiben, wenn ich wußte, daß die Elefanten draußen interessante Sachen anstellten. Es widerstrebte mir, das Camp zu verlassen, aber im Januar 1981 ereignete sich etwas, das mich zwang, diese für mich besondere Ära in Amboseli zu beenden.

Ich hatte in Amboseli eine Katze, einen süßen, aber ziemlich exzentrischen Kater namens »Moshi«, das Kisuaheli-Wort für Rauch. Kurz bevor ich nach Amboseli gezogen war, hatte ich ohne Erfolg versucht, ein Zuhause für ihn zu finden, und so nahm ich ihn am Ende ziemlich besorgt mit ins Camp. Ich dachte, daß er weglaufen oder von einem der vielen Tiere niedergetrampelt oder gar gefressen werden könnte. Theoretisch verstößt es gegen die Vorschriften, in einem Nationalpark Haustiere zu halten. Doch als ich dorthinging, war Amboseli noch kein Nationalpark. Neben einigen tausend Rindern, Schafen und Ziegen gab es in Ol Tukai, in der Nähe der beiden Lodges und der Bandas etwa zweihundert bis dreihundert Katzen, und einige streiften bis zu den Zeltplätzen. Ich meinte, daß es auf eine Katze mehr oder weniger nicht ankäme und plante, Moshi nur so lange dort zu behalten, bis die anderen Katzen entfernt werden würden (die Katzen wurden niemals völlig abgeschafft, und schließlich gab die Parkverwaltung die Erlaubnis, daß einige Katzen bleiben durften, um die Rattenpopulation niedrig zu halten). Moshi war ja sowieso nur ein kastrierter Kater, der sich also mit irgendwelchen wilden Katzen gar nicht paaren konnte. Überdies war er ein hoffnungsloser Jäger, so daß er auch den Vögeln nicht gefährlich werden konnte.

Moshi paßte sich dem Leben im Lager allerdings bemerkenswert leicht an, er schien in Amboseli glücklicher zu sein als irgendwo anders in seinem Leben. Er blieb im Camp und schlief ohnehin fast die ganze Zeit, wie es Katzenart ist. Er hatte einige kleine Angewohnheiten, eine von ihnen war das »Jagen« jeden Abend zwischen 18 und 19.30 Uhr. Moshi's Vorstellung vom Jagen war, daß er neben einem Baumstumpf bei meinem Zelt saß und hoffte, daß ihm eine Maus in den Mund springen würde. Ich glaube, er hat in den fünf Jahren dort nur zwei Mäuse gefangen.

In einem Jahr hatten wir eine echte Rattenplage. Es war ein Jahr mit starken Regenfällen, und die Rattenpopulation war explodiert. Bei den Massai breitete sich die Pest aus; bis sie durch vorbeugende Medikamente unter Kontrolle gebracht werden konnte, starben zwanzig Menschen. Die Ratten waren überall. Immer, wenn ich mit dem Landrover anhielt, konnte ich sie umherhuschen hören. Masaku fing an einigen Tagen acht Ratten in der Küche, manchmal sogar zwei in der einzigen Falle, die wir hatten. Moshi hat sie alle gefressen, er wurde so konditioniert, daß er in die Küche lief, sobald er die Falle zuschnappen hörte.
Moshi schien wenig Sinn für die Gefahren des Lebens unter wilden Tieren zu haben. Er hatte einige wenige nahe Begegnungen, eine davon mit einem riesigen Pavianmännchen, das in mein Zelt gekommen war. Masaku und ich hörten einen gewaltigen Lärm und liefen hinüber ins Zelt. Wir sahen gerade noch den Pavian abhauen. Moshi war sichtlich erschrocken. Ich glaube, daß der Pavian in das Zelt gegangen war, um nach etwas Eßbarem zu suchen, und statt dessen Moshi vorgefunden hatte. Paviane töten und fressen kleine Säugetiere, und ich glaube dieser hätte Moshi getötet, wenn wir nicht hinzugekommen wären. Zum Glück hat er sich nie wieder blicken lassen.
Bei einer anderen Gelegenheit glitt eine sehr große, mehr als drei Meter lange Schwarze Mamba um den Sockel meines Zeltes herum und war drauf und dran, zum offenen Eingang vorzudringen, als ich meinen Schuh gegen die Zeltseite warf. Moshi sprang vom Bett, um zu untersuchen, was los war. Ich griff ihn gerade noch, als er hinausgehen wollte, wich zur Hinterseite des Zeltes zurück, wartete etwa eine Minute, ging dann wieder zur Vorderseite und blickte hinaus. Da lag die Mamba mit erhobenem Kopf und lauerte darauf, zuzuschlagen. Das ist etwas, was ich an den Mambas nicht mag – im Gegensatz zu allen anderen Schlangen weigern sie sich abzuhauen. Ich rief Masaku und Boniface. Sie kamen mit Stöcken herbeigelaufen, und da erst glitt die Mamba im Palmenwald davon. Noch heute schaudere ich bei dem Gedanken, was passiert wäre, wenn die Mamba in das Zelt gekommen, oder wenn es Moshi gelungen wäre hinauszugehen, bevor ich ihn ergriff.
Schließlich war es ein Leopard, der Moshi's Aufenthalt im Camp ein Ende setzte. Seit ich das Haus in Nairobi gemietet hatte, wollte ich Moshi dorthin mitnehmen. Aber da ich wußte, daß er in Amboseli glücklicher war, schob ich die Entscheidung noch hinaus bis nach meiner Rückkehr von einem Treffen der New York Zoological Society im Februar 1981 in

den Staaten. Bevor ich abreiste, fuhr ich im Januar noch schnell nach Amboseli, um meine Fokus-Tier-Beobachtungen zu beenden. Wenige Tage vor meinem Eintreffen hatte Cynthia Jensen kurz nach Einbruch der Dunkelheit einen Leoparden im Camp gesehen. Der Leopard hatte Moshi neben meinem Zelt an seinem gewohnten Jagdplatz entdeckt und schlich sich an. Aber er wurde von Cynthia gestört und verschwand. Ich war nicht glücklich, als ich diese Geschichte hörte, denn Leoparden sind berüchtigt dafür, Haushunde und -katzen zu töten. Ich machte mir Sorgen, daß der Leopard nun, wo er wußte, daß Moshi da war, immer wieder zurückkommen und versuchen würde, ihn zu erwischen. Und unglücklicherweise hatte ich recht.

In der Nacht meiner Ankunft, am 14. Januar, ging ich wie gewöhnlich zu Bett und zog den Reißverschluß am Zelteingang fest zu. Moshi war bei mir. Irgendwann mitten in der Nacht erwachte ich plötzlich, weil Moshi mit einem dumpfen Krach vom Bett gesprungen war. Ich richtete mich auf und sah einen Leoparden, der von dem Fenster direkt neben meinem Bett zur Vorderseite des Zeltes schlich. Der Mond schien hell, und weil ich sehen konnte, was der Leopard tat, hatte ich keine Angst. Ich sagte so etwas wie »Hau ab!« Und tatsächlich schlich er schnell fort auf dem Weg hinunter zum Choo. Ich schlief ein und erwachte wieder, als der Morgen dämmerte. Erst als ich mich im Bett aufrichtete, bemerkte ich zu meinem Schrecken, daß das Fenster neben meinem Bett weit aufgeschlitzt war.

Ich glaube, passiert ist folgendes. Der Leopard kam auf der Suche nach der Katze zum Zelt, und Moshi muß sich, als er den Leoparden entdeckte, aufgesetzt haben oder ist sogar näher zum Fenster gerückt. An dieser Stelle schlug der Leopard nach ihm und hat dabei das Zeltfenster aufgerissen. Moshi muß im letzten Moment vom Bett gesprungen sein. Dieser Lärm hat mich geweckt, aber ich hatte zuvor nicht das Geräusch des zerreißenden Fensters wahrgenommen.

Dieser Vorfall zwang mich, eine Entscheidung zu treffen. Ich blieb noch eine Woche in Amboseli, wachte in den Abendstunden aufmerksam über Moshi und schlief nachts nicht allzu tief. Dann nahm ich ihn mit nach Nairobi. Heute, da ich dieses schreibe, ist Moshi fast sechzehn Jahre alt, bei ausgezeichneter Gesundheit, wenn auch fast taub, mehr als nur ein wenig senil und genauso exzentrisch wie immer.

Ansonsten verlief das Jahr 1981, sowohl was das Leben im Camp, als auch was die Elefanten betraf, ziemlich ruhig. Anfang März kehrte ich aus den Vereinigten Staaten zurück und fuhr bald darauf nach Amboseli. Ich sah die T-Familien in den nächsten Monaten viele Male. Am 23. März bemerkte ich, daß Tara kleine Brüste entwickelt hatte, und wußte daher, daß sie trächtig war. Am 20. Juni kamen die TAs und TBs und fraßen ungefähr eine Stunde lang in der Umgebung des Camps. Der kleine Tuo, der schon schlimme Tricks von seiner Mutter Tuskless gelernt hatte, kam unter das *Makuti* (Reet)-Dach über meinem Zelt und trank das Wasser aus meiner Waschschüssel. Tuo, der absolut keine Angst kannte, spezialisierte sich darauf, genau unter den Zeltdächern zu fressen, wo das Gras wegen des herabtropfenden Wassers grüner war. Die älteren Elefanten paßten nicht unter die Schutzdächer, so daß Tuo einen exklusiven Freßplatz hatte (einige Jahre später versuchte er immer noch, zum Fressen unter die Zeltdächer zu gelangen, aber er war inzwischen viel zu groß geworden, so daß seine Versuche eine verheerende Wirkung auf die Konstruktionen der Zeltanlagen hatten).

Am 20. August entdeckte ich zu meiner Überraschung, daß Teresia im Östrus war. Ich dachte, daß bei einer Kuh in ihrem Alter – immerhin war sie schon 59 – eine größere Zeitspanne zwischen dem Tod eines Kalbs und dem Wiederauftreten des Östrus läge. Ja, ich hatte bezweifelt, daß der Zyklus überhaupt noch einmal wiederkehren würde. An jenem Tag jedenfalls versuchte M7, ein Bulle mit nur einem Stoßzahn – den wir nach Masaku benannt hatten –, sie zu besteigen, aber er hatte keinen Erfolg. Am nächsten Tag ging Teresia mit Pablo, einem anderen Bullen, eine Paarungsgemeinschaft ein.

Das ganze Jahr 1981 hindurch beobachtete ich, wie Teddy allmählich unabhängig wurde. An einigen Tagen war er bei seiner Familie, an anderen Tagen zusammen mit ein oder zwei jungen Bullen, und an wieder anderen Tagen hielt er sich in der Nähe verschiedener Familien auf. Mitte des Jahres verbrachte er weniger als die Hälfte seiner Zeit bei seiner TA-Familie, und ich betrachtete ihn deshalb als unabhängig. Teddy war fünfzehn Jahre alt, eigentlich ein bißchen spät für einen Bullen, seine Familie zu verlassen. Das Durchschnittsalter der vollständigen Unabhängigkeit ist vierzehn Jahre. Einige Bullen verlassen ihre Familien schon mit neun, während andere richtige Muttersöhnchen sind und bleiben, bis sie neunzehn sind. Igor, aus der IA-Familie, folgte seiner Mutter Isabel auch mit achtzehn Jahren immer noch auf Schritt und Tritt. Er wurde schließlich nur unabhängig, weil sie starb. Albert verließ die AAs und seine Mutter Amy endgültig erst mit neunzehn Jahren.

Auf den Zeitpunkt der Unabhängigkeit eines jungen Bullen scheinen viele

Faktoren Einfluß zu nehmen. Das Verhalten der Kühe in der Familie eines Bullen kann mitentscheidend sein dafür, wann er sie verläßt. Einige Kühe sind jungen Bullen gegenüber tolerant, andere nicht. Auch, ob die Mutter eines Bullen noch am Leben ist, kann bei seinem Weggang eine Rolle spielen. Sodann ist nicht zuletzt auch der Charakter des Bullen ein wichtiger Faktor; einige Bullen sind schon als kleine Kälber unabhängiger und abenteuerlustiger als andere. Gomer aus der GB-Familie zum Beispiel war erst neun Jahre alt, als er unabhängig wurde, obwohl seine Mutter Gloria noch lebte und die Leitkuh der Familie war.

Später im Jahre 1981 beobachtete ich Right Fang oftmals abseits von seiner TC-Familie. Er war zu jener Zeit elf Jahre, was das Durchschnittsalter für den Beginn der Unabhängigkeit zu sein schien. Andererseits zeigte Tim, der ein Jahr älter als Right Fang war und dessen Mutter Trista einige Jahre zuvor gestorben war, keine Anzeichen, seine TD-Familie zu verlassen.

Die einzige Veränderung in der Zahl und Zusammensetzung der vier T-Familien am Ende des Jahres 1981 war also der Weggang von Teddy. Right Fang betrachtete ich noch nicht als unabhängig, aber ich dachte, er würde wahrscheinlich in den nächsten ein oder zwei Jahren seine Familie verlassen.

8
Flexibilität

1982

Während der Regenzeit 1982 hatten die Familien TC und TD die Sümpfe verlassen, waren aber nicht sehr weit gewandert. Im Juni waren sie dann wieder zurück in ihrem angestammten Streifgebiet während der Trokkenzeit. Im Juli und August verbrachten sie zusammen mit vielen anderen Elefanten der übrigen Population die meiste Zeit in dem *Balanites-* und *Acacia nubica*-Wald südlich des Parks. Dort ernährten sie sich von dem verbliebenen Gras und von kleinen Bäumen. Als sich ein weiterer Aufenthalt in dem Gebiet nicht mehr lohnte, kehrten sie in die Sümpfe und Wälder im Park zurück. Teresia und Slit Ear fanden hier jedoch mehr Elefanten und weniger Futter vor als sonst. Die Große Regenzeit war nicht sehr ergiebig gewesen, und die Zahl der zentralen Elefanten war sowohl durch Geburten als auch durch Zuwanderung angewachsen. In den beiden Hauptsümpfen – Longinye und Enkongo Narok – und darum herum konzentrierten sich mehr Elefanten als seit vielen Jahren, vielleicht sogar mehr als je zuvor.

Die TAs und TBs waren dicht bei den Lodges geblieben und hatten ihren Speiseplan mit Nahrungsmitteln aus den Abfallgruben ergänzt. Teresia und Slit Ear verfielen jedoch auf eine andere Strategie, um der Konkurrenz innerhalb des Parks auszuweichen. An einem Tag Ende August entschied sich Teresia in den frühen Morgenstunden, den Park zu verlassen und woanders auf Futtersuche zu gehen. Die beiden Familien hatten die Nacht in Olodo Are, östlich von Longinye, verbracht. Statt nun nach dem Aufwachen allmählich in den Sumpf hinüberzuwechseln, standen die Mitglieder der Gruppe ein wenig unschlüssig herum. Teresia blickte nach Osten und kollerte sanft. Einige der anderen guckten nach Westen, drehten sich aber um und gingen zu Teresia hinüber, als sie nach ihnen rief. Bald hatten sich alle Mitglieder nach Osten gewandt, und Teresia setzte sich unter entschossenem Ohrklappen in Marsch. Die beiden Familien wanderten ungefähr drei Meilen weit nach Osten, ohne zum Fressen anzuhalten. Kurz vor Sonnenaufgang überquerten sie die Parkgrenze und gingen an einigen Brunnen der Massai vorbei, die zum Tränken der Rinder benutzt wurden. Es war noch zu früh, als daß die Massai bei den Brunnen hätten sein können, auch rührte sich noch kaum etwas in ihren nahegelegenen Dornen-Einfriedungen. Die Elefantenherde wanderte weiter und stieß schließlich auf einen ausgetrockneten Wasserlauf, den Abfluß am äußersten westlichen Ende des Namalog-Sumpfes. Teresia, fast sechzig Jahre alt, hatte schon als junges Kalb in der Trockenzeit diesen Sumpf aufgesucht. Er war niemals das Zentrum des Aktionsraums ihrer Familie gewesen, aber ihre Großmutter und ihre Mutter hatten sie mindestens einmal während jeder Trockenzeit für vier oder fünf Tage zum Fressen hierhergeführt. Die Vegetation war ähnlich wie in den Sümpfen im Amboseli-Park, aber es gab auch Unterschiede, beispielsweise einige schmackhafte Büsche und Gräser, die weder in Longinye noch in Enkongo Narok wuchsen.

Als Teresia mit ihrer Großmutter und ihrer Mutter hierhergekommen war, und auch später noch, da Teresia selber als Leitkuh die TD-Familie führte, war Namalog einfach nur ein weiterer Sumpf in einer Reihe von Sümpfen am nördlichen Fuß des Kilimandscharo. Es hatte in Namalog nicht mehr Massai gegeben als irgendwo anders, obwohl dies einer ihrer Lieblingsplätze war, weil das Quellwasser als frisch, klar und nicht salzig galt. *Namalog* heißt auf Maa »Süßer Platz«.

An diesem Tag im August 1982 folgten Teresia und die anderen zwischen großen *Acacia xanthophloea*-Bäumen dem ausgetrockneten Wasserlauf, bis sie das Hauptgebiet des tiefen, feuchten Sumpfes erreichten, der dicht mit Papyrus und anderen Schilfpflanzen bewachsen war. Sie umrundeten den tiefen Teil und wanderten am nördlichen Rand weiter auf ein Gebiet zu, in dem das Gras gewöhnlich gut war. Teresia hielt sich bewußt an die nördliche Seite des Sumpfes, weil ihr die andere Seite in schlechter Erinnerung war. Vor einigen Jahren hatte sie ihre Familie und die von Slit Ear einmal zu den Quellen am Südende des Sumpfes geführt. Dort hatte sie Zäune, Kanäle und die Gerüche von Pflanzen vorgefunden, die ihr nicht vertraut waren. Sie hätte das noch näher untersucht, aber da waren die verhaßten Geräusche und Gerüche von Menschen, Rindern, Schafen, Ziegen und Hunden. Die Elefanten waren beunruhigt gewesen von der ungewöhnlichen Mischung der Gerüche und hatten sich zurückgezogen.

Seitdem hielten sie sich auf all ihren Streifzügen nach Namalog an die Nordseite oder an das westliche Ende des Abflusses. In diesen Gegenden trafen sie nur auf Massai, die ihre Rinder hüteten. Mit entsprechender Vorsicht gelang es ihnen, direkte Konfrontationen zu vermeiden. An diesem Tag also führte Teresia ihre Gruppe zuversichtlich im Schutz der dichten Akazien am Sumpfrand entlang. Sie hatten ungefähr die Hälfte des Weges neben dem tiefen Hauptsumpf zurückgelegt, als Teresia plötzlich anhielt und ihren Rüssel hob, um die vom Wind zugetragenen Gerüche zu prüfen. Der Wind kam aus östlicher Richtung. Weiter vorn konnte Teresia Menschen und Haustiere riechen und einen sehr unangenehmen Geruch von Pflanzen, den sie noch nie zuvor wahrgenommen hatte. Sie schüttelte heftig den Kopf, eine Geste elefantischen Mißfallens – die Gerüche kamen genau aus jenem Gebiet, in dem sie vorgehabt hatte, auf Futtersuche zu gehen.

Teresia kehrte um und ging am Rande des Sumpfes zurück. Dann führte sie ihre Familie durch das tiefe Wasser zu einer Insel hinüber, wo sie ungestört fressen konnten. Im Laufe der nächsten Tage lernten sie auf Grund der Gerüche und Geräusche, wo sich die Massai mit ihren Rindern jeweils aufhielten und wo sie umherzogen. Indem sie sich von Zeit zu Zeit in den Park zurückbegaben und das Ufer des Sumpfes nur nachts zum Fressen aufsuchten und sich tagsüber auf den Inseln aufhielten, konnten die TCs und TDs die Massai umgehen und Namalog fast als ihren »Privatsumpf« benutzen. Zwar war es hier entschieden gefährlicher als in den Sümpfen im Park, doch dafür gab es in Namalog mehr Nahrung. Sie durchbrachen ihr traditionelles Verhaltensschema während der Trokkenzeit und blieben mehr als zwei Monate im Osten.

Im Jahre 1982 verlor ich die TCs und TDs für fast fünf Monate aus den Augen. Ich hatte sie zuletzt am 2. Juni 1982 gesehen. Ende September begann ich, mir schon Sorgen um sie zu machen; denn diese beiden gehörten zu den zentralsten aller Familien, deren Bewegungen und Wanderungen während der Trockenzeit gewöhnlich ziemlich gut vorhergesagt werden konnten. Tatsächlich waren Anfang des Jahres 1982 die TDs diejenigen, die ich im Verlaufe der Studie am häufigsten von allen 48 Familien der Population gesehen hatte – mehr als dreihundertmal.

Ich hatte nicht erwartet, sie im August zu sehen. Das war die Zeit, die ich immer als »Französische Ferien« bezeichnete (in Frankreich sind im Monat August sämtliche Behörden und Fabriken geschlossen, und alle Leute machen zur gleichen Zeit Urlaub). Es bedurfte mehrerer Jahre, bis ich verstanden hatte, daß dem Verschwinden der Elefanten im August ein eindeutiges System zugrunde lag: Im Juni kommen sie von den Regenzeit-Wanderungen zurück, bleiben dann fast den ganzen Juni und Juli über in der Nähe und verschwinden im August. Es war mir ein Rätsel, warum sie wieder fortgingen, denn es gab in diesen Monaten keine Regenfälle, und sie brauchten die Sümpfe immer noch zum Trinken. Schließlich entdeckte ich, daß sie die Zeit im Süden in den *Balanites*- und *Acacia nubica*-Wäldern verbrachten, sich von diesen Bäumen und anderen Pflanzen ernährten und vorzugsweise nur nachts zum Trinken in den Park kamen. Bis Mitte September war die Mehrheit der zentralen Elefanten gewöhnlich wieder zurück im Park. Sie konzentrierten sich dann in der Umgebung von Longinye und Enkongo Narok, wo sie bis zur kleinen Regenzeit im November blieben.

Als Slit Ear und Teresia im September nicht zurückkehrten, konnte ich mir nicht vorstellen, wo sie sich aufhielten. Ich glaubte nicht, daß sie alle tot waren, denn gewöhnlich sterben in einem solchen Zeitraum nur ein oder zwei Elefanten aus einer Familie (oder werden getötet), und dann findet man die übrigen Angehörigen der Gruppe. In diesem Falle jedoch hatte ich keinen von ihnen gesehen. In den Monaten, da sie »fehlten«, arbeitete ich meistens allein am Elefantenprojekt. Daher hielt ich es für möglich, daß sie in der Nähe waren, ich sie nur nicht traf. Ich fing an, hinauszufahren und sie gezielt zu suchen, hatte aber kein Glück. Keith hatte seine Magisterprüfung an der Universität von Britisch-Kolumbien abgelegt und war im Juni in Kenia angekommen, um für seine Doktorarbeit an der Cambridge University eine neue Untersuchung über das Freßverhalten der Amboseli-Elefanten anzufangen. Unglücklicherweise gelang es ihm auf Grund einer besonders schlimmen bürokratischen Auseinandersetzung nicht, vor September eine Forschungsgenehmigung zu erhalten. Als er endlich die Erlaubnis bekam, bat ich ihn, auf die TCs und TDs zu achten. Keith sah sie ganz kurz am 13. Oktober. Sie waren weit drüben an der östlichen Parkgrenze. Keith war dann in Namalog gewesen, um die Massai zu fragen, ob die Elefanten den Sumpf noch nutzten. Die erzählten ihm, daß eine Gruppe sich mehrere Wochen lang dort aufgehalten hätte. Eine Reihe von Hinweisen ließ vermuten, daß es sich um Teresia's und Slit Ear's Familien handelte.

Keith und ich waren über die Situation in Namalog beunruhigt. Die Massai hatten damit begonnen, dort Nutzpflanzen anzubauen und verwendeten zur Bewässerung das Wasser aus dem Sumpf. Als Viehnomaden waren die Massai den wilden Tieren gegenüber tolerant. Doch wir wußten, daß sie nun als Ackerbauern in einen direkten Konflikt mit den Elefanten und anderen Pflanzenfressern geraten würden. Zu jener Zeit bauten die Massai hauptsächlich Zwiebeln an, die den Elefanten bislang nicht sonderlich zu schmecken schienen; aber sie hatten auch vor, Mais, Kohl und Bohnen anzubauen. So war es nur eine Frage der Zeit, bis die Wildtiere diese schmackhaften Nutzpflanzen entdecken würden.

Endlich sah ich die TCs und TDs am 25. Oktober, und ich glaube, daß dies auch genau der Tag war, an dem sie nach Zentral-Amboseli zurückkehrten. Mit Ausnahme von Tia, Tio und Right Fang waren sie vollzählig. Besorgniserregend fand ich, daß Taddeus, Tia's Kalb von 1976, bei der Gruppe war; denn falls Tia vorübergehend allein unterwegs war, hätte Taddeus eigentlich bei ihr sein müssen. Erfreut war ich jedoch über doppelten Familienzuwachs: Tara und Theodora hatten beide Babies bekommen, zwei Bullenkälber. Als ich die Familien am 6. Juni gesehen hatte, war mir aufgefallen, daß Tara und Theodora dreiviertelgroße Brüste hatten. Es war zu vermuten, daß sie innerhalb der nächsten Monate gebären würden. Nach der Größe der Kälber und nach dem Grad ihrer Koordinationsfähigkeit zu urteilen, schätzte ich, daß Theodora's Baby im Juli und Tara's im August geboren worden war. Schon früher im Jahr, am 27. Januar, hatte ich ein neues Kalb in der TC-Familie registriert: ein weibliches Kalb von Tess. Nun war ich froh zu sehen, daß es noch am Leben und offenbar gesund war. Tess hatte im Alter von neunzehn Jahren ihr erstes überlebendes Kalb.

Aber was war mit Tia? Die ganze Familie schien entspannt. Das einzige Anzeichen dafür, daß sie vielleicht Schwierigkeiten gehabt hatten, war ein neuer schlitzförmiger Einschnitt im unteren Teil von Slit Ear's linkem Ohr. Ich machte eine Zeichnung:

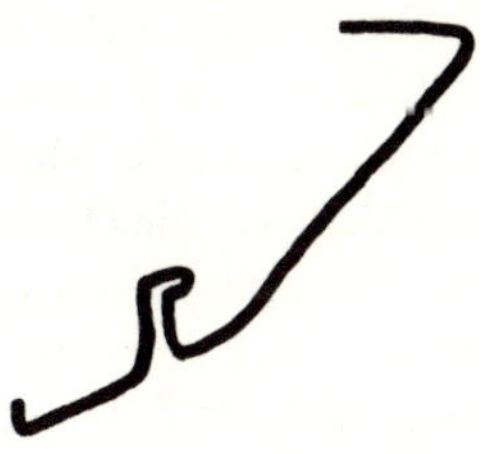

Der Schlitz, der auf der inneren Seite des Ohres begann, hatte unverkennbar die Einstichgröße und die Form eines Massai-Speeres. Er muß ihr

Ohr getroffen haben, als sie einem Massai gegenüberstand oder ihn angriff. Am Hals und an der Schulter hinter dem Ohr gab es keine Spur einer Speerwunde. Slit Ear mußte die Ohren also abgespreizt gehalten haben. Ich fürchtete, daß Tia vielleicht nicht soviel Glück gehabt haben könnte. Doch schon am nächsten Tag traf ich die TCs und die TDs wieder, und diesmal war auch Tia mit Tio und Right Fang dabei. Es schien also, als sei die Strategie von Teresia und Slit Ear erfolgreich gewesen. Alle Familienmitglieder waren am Leben und in verhältnismäßig guter Kondition, und es waren in diesem Jahr in beiden Familien drei Kälber geboren, die sich alle gut entwickelten.

Ich muß zugeben, daß ich überrascht war, daß die TCs und TDs das Schema ihres Umherstreifens während der Trockenzeit so drastisch geändert hatten. Inzwischen erwartete ich eine gewisse Regelmäßigkeit im Verhalten der Elefanten, und ich hätte niemals vorausgesagt, daß diese beiden Familien während des größten Teils der Trockenzeit die Sümpfe des Zentral-Amboseli verlassen würden. Aber 1982 stellte sich als das Jahr heraus, in dem die Frage der Flexibilität der Elefanten, sowohl in soziologischer als auch in ökologischer Hinsicht, besonders interessant für mich wurde. Ich arbeitete sehr viel weniger im Feld, saß statt dessen am Schreibtisch und analysierte einige meiner Daten. Dabei kam unter anderem die faszinierende Fähigkeit der Elefanten zum Vorschein, ihr Verhalten unter verschiedenen ökologischen Bedingungen zu ändern. Die zweite Sache, die meine Aufmerksamkeit erregte, war, daß sich in den vergangenen fünf Jahren das Wander-Verhaltensmuster der Elefanten vollständig geändert hatte. Diese Veränderung, die auch von Jonah und Keith untersucht wurde, warf einige ökologische und das Management des Parks betreffende Fragen auf.

Schon bevor ich damit anfing, meine Daten zu analysieren, wurde mir klar, wie leicht es war, einige zwar völlig logische, doch ungenaue Schlußfolgerungen zu ziehen, nachdem man eine Elefantenpopulation ein oder zwei Jahre beobachtet hat. Es war sehr verlockend, seinen eigenen Beobachtungen über die soziale Organisation und das Wanderverhalten ein starres Schema zugrunde zu legen und alles zu einem säuberlichen Paket zu schnüren. Wie ich schon in den vorausgegangenen Kapiteln dargelegt habe, fiel der erste Teil meiner Untersuchung in eine Dürre-Periode. Zu jener Zeit war ich mir nicht darüber klar, wie schwer die Dürre war und welche tiefgreifenden Auswirkungen sie auf die Elefanten hatte. Während der Teilzeitstudie von 1972 bis 1975 lernte ich die einzelnen Elefanten kennen, arbeitete heraus, wer zu welcher Familie gehörte, welches ihre Streifgebiete waren und wie sie ihren Lebensraum nutzten. Gegen Ende des Jahres 1976, als ich schon mehr als ein Jahr im Park gelebt hatte, war ich ziemlich überzeugt davon, daß ich das Verhalten und die Ökologie der Amboseli-Elefanten im Prinzip verstand. Ich irrte mich. Ich hatte zwar etwas davon begriffen, doch nachdem 1977 ein Jahr mit guten Regenfällen gewesen war, mußte ich erkennen, daß ich die Elefanten nur unter einer bestimmten Kombination von Bedingungen beobachtet hatte, und daß sie ihr Verhalten unter anderen Bedingungen ziemlich radikal ändern konnten.

Bei der Durchsicht meiner Daten über die soziale Organisation der Elefanten merkte ich, daß es zwar hilfreich ist, ein Diagramm wie das in Kapitel 5 gezeigte (Seite 121) zu erstellen, daß dies jedoch die ungeheure Flexibilität innerhalb des sozialen Systems der Elefanten nicht wirklich widerspiegelt. Eines der Merkmale dieses Systems, das die ihm eigene Flexibilität offenbart, ist der Grad der Stabilität von Familienverbänden. Dieses Thema hat auch im Mittelpunkt einer freundschaftlichen Auseinandersetzung gestanden. Als Iain Douglas-Hamilton seine Untersuchung in Manyara durchführte, fand er heraus, daß die Familienverbände in ihrer Zusammensetzung bemerkenswert stabil waren. Wenn er auf die Familie von Florence traf, dann waren immer alle zehn Mitglieder dabei. Bei Rhea's oder Leonora's Familie oder irgendeiner anderen der gut bekannten Familien dieser Population war es ebenso. Während seiner viereinhalbjährigen Untersuchung sah Iain eine junge Kuh, die mal für eine knappe Woche von ihrer Familie getrennt gewesen war, und er beobachtete auch die allmähliche Abspaltung einer Gruppe von fünf Tieren, die ich schon früher erwähnt habe. Dies waren aber die einzigen Ausnahmen in seinen täglichen Aufzeichnungen über die Zusammensetzung der Familienverbände. Manchmal konnten sich zwei oder mehr Familien zusammentun und ihre Handlungen koordinieren. Allerdings waren sie dann gewöhnlich Mitglieder derselben Bond Group. Gelegentlich bildeten sich auch lockere Verbände von bis zu hundert Tieren, die dann durch ein Nahrungsgebiet streiften. Sobald sich aber der Verband auflöste, blieben immer dieselben Tiere in denselben Familien beieinander.

Die Ergebnisse einer ausgedehnten Untersuchung in Simbabwe, die Rowan Martin mit Hilfe von kleinen Funkgeräten, die am Hals einiger Tiere befestigt wurden, durchführte, stellten Iains Darstellung über das Maß der Stabilität von Familienverbänden in Frage. Martins Studie ergab, daß Elefantenkühe nur selten in Gruppen mit stets derselben Größe oder Zusammensetzung anzutreffen waren. Den beständigsten Zusammenhalt fand er zwischen einer Kuh und ihrem jüngsten Kind. Zu der gleichen Zeit, als Martin seine Untersuchung in Simbabwe durchführte, kam ich in Amboseli zu ähnlichen Ergebnissen. In Amboseli konnte man die jeweilige Zusammensetzung der Familienverbände weit weniger vorhersagen, als ich es aus Manyara in Erinnerung hatte.

Zum Glück stellte es sich heraus, daß in diesem Fall niemand »falsch« lag, sondern daß Elefanten sich unter verschiedenen ökologischen Bedingungen unterschiedlich verhalten. In der Anfangszeit der Freilandforschung an Wildtieren waren viele Wissenschaftler zu unflexibel. Wenn jemand eine Tierart an einem Ort untersuchte und ein zweiter an einem anderen Ort zu anderen, damit nicht übereinstimmenden Ergebnissen kam, so verursachte das allen möglichen Ärger und Gerede. Es war fast so, als ob jeder Forscher glaubte, daß seine eigene Studie das platonische Ideal des Sozialverhaltens dieser Tierart darstellte und daß alles, was mit seiner Beschreibung im Widerspruch stand, falsch sein müßte. Solche Kontroversen schienen ganz besonders im Zusammenhang mit Primaten zu entstehen (Elefanten geben zwar auch Anlaß zu wissenschaftlichen Auseinandersetzungen, jedoch nicht so sehr auf dem Gebiet der Verhaltensforschung, sondern vielmehr im Bereich der Ökologie: Die bloße Erwähnung von Elefanten und Bäumen reicht gewöhnlich aus, um unter Wild-Biologen einen hitzigen Streit zu entfachen). Als immer mehr Ergebnisse aus den verschiedensten Orten und Lebensräumen zusammenkamen, waren die Wissenschaftler allmählich gezwungen, ihre verhärteten Positionen aufzugeben. Bald waren sie fasziniert von den Unterschieden zwischen den Populationen und von dem, was sie als »Stellenwert des Anpassungsvermögens« bezeichneten. Heute ist dieses Thema sehr modern.

Meine eigenen Langzeit-Ergebnisse über die unterschiedlichen Zusammensetzungen von Familienverbänden und die jeweiligen Gruppierungen haben gezeigt, daß es unter verschiedenen Umständen eine Reihe von Veränderungen zwischen den und auch innerhalb der Familien gab. Zunächst einmal bedeutete die Zugehörigkeit zu einem Familienverband nicht notwendigerweise, daß sich ein Tier immer in der Familie aufhielt. Auch war es nicht so, daß die Familie jedesmal, wenn sie gesehen wurde, die gleiche Zusammensetzung hatte. Die Beständigkeit der Zusammensetzung war von Familie zu Familie unterschiedlich, wobei einige eher zu Aufsplitterungen der Familie neigten und andere eher zu Zusammenschlüssen mit anderen Familien.

Wieder einmal soll die TC-Familie als Beispiel dienen: Meine Untersuchungen ergaben, daß Slit Ear's Familie sehr beständig war; bei der überwiegenden Mehrzahl der Beobachtungen waren alle Familienmitglieder zusammen. Doch auch diese Familie wurde fast täglich inmitten unterschiedlich großer Gruppen angetroffen. Wie ich schon früher gesagt habe, hatten sich die TCs während mehr als achtzig Prozent meiner Beobachtungen mit den TDs zusammengeschlossen. In den zwei Jahren von 1980 bis 1982, vor den Geburten der neuen Kälber, bildeten sie oft eine gemeinsame Gruppe von sechzehn Tieren, die aus zehn TCs und sechs TDs bestand, manchmal waren auch ein oder zwei junge Bullen bei ihnen und ab und zu auch ältere Bullen. An anderen Tagen wiederum konnten sich auch Tania und Tuskless dazugesellt haben, so daß acht weitere Tiere zur Gruppe hinzukamen und zusätzlich noch jene Bullen, die hinter den TAs und TBs herzockelten. Zu dieser Zeit stand der mittlerweile 14jährige Teddy kurz vor der Unabhängigkeit, war also manchmal bei ihnen und manchmal nicht. Bullen in Teddy's Alter neigen dazu, in dem Jahr bevor sie ihre Familie endgültig verlassen, zu kommen und zu gehen. Dementsprechend verändern sich Größe und Zusammensetzung der Gruppe von einer Beobachtung zur nächsten, je nachdem, ob diese Bullen anwesend sind oder fehlen. Schließlich taten sich die TCs natürlich auch gelegentlich zur Futtersuche mit anderen Familien in lockeren Verbänden zusammen.

So konnte Slit Ear sich an einem Tag in einer Gruppe von zehn Tieren aufgehalten haben, die nur aus ihrer Familie bestand, bei der folgenden Beobachtung mag sie sich in einer Gruppe von sechzehn Tieren befunden haben, die ihre und Teresias Familie umfaßte. Beim nächsten Mal wiederum kann sie in einer Gruppe von 26 Elefanten gewesen sein, die die TAs, die TBs und zwei junge Bullen mit einschloß, und bei einer weiteren Gelegenheit in einer Sechsergruppe, weil sie und Tia sich kurzfristig getrennt haben. Und schließlich mag sie sich auch in einem lockeren Verband mit 130 Elefanten vergesellschaftet haben. Wenn man Slit Ear mit einem Funkgerät aus der Luft oder von auf Hügeln installierten Beobachtungsstationen aus verfolgt hätte, dann hätten solche Daten ein verwirrendes Bild geliefert. Aber durch die Beobachtung Slit Ear's vom Boden aus, wo mir auch alle anderen Elefanten bekannt waren (was in

Simbabwe nicht der Fall war), konnte ich sehen, was geschah. Slit Ear's Familienverband selbst war stabil, ihre Trennungen von Tia waren sehr selten, und wenn sie sich mit anderen Familien zu einem Verband zusammenschloß, war ihre eigene Familie fast immer komplett.

Einige andere Familien in Amboseli waren nicht so stabil wie die TCs, und es war interessant herauszufinden, woran das möglicherweise lag. Ich betrachtete mir die Aufzeichnungen über die 24 am besten bekannten Familien in der Amboseli-Population. Achtzehn dieser Familien waren ziemlich stabil, bei ihnen fanden wir in mehr als siebzig Prozent der Beobachtungen alle Tiere zusammen vor. Die sechs übrigen Familien, deren Mitglieder in weniger als siebzig Prozent der Beobachtungen gemeinsam angetroffen wurden, schienen aus verschiedenen Gründen unbeständig zu sein. Um einige der möglichen Ursachen zu veranschaulichen, möchte ich jede einzelne dieser weniger stabilen Familien kurz beschreiben; und zwar nach abnehmendem Familienzusammenhalt geordnet.

Im Jahre 1982 starb Filippa, die Leitkuh der FAs. Sie hinterließ zwei erwachsene und zwei jugendliche Kühe sowie drei Kälber. Danach war die Familie fast ein Jahr lang dreigeteilt. Fiona und Fifi, die beiden erwachsenen Kühe, bildeten zwei getrennte Mutter-Kind-Verbände. Die heranwachsenden Kühe zogen manchmal allein umher, gelegentlich mit jeweils einer der beiden erwachsenen Kühe und ab und zu auch mit anderen Familien. Vor Filippa's Tod waren die FAs eine der stabilsten Familien gewesen. In diesem Fall schien der Verlust der Leitkuh auf die Familie eine auflösende Wirkung zu haben. Ohne Filippa's Führung und die starken Bindungen, die die anderen Kühe zu ihr hatten, spaltete sich die Familie auf. Nach einem Jahr fingen Fiona und Fifi wieder an, mehr Zeit miteinander zu verbringen, immer noch aber hatte die Familie die Tendenz, sich häufiger aufzuspalten als früher.

Wie schon in Kapitel 5 beschrieben, teilte sich die PA-Familie – mit 29 Mitgliedern im Jahre 1982 der größte Familienverband in der Population – in zwei Untereinheiten mit 16 und 13 Tieren auf. Am Ende des Jahres 1982 konnten sie als getrennte Familien betrachtet werden. Die beiden größten und ältesten Kühe, Penelope und Phoebe, führten jeweils eine Untereinheit. In dieser Situation schien die Familiengröße die Ursache für die Aufspaltung gewesen zu sein. Ich nehme an, daß ab einer gewissen Zahl von Tieren die Vorteile, in einer großen Familie zu leben, durch den Verlust eines erfolgreichen Nahrungserwerbs aufgewogen werden.

Die LA-Familie verlor im Jahre 1975 eine namenlose Kuh. Louise und Libby, zwei junge Kühe, die vermutlich die Nachkommen dieser Kuh waren, trennten sich häufig von den anderen Mitgliedern und zogen als gesonderte Gruppe umher. Ich vermute, daß ihre Beziehung zu der Leitkuh Lillian nicht sehr eng war, trotzdem war ich verblüfft von dieser Trennung, weil sich nicht nur Louise und Libby absonderten, sondern auch Lee, eine heranwachsende Kuh, bei der ich ziemlich sicher war, daß sie eine Tochter von Lillian war. Vielleicht hatte sich Louise, die ältere Tochter der gestorbenen namenlosen Kuh, um Lee gekümmert, als diese noch ein kleines Kalb war, und so hatte diese eine stärkere Bindung zu ihr entwickelt als zu ihrer eigenen Mutter. Die Bindung zwischen den beiden jüngeren Tieren überraschte mich nicht, wohl aber, daß eine Tochter ihre leibliche Mutter verließ.

1975 starben die Leitkuh und eine andere erwachsene Kuh der KA-Familie, und es gab in dem Familienverband Mitglieder, deren Beziehung zueinander ungewiß war. Einige mögen die Nachkommen der beiden verstorbenen Kühe gewesen sein, aber einige andere mochten aus Familien zugewandert sein, die all ihre erwachsenen Kühe verloren hatten. Ich wußte von einer Familie, deren zwei erwachsene Kühe an ein und demselben Tag getötet wurden, so daß nur Tiere zurückblieben, die jünger als zehn Jahre waren. Das war in der Anfangszeit der Studie, und ich hatte die Jungtiere noch nicht fotografiert. Daher wußte ich nicht, was mit ihnen geschehen war. Ich glaube, daß sie in einer solchen Situation versucht hätten, sich einer Familie aus ihrer Sippe anzuschließen. Auf jeden Fall schienen solche »Pendler«, wie ich diese vermutlichen Waisen nannte, niemals so starke Bindungen aufzubauen, wie sie es in ihren eigenen Familien getan hätten. So tendierten sie dazu, ihre Pflegefamilie immer wieder mal für unbestimmte Zeiträume zu verlassen.

In der FB-Familie, zu der ebenfalls einige Pendler gehörten, schienen die Bindungen zwischen den Mitgliedern ganz allgemein nicht so stark ausgeprägt zu sein wie in anderen Familien. Ein Grund dafür mag im Charakter der Leitkuh Freda liegen, die sehr reizbar ist – möglicherweise wegen eines körperlichen Leidens; sie hat auf der einen Körperseite ständig offene Wunden. Sie zieht häufig mit ihrem jüngsten Kalb allein los.

Die DB-Familie hat sich immer widersetzt, in eine saubere Definition des Familienverbandes zu passen. Ich habe mir bei der Auswertung der Daten oft gewünscht, daß ich sie einfach ignorieren könnte. Möglicherweise sind die DBs nicht einmal eine Familie, jedenfalls hat bei ihnen ganz bestimmt niemals ein starker Familienzusammenhalt bestanden. Im Jahre 1975 setzte sich die »Familie« aus sieben Tieren zusammen: zwei großen, erwachsenen Kühen, zwei jungen Kühen, einer heranwachsenden Kuh, einem Kalb im ersten Lebensjahr und einem Bullen in der Pubertät. In den drei folgenden Jahren starben die beiden jungen Kühe, und das Kalb und der Bulle wurden unabhängig, so daß nur drei Mitglieder der Familie zurückblieben: Delia, Deborah und Daisy. Selbst jetzt waren diese drei Tiere nicht sehr häufig zusammen. Dann bekam Delia, eine der großen, erwachsenen Kühe, am 15. November 1978 das erste Kalb, das in der Amboseli-Population geboren wurde, nachdem sechzehn Monate lang keine Geburten erfolgt waren. Von jenem Tag an begann die QB-Familie – die zu den peripheren Gruppen gehörte und sich nur selten mit den DBs vergesellschaftet hatte –, Zeit mit Delia und dem Kalb zu verbringen. Zuerst waren Delia und Deborah, die andere große Kuh der DBs, den QB-Kühen gegenüber abweisend, sie bedrohten und verjagten sie häufig. Die QB-Kühe hingegen leiteten jedesmal Begrüßungszeremonien ein, wenn sie sich den DB-Kühen näherten, bis die DBs freundlicher reagierten und ihrerseits ebenfalls grüßten. Schließlich entwickelte sich eine enge Beziehung zwischen Delia und Quilla, der Leitkuh der QBs. Deborah und Daisy blieben zurückhaltender.

Gegen Ende des Jahres 1982 verbrachten Quilla und ihre Nachkommen die meiste Zeit mit Delia und deren Kälbern, während die übrigen Mitglieder der QB-Familie dazu übergegangen waren, sich wieder wie früher zu verteilen und zu vergesellschaften. Deborah und Daisy waren häufiger allein oder zusammen mit den DAs (Angehörigen der gleichen Bond Group) als bei Delia und Quilla, daher betrachtete ich die DB-Familie als zweigeteilt. Wenn ich dies heute, im Jahre 1986, schreibe, bin ich mir immer noch nicht klar darüber, was geschehen war. Quilla verbringt noch immer viel Zeit mit Delia, aber von Zeit zu Zeit geht sie auch allein los oder schließt sich den anderen QBs an. Da es Hinweise darauf gibt, daß den Elefanten der zentralen Region in der Trockenzeit besseres Futter zur Verfügung steht, macht es einerseits Sinn, wenn Quilla versucht, sich bei einer zentralen Familie einzuschmeicheln. Wo bleiben da jedoch all die Vorteile des Zusammenlebens mit verwandten Kühen in einer Gruppe, in einem System, das sich in Tausenden von Jahren entwickelt hat? Es ist noch nicht zu erkennen, ob Quilla ein ständiges Mitglied von Delia's Familienverband werden wird. Falls das geschieht, so wäre es das erste

Mal in Amboseli, daß eine Kuh ihre eigene Familie verläßt und sich auf Dauer einer anderen anschließt.

In jedem dieser sechs Fälle scheint es eine andere Kombination von Faktoren zu sein, die zu dem Mangel an familiärer Stabilität beitragen: der Tod einer Leitkuh, die Größe einer Familie, die ungenügenden Bindungen zwischen den Mitgliedern, die Anwesenheit von Pendlern in der Familie, die körperliche Verfassung eines wichtigen Mitglieds und der Versuch eines fremden Tieres, sich einzugliedern. Wahrscheinlich gibt es noch viel mehr Umstände, deren ich mir gar nicht bewußt bin.

Bislang habe ich nur die möglichen sozialen Gründe für die mangelnde Stabilität einiger Familienverbände aufgezeigt, aber vielleicht noch wichtiger und weiter verbreitet sind ökologische Ursachen. Mit dem Fortschreiten der Langzeitstudie wurde klar, daß der Zusammenhalt von Familien sehr stark von den Umweltbedingungen beeinflußt wird. Wieder einmal wußte ich es zu schätzen, daß Daten aus mehreren Jahren vorlagen. Ich war in der Lage, die Muster der Vergesellschaftungen innerhalb von Familien und zwischen mehreren Familien unter verschiedenen Bedingungen miteinander zu vergleichen. Ich wählte 1976 und 1979 als gegensätzliche Jahre; das erste ein Jahr der schweren Dürre, das zweite ein Jahr mit überdurchschnittlichen Regenfällen.

Der für jedermann auffälligste Gegensatz, selbst wenn man die Elefanten von Amboseli in den beiden Jahren nur oberflächlich beobachtet hat, war der Unterschied in der Größe der Kuh-Kalb-Gruppen. Eine »Gruppe« wurde definiert als eine beliebige Anzahl von Elefanten, die gemeinsam auf koordinierte Weise umherstreiften. Das reichte von einem einzelnen Tier (äußerst selten) bis zu Herden, die aus Hunderten von Kühen und Kälbern oder aus Familienverbänden und erwachsenen Bullen bestanden (reine Bullen-Gruppen wurden gesondert untersucht). 1976 gab es kleine Gruppen mit durchschnittlich nur 15,1 Tieren; 1979 hingegen waren es statistisch 45,9 Tiere. Noch aufschlußreicher war, in welcher Häufigkeit größere und kleinere Gruppen in den verglichenen Jahren nebeneinander vorkamen. 1976 bestanden 86 Prozent der gesichteten Gruppen aus weniger als 25 Tieren; und es wurde nur eine Gruppe mit mehr als hundert Tieren angetroffen. Im Jahre 1979 hingegen zählten nur sechzig Prozent der Gruppen weniger als 25 Tiere und sechzehn Prozent bestanden aus großen Verbänden mit mehr als hundert Tieren, viele von ihnen umfaßten mehr als zweihundert und dreihundert Tiere.

Offenbar schließen sich also die Elefanten in Amboseli zu großen Gruppen zusammen, sobald die Umweltbedingungen es gestatten. Im Jahre 1979 fielen, nachdem bereits die beiden vorangegangenen Jahre sehr regenreich gewesen waren, 42, 5 cm Regen (im Mittel sind es 30 bis 33 cm), und infolgedessen gab es weitverbreitet eine üppige, gleichmäßig verteilte Vegetation. Unter solchen Bedingungen können die Elefanten gemeinsam umherstreifen und fressen. Im Prinzip erhalten alle dieselbe Nahrung, und es gibt kaum oder gar keine Konkurrenz unter ihnen. An einem Tag verzeichnete ich eine Gruppe von 550 Elefanten – sie bestand aus 47 Familienverbänden und mehr als 50 unabhängigen Bullen.
Im Jahre 1976 fielen nach mehreren Jahren mit durchschnittlichen bis unterdurchschnittlichen Niederschlägen nur 18 cm Regen. Infolgedessen war die Nahrung knapp. Da die Elefanten ihr Futter auf grasbewachsenen Flecken, unter Büschen, Bäumen und Sumpfpflanzen suchen mußten, schien es erfolgreicher zu sein, in kleinen Gruppen auf Nahrungssuche zu gehen. Die Elefanten verteilten sich im ganzen Park und in den umliegenden Gebieten, wobei jede Familie in das angestammte Streifgebiet ihres Clans während der Trockenzeit zurückkehrte und dazu neigte, allein umherzuziehen. Während der schweren Dürremonate des Jahres 1976 lösten sich sogar Familienverbände auf, und eine einzelne Kuh bildete zusammen mit einem oder zwei ihrer Nachkommen eine Untergruppe. Offenbar spalteten sich die jungen Kühe oder solche Kühe, die keine enge Bindung zur Leitkuh hatten, häufiger ab, so wie beispielsweise die kleine Untergruppe der LA-Familie.
In Kapitel 2 habe ich bereits einen Umstand beschrieben, der zur Trennung führen kann – die Geburt eines Kalbs. Allerdings scheinen dabei die jweils vorherrschenden ökologischen Bedingungen ein wichtiger Faktor zu sein, ob eine Kuh, die gerade Mutter geworden ist, bei ihrer Familie bleibt oder nicht. Ich betrachtete die Unterschiede in diesem Verhalten zwischen den Jahren 1976 und 1979. Von den 21 Kühen, die in den 24 gut bekannten Familien im Jahre 1976 ein Kalb bekamen, verließen zwölf (57 Prozent) für Zeiträume zwischen wenigen Tagen und zwei Monaten ihre jeweiligen Familien. Im Gegensatz dazu trennten sich 1979 nur sehr wenige Kühe von ihren Familien. Nur fünf von 57 neuen Müttern (neun Prozent) sonderten sich von ihren Familien ab, und vier von ihnen nur für einen Tag oder weniger.
Auch Zusammenschlüsse von Familien treten auf. Vorübergehende Vereinigungen finden häufig in Abhängigkeit von den Umweltbedingungen

statt. Während der feuchten Jahre von 1977 bis 1981 blieben einige Gruppen über lange Zeit in großen, ausgedehnten Familienverbänden beieinander. Die TAs und TBs waren fast immer zusammen, und ebenso die TCs und TDs. Hätte ich die TCs und TDs im Jahre 1977 erstmals registriert, so hätte ich sie wahrscheinlich für eine einzige Familie gehalten, aber in den früheren Jahren hatte ich sie oft genug als getrennte Verbände gesehen. So konnte ich beurteilen, daß es sich eindeutig um zwei Familien handelte.

Auch dauerhafte Zusammenschlüsse können vorkommen. Seit Beginn der Studie bildete die BB-Familie eine Sippe mit der UA-Familie, bis 1977 waren sie allerdings nicht besonders häufig zusammen. Noch 1976 verbrachten sie nur etwa 25 Prozent ihrer Zeit miteinander, doch das war immerhin mehr Zeit, als sie irgendwelchen anderen Familien in der Population widmeten. Im Jahre 1975 starben vier Mitglieder der UA-Familie, einschließlich ihrer Leitkuh, und so blieben nur drei Mitglieder zurück. Sobald die Dürre endete, fingen diese drei verbliebenen Kühe der UAs allmählich an, immer mehr Zeit mit der größeren BB-Familie zu verbringen. Im Jahre 1979 waren die Familien BB und UA dann in mehr als achtzig Prozent der Zeit miteinander vergesellschaftet. Das war ebensoviel Zeit wie bei einigen der individuellen Kuh-Kuh-Bindungen *innerhalb* von Familien, und daher betrachtete ich sie zu jener Zeit als verschmolzen.

Nachdem in der Elefantenpopulation von Lake Manyara eine heftige, der Lungenentzündung ähnliche Krankheit um sich gegriffen hatte, verzeichnete Rick Weyerhaeuser, der unter Iains Leitung arbeitete, in zwei Fällen den Zusammenschluß von Restfamilien. Er stellte auch fest, daß während und nach der Dürre von 1976 und den krankheitsbedingten Todesfällen einige Familienverbände auseinanderbröckelten und sich in bis zu drei Untereinheiten aufspalteten. Es sind also auch in der einzigen weiteren Elefantenpopulation, die gut bekannt ist, sowohl Zusammenschlüsse als auch Aufspaltungen registriert worden.

Ich glaube, daß die Umweltzwänge, die dazu führen, daß sich große Verbände auflösen und zuweilen sogar Familien sich von Zeit zu Zeit aufspalten, ziemlich leicht zu verstehen sind. Nicht sicher bin ich mir jedoch, warum Elefanten sich überhaupt zu großen Gruppen zusammenschließen. Daß sie es einfach tun, weil sie es können, ist als Erklärung nicht ausreichend. Es ist diskutiert worden, daß Elefanten dann in großen Herden umherziehen, wenn sie durch Wilderei oder andere Bedrängnisse beunruhigt worden sind. Eine Theorie besagt, daß in einem Elefantenbestand, der massiver Wilderei ausgesetzt ist, die alten Leitkühe getötet werden, weil sie die größten Stoßzähne haben. Das hätte zur Folge, daß sich die führungslosen Familien zusammentun, ziellos umherlaufen und nicht wissen, was sie machen sollen. Eine einfachere Erklärung lautet, daß ein einzelnes Tier – allein auf Grund mathematischer Wahrscheinlichkeit – in einer großen Gruppe mit einem geringeren Risiko lebt, getötet zu werden; und daß daher jene Elefanten, die in Zeiten der Gefahr dazu tendieren, sich in Massen zusammenzuschließen, dieses Herdenverhalten überliefert haben. Ich bin in Gebieten gewesen, in denen Elefanten unter massivem Druck der Wilderei gestanden haben; bei einer Gelegenheit sah ich einmal auf dem Höhepunkt der Trockenheit eine Gruppe von dreihundert Elefanten. Obwohl sie in dem Moment ungestört waren und gemächlich dahinzogen, waren sie dicht zusammengedrängt und bildeten eine riesige graue Mauer aus Elefantenhaut. Es war berichtet worden, daß in diesem Park massiv gewildert wurde, und ich hatte keinen Zweifel, daß sich dieser große Verband als Reaktion auf die Nachstellungen gebildet hatte.

In Amboseli sind in der Trockenzeit Herden mit mehr als sechzig Tieren selten. Und wenn sich während der Regenzeit große Verbände bilden, sind sie gewöhnlich locker und irgendwie unstrukturiert, mit Lücken zwischen einzelnen Tieren und Untergruppen. In den Jahren, in denen ich die größten Gruppen in Amboseli gesehen habe, gab es keine Wilderei, und es wurden nur sehr wenige Elefanten gespeert. Die Familien verloren weder ihre Leitkühe, noch wurden sie bedrängt. In Amboseli mußte es also einen anderen Grund dafür geben, warum sich die großen Herden bildeten.

Ich kann nur vermuten, daß es wahrscheinlich viele Faktoren gibt, die Elefanten füreinander attraktiv machen. Elefanten sind sehr soziale Tiere. Die 650 Elefanten in Amboseli kennen sich alle gegenseitig; in ihrem fließenden Sozialsystem, wo alle Tiere manchmal gemeinsam, manchmal getrennt durch das Ökosystem streifen, müssen sich zwischen den einzelnen Tieren und zwischen den Familien irgendwelche Beziehungen entwickeln. Die großen Herden können die Gelegenheit bieten, soziale Beziehungen wieder zu festigen, unabhängig davon, ob es sich um Bande der Zuneigung oder um die Stellung in der Rangordnung handelt. Ich verzeichnete eine hohe Rate von Kontakten zwischen den Mitgliedern der großen Verbände, ganz besonders in dem ersten Jahr, in dem sie sich bildeten. Es gab häufige Begrüßungen, freundliche Prüfungen, spieleri-

sche Auseinandersetzungen, Bedrohungen, Konfrontationen, Stöße ins Hinterteil und Verfolgungsjagden. Am aktivsten waren die jungen Bullen, die ihre Familien noch nicht verlassen hatten. Sie nutzten jede Gelegenheit, andere Kälber zu treffen, um mit ihnen Übungskämpfe auszutragen und ihre Kräfte zu messen. Diese Übungskämpfe der Jungtiere sind zweifellos wichtig für die Festlegung der Rangordnung bei Erwachsenen. Große Herden können sich auch zum Zwecke der Fortpflanzung bilden. Die lockeren Vergesellschaftungen ziehen erwachsene Bullen an, besonders Bullen in Musth. Gleichzeitig können die sozialen Reize, die von einer großen Gruppe ausgehen, bei Kühen möglicherweise den Östrus auslösen. In einer zahlreichen Herde hätte eine Kuh im Östrus viel mehr Bullen zur Auswahl, und sie würde auch viel eher einen Bullen in Musth finden, um mit ihm eine Paarungsgemeinschaft einzugehen. In den Jahren 1977 und 1978 waren große Herden häufig, und sechzig Prozent der Kühe wurden während dieser zwei Jahre trächtig.
Und schließlich sind Elefanten intelligente, individuell hochentwickelte Tiere, die vielleicht einfach nur Freude an der sozialen Stimulation haben, die von einer großen Ansammlung von Verwandten, Freunden, Bekannten und Angehörigen des anderen Geschlechts ausgeht. Ich glaube, daß diese Reize wohl der unmittelbare Grund dafür sind, daß sie sich zusammenschließen, wobei die eigentlichen Ursachen mit dem individuellen Fortpflanzungserfolg zusammenhängen.
Die soziale Flexibilität der Elefanten macht es besonders faszinierend, sie zu untersuchen. Noch nach vierzehn Jahren spüre ich eine gewisse Aufregung, wenn ich morgens aus dem Camp aufbreche. Ich kann niemals vorhersagen, was ich erleben werde, und in all' den Jahren in Amboseli war ich kein einziges Mal gelangweilt, wenn ich draußen bei den Elefanten war. Einer von ihnen wird mich immer dadurch verblüffen, daß er irgend etwas Besonderes macht, sich an einem ungewöhnlichen Ort aufhält oder unerwartet mit irgendeinem Artgenossen zusammen ist. Die Kombinationen und Neukombinationen, die Nebenlinien, die Splittergruppen, die Trennungen und einfach nur die allgemeine Vergesellschaftung einzelner Tiere sind unendlich faszinierend.
Ungefähr zu derselben Zeit, als ich meine Ergebnisse über den Zusammenhalt und die Flexibilität der Familienverbände sichtete, untersuchten Jonah und Keith die Gruppierungsmuster und das Schema der räumlichen Verteilung der Amboseli-Elefanten. Das geschah unter Verwendung der Daten von Jonah's Zählungen aus dem Flugzeug und den Aufzeich-

nungen von Keith, Jonah und Harvey über die Tiere, die mit einem »Sender-Halsband« versehen waren. Sie schrieben schließlich einen gemeinsamen Artikel mit dem Titel »Seasonal herd dynamics of a savanna elephant population« für die Zeitschrift »African Journal of Ecology«.
Auch sie fanden heraus, daß sich die Gruppengröße in Abhängigkeit von der Jahreszeit verändert, und daß sich während der feuchten Monate große Gruppen und während der trockenen Monate kleine Gruppen bilden. Sie zeigten auch, daß die Elefanten während der Regenfälle viel weiter umherstreifen als in den trockenen Monaten. Die Elefanten verließen das Amboseli-Becken kurz nach Beginn der Regenfälle und kehrten zurück, wenn die Wasservorräte im Buschland versiegten. In der Trokkenzeit wurden die mit einem »Sender-Halsband« versehenen Tiere nie weiter als zehn Meilen außerhalb des Amboseli-Beckens gesehen, während der Regenfälle hingegen fand man sie bis zu 25 Meilen entfernt. Die Elefanten hatten die Neigung, die buschbestandenen Grasflächen außerhalb des Parks zu nutzen, wenn es dort Wasser und reichlich Futter gab. Mit fortschreitender Trockenzeit wanderten sie nacheinander in das offene Waldland, in die dichteren Wälder, an die Sumpfufer und schließlich in die Sümpfe selbst. Die Qualität des Futters in diesen verschiedenen Lebensräumen ist sehr unterschiedlich – in der Buschsavanne ist sie noch ausgezeichnet, in den Sümpfen dann schließlich sehr schlecht. Am Ende der Trockenzeit mußten die Elefanten Qualität in Form von eiweißreichen Gräsern, Kräutern und Sträuchern, die nur jahreszeitlich begrenzt vorhanden sind, durch Quantität in Form reichlicher, aber minderwertiger Sumpfvegetation ersetzen.
Dieses Verhaltensmuster, das Becken während der Regenfälle zu verlassen und in der Trockenzeit durch die verschiedenen Lebensräume hindurch zurückzukehren, blieb bis 1977 ziemlich unverändert. Dann aber, da es sich um Elefanten handelte, über die man keine Voraussagen machen kann, änderten sie ihre jahreszeitlichen Wanderungen. Als im Jahre 1977 die guten Regenfälle kamen, neigten die Elefanten immer mehr dazu, im Becken zu bleiben. In den feuchten Jahren von 1977 bis 1981 traf man sie sowohl in den Regenmonaten als auch in den trockenen Monaten im Becken an, wohingegen die Mehrheit der Elefanten während der mäßigen Regenperiode in den trockenen Jahren von 1973 bis 1976 hinausgewandert war. Die Neigung der Tiere, im Parkgebiet zu bleiben, bedeutete, daß der Pflanzenbewuchs das ganze Jahr hindurch stärkerer Beanspruchung ausgesetzt war. Es wurde vermutet, daß diese massiven

Auswirkungen zu einem sogenannten Elefantenproblem führen könnten. Darin sehen die Menschen einen Konflikt zwischen den Elefanten und ihrem Lebensraum. Zunächst einmal stellte sich die große Frage, warum die Elefanten ihr Verhalten änderten.

Jonah, Keith und ich haben eine Reihe von Antworten auf diese Frage zur Diskussion gestellt, doch keiner von uns kann sich bei irgendeiner dieser Antworten sicher sein. Die auffälligste Veränderung, die im Jahre 1977 in Amboseli stattfand, war, daß sich die Massai mit ihrem Vieh aus dem 150 Quadratmeilen großen Gebiet des Nationalparks entfernen mußten. Wie ich schon in Kapitel 2 erläutert habe, wurden den Massai im Austausch dafür, daß sie das zentrale Becken aufgaben, eine alternative Wasserversorgung sowie weitere Einrichtungen zur Verfügung gestellt. Die andere spürbare Veränderung waren die erheblich verbesserten Umweltbedingungen im Park, nachdem Anfang 1977 die Dürre vorbei war. Es gab für die Elefanten reichlich Grasnahrung, und vielleicht beschlossen sie deshalb, daß es der Mühe nicht wert sei, das Becken zu verlassen. Zugleich mag ihre Entscheidung auch durch die Wilderei beeinflußt worden sein, die während ihrer Regenzeit-Wanderungen Mitte der siebziger Jahre erheblich zugenommen hatte. Möglicherweise vermieden sie es daraufhin in der fruchtbareren Zeit, jene Gebiete aufzusuchen, in denen Elefanten geschossen worden waren. In der Trockenzeit mußten sie wandern, um nahrhaftes Futter zu finden, in den feuchten Jahren jedoch war »zu Hause« genügend Nahrung, mit dem zusätzlichen Vorteil, daß es hier kein Massai-Vieh mehr als Konkurrenz gab.

Ich persönlich glaube, daß die Veränderungen im Wanderverhalten der Elefanten weniger von der Verfügbarkeit der Vegetation beeinflußt wurden als vielmehr von der neuen Verteilung der Massai in dieser Region. Nachdem ich viele tausend Stunden mit den Amboseli-Elefanten verbracht habe, weiß ich, daß sie nichts mehr fürchten als die Massai. Die Elefanten geraten schon in Panik und laufen davon, wenn sie sie auf mehr als eine halbe Meile Entfernung sehen oder wittern. Vor 1977 fand man die Massai überall im gesamten Aktionsraum der Elefanten; nachdem das Gebiet jedoch den Status eines Nationalparks erhalten hatte, war das Risiko, ihnen hier zu begegnen, verhältnismäßig gering geworden. Ich sage »verhältnismäßig gering«, weil die Massai immer noch unter einer Reihe von Umständen in den Park kamen (wenn die Wasser-Pipeline oder die Bohrlöcher nicht in Betrieb waren, und wenn in den trockenen Jahren außerhalb kaum oder gar kein Futter mehr übriggeblieben war). Und das,

obgleich es den Massai nicht gestattet war, ihre *Enkangs* (dornige Einfriedungen mit Hütten darin) im Park zu errichten.
Aber wie ich immer wieder sage, sobald man sicher ist, daß die Elefanten etwas aus diesem oder jenem Grunde machen, tun sie etwas völlig Unerwartetes. Slit Ear und Teresia handelten im Gegensatz zu meinen Theorien, als sie in der Trockenzeit 1982 nach Namalog gingen, wo es viele Massai gab. Und doch kann das, was sie gemacht haben, eine kluge Strategie gewesen sein: Die Vorteile, dort weniger Elefanten als Konkurrenten zu haben, schien das Risiko, mit den gefürchteten Massai zusammenzutreffen, aufzuwiegen.
Als sie nach Beginn der kleinen Regenzeit in der dritten Oktoberwoche in den Amboseli zurückgekommen waren, blieben sie nicht lange in ihrem Streifgebiet, das sie normalerweise während der Trockenzeit aufsuchen. Im November kamen sie mehrere Tage hintereinander von der Hügelkette oberhalb des Beckens zum nordwestlichen Ende des Enkongo Narok-Sumpfes. In diesem Gebiet hatte ich sie vorher erst ein- oder zweimal gesehen. In jenem Monat trennte sich Tia zusammen mit Tio, Taddeus und Right Fang von Slit Ear und blieb in der Nähe des Longinye-Sumpfes. Auch diese Trennung innerhalb der TC-Familie war ungewöhnlich, aber Tia wird ihre Gründe gehabt haben.
Im Laufe des Jahres 1982 registrierte ich einige weitere Ereignisse und Meilensteine im Leben der Ts. Der zwölfjährige Right Fang zeigte zunehmend Anzeichen, unabhängig zu werden. Tim, ein Jahr älter, wurde endlich zum ersten Mal ohne seine Familie beobachtet und danach noch weitere Male, bis die TCs und auch die ihnen sehr nahe stehenden TDs »verschwanden«. Als sie dann später in den Amboseli zurückkamen, war Tim nicht bei ihnen. Auch bei den restlichen Beobachtungen im Jahre 1982 sah ich ihn nie bei seiner Familie. Er war offenbar sehr schnell unabhängig geworden, nachdem er seine Familie zum ersten Mal verlassen hatte. Dieses Verhalten stand im Gegensatz zu dem von Teddy (16) und auch von Right Fang, die über lange Zeit hinweg kamen und gingen, ehe sie schließlich unabhängig wurden. Tatsächlich war Right Fang im Jahre 1982 immer noch häufiger mit seiner Familie zusammen als von ihr getrennt, so daß ich ihn am Ende des Jahres noch nicht als unabhängig betrachtete.
Im Verlaufe des Jahres 1982 beobachtete ich die Kälber, die 1980 geboren waren, um festzuhalten, wann ihre Stoßzähne zu sehen sein würden. Es war hilfreich, das Alter beim Stoßzahn-Durchbruch zu kennen, um so

eine Methode zur exakten Altersbestimmung für die Wissenschaftler zu liefern, die an Elefantenpopulationen arbeiteten, bei denen die Geburtsdaten der Tiere unbekannt waren. Das Durchschnittsalter, in dem die Stoßzähne erscheinen, liegt in Amboseli etwa bei zweieinviertel Jahren. Bei männlichen Kälbern sind die Zahnspitzen etwas früher zu sehen.
Am 31. März 1982 konnte ich die Spitze von Tuo's Stoßzähnen sehen. Er war 21 Monate alt. An diesem Befund war ich besonders interessiert, weil ich mich gefragt hatte, ob Tuo die Stoßzahnlosigkeit von seiner Mutter Tuskless geerbt haben könnte. In Asien haben weibliche Elefanten, vermutlich durch die selektive Jagd nach Elfenbein, nur selten Stoßzähne. Und von den männlichen Elefanten tragen manche Stoßzähne und andere wiederum nicht. In Afrika besitzen die meisten Elefanten Stoßzähne; Stoßzahnlosigkeit ist hier bei Bullen äußerst selten und kommt auch bei Kühen nicht häufig vor. In Amboseli sind nur zwei Prozent der Population stoßzahnlos, und das sind alles weibliche Tiere. Ungefähr drei Prozent der Elefanten haben nur einen Stoßzahn, und davon sind die Hälfte Bullen. Die Stoßzahnlosigkeit tritt gewöhnlich familiengebunden auf, so wie in der Familie von Big Tuskless, mit (im Jahre 1982) drei stoßzahnlosen Kühen und zwei Tieren mit nur einem Stoßzahn; sowie in der Familie von Gloria, mit zwei stoßzahnlosen Kühen und zwei Elefanten mit einem Stoßzahn.
Die Zwillinge von Estella lieferten ein Beispiel für die Unterschiede zwischen der Stoßzahnentwicklung bei männlichen und weiblichen Kälbern. Ich stellte fest, daß Equinox, der männliche Zwilling, am 26. Oktober Stoßzähne hatte. Einen Monat später waren bei seiner Schwester Eclipse gerade eben die Spitzen der Stoßzähne zu sehen, während die Stoßzähne von Equinox sich schon mehr als einen halben Zentimeter vorgeschoben hatten. Ich schätzte, daß die Stoßzähne von Equinox ungefähr im Alter von zwei Jahren und zwei oder drei Monaten durchgebrochen sein mußten, wohingegen die seiner Schwester erst im Alter von zwei Jahren und fünf Monaten zum Vorschein kamen. Verglichen mit anderen Kälbern des jeweilig gleichen Geschlechts, war das bei beiden etwas spät, aber beide Zwillinge waren immer etwas zu klein für ihr Alter gewesen.
Am 19. November fand ich in Longinye die TAs und die TBs in Begleitung von einigen unabhängigen jungen Bullen, darunter auch Tim. Tonie, die Kuh, die zwei Jahre zuvor ihr totes Baby bewacht und vor den Löwen beschützt hatte, war mit einem gesunden männlichen Neugeborenen

dort. Ich freute mich für sie und war ziemlich beeindruckt, wie schnell sie sich wieder fortgepflanzt hatte. Die erste Geburt war im November 1980 gewesen. Joyce hatte festgestellt, daß Tonie nur drei Monate später, am 10. Februar 1981 bereits wieder im Östrus war, zu diesem Zeitpunkt muß ihr neues Kalb gezeugt worden sein.

In den T-Familien gab es nur zwei junge Kühe, die noch kein Kalb geboren hatten: Tilly und Tamar. Ich beobachtete die Brustentwicklung bei ihnen. Im Verlaufe des Jahres 1982 hatten beide, ausgehend von völliger Flachbrüstigkeit, kleine runde Brüste entwickelt, die ungefähr ein Viertel der Brustgröße einer säugenden Elefantenkuh hatten. Weder Tilly noch Tamar waren im Östrus gesehen worden, aber es geschieht leicht, daß man als Beobachter eine Östrus-Periode verpaßt, die ja nur vier bis sechs Tage dauert. Der Größe ihrer Brüste nach zu urteilen, vermutete ich, daß sie ihre Kälber irgendwann Mitte des Jahres 1983 bekommen würden. Das bedeutete, daß sie in der zweiten Hälfte des Jahres 1981 trächtig geworden sein müssen.

Ich war sehr erpicht darauf, Daten über den Verlauf der Fortpflanzung bei Tilly und Tamar zu sammeln, denn ihr Alter war fast sicher bekannt. Ich hatte sie 1973 kennengelernt, als beide noch keine drei Jahre alt waren. Ich konnte ihr Alter bis auf ein Jahr genau bestimmen und schätzte, daß Tilly 1970 geboren worden war und Tamar 1971. Tilly muß also elf Jahre und Tamar zehn Jahre gewesen sein, als sie trächtig geworden waren. Ich wollte wissen, in welchem Alter Elefantenkühe überhaupt geschlechtsreif werden, wann der Zyklus beginnt, wann sie erstmals trächtig werden und in welchem Alter sie das erste Kalb gebären. Wenn meine Berechnungen richtig waren, würde Tilly mit dreizehn ihr erstes Kalb bekommen und Tamar schon mit zwölf.

Die letzten Monate des Jahres 1982 waren aufregend für unser Elefantenprojekt, für das Camp und auch für mich. Wie ich schon erwähnt habe, kam Keith im Juni zurück, um mit den Untersuchungen für seine Doktorarbeit über das Freßverhalten der Elefanten zu beginnen. Und im Juli kehrte auch Phyllis zurück, die mit einer Studie über mütterliches Verhalten von Elefantenkühen und über die Entwicklung der Kälber anfangen wollte. Die Forschungsgenehmigung wurde Keith im September erteilt, die für Phyllis im Oktober. Beide konnten kaum erwarten, daß es losginge. Keith kannte schon viele der Tiere aus seiner früheren Studie. Phyllis dagegen mußte ganz von vorn beginnen. Beide verbrachten die ersten Monate damit, neue Fotos zu machen, die Identifikationskartei auf den neuesten Stand zu bringen und ihre Stichproben-Methoden auszuarbeiten. Sie waren begeistert davon, ihren Beitrag zu den Langzeitaufzeichnungen leisten zu können und sich Systeme zur Datenspeicherung zu überlegen. Damit und auch in vielerlei anderer Hinsicht waren beide eine große Hilfe für mich, ich war sehr glücklich, daß sie am Projekt mitarbeiteten.

Nachdem Joyce im Juli 1981 fortgegangen war, hatte ich mehr als ein Jahr lang allein gearbeitet. Natürlich vermißte ich ihre Gesellschaft, am meisten aber fehlte mir jemand, mit dem ich über die Elefanten sprechen konnte; jemand, der sie, so wie ich, persönlich kannte. Jeden Abend, wenn Joyce und ich von der Arbeit im Feld zurückgekehrt waren, hatten wir unverzüglich besprochen, welche Elefanten wir gesehen hatten, wo sie sich aufhielten, mit wem sie zusammen waren und was sie taten. Jetzt hatte ich zwei andere Leute draußen im Feld, und jeden Abend, wenn wir alle drei zurückkamen, ging es zu wie in einer großen Klatschrunde: »Du wirst nicht glauben, wo ich Jezebel gesehen habe, und rate mal, mit wem sie zusammen war!« – »Lolita ist heute in den Östrus gekommen; sie scheint viel zu jung, aber all' die schnuckeligen kleinen Bullen verfolgten sie ununterbrochen.« – »M154 ist gerade in Musth gekommen, und er hat alle Kühe in der PA-Familie geprüft.« – »Ich habe heute nur knapp verpaßt, eine Geburt zu beobachten. Odile hatte ein winziges, wackeliges Baby bei sich, und sie hatte noch Blut an den Beinen.« – »Oh, hast du das Geschlecht feststellen können?« – »Ja, es ist ein Weibchen.«

Mit Phyllis und Keith im Feld widerstrebte es mir nicht mehr so sehr, meine neue Funktion im Projekt zu übernehmen. Die kenianische Regierung hatte verfügt, daß nicht mehr als zwei auswärtige Wissenschaftler gleichzeitig an einem Wildforschungsvorhaben arbeiten sollten. Ich wollte, daß sowohl Phyllis als auch Keith ihre Untersuchungen durchführen könnten: Die Studie zum Freßverhalten hatte allerhöchste Priorität, und für die Fortsetzung der Untersuchung über die Entwicklung von Kälbern war der Zeitpunkt ideal, zumal wir im Jahre 1983 einen weiteren Babyboom erwarteten. Ich wußte, daß ich jetzt meine bisherigen Ergebnisse zusammenschreiben mußte, und beschloß daher, auf meine Forschungsgenehmigung zu verzichten und den Weg für Keith und Phyllis freizumachen. Zur gleichen Zeit stimmte Joyce zu, eine Studie über die Kommunikation zu verschieben, die sie durchführen wollte. Sie hatte im Oktober 1982 ihre Promotion abgeschlossen und an der Unterabteilung für Tierverhalten in Cambridge einen Rekord aufgestellt: in der bis dahin kürzesten Frist den Doktortitel zu erwerben. Noch wichtiger war jedoch, daß ihre Arbeit von allen zuständigen Fachleuten als ausgezeichnet beurteilt wurde.

Meine neue Rolle war es nun, als Leiterin oder eigentlich als Koordinatorin des Projekts zu fungieren. Ich war dafür zuständig, daß es mit dem Projekt und mit dem Forschungscamp weiterging, ich mußte die Daten ordnen und aufbereiten, die über Geburten, Todesfälle, Östrus, Musth, Gruppengröße und die Muster der räumlichen Verteilung und der Vergesellschaftungen anfielen. Die Wildtier-Abteilung und das Büro des Präsidenten, das die Forschungsgenehmigungen vergibt, stimmten dieser Funktion zu. Sie gestatteten mir, auch weiterhin in Amboseli zu bleiben, um hier die Aufsicht zu führen und mich mit meinen Kollegen zu beraten. Es war eine gute Lösung, aber ein Teil von mir war sehr traurig, die intensivere Forschung aufgeben zu müssen.

Ich hatte vor, einen Computer anzuschaffen und zusätzlich Zeit in Nairobi zu verbringen. Keith und Phyllis lebten beide im Camp. Die Romanze, die schon 1979 begonnen hatte, als sie beide in Amboseli gewesen waren, hatte sich weiterentwickelt, und noch bevor das Jahr 1982 um war, beschlossen sie, zu heiraten (sie hatten im März 1983 eine wunderbare Hochzeit im Tsavo-Nationalpark in dem Haus unserer guten Freunde Joe und Christina Kioko; Joe, der von 1974 bis 1978 der leitende Wildschutzbeamte von Amboseli gewesen war, hatte man danach in den Tsavo versetzt).

So endete das Jahr 1982 für das Projekt und für die Elefanten gut. Obwohl es ein trockenes Jahr gewesen war, hatte es nur sehr wenig Todesfälle gegeben. Nur zehn Elefanten waren gestorben: acht Kälber und zwei erwachsene Kühe. Die Ts hatten sich gut entwickelt. Mit den neuen Geburten und nach dem Weggang von Tim bestanden die T-Familien nun aus den folgenden 26 Tieren:

TA	Tuskless (62)	♀
	Tuo (80)	♂
	Tonie (67)	♀
	C'82	♂
	Tilly (70)	♀
TB	Tania (44)	♀
	Tom (79)	♂
	Toby (73)	♂

TC	Slit Ear (36)	♀
	Slo (80)	♀
	Tabitha (76)	♀
	Tamar (71)	♀
	Tara (67)	♀
	C'82	♂
	Tess (62)	♀
	C'82	♀
	Tia (50)	♀
	Tio (80)	♂
	Taddeus (76)	♂
	Right Fang (70)	♂
TD	Teresia (22)	♀
	Tolstoi (71)	♂
	Theodora (67)	♀
	C'82	♂
	Tallulah (63)	♀
	Tao (80)	♀

9
Populationsdynamik

1983

Bis Juni 1983 waren in den T-Familien drei neue Babies zur Welt gekommen. Im April gebar Tania ein Kalb, und Slit Ear und Tia bekamen ihre Kälber im Mai. Wieder einmal waren sie in ihrer Fortpflanzung zeitlich gleichgeschaltet. Diese Neugeborenen verursachten nicht ganz so viel Aufregung wie Tom, Tao, Tio, Slo und Tuo in den Jahren 1979 und 1980. Als die '83-Kälber auf die Welt kamen, gab es in dieser Bond Group bereits neun Elefantenkinder unter vier Jahren. Dabei gab es nur eine heranwachsende Kuh, von der die Neugeborenen mit der üblichen intensiven Aufmerksamkeit überschüttet wurden. Es war Tabitha, Slit Ear's siebenjährige Tochter, die soviel Zeit wie möglich in der Nähe von Slit Ear's und Tia's Kälbern verbrachte. Sie berührte die Kleinen häufig mit dem Rüssel und zog mal das eine und mal das andere unter ihr Kinn, um es zu beschützen. Sie stand immer ganz geduldig da, wenn eines von ihnen an ihren flachen, milchlosen Brüsten saugen wollte.

Slo und Tio, die 1980 geborenen Kälber von Slit Ear und Tia, begrüßten die Ankunft ihrer Geschwister keineswegs. Sie fühlten sich hintangesetzt; denn ihre Mütter weigerten sich, sie noch länger zu säugen. Slo und Tio waren gerade eben drei Jahre alt, also noch ziemlich jung, um auf die Milchnahrung zu verzichten. Die Entwöhnung war schwer für sie. Slo fügte sich in das Unvermeidliche, aber Tio probierte weiterhin zu saugen. Er versuchte es, indem er dicht hinter Tia ging und mit seinem Rüssel um ihr Hinterbein faßte. Das ist das Signal eines Kalbes, seine Mutter zum Stehenbleiben zu veranlassen. Wenn sie dann anhielt, ging er nach vorn zu ihrer Zitze. Falls sie kooperativ war, streckte sie das ihm zugewandte Bein vor, damit er ihre Brust leichter erreichen konnte. Wenn sie nicht stehenblieb oder sich nicht richtig hinstellte, was sie seit der Geburt des neuen Kalbes nicht mehr getan hatte, schrie er aus Protest. Früher hatte sie ihm immer nachgegeben, wenn er einen Wutanfall bekommen hatte, aber nun tat sie das nicht mehr. Wenn das Baby trank, versuchte er manchmal, verstohlen an die andere Zitze zu gelangen, dabei wurde er ab und zu von Tia geduldet, aber nach einigen Wochen gab er die Versuche auf. Zum Glück war die Regenzeit auf ihrem Höhepunkt, und es gab frisches, süßes Gras im Überfluß, so daß Slo und Tio ausreichend Nahrung zur Verfügung stand. Zur gleichen Zeit schaffte der schon bald vierjährige Tom den Übergang viel leichter, als Tania's Baby geboren wurde. Er war immer ein sehr unabhängiges, kontaktfreudiges Kalb gewesen, so daß ihm die Ankunft des neuen Babys nichts auszumachen schien.

Zwei junge Kühe der Ts, die sonst den neugeborenen Kälbern gegenüber sehr aufmerksam waren, beachteten die '83-Babies kaum. Tilly und Tamar hatten merklich gewölbte Bäuche, sie waren schwerfällig und langsam, und die Größe ihrer Brüste betrug schon mehr als dreiviertel der Brustgröße einer säugenden Elefantenkuh. Offensichtlich machte Tamar, die gerade zwölf Jahre alt war, die Trächtigkeit mehr zu schaffen als der dreizehnjährigen Tilly. Sie hielt häufig an, ruhte sich aus und blieb hinter der Gruppe zurück.

Am Abend des 20. Juni 1983 befanden sich die TCs und die TDs zum Fressen in den *Consimilis*-Gräsern östlich von Longinye. Sie machten sich bereit, zu den Hügeln hinter Olodo Are zu marschieren, wo sie in der Nacht fressen wollten, weil sich dann kaum Massai dort aufhielten. Bei Tamar waren Anzeichen der Ruhelosigkeit und Erregung zu erkennen. Sie hielt an, ging rückwärts, kniete sich nieder, streckte ihre Vorderbeine aus und schaukelte vor und zurück. Sie fühlte sich offensichtlich ziemlich unbehaglich. Sie legte sich hin, stand wieder auf, kniete sich auf die Hinterbeine, drehte sich im Kreis und streckte sich immer wieder, aber unter ihrem Schwanz wölbte sich keine Ausbuchtung vor.

Als um sieben Uhr abends das letzte Tageslicht am westlichen Himmel verblaßte, bildeten die Elefanten eine geschlossene Gruppe, und nachdem sie einige Kollerlaute ausgetauscht hatten, machten sie sich auf den Weg, die offene Pfanne zu überqueren. Tamar folgte ihnen nicht. Die beiden Familien hatten ungefähr dreihundert Meter zurückgelegt, als Slit Ear mit ihrem C'83-Kalb stehenblieb, sich leicht zurückwandte und kollerte. Tamar antwortete. Slit Ear kollerte noch einmal, diesmal blieb Tamar still. Die anderen setzten ihren Weg über die Pfanne fort, und auch Slit Ear marschierte weiter, um die anderen einzuholen. Doch nach etwa hundert Metern hielt sie wieder an, kollerte, und nun erhielt sie eine Antwort von Tamar. Slit Ear drehte sich um und blickte in die Richtung des *Consimilis*-Grases. Sie hob ihren rechten Fuß und ließ ihn hin- und herschwingen, dann kollerte sie noch einmal lauter. Tamar antwortete nicht; aber Tara mit ihrem C'82 sowie Tabitha und Slo trennten sich von den anderen, kehrten um und gingen zu Slit Ear zurück. Als sie die Stelle erreichten, an der Slit Ear immer noch stand, begrüßten sie diese mit Ohrklappen und den volltönenden Begrüßungskollern. Dann gingen alle gemeinsam zu Tamar zurück.

Tamar lag schwer atmend auf der Seite. Slit Ear betastete sie mit dem Rüssel und stieß sie kräftig mit dem Stoßzahn an. Mühsam erhob sich Tamar und fing wieder an, sich zu recken und zu strecken und hinzuknien. Slit Ear, Tara und die anderen, ausgenommen das Baby, fraßen von dem frischen *Consimilis*-Gras, das unter den großen Büscheln aufgekeimt war. Slit Ear ließ Tamar stets allein, solange diese sich nicht hinlegte. Doch jedesmal wenn Tamar es tat, kam Slit Ear herüber und zwang sie, wieder aufzustehen.

Dieses Verhalten dauerte mehr als zwei Stunden, und immer noch erschien keine Vorwölbung unter Tamars Schwanz. Aber Tamar legte sich nun immer häufiger hin, und wenn Slit Ear sie dazu brachte, aufzustehen, stand sie mit gesenktem Kopf da und schwankte unstet von einer Seite zur anderen. Sie hatte aufgehört, sich hektisch hin und her zu bewegen. Um ungefähr zehn Uhr abends schließlich kam mit einem Schwall von Blut eine Ausbuchtung unter Tamars Schwanzwurzel zum Vorschein. Sie kniete nieder und reckte und streckte sich. Um Viertel nach zehn wurde dann das Kalb ausgestoßen und fiel zu Boden. Die Eihäute klebten nur noch in Fetzen an ihm, und es war mit Blut bedeckt. Während Tamar auf zittrigen Beinen hin und her schwankte, versuchten Slit Ear und Tara, das Baby auf die Beine zu bringen. Sie stießen es an und versuchten, es mit Hilfe ihrer Füße und Rüssel hochzuheben, aber ohne Erfolg. Das Baby machte kaum Anstrengungen, sich zu erheben. Bald hörte es ganz auf, sich zu bewegen. Ein paar Minuten später war es tot. Aus Tamars Scheide floß weiterhin ständig Blut und bildete eine Pfütze zwischen ihren Hinterbeinen. Sie zitterte am ganzen Körper und sank schließlich nach vorn auf ihren Kopf und ihre Knie. Slit Ear und Tara eilten zu ihr hinüber, um sie zu stützen. Es gelang ihnen, sie wieder auf die Beine zu bekommen, und da sie Tamar von beiden Seiten unterstützten, hielten sie sie noch einige Minuten aufrecht, dann aber fiel sie wieder

vornüber auf die Stirn und die Stoßzähne. Diesmal schafften sie es nicht wieder, sie zum Aufstehen zu bringen. Tamar kippte zur Seite und lag ruhig da, nur ihr Rüssel bewegte sich noch. Slit Ear stelte sich hinter sie, verkeilte ihre Stoßzähne unter ihrer Schulter – wie es Teresia 1977 bei der tödlich getroffenen Tina gemacht hatte (Kapitel 3) – und begann, sie hochzuheben. Tamar reagierte jedoch kaum. Sie bewegte nur kurz ihre Füße und ihren Rüssel. Slit Ear versuchte noch dreimal, sie aufzurichten, dann gab sie es auf. Sie blieb jedoch bei Tamar und berührte deren Kopf mit ihrem Rüssel. Auch Tara und Tabitha standen ebenfalls dicht bei Tamar und berührten sie von Zeit zu Zeit mit dem Fuß oder dem Rüssel. Slit Ear's C'83 schmiegte sich an seine Mutter, Slo wartete an Slit Ear's Schwanz und lehnte sich gegen sie, doch ihre Ohren hatte sie vor Angst angespannt gehoben.
Es dauerte noch lange, bis Tamar tot war. Ihre Mutter und ihre Schwestern verließen sie jedoch erst, als sie schon längere Zeit aufgehört hatte zu atmen. Sie entfernten sich ganz langsam und gingen in die Richtung, die Teresia genommen hatte. Aber sie hielten häufig an, wandten die Köpfe leicht zurück und kollerten. Es schien, als warteten sie auf eine Antwort von Tamar. Nachdem sie ungefähr eine Viertelmeile zurückgelegt hatten, blieben sie noch einmal stehen und kollerten. Diesmal erhielten sie oben von den Hügeln eine Antwort von Teresia und Tia. Slit Ear, Tara und Tabitha hoben die Köpfe, und gaben einen stärkeren, klangvolleren Kollerlaut von sich, und sie marschierten weiter, um die anderen Mitglieder ihrer Familie und Bond Group zu treffen.

Geburten und Todesfälle sind jene Ereignisse, für die sich Zoologen, die sich mit Populationsdynamik befassen, hauptsächlich interessieren. Dabei geht es um die Frage, wie sich eine genau definierte Anzahl von Tieren oder Menschen eigentlich in bezug auf die Wachstumsrate, den Bestandsrückgang oder das Erreichen eines gewissen Stabilitätszustandes verhält, verhalten hat oder verhalten wird. Dieses Forschungsgebiet befaßt sich mit der gemeinsamen Wirkung von Faktoren wie Geburten und Todesfällen, dem Alter bei der Geschlechtsreife, den Abständen zwischen den Geburten, der Dauer der Fortpflanzungsfähigkeit, dem Einfluß von Zuwanderung und Abwanderung auf die Größe eines Bestandes. Das Thema wirkt auf den ersten Blick kalt und trocken und – wenn man es abstrakt betrachtet – voller nackter Zahlen, doch zum Verständnis der Ökologie und des Verhaltens einer Art ist dieses Studium unbedingt erforderlich.

Der Tod von Tamar sowie die Geburt und der Tod ihres Kalbes waren Ereignisse, die meine Kollegen und ich schließlich nüchtern als »demographische Ereignisse« bezeichneten, wenn wir uns bemühten, von dem Tod eines Elefanten, den wir gut gekannt hatten, emotional nicht zu sehr betroffen zu sein. Wenn ich, nachdem ich für einige Zeit Schreibtischarbeit in Nairobi erledigt hatte, nach Amboseli zurückkehrte, wollte ich jedesmal zuerst wissen, ob es irgendwelche Geburten oder Todesfälle gegeben hatte. »Hat es irgendwelche demographischen Ereignisse gegeben?« fragte ich leichthin, während ich gespannt auf die Antwort wartete. Ich war immer glücklich, wenn ich von einer Geburt hörte, und traurig, wenn mir berichtet wurde, daß ein Elefant gestorben war, besonders wenn es sich um ein Tier handelte, das ich seit Jahren gekannt hatte.

Die Demographie der Amboseli-Elefanten ist trotzdem eines meiner Hauptinteressensgebiete, und sie stellt einen der wichtigsten Aspekte der Langzeitüberwachung des Bestandes dar. Bei keiner anderen Studie an Elefanten in Afrika ist man jemals in der Lage gewesen, jene Daten festzuhalten, die erforderlich sind, um die wirkliche Dynamik einer Population zu beschreiben. Gewöhnlich ist ein Wissenschaftler bei einer entsprechenden Fragestellung gezwungen, zu einem bestimmten Zeitpunkt aus einem Tierbestand eine Stichprobe auszuwählen, und dann muß er diese Ergebnissse auf die Gesamtpopulation hochrechnen. In Amboseli hingegen kennen wir zunächst einmal den gesamten Bestand, was an sich schon ungewöhnlich ist. Außerdem haben wir hier sämtliche Geburten und Todesfälle aufgezeichnet sowie den Eintritt der Geschlechtsreife und die Fruchtbarkeit von Tieren in den unterschiedlichen Altersstufen.

Wenn man an eine demographische Studie herangeht, muß man zuerst einmal die Population klar eingrenzen. Ich hatte Glück, daß die Amboseli-Elefanten eine geographisch ziemlich abgeschlossene Population bildeten. Das ist nicht immer so gewesen, aber zu der Zeit, als ich 1972 mit der Untersuchung begann, waren sie von den Elefanten der Umgebung mehr oder weniger isoliert. Historische Aufzeichnungen zeigen, daß es früher im Westen Elefanten gegeben hat, die sich um einen Berg namens Ol Donyo Dorok herum konzentrierten, der ungefähr 45 Meilen vom Zentrum des Amboseli in der Nähe des Ortes Namanga liegt. Wahrscheinlich sind diese Elefanten von Zeit zu Zeit auf diejenigen aus Amboseli gestoßen. Die räumliche Ausdehnung der Bevölkerung und die Wilderei hat die Namanga-Elefanten verdrängt, und heute gibt es dort keine mehr. Einige von ihnen sind vielleicht nach Amboseli gegangen.

Im Norden lebten keine Elefanten, ausgenommen während der Regenzeit, wenn die Elefanten aus Amboseli dorthin wanderten und möglicherweise Kontakt mit Elefanten aus dem Tsavo-Nationalpark hatten, der im Osten liegt. Jonah's Erhebungen aus der Luft ergaben, daß sich die Streifgebiete der Elefanten aus dem Amboseli und dem Tsavo geringfügig überlappen. Allerdings waren die Tiere selten gleichzeitig in dem Überschneidungsgebiet, so daß es wahrscheinlich kaum Vermischungen gab. In jüngerer Zeit sind die Amboseli-Elefanten nicht mehr weit genug nach Norden oder Osten gewandert, um auf die Tsavo-Elefanten zu stoßen. Ebenfalls im Osten liegen die beiden schon erwähnten Sümpfe Namalog und Kimana. Sie gehören zum Amboseli-Ökosystem, und die Elefanten, die diese Sümpfe nutzen, gehören zur Amboseli-Population.
Im Süden von Amboseli gibt es einen Elefantenbestand in den Wäldern an den Hängen des Kilimandscharo. Ein Student vom College of African Wildlife Management in Tansania hat eine Erhebung an diesen Elefanten durchgeführt und schätzt ihre Zahl auf etwa 1200. Seit ich in Amboseli arbeite, haben die Kilimandscharo-Elefanten oder »Kili-Elefanten«, wie wir sie nannten, dem Amboseli Besuche abgestattet. Sie kommen gewöhnlich während der Regenzeit und bleiben nur wenige Tage. Ich habe die Vermutung, daß sie wahrscheinlich wegen des Salzes kommen, das in Amboseli reichlich vorhanden ist, aber an Berghängen gewöhnlich selten ist.
Wenn die Kili-Elefanten in Amboseli sind, vermischen sie sich mit den Amboseli-Elefanten – manchmal freundschaftlich, und manchmal bedrohen sie sich gegenseitig oder zeigen andere Formen der Aggression. In ihrer äußeren Erscheinung und in ihrem Verhalten unterscheiden sie sich völlig von den Amboseli-Elefanten. Ich habe keine Hemmungen zu behaupten, daß sie äußerst merkwürdig aussehen, beinahe schon häßlich. Sie sind kleiner und schlanker, haben ein schmales, verhärmtes Gesicht, eine runzlige Stirn und einen behaarten Kopf, kleine dreieckige Ohren, ihre Stoßzähne sind schief und merkwürdig geformt oder gar nicht vorhanden, und sie haben krumme, schnörkelige Schwänze, an deren Spitze nur selten Haare wachsen. Ungefähr während der ersten fünf Jahre der Untersuchung waren sie bei ihren Besuchen Fahrzeugen gegenüber sehr mißtrauisch. Jedesmal wenn sich ihnen ein Auto auf hundert Meter näherte, gerieten sie in Panik, liefen davon oder griffen an. In den vergangenen Jahren sind sie etwas ruhiger geworden, und einige der Kili-Familien und -Bullen werden in Gegenwart von Touristen- oder For-

schungsfahrzeugen gelassener. Dennoch sammeln sich die meisten von ihnen und rücken noch immer dicht zusammen, wenn sie meinen Landrover sehen. Sie heben die Köpfe und drohen mir, dabei starren sie mich mit ihren kleinen Augen über ihre »verunglückten Stoßzähne« hinweg an. Inzwischen mag ich sie recht gern, weil sie mich immer zum Lachen bringen.

Obwohl sich die Kili-Elefanten mit den Amboseli-Elefanten vermischen, weist alles darauf hin, daß sie zwei getrennte Populationen sind. Einige Male haben wir beobachtet, daß Kili-Elefantenkühe von Amboseli-Bullen begattet worden sind, aber dies kann kein häufiges Ereignis sein, denn sonst würde das allgemeine Erscheinungsbild der Elefanten beider Populationen nicht so unterschiedlich bleiben. Phyllis und Keith fanden einmal den Kadaver eines Kili-Kalbs im ersten Lebensjahr, das in Amboseli gestorben war. Sein Unterkiefer (den wir zur Altersbestimmung einsammelten) war *viel* kleiner als der Unterkiefer eines gleichaltrigen Amboseli-Kalbs. Systematiker könnten an Hand dieses Beweises sogar vorschlagen, die Kili-Elefanten in eine andere Rasse oder Unterart des *Loxodonta africana* einzuordnen. Ganz bestimmt sieht es so aus, als wenn sie von den Savannen-Populationen schon lange genug getrennt sind, um sich in ihrer Größe und in ihrer Gestalt verändert zu haben. Doch möglicherweise erfolgte diese genetische Veränderung als Anpassung an das Leben auf bewaldeten Berghängen.

Die Amboseli-Elefanten sind also, mit Ausnahme seltener Kontakte mit Elefanten aus dem Osten und Süden, eine unabhängige und einfach einzugrenzende Population. Jonah's Zählungen aus der Luft zu Beginn der siebziger Jahre haben ergeben, daß es in dem Amboseli-Ökosystem ungefähr 600 bis 700 Elefanten gab. Als Harvey und ich im Jahre 1972 mit der Untersuchung begannen, bestand unsere Methode herauszufinden, wie viele Elefanten die Population umfaßte, darin, jedes einzelne Tier zu fotografieren und zu registrieren. Das dauerte natürlich einige Jahre. Bis 1974 hatten wir die Mehrheit der Kühe und Kälber und weniger als die Hälfte der Bullen registriert. Ich hatte auch Aufzeichnungen über die Geburten und Todesfälle gemacht, aber auf Grund des Teilzeitcharakters der Studie habe ich mit Sicherheit viele davon übersehen.

Ausgehend von der Zahl der Elefanten im Jahre 1987, als bereits jedes einzelne Tier persönlich bekannt war, und unter Berücksichtigung sämtlicher Geburten und Todesfälle seit 1974, bin ich auf eine Gesamtzahl von mindestens 602 Elefanten zu Beginn des Jahres 1974 gekommen. Es

handelte sich dabei um eine Mindestzahl, weil viele Elefanten, besonders Bullen, niemals registriert worden sind.
Joyce und ich werteten Fotografien aus, die der Ökologe Norman Myers, der damals Berufsfotograf war, in den Jahren 1964–66 von den Amboseli-Elefanten gemacht hatte. Unter den Kühen waren viele, die wir später in den siebziger und achtziger Jahren als ältere Tiere kannten. Von den zahlreichen Bullen, die er fotografiert hatte, konnten wir jedoch nur einen einzigen wiedererkennen; alle anderen waren verschwunden, als wir anfingen, Aufnahmen von Bullen anzufertigen. Auf jenen alten Bildern waren mindestens zwanzig große, unverkennbare Bullen mit langen Stoßzähnen, und wir waren beide enttäuscht, daß wir sie nie gesehen oder kennengelernt hatten. Die Aufnahmen von Norman Myers gaben uns einige Hinweise auf die Verlustrate bei Bullen durch Jäger und Wilderer in jenen Jahren. Außerdem wertete ich auch Fotos von den Amboseli-Elefanten aus, die Mark Boulton (ein Spezialist für Naturschutzerziehung und ein ausgezeichneter Amateurfotograf) von 1968 bis 1969 angefertigt hatte. Ich konnte erkennen, daß es damals einen Babyboom gegeben haben muß, denn es waren viele junge Kälber zu sehen. Auf den Bildern waren auch einige Kühe, die ich nie kennengelernt hatte. Unter Berücksichtigung all dessen schätze ich, daß der Amboseli-Bestand Ende der sechziger Jahre mindestens 650 Elefanten umfaßte.
Als ich 1972 mit der Untersuchung begann, war die Zahl der Amboseli-Elefanten im Absinken begriffen, was sich über die nächsten sechs Jahre fortsetzte. Beginnend mit dem 1. Januar 1974, als unsere Aufzeichnungen über Geburten und Sterbefälle ausreichend waren, bis zum 31. Dezember 1978 gab es einen Gesamtverlust von mindestens 124 Elefanten. Hier sind die Zahlen:

31. Dezember	Anzahl	Verlust oder Zunahme
1973	602	
1974	575	- 27
1975	551	- 24
1976	502	- 49
1977	479	- 23
1978	478	-1
	Gesamt	-124

Seit Anfang 1979 begann der Bestand wieder anzuwachsen, und er stieg in den nächsten fünf Jahren weiterhin an, mit einer Gesamtzunahme von 196 Tieren. Hier die Zahlen für diese fünf Jahre:

31. Dezember	Anzahl	Verlust oder Zunahme
1979	525	+ 47
1980	570	+ 45
1981	581	+ 11
1982	604	+ 23
1983	674	+ 70
	Gesamt	+196

Das Anwachsen während dieses Zeitraums von fünf Jahren beruhte nicht auf Zuwanderung, sondern darauf, daß die Zahl der Geburten die der Todesfälle übertraf. Ebenso waren alle Verluste in den vorausgegangenen sechs Jahren nicht die Folge einer Abwanderung, sondern sie ergaben sich, weil die Zahl der Sterbefälle die Zahl der Geburten überwog. Es gibt keinerlei Hinweise, daß Elefanten aus dem Tsavo oder vom Kilimandscharo zum Bestand hinzugekommen sind oder daß Elefanten fortwanderten und sich einer dieser Populationen anschlossen. Wenn ein Elefant verschwindet, haben wir allen Grund anzunehmen, daß er tot ist.

Ich habe diese Zahlen in zwei Abschnitte unterteilt, um darzustellen, wie leicht es ist, zu falschen Annahmen darüber zu kommen, wie sich eine Population so langlebiger, sich langsam fortpflanzender Säugetiere entwickelt. Für Elefanten mit einer Lebenserwartung von mehr als sechzig Jahren sind fünf oder sechs Jahre ein kurzer Zeitraum. Dennoch gibt es keinen Zweifel, daß die Bestandsabnahme während des größten Teils der siebziger Jahre sehr ernst war. Hätte sich der Rückgang mit einer Verlustrate von jährlich neun Prozent (wie beispielsweise 1976) fortgesetzt, so wäre die Population irgendwann zu Beginn des 21. Jahrhunderts erloschen.

Auf der anderen Seite hätten Wildtier-Manager, die die Möglichkeit einer »Überbevölkerung« in Betracht ziehen, die Wachstumsrate in den frühen achtziger Jahren als alarmierend ansehen können. Allein im Jahre 1983 ist der Elefantenbestand in Amboseli um 11,6 Prozent angestiegen. Dieser Prozentsatz ist jedoch, genau wie der neunprozentige Verlust im Jahre

1976, isoliert betrachtet, bedeutungslos. Die jährlichen Schwankungen können groß und außerdem sehr irreführend sein. Unglücklicherweise basieren kritische Entscheidungen, wie etwa die Einführung eines Culling-Plans zum kontrollierten Abschuß, häufig auf Daten, die zu einem bestimmten Zeitpunkt erhoben wurden. Das Amboseli-Projekt ist deswegen einzigartig, weil Langzeitergebnisse über diese Population vorliegen, die im Verlauf von vierzehn Jahren erhoben wurden. In vielerlei Hinsicht ist darin wahrscheinlich das wichtigste Ergebnis der Arbeit zu sehen, die wir geleistet haben: Denn die Amboseli-Studie zeigt, daß Elefanten in ihrem Fortpflanzungsverhalten flexibel sind und daß sie auf die verschiedenen Umweltbedingungen zu reagieren vermögen.

Wir waren nicht die ersten, die die Flexibilität in der Fortpflanzung nachgewiesen haben. Richard Laws hat in Uganda, Kenia und Tansania über kontrolliert abgeschossene Elefanten gearbeitet und herausgefunden, daß es bei vielen, für die Fortpflanzung wichtigen Faktoren deutliche Unterschiede zwischen den einzelnen Populationen gab. Diese können allesamt tiefgreifende Auswirkungen auf die Populationsdynamik haben. Im Budongo-Waldreservat in Uganda zum Beispiel entdeckte er, daß der Eintritt der Geschlechtsreife bei Kühen auf das 22. Lebensjahr hinausgeschoben war und daß der Geburtenabstand zwischen den Kälbern einer Kuh bei fast acht Jahren lag. Das verzögerte Eintreten der Pubertät und die sehr großen Geburtenintervalle bedeuteten, daß diese Population den Sterbefällen (mit natürlichen oder anderen Todesursachen) unmöglich genügend Geburten entgegensetzen konnte und daher abnahm. Das andere Extrem stellten die Elefanten im Mkomazi-Wildschutzgebiet in Tansania dar. Dort wurden die Kühe im Durchschnitt mit zwölf Jahren geschlechtsreif, und der Geburtenabstand zwischen den Kälbern betrug nur drei Jahre. Diese Population war im Ansteigen begriffen.

Laws setzte diese Unterschiede mit der Elefantendichte – also der Anzahl der Elefanten pro Quadratmeile – in Beziehung. In Budongo lebten 7,5 Elefanten auf einer Quadratmeile, während es in Mkomazi nur zwei Tiere pro Quadratmeile waren. In allen Populationen, die er untersuchte, bestand offenbar eine solche Beziehung zwischen den Fortpflanzungs-Parametern und der Dichte. In Manyara allerdings, wo Iain Douglas-Hamilton arbeitete, traf diese Korrelation nicht zu. Die Elefanten dort lebten in einer Dichte von vierzehn Tieren pro Quadratmeile, und dennoch bildeten sie eine gesunde, ansteigende Population, in der die Kühe mit elf Jahren geschlechtsreif wurden und der Geburtenabstand vier

Jahre betrug. Der Unterschied bestand offenbar darin, daß der Lebensraum in Manyara außergewöhnlich üppig war und eine hohe Elefantendichte tragen konnte. Daher sind die Umweltbedingungen ebenso wie die Dichte ein Schlüssel zum Verständnis der Regulation eines Elefantenbestandes.

Es hat beträchtliche Kontroversen darüber gegeben, welche regulativen Prozesse auf einen Tierbestand einwirken. In einfache Worte gefaßt, meinen die einen, daß die Selbstregulation in den Populationen abhängig von der Dichte sei, während die anderen glauben, daß die Schwankungen in Tierbeständen als Reaktionen auf äußere Umweltbedingungen, wie etwa Dürrezeiten, Hungersnöte und Beutegreifer zu verstehen wären. Man nimmt an, daß es in einem Bestand, der sich selbst reguliert, einen idealen Gleichgewichtszustand gibt, der im wirklichen Leben nur selten erreicht wird. In Populationen, die Schwankungen aufweisen, nimmt die Zahl der Tiere, wann immer es möglich ist, zu, und sie nimmt ab, wenn die Bedingungen ungünstig sind. Eine in der Natur begründete Stabilität gibt es nicht. Früher wurden diese beiden Extremansichten vertreten, neuerdings jedoch ist es zu einer gewissen Annäherung beider Standpunkte gekommen. Die meisten Leute scheinen heute darin übereinzustimmen, daß Populationen von einer Kombination vieler Faktoren beeinflußt werden.

In den ersten sechs Jahren der Amboseli-Studie, als der Bestand abnahm, waren mehrere Ereignisse entscheidend: Drei Jahre lang gab es nur wenig ergiebige bis durchschnittliche Regenfälle, dann folgte eine zweijährige Dürreperiode, und infolgedessen waren die Umweltbedingungen sehr schlecht. Verschlimmert wurde die Situation noch durch den Nahrungswettbewerb mit mehr als 10 000 Massai-Rindern. Die Kälbersterblichkeit war in jenen Jahren sehr hoch, mehr als 33 Prozent der Tiere starben vor Vollendung des ersten Lebensjahres. Auch bei den älteren Kälbern gab es Todesfälle, besonders im Entwöhnungsalter. Außerdem gab es Wilderei, Speeren und Jagd, und so kamen auch erwachsene Tiere zu Tode.

Zur gleichen Zeit war die Fortpflanzungsrate niedrig, sie zeigte das gleiche Muster, das Laws bei anderen Elefantenpopulationen gefunden hatte. Die Kühe in Amboseli erreichten die Geschlechtsreife verspätet und gebaren ihr erstes Kalb erst, wenn sie sechzehn oder siebzehn Jahre alt waren. Der Geburtenabstand zwischen den Kälbern betrug mehr als sechs Jahre.

Ein Mechanismus, der möglicherweise an der Absenkung der Geburtenrate beteiligt ist, wurde durch die Analyse der Konzeptionsraten in den Jahren des Bestandsrückganges offenbar. Auf Grund der bekannten Geburten von 1976 bis 1978 konnte ich schätzen, wie viele Kühe zwischen 1974 und 1976 trächtig geworden waren. Im Jahre 1974 wurden 24 Kälber gezeugt, 1975 waren es fünf und 1976 keines mehr. Um ein genaueres Bild von der Fortpflanzungsaktivität zu erstellen, errechnete ich, wie viele Tiere von der Gesamtzahl aller Kühe, die für eine Befruchtung »verfügbar« waren, prozentual gesehen trächtig wurden. Für diese Analyse wurden Kühe als »verfügbar« angesehen, wenn sie älter als zehn Jahre waren, weder trächtig waren noch ein Kalb unter zwei Jahren säugten. Die folgenden Zahlen wurden ermittelt:

	1974	1975	1976
Zahl der »verfügbaren« Kühe	82	59	90
Anteil, der trächtig wurde	29 %	8 %	0 %

Die Elefantenkühe in Amboseli scheinen ihre Fortpflanzungsaktivität zwei Jahre lang praktisch eingestellt zu haben. Infolgedessen gab es sechzehn Monate lang, von Juli 1977 bis November 1978, keine Geburten, und in dem 22monatigen Zeitraum von Januar 1977 bis zum 24. November 1978 wurden nur zwei Kälber geboren. Es schien, als hätte das Zyklusgeschehen bei den »verfügbaren« weiblichen Tieren aufgehört. Während der Jahre 1975 und 1976 sah ich nur fünf Kühe im Östrus, und keine von ihnen bekam zweiundzwanzig Monate später ein Kalb. Es gab keinerlei Hinweise, daß die Kühe weiterhin einen Zyklus gehabt hatten, trächtig geworden waren und dann Fehlgeburten hatten. Bei Elefanten werden im übrigen Föten unter ungünstigen Bedingungen auch nicht absorbiert, wie es bei einigen Tieren der Fall ist. Bei Menschen und bei einigen anderen Säugetieren hört der Zyklus auf, wenn die Fettreserven des Körpers einen bestimmten Schwellenwert unterschreiten. Ich vermute, daß dies während der Dürrejahre auch bei den Amboseli-Elefanten geschehen ist. Die Elefanten waren zwar noch nicht am Verhungern (ich hatte ein paar Jahre zuvor im Tsavo-Nationalpark Elefanten an Nahrungsmangel sterben sehen), aber sie waren in ziemlich schlechter Verfassung und müssen damals die kritische Schwelle erreicht haben, an der die für die Fortpflanzung notwendige Hormonproduktion eingestellt wird.

So spielten in bezug auf die Bestandsregulation bei den Amboseli-Elefan-

ten offenbar mehrere Faktoren eine Rolle: Die hohe Kälbersterblichkeit, die verzögert eintretende Geschlechtsreife, die großen Geburtenabstände und der Stillstand der Fortpflanzungsaktivität trafen zusammen. Welche dieser Faktoren von der Dichte und welche von den Umweltbedingungen abhängig waren, ist schwer zu sagen. Stellenweise gab es während der Trockenheit eine hohe Elefantendichte, wenn sich die Tiere um die Sümpfe herum konzentrieren mußten, was dann einen harten Nahrungswettbewerb um das ohnehin schon dürftige und knappe Futterangebot zur Folge hatte. Die niedrige Quantität und Qualität der Nahrung führte zu einem schlechten Ernährungszustand, der wiederum die hohe Kälbersterblichkeit und die Veränderungen der Fortpflanzungsparamenter und -aktivitäten bei den Kühen verursachte.
Diese Aufzeichnungen über die verschiedenen, während der Dürre aufgetretenen Veränderungen waren sehr wichtig, um zu verstehen, wie Elefanten auf ungünstige Verhältnisse reagieren. Genauso wichtig war aber auch, wie die Elefanten reagierten, als die Bedingungen sich wieder besserten. Nachdem die Dürre gegen Ende des Jahres 1976 endlich überstanden war, erholte sich die afrikanische Savanne wie üblich in fast wunderbarer Weise, und bald gab es wieder nahrhafte Vegetation im Überfluß. Es dauerte nur zwei Monate, und die ersten Kühe kamen in den Östrus, aber es geschah nicht sofort bei allen »verfügbaren« weiblichen Tieren. Die ersten Befruchtungen fanden im Februar 1977 statt, der Höhepunkt war im Juli erreicht. Dann verringerte sich die Konzeptionsrate in der zweiten Hälfte des Jahres, nahm aber Anfang 1978 wieder zu. Sie erreichte einen weiteren Höhepunkt im April des Jahres während der Regenzeit. Insgesamt wurden in den neunzehn Monaten zwischen Februar 1977 und August 1978 hundert Kühe trächtig. Es ist überflüssig zu sagen, daß dies ungefähr zwei Jahre später, in den Jahren 1978, 1979 und 1980 zu einem Babyboom führte. Im November und Dezember 1978 wurden fünf Kälber geboren, im Jahre 1979 waren es 57 und in der ersten Hälfte des Jahres 1980 noch weitere 39 Neugeborene – insgesamt also 101 Kälber, wobei die einhundertste Geburt die schon erwähnten Zwillinge waren. Die Population war also in weniger als zwei Jahren um einundzwanzig Prozent gewachsen.
Es war interessant, das Schema bei der Wiederaufnahme der Fortpflanzungsaktivität zu untersuchen. Der Anteil der Kühe, die 1977 und 1978 trächtig geworden waren, stellten einen Gegensatz zu den drei vorausgegangenen Jahren dar:

	1977	1978
Zahl der »verfügbaren« Kühe	116	101
Anteil, der trächtig wurde	30 %	60 %

Bei der Betrachtung der Daten fragte ich mich jedoch, warum 1977 nicht mehr Kühe befruchtet worden waren. Nur 42 der 116 »verfügbaren« Kühe waren trächtig geworden. Bei diesen 42 weiblichen Tieren kam ein unerwartetes Verteilungsmuster zum Vorschein: Dreiunddreißig von ihnen gehörten zu zentralen Gruppen, drei zu peripheren östlichen Familien, die eingewandert und zu zentralen Gruppen geworden waren, und drei stammten aus peripheren westlichen Familien. Auch der relative Prozentsatz der Befruchtungen in jeder Subpopulation war auffällig: Dreiundvierzig Prozent der »verfügbaren« zentralen Kühe waren trächtig geworden, wohingegen es bei den »verfügbaren« peripheren Elefantenkühen nur neunzehn Prozent waren. Es sah aus, als hätten sich die weiblichen Tiere aus den zentralen Familien schneller erholt; möglicherweise, weil ihre körperliche Verfassung nicht so schlecht war, wie die der anderen Elefanten. Aber auch einige Tiere aus den zentralen Familien brauchten länger, um sich zu erholen, als andere. Die meisten Kühe, die in den ersten beiden Jahren nach der Dürre trächtig wurden, waren älter als zwanzig Jahre. Die jüngeren Kühe, die jetzt die Geschlechtsreife hätten erreichen müssen, benötigten mehr Zeit, um den Rückstand aufzuholen. Bei ihnen und bei den peripheren Elefanten traten erst 1979 höhere Trächtigkeitsraten auf, also zwei Jahre nachdem die anderen Kühe ihre Fortpflanzungsaktivität wieder aufgenommen hatten.

Die Zuordnung zu »zentralen« und »peripheren« Elefanten hatte ich ursprünglich auf Grund der räumlichen Verteilung vorgenommen und nicht auf Grund von Unterschieden in der Struktur der Population. Als ich jedoch das verzögerte Ansprechen der peripheren Elefanten bemerkte, fühlte ich mich darin bestärkt zu sagen, daß man die Amboseli-Population in diese zwei Gruppen unterteilen kann. Es gab zwischen beiden Gruppen einen eindeutigen Unterschied im Fortpflanzungserfolg. Dies warf einige wichtige Fragen darüber auf, wie und warum die beiden Subpopulationen so verteilt waren. Denn es sah aus, als wäre es besser, ein zentraler Elefant zu sein als ein peripherer.

Gleichzeitig mit dem Auftreten des Babybooms sank die Sterblichkeit

erheblich. Die Überlebensfähigkeit der Kälber im ersten Lebensjahr war, verglichen mit den Dürrejahren, sehr stark angestiegen. Von den 101 Kälbern, die geboren wurden, vollendeten 94 Prozent das erste Lebensjahr, bei den Kälbern von 1976 hingegen hatten das nur 48 Prozent geschafft. Das Jagdverbot, das 1977 erlassen wurde, und die erfolgreiche Eindämmung der Wilderei trugen dazu bei, die Sterblichkeit bei den erwachsenen Tieren zu senken. Außerdem waren die Massai glücklich über die ergiebigen Regenfälle und über die Einigung, die mit der Regierung erzielt worden war. Daher wurde nur wenig aus Protest gespeert. Noch wichtiger war, daß im darauffolgenden Jahr 1978 sämtliche Krieger, die *Moran*, zu jungen Mitgliedern der Ältesten-Klasse erhoben wurden, und daß es sechs Jahre lang keine neuen Moran gab. Die Moran müssen ihre Tapferkeit unter Beweis stellen, indem sie große und gefährliche Wildtiere töten. Da in diesen Jahren die Moran-Klasse fehlte, wurden die Tiere ziemlich in Ruhe gelassen.
Geburten und Todesfälle sind nicht die einzigen Daten, mit denen sich jemand befassen muß, der die Populationsdynamik studiert. Um Voraussagen darüber zu machen, wie sich eine Population entwickelt, muß man auch andere Merkmale berücksichtigen, wie etwa das Geschlechterverhältnis und die Alterstrukturen. Diese Gegebenheiten wertete ich bei der Amboseli-Population ebenfalls aus. Mit Ausnahme von zwei Tieren wurde bei sämtlichen 101 Kälbern, die während des Babybooms von 1978 bis 1980 geboren wurden, das Geschlecht festgestellt. Bei den beiden Tieren konnte es nicht registriert werden, weil sie kurz nach der Geburt gestorben waren. Die verbleibenden 99 Kälber zeigten, wie folgend dargestellt, ein ausgeglichenes Geschlechterverhältnis von 1:1:

Geburtsjahr	männlich	weiblich	gesamt
1978	4	1	5
1979	29	27	56
1980	17	21	38
Gesamt	50	49	99

Auch die vorausgegangenen und die darauffolgenden Geburten zeigten insgesamt ein Geschlechterverhältnis von 1:1, das bei den Amboseli-Elefanten stabil zu sein scheint.
Um Voraussagen darüber machen zu können, was zukünftig mit einem

Tierbestand geschehen wird, ist es unerläßlich, die Altersstruktur der Population zu kennen. In einer Population beispielsweise, in der die überwiegende Mehrheit der Tiere jung ist, wird der Bestand fast mit Sicherheit zunehmen, sofern die Tiere das fortpflanzungsfähige Alter erreichen und die durch Wilderei oder andere äußere Faktoren verursachte Sterblichkeit gering ist. Wenn es andererseits viele Tiere im mittleren und hohen Alter und nur wenige junge Tiere gibt, dann wird eine solche Population wahrscheinlich schrumpfen.

In Amboseli sind die Geburtsdaten aller Elefanten, die seit Ende 1975 geboren wurden, bis auf einen Monat genau bekannt. Bei den Tieren, die während der Teilzeitstudie von 1972 bis 1975 zur Welt gekommen waren, sind diese Daten bei der Mehrzahl der Tiere bis auf drei Monate genau, im ungünstigsten Fall bis auf sechs Monate genau bekannt. Bei den ein- bis dreijährigen Kälbern, die 1972 und 1973 erstmalig beobachtet wurden, konnte das Alter an Hand ihrer Größe und des Zahndurchbruchs ziemlich zuverlässig bestimmt werden, ihre Altersschätzung kann als bis auf ein Jahr genau angesehen werden. Unter Einschluß dieser Tiere reichen die Aufzeichnungen der Geburtsdaten bis in das Jahr 1970 zurück. Gegenwärtig (1987) gibt es 360 Tiere, vom Neugeborenen bis hin zu Siebzehnjährigen, deren Alter sicher festgestellt ist. Das ist mehr als die Hälfte des gesamten Bestandes.

Diese Tiere, deren Alter wir kennen, haben es uns ermöglicht, Methoden zu entwickeln, um auch an anderen Orten in Afrika das Alter von Elefanten zu schätzen. Die häufigste Methode zur Altersbestimmung bei Elefanten bedient sich der Zähne. Elefanten haben im Laufe ihres Lebens sechs Sätze von Zähnen. Alle Zähne sind rautenförmige Backenzähne (der wissenschaftliche Name des Afrikanischen Elefanten *Loxodonta* bezieht sich auf diese Zahnform), und es sind immer nur vier Backenzähne zur gleichen Zeit in Gebrauch, jeweils zwei auf jeder Seite im Ober- und im Unterkiefer. Jeder Satz mit vier neuen Zähnen wächst von hinten her nach, schiebt sich nach vorn und drückt die vorigen Zähne raus. Der zeitliche Ablauf, wann ein neuer Satz von Backenzähnen durchbricht, wann diese Zähne in Gebrauch kommen und wann die alten Zähne ausfallen, ist altersstabil. Wenn Elefanten geboren werden, besitzen sie den ersten und den zweiten Zahnsatz. Der erste Satz fällt aus, wenn ein Elefant etwa zwei Jahre alt ist; den zweiten Satz verlieren die Tiere etwa mit sechs Jahren, den dritten ungefähr im Alter von 13 bis 15 Jahren, den vierten mit 28 Jahren und den fünften mit etwa 43 Jahren. Der sechste

Satz Backenzähne entsteht, wenn die Tiere etwa dreißig Jahre alt sind und kommt in Gebrauch, wenn ein Elefant Anfang vierzig ist. In ganz seltenen Fällen kann ein Tier einen siebten Backenzahnsatz besitzen, aber gewöhnlich sind die sechsten Zähne die letzten. Wenn ein Elefant dann über sechzig Jahre alt ist, sind diese letzten Backenzähne abgeschliffen. Schließlich kann das Tier seine Nahrung nicht mehr richtig aufnehmen und stirbt.

Die Beurteilung des Zahndurchbruchs und der -abnutzung ist eine ausgezeichnete Methode, das Alter bei Elefanten zu bestimmen, das Hauptproblem ist jedoch, daß ein Tier tot sein (oder zahm in Gefangenschaft leben) muß, um diese Technik anzuwenden. Ein anderes Verfahren zur Altersbestimmung ist die Messung der Schulterhöhe. Je größer ein Elefant ist, desto älter ist er. Diese Methode wurde erstmalig von Richard Laws ausgearbeitet, der die Maße von Hunderten von Elefanten nahm, die im Rahmen eines kontrollierten Abschußplans getötet worden waren. Er fand eine Beziehung zwischen der Schulterhöhe und dem Zahnalter heraus. Glücklicherweise kann man die Schulterhöhe bei lebenden Elefanten messen. Iain Douglas-Hamilton hat ein geniales, aus zwei Kameras bestehendes Gerät entwickelt, mit dem man eine Doppelbild-Fotografie von einem Elefanten anfertigen kann. Darauf kann man dann die Schulterhöhe ausmessen. Es gelang ihm, den größten Teil des Elefantenbestandes in Manyara zu fotografieren und bei unter zwanzigjährigen Tieren das Alter ziemlich genau zu bestimmen. Die älteren Tiere ordnete er Altersklassen zu. In Amboseli ermittelten Harvey und ich das Schulterhöhenmaß in technisch weniger ausgefeilter Weise mit Hilfe eines Stabes, der mit einer Meßskala versehen war. Zuerst fotografierten wir einen Elefanten, wenn er eine Straße oder eine andere ebene Stelle überquerte. Dann stellte sich einer von uns mit dem Stab an genau die Stelle, an der das Tier vorbeigegangen war und ließ sich fotografieren. Auf den Abzügen konnten wir später die Schulterhöhe des Elefanten an dem Stab ablesen.

Wenige Jahre später entwickelte Jonah, mit Unterstützung von Nick Georgiadis, Joyce und mir, eine eindeutige, leicht durchzuführende und billige Methode zur Altersbestimmung. Jonah war aufgefallen, daß der Erdboden in Amboseli während der meisten Zeit des Jahres weich und staubig war und daß die Elefanten beim Gehen sehr deutliche Fußabdrücke hinterließen. Er fragte sich, ob die Größe eines Elefantenfußes mit der Schulterhöhe und damit mit dem Alter in einer festen Beziehung stünde. Zunächst führten wir ein Experiment durch: Bei dreißig Elefanten beiderlei Geschlechts und unterschiedlichen Alters führten wir die Messungen der Schulterhöhe mit dem Stab durch und maßen zudem auch die Abdrücke der Hinterfüße. Die Hinterfüße wählten wir deswegen, weil Elefanten beim Gehen und Laufen häufig die hinteren Füße genau in die Abdrücke der vorderen Füße setzen. Beim Ausmessen der Fotos entdeckten wir, daß zwischen der Schulterhöhe und der Länge des Fußabdruckes ein Zusammenhang besteht. Das bedeutete, daß wir einfach nur die Fußabdrücke messen mußten, um das Alter der Amboseli-Elefanten zu schätzen.

Danach konnten wir die Genauigkeit des Verfahrens noch verbessern, indem wir die Tiere heranzogen, deren Alter bekannt war. Die ursprüngliche Methode zur Altersbestimmung an Hand der Zähne und der Schulterhöhe basierte auf Ermittlungen bei nur wenigen Zoo-Elefanten, deren Alter bekannt war. In Amboseli stand eine viel größere Stichprobe zur Verfügung. Als Phyllis 1983 und 1984 über die Entwicklung der Kälber arbeitete, nahm sie die Maße der Fußabdrücke von den meisten Kälbern und älteren Jungtieren. Gemeinsam mit Keith gelang es ihr, eine Alters- und Wachstumskurve zu erstellen, die wahrscheinlich die genaueste ist, die jemals für Elefanten erarbeitet worden ist. Diese Kurve sowie die Methode, Fußabdrücke auszumessen, sind auch eine Hilfe für Elefantenforscher, die in anderen Gegenden Afrikas arbeiten. 1983 veröffentlichten Jonah, Nick und ich in der wissenschaftlichen Zeitschrift »Journal of Wildlife Management« einen Artikel über das Fußabdruck-Verfahren mit dem Titel: »Altersschätzung und Altersstruktur einer Population bei Elefanten auf Grund der Abmessungen der Fußabdrücke«. Die Wachstumskurve wurde 1986 in einem gemeinsamen Artikel vorgestellt, den Phyllis und ich unter dem Titel »Early maternal investment in male and female African elephant« in der Zeitschrift »Behavioural Ecology and Sociobiology« veröffentlichten.

Alle diese im Feld angewandten Methoden sind jedoch nur genau bei Tieren, die unter zwanzig Jahre alt sind. Da sich die Wachstumsgeschwindigkeit bei Elefantenkühen verlangsamt und nach dem 25. Lebensjahr fast ganz aufhört, kann man diese Verfahren zur genauen Altersbestimmung bei erwachsenen, weiblichen Tieren nicht anwenden. Männliche Tiere wachsen zwar ständig und auch wahrnehmbar weiter, doch für die Populationsdynamik ist ihr Alter nicht so wichtig wie das der Kühe (tatsächlich bleiben die Bullen in den meisten Modellen sogar unberück-

sichtigt). Der Fußdurchmesser einer erwachsenen Kuh wächst in vielleicht zehn Jahren weniger als 2,5 Zentimeter. Es ist also schwierig, ein 25jähriges Tier von einem 35jährigen zu unterscheiden. Bei diesen älteren Tieren müssen wir das Alter schätzen und sie zu Klassen zusammenfassen, die fünf, zehn oder fünfzehn Jahre umfassen.
Zu meiner eigenen Verblüffung habe ich selbst das Alter von erwachsenen Kühen per Augenschein immer erstaunlich genau geschätzt. In der Anfangsphase war ich mir gar nicht ganz bewußt, wonach ich mich richtete. Doch jedesmal, wenn eine Kuh starb und wir den Unterkiefer für die Zahnuntersuchung einsammelten, betrug die Abweichung zwischen dem Alter, das ich nach dem Augenschein geschätzt hatte, und dem nach dem Zahnstatus bestimmten Lebensalter nie mehr als zwei Jahre. Als ich herauszufinden versuchte, wie ich zu diesem Urteil kam, begriff ich, daß ich mehrere Merkmale berücksichtigte: die Größe der Kuh, den Umfang der Stoßzähne an der Basis, ihr allgemeines Gesamterscheinungsbild, wie deutlich die Knochen um die Schultern herum hervortraten und wie stark ihre Stirn über den Augen eingefallen war. Ich versuchte, nicht nur die Schulterhöhe zu beurteilen, sondern fand es bei weiblichen Tieren besonders wichtig, auch die Länge des Körpers zu beachten. Alte Kühe werden nicht mehr größer, sondern scheinen statt dessen länger zu werden. Teresia, die ohnehin aus einer kurzbeinigen Familie stammte, war so lang geworden, daß sie irgendwie an einen riesigen Dackel erinnerte. Auch Leute, die nicht zum Elefantenprojekt gehörten, kannten Teresia wegen ihrer merkwürdigen Gestalt und machten häufig Bemerkungen darüber. Virginia, Jezebel und Horatia, alles Kühe von über fünfzig Jahren, hatten ebenfalls langgestreckte Körper; sie hatten aber längere Beine als Teresia und sahen deshalb nicht so komisch aus.
Andere wichtige Hinweise, die ich benutzte, um das Alter der erwachsenen Kühe zu schätzen, lieferten alte Fotoaufnahmen. Die Bilder, die Norman Myers von 1964 bis 1966 gemacht hatte, erwiesen sich als äußerst hilfreich. Von den Ts zum Beispiel hatte Norman mehrere Filme verknipst. Ich war fasziniert zu sehen, daß schon damals, vor mehr als zwanzig Jahren, dieselben vier Familien eine eng zusammengehörige, koordinierte Gruppe bildeten. Ich konnte Teresia, Torn Ear, Slit Ear, Tania und – wie ich glaube – sogar die kleine Tuskless erkennen. Auf den Fotos war bei Torn Ear ein zwei- bis dreijähriges Kalb, das in diesem Alter schon Stoßzähne hätte haben müssen, tatsächlich aber keine hatte, und ich bin sicher, daß es Tuskless war. Teresia, Torn Ear und Slit Ear waren

schon damals eindeutig große, erwachsene Kühe. Ich schätzte das Alter von Teresia zur Zeit dieser Aufnahmen auf mindestens vierzig, die anderen hielt ich für etwa zehn Jahre jünger.
Jedes Jahr konnte ich auf Grund meiner wachsenden Kenntnisse das Lebensalter der älteren Tiere immer genauer bestimmen. Mit dem Älterwerden der Tiere, deren Alter bekannt war, bekam ich eine bessere Vorstellung davon, wie ein zwölf-, dreizehn- oder vierzehnjähriger Elefant aussieht. Wenn ich dann die alten Fotografien, einschließlich meiner eigenen, erneut begutachtete, konnte ich die entsprechende Anzahl von Jahren dazu addieren und kam auf das gegenwärtige Lebensalter. So kann ich zum Beispiel, wenn ich Bilder betrachte, die ich 1973 von Tallulah und Tess angefertigt hatte, ziemlich sicher sein, daß beide damals ungefähr zehn Jahre alt gewesen waren. Denn heute kann ich zum Vergleich ihrer Größe und des Wachstums ihrer Stoßzähne Tabitha heranziehen, deren Alter genau bekannt ist. Sie ist eine zehnjährige Elefantenkuh aus derselben Bond Group. Ich habe viel Zeit damit verbracht, meine eigenen und Norman Myer's und Mark Boulton's alte Aufnahmen durchzusehen, um die Altersbestimmung von Jahr zu Jahr zu verfeinern. In der Zwischenzeit sammelten wir die Unterkiefer der Elefanten ein, die gestorben waren, und bestimmten ihr Alter an Hand der Zähne. Auf diese Weise bekam ich eine bessere Vorstellung davon, wie dreißig-, vierzig- und fünfzigjährige Tiere aussehen. Joyce benutzte bei den Bullen die gleichen Methoden zur Altersschätzung, nicht so sehr für die Populationsdynamik, sondern vielmehr für das Studium der Beziehungen zwischen Alter und Dominanz sowie zwischen Alter und Musth.
Eine Auffälligkeit in der Altersstruktur bei Elefanten ist, daß die Häufigkeitsverteilung fast immer Gipfel und Täler aufweist – das heißt, es gibt in einer Altersklasse viele Tiere, in den nächsten Altersklassen nur sehr wenige und in der folgenden Altersklasse dann wieder eine ganze Menge. Mit anderen Worten: Es liegt keine gleichmäßige Altersverteilung in einer Population vor. Betrachtet man diese Struktur in der Amboseli-Population bei den weiblichen Elefanten, deren Alter im Jahre 1983 bekannt ist, so gibt es in bestimmten Altersstufen deutliche Gipfel:
In der Säule für die Zwölf- bis Fünfzehnjährigen gab es viele Tiere, in jener der Neun- bis Zwölfjährigen nur wenige und in der Klasse der Sechs- bis Neunjährigen kaum welche. Dann kommt es plötzlich wieder zu Gipfeln bei den Drei- bis Sechsjährigen und den Neugeborenen bis Dreijährigen.

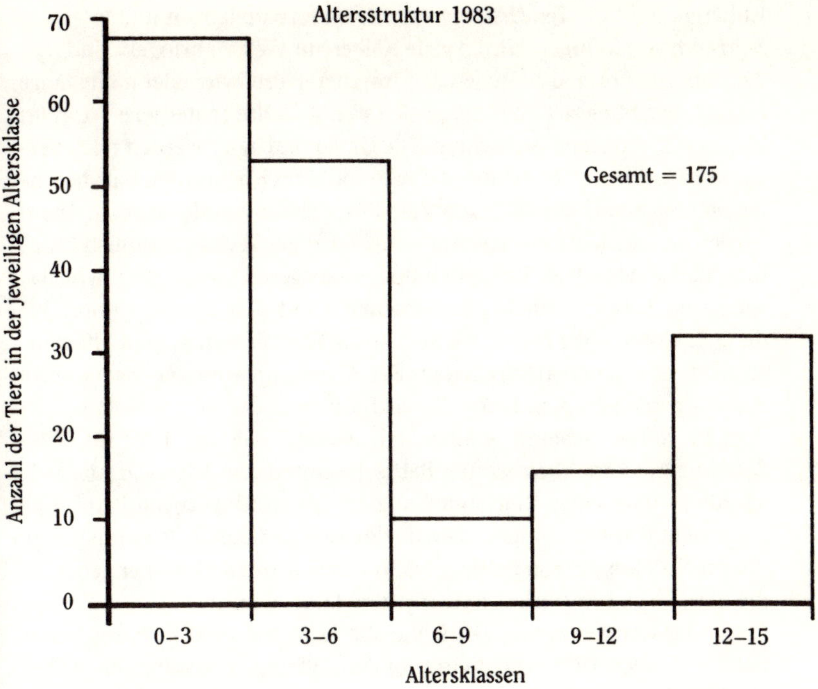

Einen der Umstände für solche Häufungen habe ich schon beschrieben: Elefanten können unter ungünstigen Bedingungen ihre Fortpflanzungsaktivität einstellen und einschränken, und zur gleichen Zeit kann die Sterblichkeit bei jenen Kälbern, die geboren werden, hoch sein. Eine zweite Ursache für diese Gipfel und Täler ergibt sich aus einer Einschränkung, die in der Biologie der Elefanten begründet liegt: Die lange Trächtigkeitsdauer dieser Tiere und die großen Geburtenabstände erschweren eine gleichmäßige Altersverteilung. Unter gleichbleibenden, ständig günstigen Bedingungen könnten die Elefanten jedes Jahr dieselbe Anzahl von Kälbern hervorbringen. Wenn es in einer Population zum Beispiel hundert Kühe und ein durchschnittliches Geburtenintervall von vier Jahren gäbe, dann könnte man erwarten, daß pro Jahr fünfundzwanzig Kälber geboren werden. Aber auf diese Weise läuft es niemals ab. Sobald eine Population in irgendwelche Schwierigkeiten gerät, hören die Kühe auf, sich zu vermehren, oder es gibt eine hohe Kälbersterblichkeit. So entsteht das beschriebene wellenförmige Verteilungsmuster. Bei den

Kühen besteht die Tendenz, sich synchron fortzupflanzen und in einem Zeitraum von wenigen Jahren viele Kälber zur Welt zu bringen. Und weil der Geburtenabstand zwischen den Jungtieren drei, vier oder mehr Jahre beträgt, ergibt es sich, daß diese sich wenige Jahre später wiederum im gleichen Zeitabstand vermehren. Die Gipfel und Täler werden noch verstärkt dadurch, daß alle Kühe, die während eines bestimmten Babybooms geboren wurden, zur gleichen Zeit fortpflanzungsfähig werden. Dann wiederum bauen sie ein eigenes wellenförmiges Verteilungsmuster auf, und, da sie denselben Umwelteinflüssen ausgesetzt sind, geschieht das wiederum häufig zeitlich gleichgeschaltet mit den älteren Kühen. All diese Faktoren – die Dürre, die synchrone Fortpflanzung, die Geburtenabstände und der Zustrom einer großen Altersgruppe junger erwachsener Kühe – trugen zu dem beispiellosen Babyboom des Jahres 1983 bei, in dem 81 Kälber geboren wurden. Ich glaubte, daß ich 1979 bis 1980 Zeugin einer bemerkenswerten Babyschwemme geworden war, die sich allerdings über einen Zeitraum von zwei Jahren hingezogen hatte. Der Babyboom von 1983 hingegen erstreckte sich im Grunde genommen nur über sechs Monate: Von Februar bis Juli 1983 wurden 74 Kälber geboren, die übrigen sieben zwischen August und Dezember.

Folgendes war geschehen: Die Kühe, die 1979 und 1980 Kälber geboren hatten, standen 1983 erneut kurz vor der Kalbung. Also waren die Kühe, die 1979 Kälber bekommen hatten, bereits 1981 wieder trächtig geworden und brachten 1983, mit einem Geburtenabstand von vier Jahren, erneut Kinder zur Welt. Und die Kühe, die 1980 ihre Babies bekommen hatten, überraschten uns damit, daß sie ebenfalls 1981 schon wieder befruchtet wurden und 1983 ihre Kälber gebaren, also mit einem Geburtenabstand von nur drei Jahren. Die kürzeste Aufeinanderfolge von Geburten, die ich in Amboseli festgestellt habe, betrug zwei Jahre und sieben Monate. Ich glaube allerdings, daß dies ungewöhnlich und eines der kleinstmöglichen Intervalle überhaupt ist. Diese Geburtenabstände beziehen sich auf Elefantenkühe, deren vorangegangene Kälber am Leben blieben. Wenn ein Kalb bei der Geburt oder kurz danach stirbt, ist auch eine kürzere Geburtenfolge möglich. Bei Tonie zum Beispiel, die ihr Kalb bei der Geburt verlor, betrug der Geburtenabstand nur zwei Jahre. Der Zeitraum von drei Jahren zwischen den Geburten bei Kühen mit überlebenden Kälbern zeigt, daß Elefanten in der Lage sind, unter günstigen Bedingungen ihre Fortpflanzungsrate zu steigern. Das zeigt wieder einmal die flexiblen Reaktionen von Elefanten.

Der statistische Beitrag der Kälber dieser reifen Kühe an dem Babyboom ist bedeutsam, aber wirklich herausragend wurde er erst dadurch, daß eine ganze Gruppe junger Kühe, die in den Jahren von 1968 bis 1970 geboren waren, zu dieser Zeit das fortpflanzungsfähige Alter erreicht hatten. Dreiundvierzig junge Kühe wurden im Verlaufe des Jahres 1981 geschlechtsreif, und viele von ihnen wurden schon in demselben Jahr trächtig und brachten dann 1983 Kälber zur Welt. Auf Grund der Aufzeichnungen aus Amboseli scheint ein Pubertätsalter von elf bis zwölf Jahren bei weiblichen Tieren üblich zu sein; obwohl, wie zu erwarten, einige Tiere auch schon früher, im Alter von neun oder zehn Jahren, erstmals einen Zyklus hatten. Gleichzeitig gab es auch einige weibliche Tiere, die ihr erstes Kalb offenbar erst nach dem zwanzigsten Lebensjahr bekamen.

Bis 1983 hatten alle erwachsenen Kühe von mehr als zwanzig Jahren ihre erste Geburt gehabt, mit einer Ausnahme – Paula. Sie war niemals im Östrus beobachtet worden, noch hatte sie Anzeichen einer Trächtigkeit gezeigt. Paula hatte ihren Namen erst kürzlich erhalten, weil wir sie jahrelang für einen jungen Bullen gehalten hatten. »Er« wurde »Petra's junger Bulle« genannt, und ich hatte »ihm« eine männliche Nummer, M176, gegeben und sein Bild und seine Kennkarte in der Bullenkartei geführt. Ich wurde erst mißtrauisch, als Petra, die junge Leitkuh der Familie, ein Kalb bekam und ich bemerkte, daß M176 dem Kalb sehr viel Aufmerksamkeit widmete. In meinen Aufzeichnungen steht:

> 10.30 – M176, Petra's junger Bulle, benimmt sich Petra's Baby gegenüber wie eine junge Kuh. Er geht zu ihm und streckt sich nach ihm, um es zu berühren. Es ist das erste Mal, daß ich ein solches Verhalten bei einem männlichen Tier sehe.
> 11.15 – M176 verhält sich so, weil »er« weiblich ist!

Ich war schockiert und Joyce, Keith und Phyllis ebenso. Jeder hatte gedacht, daß »sie« ein Bulle sei. »Ihr« Kopf und die Form »ihrer« Stoßzähne waren sehr maskulin, aber »sie« hatte – wie wir nun feststellten – eindeutig weibliche Geschlechtsorgane. Allerdings war die Scheide schwer zu sehen, weil sie weiter vorn zwischen den Hinterbeinen lag als sonst üblich. Ich habe auch noch eine andere Entschuldigung, um nicht als kompletter Idiot dazustehen: Paula und Petra gehören zu den PBs, einer Familie, die zu den am weitesten in der Peripherie lebenden Elefanten zählt und nicht oft gesehen wird. In der Anfangszeit fürchteten sie sich vor Autos und gestatteten mir nicht, näher zu kommen. Ich habe die Geschlechtsorgane von M176 einfach niemals aus der Nähe betrachtet. Aber ich glaube, es ist bedeutsam, daß Paula niemals ein Kalb bekommen hat, und ich vermute, daß mit ihren Hormonen, und möglicherweise auch mit ihren Fortpflanzungsorganen, etwas nicht normal ist. Gleichwohl, die Tatsache, daß es nur eine abnorme Kuh in Amboseli gibt, zeigt, daß die Elefanten hier gesund und fruchtbar sind.

Eine letzte interessante Frage bei der Untersuchung der Populationsdynamik ist, in welchem Alter die Kühe sich langsamer vermehren oder ganz aufhören, sich fortzupflanzen. Weibliche Elefanten sind noch mit gut über vierzig Jahren fruchtbar und bringen weiterhin regelmäßig Kälber zur Welt. Es gibt nur wenige Kühe in der Amboseli-Population, deren Alter auf über fünfzig Jahre geschätzt wird, und obwohl meine Daten nicht auf eine »Menopause« bei diesen Tieren schließen lassen, gibt es doch Hinweise, daß die Häufigkeit abnimmt, mit der sie Kälber hervorbringen. Auch die Fähigkeit, lebensfähige Nachkommen zur Welt zu bringen, kann beeinträchtigt sein. Von den etwa sechs Kühen, die an die fünfzig oder älter sind, haben vier – Teresia, Virginia, Lillian und Big Tuskless – ihr jüngstes Kalb kurz nach der Geburt verloren. Wie ich schon erwähnt habe, hatten Teresia und Virginia vor diesen letzten Kälbern neun Jahre lang kein Baby. Nachdem die Kälber gestorben waren, zeigten die Mütter keine Anzeichen, daß sie wieder trächtig wurden. Diese herabgesetzte Fruchtbarkeit in den höheren Altersklassen muß berücksichtigt werden, wenn man Populationsmodelle entwirft.

Ich glaube, das Entwerfen eines sogenannten Simulationsmodells, das eine Vorhersage gestatten könnte, was mit der Amboseli-Population geschehen wird, ist ein hauptsächlich theoretisches und nur teilweise wertvolles Unterfangen. Man läuft Gefahr, sich zu sehr auf diese Prognosen aus solchen Modellen zu verlassen. Am Ende des Jahres 1983, mit einem Bestand von 647 Tieren, sah es aus, als würde die Zahl der Elefanten rapide zunehmen. Obgleich Modelle zwar Faktoren wie Katastrophen und Dürrezeiten berücksichtigen können, sind deren zeitlicher Ablauf und Schweregrad kaum vorherzusagen. Sogar an Hand meiner Daten, die sich über vierzehn Jahre erstrecken, würde ich immer noch zögern bei dem Versuch einer Vorhersage, was mit der Population in den nächsten zehn Jahren geschehen wird. Im Jahre 1983 hätte niemand wissen können, daß 1984 für die Elefanten von Amboseli ein in so vielfältiger Weise verhängnisvolles Jahr werden würde.

1983 jedenfalls war eine erfreuliche Zeit, um in Amboseli zu sein – sowohl für Elefanten wie auch für Wissenschaftler, die über sie arbeiteten. Während der ersten sechs Monate dieses Jahres schienen die Elefantenbabies förmlich vom Himmel zu fallen. Für Phyllis, die gerade begonnen hatte, die Entwicklung der Kälber zu untersuchen, war es wunderbar. An einigen Tagen konnte sie es gerade noch schaffen, alle neuen Geburten zu registrieren und das Geschlecht der Babies festzustellen. Bis Mitte des Jahres gab es mehr als zweihundert Kälber unter fünf Jahren. Die Wechselbeziehungen zwischen den Brüdern und Schwestern zeigten eine faszinierende Mischung aus geschwisterlicher Rivalität, Fürsorge und Rücksichtnahme.

Die Ts blieben auch weiterhin eine gute Bond Group zum Studium von Kälbern in verschiedenen Altersstufen und mit unterschiedlichen Geschwister-Kombinationen. Tania war die erste der Ts, die 1983 ein Kalb bekam. Um den 20. April herum brachte sie ein weibliches Tier zur Welt. Meine Aufzeichnungen zeigen, daß dies nach zwanzig Jahren ihre erste Tochter war. In den Jahren 1962, 1968, 1973 und 1979 hatte sie Söhne geboren. Slit Ear war die nächste, die ein Kalb bekam, wiederum eine Tochter. Damit hatte sie in den vergangenen zwanzig Jahren hintereinander sechs Töchter zur Welt gebracht. Nur eine knappe Woche später, am 23. Mai, wurde Tia's Kalb geboren, nach drei Söhnen diesmal eine Tochter. Ungefähr einen Monat später starb dann Tamar bei der Geburt. Ungefähr am 4. Juli bekam Tallulah ihre zweite Tochter, und soweit wir das sagen können (denn die eigentliche Geburt haben wir nicht beobachtet), wurde sie nun, da sie eine erfahrene, ältere Kuh von zwanzig Jahren war, spielend damit fertig. Schließlich brachte die kleine Tilly, Torn Ear's dreizehnjährige Tochter, am 22. August ihr erstes Kalb, ein männliches Tier, zur Welt.

Für die Ts war es, im Hinblick auf den Fortpflanzungserfolg, trotz Tamar's Tod, ein ausgezeichnetes Jahr. Niemand ahnte, was im nächsten Jahr passieren sollte. Ende 1983 sah alles noch rosig – oder, bei Elefanten zutreffender, »grün« aus. Die Ts begannen das Jahr 1984 mit der größten Zahl von Familienmitgliedern, seit ich sie kannte. Right Fang war im Alter von vierzehn Jahren unabhängig geworden, und nachdem er die vier Familienverbände verlassen hatte, blieben die folgenden 29 Tiere:

TA

- Tuskless (62) ♀
    - Tuo (80) ♂

- Tonie (67) ♀
    - C' 82 ♂

- Tilly (70) ♀
    - C' 83 ♂

TB

- Tania (44) ♀
    - C' 83 ♀
    - Tom (79) ♂
    - Toby ♂

TC

- Slit Ear (36) ♀
    - C' 83 ♀
    - Slo (80) ♀
    - Tabitha (76) ♀
    - Tara (67) ♀
        - C' 82 ♂
    - Tess (63) ♀
        - C' 82 ♀
    - Tia (50) ♀
        - C' 83 ♀
        - Tio (80) ♂
        - Taddeus (76) ♂

TD

- Teresia (22) ♀
    - Tolstoi (71) ♂
    - Theodora (67) ♀
        - C' 82 ♂

- Tallulah (63) ♀
    - C' 83 ♀
    - Tao (80) ♀

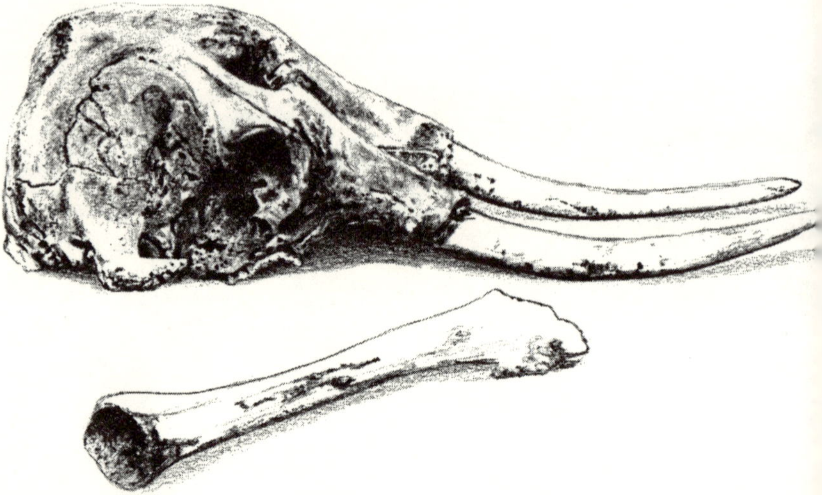

10
Lebenslauf und Tod

1984

Die »Große Regenzeit« im Jahre 1984 hatte sich als sehr dürftig erwiesen. Die Niederschläge waren die geringsten seit Jahren gewesen, und die schlechten Bedingungen kamen denen des Jahres 1976 sehr nahe. Die Regenfälle 1982 waren unterdurchschnittlich gewesen und die von 1983 hatten zwar über dem Mittel gelegen, doch dieses eine gute Jahr hatte nicht ausgereicht, genügende Reserven aufzubauen. Als dann 1984 die Regenfälle praktisch ausblieben, standen wir vor einer weiteren bedrohlichen Dürre, schon im Juni wurde die Nahrung knapp.

Während der Regenfälle im April und Mai waren die Ts für kurze Zeit aus dem Becken hinausgewandert. Doch als die Wasserlöcher dort austrockneten und das flüchtige Wachstum der Gräser beendet war, kehrten sie bald in die Amboseli-Sümpfe zurück. Die TAs und TBs, unter Führung von Tuskless und Tania, suchten wie immer ihre angestammten Gebiete in der Nähe der Lodges und Bandas auf. Tuskless hatte im März ein Kalb geboren, und die neuerliche Milchproduktion hatte ihren Bedarf an nahrhaftem Futter steigen lassen. Sie führte ihre Familie auf einer stetigen Route von einer Abfallgrube zur nächsten, durchstöberte sogar die Mülltonnen der Bandas und steckte, sehr zum Schrecken der Angestellten und Touristen, ihren Rüssel bis mitten in die Küchen hinein. In den Abendstunden zogen die TAs und TBs zu der an der Quelle des Enkongo Narok-Sumpfes gelegenen Serena Lodge hinüber, brachen dort in das Gartengebiet ein und verzehrten die Zierpflanzen, von denen einige offenbar recht wohlschmeckend waren. Auch die Müllgrube in Serena war nur eine leichte Vertiefung im Boden, so daß die Elefanten keine Probleme hatten, dort nach Eßbarem zu stöbern.

Die TCs und TDs, unter Führung von Slit Ear und Teresia, begannen die Trockenzeit mit ihrer üblichen Routine: Sie verbrachten die Nächte im östlichen und westlichen Wald- und Buschland und wechselten tagsüber entweder in den Longinye-Sumpf oder in die kleinen Sümpfe im Ol Tukai Orok-Gebiet hinüber. Sie fanden jedoch, genau wie 1982 schon, viele andere Elefanten vor, die das Gebiet ebenfalls nutzten, und es gab dort nur wenig Futter.

Mitte Juni leitete Slit Ear dieselbe Strategie ein, die Teresia 1982 angewendet hatte, als sie die beiden Familien nach Namalog geführt hatte. Teresia war mittlerweile über sechzig Jahre alt und überließ jetzt die meisten Entscheidungen über die täglichen Ortsveränderungen und Aktivitäten Slit Ear. Sie folgte den anderen, blieb jedoch meist etwa dreißig Meter zurück. Zwar war sie weder lahm noch steif oder krank, sie war nur einfach etwas langsamer geworden. Ihre Backenzähne waren abgenutzt bis auf kleine, glatte Scheiben und hatten nur noch ein Viertel ihrer ursprünglichen Größe. Es waren ihre sechsten Zähne, sie würde also keine neuen mehr bekommen. Die derben, grobfaserigen Sumpfpflanzen zu kauen, war schwer für sie, und zähe Baumrinde und harte Äste stellten sie vor noch größere Schwierigkeiten. Dennoch gelang es ihr durch vermehrtes Kauen und zeitliche Verlängerung der Nahrungsaufnahme, ausreichend Futter zu sich zu nehmen, wenn es nur zu finden war.

In der Nacht ihrer Wanderschaft waren die Tiere aus dem Longinye herausgekommen, hatten im Waldgebiet Olodo Are gefressen und eine Zeitlang geschlafen. Als sie um drei Uhr morgens, früher als gewöhnlich, aufwachten, wandte Slit Ear sich nach Osten. Nachdem sie einige sanfte Kollerlaute von sich gegeben hatte, einen Fuß etwas hin und her geschwungen und die Gruppenmitglieder aufeinander abgestimmt hatte, marschierte sie los in Richtung auf Namalog und die Parkgrenze. Teresia war einig mit ihr und folgte nach.

Die TCs und TDs bildeten zusammen eine Gruppe von beachtlicher Größe: Es waren neunzehn Tiere, die in einer Reihe von jeweils zwei Tieren nebeneinander dahinzogen. Slit Ear, deren lange, aufwärtsgebogene Stoßzähne im Mondlicht glänzten, ging an der Spitze, dichtgefolgt von ihrem einjährigen Kalb, drei weiteren Töchtern und Tara's C' 82, ihrem Enkel. Dann kamen Tia und ihre drei Nachkommen – eine Tochter und zwei Söhne (manchmal gesellte sich Right Fang noch zu seiner Familie oder zu den TAs und TBs, doch meistens war er zum Fressen auf der großen Lichtung in der Nähe des Camps, die er so gut kannte). Als nächste folgten Tess und deren Tochter. Und dann, nach einer kleinen Lücke, kam Tallulah mit den TDs: ihren beiden Töchtern und Theodora mit Sohn sowie Tolstoi, dem großen Sohn von Teresia. Nach einer weiteren Lücke von zwanzig bis dreißig Metern folgte langsam, aber stetig die alte Teresia mit ihrem langen, niedrigen Körper und den zwei abgebrochenen Stoßzähnen. Sie war so würdevoll wie eh und je.

Die beiden Familien verließen den Park schon lange vor der Morgendämmerung. Sie kamen an den Massai-Brunnen und zwei Enkangs vorbei und zogen zum äußeren Ende des Abflusses vom Namalog-Sumpf weiter. Nachdem sie die Senke durchquert hatten, wanderten sie am nördlichen Ufer des Sumpfes entlang, bis sie zu einer Gruppe hoher *Acacia xanthophloea*-Bäume kamen. Hier fraßen die Elefanten eine Zeitlang, dann setzten sie ihren Weg am Rande des Sumpfes fort. Bald jedoch stießen sie auf etwas, dem sie in ihrem Streifgebiet nur selten begegneten: einen Zaun aus Pfählen und Drähten; keine Dorneneinfriedung, wie sie die Massai um ihre Ansiedlungen herum errichten. Sie kannten die Zäune, die um bestimmte Abschnitte der Lodges herum gezogen waren, und sie hatten mehrere Jahre zuvor die Zäune auf der Südseite des Namalog gesehen, aber sonst gab es nirgends in den Gebieten, die sie aufsuchten, solche Hindernisse. Als sie jene zwei Monate im Jahre 1982 in Namalog verbrachten, hatte es auf dieser Seite des Sumpfes noch keine Zäune gegeben, und so weit westlich waren damals auch keine Menschen gewesen. Aus dem Gebiet hinter dem Zaun kamen die starken Gerüche der Massai und ihres Viehs sowie die unerfreulichen Gerüche fremdartiger Pflanzen zu ihnen herüber. Slit Ear und die anderen kehrten um, gingen in den tiefen Sumpf hinein und hinüber zu der Insel, auf der sie schon früher in Ruhe gelassen worden waren.

Als der Tag anbrach, hörten sie den Klang von Kuhglocken, die Pfiffe und Rufe der Massai und später das Hacken und Brechen von Holz sowie dumpfe Schläge auf die Erde. All' diese Unruhe war den Elefanten unbehaglich, zumal sie von einer Stelle herrührte, die dem Sumpfufer sehr nahe und von der Insel nicht weit entfernt war. Trotzdem blieben die Elefanten den Tag über auf der Insel und zogen sich erst nach Einbruch der Dunkelheit für die Nacht in den Park zurück. Auf der Insel und im umgebenden Sumpf war das Nahrungsangebot ziemlich reichlich gewesen, und am nächsten Morgen brachen sie auf, um erneut in Namalog auf Futtersuche zu gehen. Wieder erreichten sie den Sumpf kurz vor der Morgendämmerung. Sie fraßen dort die längste Zeit des Tages, und sie wurden dabei nur von jenen Geräuschen gestört, die zu ihnen herüberdrangen.

Um 16.30 Uhr jedoch kam eine gemischte Schaf- und Ziegenherde, begleitet von einigen Massai-Jungen, zum Ufer des Sumpfes, direkt gegenüber von den Ts. Einige der Ziegen gingen in den Sumpf hinein und sprangen von einer Pflanzeninsel zur nächsten. Die Rüssel sämtlicher Elefanten gingen hoch wie Periskope und ragten aus dem Schilf und dem Papyrus hervor. Der Wind kam von den Jungen und dem Vieh genau zu ihnen herüber, und die Eindringlinge waren zu nahe, um sich noch sicher zu fühlen. Die Elefanten verließen eilig den Sumpf in Richtung auf das gegenüberliegende Ufer im Südwesten. Sie stürzten durch das Wasser, den Matsch und das dichte Gewirr der Wurzeln. Die erwachsenen Tiere brachen einfach durch den Pflanzenbewuchs hindurch, die Kälber jedoch blieben immer wieder hängen. Das C'82 von Theodora verfing sich in einem Haufen von Wurzeln, drohte unterzugehen und schrie vor Angst. Theodora und Teresia kamen sofort herbei und halfen ihm, sich zu befreien. Alle Elefanten erreichten das Ufer und eilten, fast im Laufschritt fort, nach Westen in Richtung auf den Park zu.
Es war die falsche Zeit, um den schützenden Sumpf zu verlassen, aber sie hatten keine andere Wahl. Sie hielten sich dicht am Rand des Sumpfes, obwohl das Gelände auf dieser Seite ziemlich offen war. Sie hatten das Ende des Namalog-Abflusses schon fast erreicht, als hinter einer Gruppe junger Akazien plötzlich drei Massai-Männer hervortraten, alle mit langen, glänzenden Speeren bewaffnet. Slit Ear sah sie als erste, gab Alarm, und alle Tiere kehrten um und rannten davon. Die drei Massai sprinteten schräg auf die Elefanten zu und versuchten, Slit Ear den Weg abzuschneiden. Sie schwenkte jedoch um und kam an ihnen vorbei, dicht gefolgt von Tolstoi, Tallulah, Theo und ihren Kälbern. Teresia, die nicht so schnell laufen konnte wie die anderen, blieb allein zurück.
Die Männer rannten schnell auf sie zu, dabei hielten sie die Speere über der Schulter wurfbereit in der rechten Hand. Der erste Mann schleuderte seinen Speer mit ungeheurer Kraft und nutzte dabei den Schwung seines Anlaufs. Der Speer traf Teresia an der linken Schulter und drang mehr als fünfzehn Zentimeter tief in die Muskulatur ein. Der nächste Mann warf seinen Speer, als sie sich gerade zum Angriff umdrehte. Die Klinge durchstieß ein Ohr und bohrte sich in ihren Hals. Der dritte Mann zögerte, zielte sorgfältig und schleuderte dann seine Waffe mit aller Kraft auf das Tier. Der Speer traf Teresia hinter der Schulter und verfehlte das Herz nur knapp. Die Klinge rutschte leicht nach rechts ab und drang zwischen zwei Rippen ein.

Teresia stöhnte bei jedem der drei Stöße vor Schmerzen auf und taumelte, aber sie fiel nicht hin. Ja, sie griff sogar an, und die Massai mußten, da sie keine Waffen mehr hatten, davonlaufen. Teresia verfolgte sie nur eine kurze Strecke, dann drehte sie ab und machte sich unter quälenden Schmerzen auf den Weg zur Nordseite. Zwei der Speere waren heruntergefallen, der erste aber, der in ihre Schulter gedrungen war, saß noch fest. Als sie versuchte zu laufen, scheuerte er gegen ihre Knochen. Humpelnd suchte sie den am dichtesten bewachsenen Teil des Sumpfufers auf und verbarg sich im dichten Buschwerk. Sie hatte keine Möglichkeit, die anderen einzuholen, die schon den halben Weg nach Olodo Are hinter sich hatten und in großer Angst mit höchster Geschwindigkeit davonrannten.

Teresia's Flanken bebten vor Anstrengung. Mit dem Rüssel griff sie nach dem Speer und zog und drehte daran. Der Speer hatte ihre Muskeln verletzt, und nun vergrößerte sie den Schaden noch, indem sie den Speer herauszerrte. Mit eisernem Willen hatte sie es geschafft, bis in das Dikkicht zu kommen, aber jetzt konnte sie sich kaum noch bewegen. Die drei Männer hatten nicht versucht, ihr zu folgen. Im Augenblick war sie daher in Sicherheit.

Teresia hatte allerdings in ihrem Leben reichlich Erfahrungen gesammelt, wie man den Massai ausweicht. Deshalb bewegte sie sich im Schutz des dichten Buschwerks und war den Hirten immer ein Stückchen voraus. Sie hatte heftige Schmerzen, und ihre Schulterwunde behinderte sie ernstlich, aber da die Speere keine Arterien beschädigt und keine lebenswichtigen Organe getroffen hatten, war sie nicht todgeweiht. Zwei Tage hielt sie sich versteckt, bis sie wieder zu Kräften gekommen und in der Lage war, zum Sumpf hinunterzugehen, um zu trinken und sogar ein wenig zu fressen. Sie war jedoch nicht kräftig genug, um zu ihrer Familie in den Park zurückzukehren. Sie mußte allein in Namalog bleiben. Einige Massai sahen sie während dieser Zeit und bemerkten, daß sie verwundet war. Sie hatten aber kein Interesse daran, sie zu töten. Es war weder aufregend noch tapfer, ein altes, verwundetes Tier zu erledigen. Sie ließen Teresia in Ruhe. Für ihre Angreifer war es nur ein ganz spontaner Sport gewesen.

Die Gefahr für Teresia kam nicht von den Massai, sie war viel heimtückischer. Die Wunden waren schmal und tief, was bei einem Elefanten sehr schlimm ist. Wegen der dicken, zähen Haut besteht die Tendenz, daß sich die Wundöffnung fast völlig verschließt, so daß das Wundsekret nicht

richtig abfließen kann. Teresias Schulterwunde entleerte sich gut von Wundsekreten, weil sie durch die Bewegungen offengehalten wurde. Die beiden anderen Wunden jedoch hatten keinen Abfluß und entzündeten sich bald. Es war ein langsamer Prozeß, aber schließlich breitete sich die Infektion im ganzen Körper aus, und es kam zu einer Blutvergiftung. Alle drei Wunden sonderten grünlich-gelben Eiter ab.
Zehn Tage nachdem sie gespeert worden war, lebte Teresia noch, aber sie war nahe daran, den Kampf gegen die Infektion zu verlieren. Sie hatte nun zwar weniger Schmerzen, dafür aber Fieber; sie fraß kaum noch und schaffte es gerade noch, das Sumpfufer zum Trinken zu erreichen. Wegen des Fiebers war sie sehr durstig und versuchte deshalb, so gut es ging, in der Nähe des Trinkwassers zu bleiben, ohne den Massai zu begegnen.
Zwei Tage später konnte Teresia sich nicht mehr bewegen, sie stand schwankend und nur halb bei Bewußtsein im Schatten eines Baumes. Jetzt hatte sie ein Stadium erreicht, in dem sie nicht mehr viel spürte. Die meiste Zeit schien sie zu träumen, vielleicht von ausgedehnten Flächen mit frischen, wohlschmeckenden Gräsern und von klaren, kühlen Bächen in den Hügeln. Oder davon, wie die süßen Säfte schmecken, die herausspritzen, wenn ihre bevorzugten Wildfrüchte zerbissen werden. Am wahrscheinlichsten aber war, daß sie von den Gerüchen, den Berührungen und den Lauten ihrer Familie träumte – von denen, die noch am Leben waren, und von denen, die schon vor langer Zeit gestorben waren – von ihrer Großmutter, ihrer Mutter, ihren Schwestern und Brüdern und ihren Söhnen und Töchtern.
An ihrem letzten Tag war Teresia zu schwach zum Stehen. Langsam sank sie zu Boden, zuerst auf ihre Brust, dann sackte sie seitlich weg. Eine Zeitlang nahm sie noch die Geräusche und die Gerüche in ihrer Umgebung wahr, aber bald war da gar nichts mehr. Ihr langes Leben war zu Ende.

Ich kann nicht leugnen, daß mich der Tod von Teresia mehr betroffen hat als der irgendeines anderen Elefanten. Diese merkwürdig aussehende Elefantenkuh war mir sehr ans Herz gewachsen, und als sie starb, empfand ich Trauer und spürte den Verlust. Schon gegen Ende des Jahres 1983, als ich sah, wie langsam sie geworden war und wie alt sie aussah, wußte ich, daß sie aufgrund ihres Alters und wegen ihrer Zähne in den nächsten Jahren ohnehin eines natürlichen Todes sterben würde. Aber ich hatte gehofft, daß Teresia ohne Schmerzen und ohne zu leiden stürbe, und machte mir Sorgen um sie. Jedesmal, wenn ich nach Amboseli gefahren war oder wenn Phyllis und Keith nach Nairobi gekommen waren, fragte ich zuerst nach Teresia, nicht einfach: »Hat es irgendwelche Todesfälle gegeben?«, sondern: »Habt ihr Teresia gesehen? Geht es ihr gut?«

Als ich im Juni 1984 für einen kurzen Aufenthalt nach Amboseli kam, erzählten mir Phyllis und Keith widerstrebend, daß sie vermuteten, mit Teresia sei »irgend etwas« geschehen. Sie wußten, daß ich mich aufregen würde, aber sie mußten es mir sagen. Phyllis hatte die TCs und TDs getroffen, als diese mit hoch erhobenen Schwänzen und schräg abgestellten Ohren, in einer Haltung, die Angst und seelische Not ausdrückt, durch das Gebiet von Olodo Are liefen. Teresia war nicht bei ihnen. Wir waren ziemlich sicher, daß sie krank, verletzt oder tot war, und bei meiner Rückkehr nach Nairobi fühlte ich mich frustriert und war unglücklich darüber, daß ich nicht wußte, was ihr zugestoßen war und wo sie sich befand. In der nächsten Woche bekam ich dann die Nachricht, daß Teresia von Daniel Nkurupe, einem unserer Massai-Freunde, in Namalog gesehen worden war. Sie sei gespeert worden und krank. Daniel war mit Phyllis oft zur Elefantenbeobachtung hinausgefahren. Er kannte mehrere Elefanten, unter ihnen auch Teresia, die wegen ihrer seltsamen Gestalt und ihrer abgebrochenen Stoßzähne leicht auszumachen war. Die Nachricht, daß sie am Leben war, gab mir etwas Hoffnung, aber es bekümmerte mich, daran zu denken, daß sie allein und verletzt in Namalog war. Es verstrichen einige weitere Wochen, in denen Daniel Teresia nicht wiedersah, und auch nach Amboseli kehrte die alte Elefantenkuh nicht zurück. Wir mußten uns damit abfinden: Sie war tot.

Aber so traurig wir alle auch waren, so wollten wir doch nicht, daß ihr Tod in bezug auf wissenschaftliche Informationen vergebens war. Ich hatte geschätzt, daß sie der älteste Elefant in der Population war, und wir wollten unbedingt ihren Unterkiefer sichern, um an Hand der Zähne ihr Alter zu bestimmen. Keith und Phyllis machten sich an die Detektivarbeit. Alle Massai in der Gegend wußten, wer Teresia gespeert hatte. Aber niemand würde sagen, wer es gewesen war und wo die Leiche lag, da anzunehmen war, daß jene Männer für Teresias Tod zur Rechenschaft gezogen werden würden. Nach zahlreichen Verhandlungen und verdeckten Ermittlungen unter Einbeziehung von Massai-Freunden und anderen Mittelsmännern führte ein Massai Phyllis und Keith zu der Leiche. Sie fanden den teilweise verwesten Körper und sahen, daß Teresia Speerwunden hatte. Die Reste ihrer Stoßzähne waren verschwunden. Sie lösten den Unterkiefer und die oberen Backenzähne heraus und nahmen sie mit ins Camp. Nach den Kriterien zur Altersbestimmung von Laws war Teresia 62 plus oder minus zwei Jahre geworden. Ich hatte sie so um die sechzig geschätzt und ihr Geburtsjahr mit 1924 angegeben. Nun änderte ich es auf 1922.

Es war faszinierend, sich vorzustellen, welche Erfahrungen Teresia in ihrem langen Dasein gemacht hatte. Ihr halbes Leben hindurch hat sie vermutlich nur sehr selten Autos gesehen. Mit Ausnahme der aus Lehm und Dung hergestellten Massai-Hütten, dürfte sie nur auf wenige menschliche Gebäude gestoßen sein. Es gab für sie nur Elefanten, andere Wildtiere, die Massai und deren Vieh sowie manchmal Leute, die zum Jagen oder Wildern kamen. Als sie schon gut über dreißig war, begann sich vieles zu ändern: Mehr Fahrzeuge tauchten auf, und Gebäude entstanden an Stellen, an denen sie gewöhnt war zu fressen. Wahrscheinlich ängstigten die Autos sie viele Jahre lang, aber als von denen nichts Böses auszugehen schien, gewöhnte sie sich schließlich an sie. In den letzten zehn Jahren ihres Lebens duldete sie diese ohne weiteres. Die Forschungsfahrzeuge mit den besonderen Leuten darin, die ihr jeweils für Stunden folgten, erkannte sie sicherlich am Aussehen und am Geruch.

Die Veränderungen in Teresias Lebensraum, durch die Bemühungen des Naturschutzes und durch den Tourismus verursacht, mögen unbequem und manchmal irritierend gewesen sein. Ich vermute aber, daß alle diese Veränderungen im Grunde genommen für ihr allgemeines Leben unbedeutend und nebensächlich waren. Was für Teresia am meisten zählte, war – wie ich annehme – ihre Familie: ihre Kälber und ihre anderen Verwandten. Ihre Hauptsorge war es, sie zu schützen und die Ressourcen sicherzustellen, die sie zum Leben und Gedeihen benötigten. Ich glaube gern, daß Teresia in der Lage war, diese Ziele ohne allzuviel Störungen zu verfolgen, und daß sie für einen im zwanzigsten Jahrhundert lebenden Elefanten ein ziemlich gutes Leben hatte führen können.

Es ist nur sehr wenigen Elefanten vergönnt, ihr Leben so voll auszuleben, wie Teresia es getan hat. Wahrscheinlich ist Amboseli einer der letzten Plätze in Afrika, an denen sie das tun konnte. Aus so vielen anderen Lebensgebieten sind Elefanten verdrängt worden und mußten in kleinen Schutzgebieten zusammenrücken. Es ist schlimm, mit seinen Traditionen brechen zu müssen, ein vertrautes Streifgebiet zu verlassen, alte Wanderrouten aufzugeben und sich in einem relativ eng begrenzten

Gebiet zusammenzudrängen. Sowohl innerhalb als auch außerhalb der Parks und Schutzgebiete werden die meisten Afrikanischen Elefanten wegen ihres Elfenbeins verfolgt. Weil ihre Stoßzähne größer sind, sind es immer die älteren Elefanten, die getötet werden. Und in den wenigen Gebieten, in denen die Wilderei unter Kontrolle gehalten wird, werden die Elefanten aus den verschiedensten Gründen kontrolliert abgeschossen, gewöhnlich »zu ihrem eigenen Besten«. Ganze Familienverbände, von der Leitkuh bis hin zu den kleinsten Kälbern werden getötet. Nur wenige Kälber im Alter zwischen ein und drei Jahren werden verschont, um an Zoos verkauft zu werden. So schmerzhaft und qualvoll Teresias Tod auch war, ich finde, ihre Art zu Sterben ist dennoch besser, als »sauber, effizient und schmerzlos durch eine Kugel« im Rahmen eines kontrollierten Abschußplans getötet zu werden. Dabei wäre ihre gesamte Familie mit ausgelöscht worden – alle weiblichen Nachkommen und der Großteil ihres Erbgutes, also fast alles, wofür Teresia 62 Jahre gelebt hat.

Ein Rückblick in das Leben dieser beeindruckenden Leitkuh bietet die Gelegenheit, einmal den vollständigen Lebensablauf eines weiblichen Elefanten Revue passieren zu lassen. Als Teresia etwa 1922 zur Welt gekommen war, wog sie zirka 120 Kilogramm und hatte eine Schulterhöhe von gut 85 Zentimeter. Ihr Gehirngewicht betrug 35 Prozent desjenigen eines erwachsenen Elefanten (beim Menschen hat das Gehirn bei der Geburt nur 26 Prozent, bei den meisten anderen Säugetieren bereits 90 Prozent des endgültigen Gehirngewichtes). Teresia hatte also noch eine beträchtliche geistige und körperliche Entwicklung vor sich.

Die ersten vier Jahre ihres Lebens verbrachte Teresia vermutlich in der unmittelbaren Nähe ihrer Mutter und ihrer Geschwister und weiterer Verwandter ihrer Familie. Wegen der Milch und der Fürsorge war sie von ihrer Mutter abhängig. Als sie ungefähr vier Jahre alt war, kam höchstwahrscheinlich ein jüngerer Bruder oder eine jüngere Schwester zur Welt, und Teresia wurde entwöhnt. Sie wird großes Interesse an ihrem neuen Geschwisterchen gehabt und es mit Aufmerksamkeit überschüttet haben. Gleichzeitig entwickelte sie ihre eigenen sozialen Beziehungen innerhalb ihrer Familie und lernte dabei die gesellschaftlichen Spielregeln der Elefanten, mußte nach und nach begreifen, was Dominanz, Aggression und auch Zuneigung bedeuteten. Sie wird nun auch gelegentlich Elefanten aus anderen Familien kennengelernt und die Position ihrer eigenen Familie in Beziehung zu diesen Elefanten begriffen haben.

Die Zeit zwischen dem vierten und zwölften bis dreizehnten Lebensjahr verlief wahrscheinlich, am Elefantenstandard gemessen, ziemlich sorglos. Teresia wuchs heran, lernte, spielte und entwickelte Freundschaften und Bindungen. Ich bin sicher, daß es viele leuchtend-grüne, strahlende Sonnentage gab, an denen Teresia und die übrigen Jungtiere in ihrer Familie und Bond Group »albern« sein konnten. Ich kann mir vorstellen, wie sie umherrannten, sich durch die Büsche und das hohe Gras schlugen und dabei die Köpfe hoch erhoben trugen, die Ohren abgespreizt hielten und wie die vor lauter Unsinn glänzenden Augen weit geöffnet waren. Oder wie sie quer über eine offene Pfanne rannten, im »schlaksigen Laufschritt«, und dabei wilde, pulsierende Trompetentöne ausstießen. An den besten Tagen machten wohl alle mit, sogar die erwachsenen Tiere.

Irgendwann in ihrem neunten oder zehnten Lebensjahr begann Teresias Körper, sich zu verändern. Und wenn die Bedingungen entsprechend waren und keine Dürre herrschte, dann kam sie wahrscheinlich mit elf oder zwölf Jahren zum ersten Mal in den Östrus und machte die ganze, mit diesem Ereignis verbundene Verwirrung, Angst und Aufregung durch. Bei dieser Gelegenheit kann sie auch trächtig geworden sein. Wenn nicht, so kam sie vermutlich ein paar Monate später erneut in den Östrus und wurde höchstwahrscheinlich dann befruchtet. Mit dem Heranwachsen des Fötus und unter Einwirkung verschiedener Hormone erfuhr ihr Körper weitere Veränderungen – ihre Brüste vergrößerten sich allmählich, im achtzehnten Monat wölbten sich ihre Seiten, und das Gewicht des Fötus machte sie langsamer. Da sie selbst, genau wie der Fötus, weiterwuchs, mußte sie wahrscheinlich mehr fressen als früher. In ihrem Alter hatte sie erst zwei Drittel der Größe einer voll ausgewachsenen Elefantenkuh.

Ihr erstes Kalb brachte Teresia vermutlich mit dreizehn oder vierzehn Jahren zur Welt. Mit den anderen Kühen ihrer Familie wird sie höchstwahrscheinlich noch nicht synchron gewesen sein, vielleicht wurde ihr Kalb auch außerhalb der Hauptgeburtensaison geboren. Berücksichtigt man die Chancen für erstgeborene Kälber, so mag dieses nicht am Leben geblieben sein; besonders, wenn es ein Jahr mit dürftigen Regenfällen war. In einem guten Jahr allerdings und in einer eng zusammenhaltenden Familie, kann es sehr wohl über seinen ersten Geburtstag hinaus gelebt haben. Wenn es ungefähr 1935 geboren wurde, so wäre es bei Teresias Tod 49 Jahre alt gewesen. Da sie keine lebende Tochter in diesem Alter hatte und es nur eine oder zwei große Bullen dieses Alters

gab, vermute ich, daß jenes Tier irgendwann in der Zwischenzeit gestorben ist.
Wenn das Kalb in den ersten Jahren am Leben geblieben ist, dann wäre Teresia erst wieder in den Östrus gekommen, als das Kleine ungefähr zwei Jahre alt war. Und es wäre etwa vier und Teresia selbst ungefähr siebzehn, achtzehn Jahre alt gewesen, als sie dann ihr nächstes Kalb zur Welt brachte. Die folgenden drei Jahrzehnte ihres Lebens hatte Teresia entweder ein Kalb zu säugen, oder sie war trächtig oder beides zusammen, da sie ihr jüngstes Kalb jedesmal bis zur Geburt des nächsten gesäugt hätte. Wenn sie ihr erstes Kalb im Alter von vierzehn Jahren geboren haben sollte und dann alle vier Jahre bis zu ihrem 49. Lebensjahr, als Tolstoi geboren wurde, ein Kalb bekam, so ist es durchaus denkbar, daß sie zehn überlebende Kälber hatte. Wenn sie hingegen ihr erstes Kalb schon mit zwölf Jahren bekam, und es einige kurze Geburtenabstände von nur drei Jahren gab, dann hätte sie in jenem Zeitraum sogar elf Kälber haben können. Wir wissen, daß sie neun Jahre lang kein Kalb mehr zur Welt gebracht hat und dann im »hohen« Alter von 58 Jahren ihr letztes Kalb gebar, das nicht überlebte.
In den mittleren Jahren, als sie sehr fortpflanzungsaktiv war, ereigneten sich auch bedeutende soziale Veränderungen. Wer auch immer die Leitkuh zur Zeit der Geburt von Teresia gewesen sein mag, möglicherweise ihre Großmutter, sie wird gestorben sein, und die nächstälteste Kuh rückte an ihre Stelle. Das kann zwei- oder dreimal geschehen sein, bis Teresia selbst die Leitkuh wurde. Ich weiß, daß sie 1964 das älteste weibliche Tier war, denn unter den Fotografien, die Norman Myers gemacht hatte, waren mehrere Filmrollen, welche die Ts zeigten. Sie standen in einer Gruppe zusammen und ruhten unter einigen Bäumen, und er fotografierte sie aus allen Richtungen. Teresia war leicht zu erkennen – sie war entschieden die größte dort anwesende Kuh. Sie muß also mindestens zwanzig Jahre die Leitkuh ihrer Familie und das älteste Mitglied der gesamten Bond Group gewesen sein.
Ich glaube, man kann sagen, daß Teresia in den letzten zehn Jahren ihres Lebens ihre »alten Tage« erlebte. Ob Elefanten senil werden, weiß ich nicht. Teresia schien ihre Sinne immer beisammen gehabt zu haben. Sie blieb bei ihrer Familie, verkehrte auch weiterhin mit den anderen und war genauso duldsam und gutherzig wie zu der Zeit, als ich sie kennenlernte. Teresia muß eine besonders fürsorgliche und irgendwie anziehende Großmutter gewesen sein; denn Theodora's Kalb C'82 verbrachte

weit mehr Zeit mit ihr als mit der eigenen Mutter. Jedesmal, wenn ich in jenen letzten beiden Jahren die Familie sah, folgte es fast immer Teresia oder stand direkt neben ihr. Es ging zwar zum Saugen zu Theodora, kehrte dann aber zu Teresia zurück. Wäre mir die Familie nicht bekannt gewesen, hätte ich vielleicht gedacht, es sei Teresia's Kalb. Sie unterhielt auch weiterhin eine enge Bindung zu Tolstoi, ihrem strammen Sohn, der dreizehn Jahre alt war und bis zu ihrem Tod keinerlei Anzeichen zeigte, unabhängig zu werden. Teresia war also auf ihre alten Tage immer noch ein wichtiges Glied ihrer Familie, obwohl sie langsam war und ihre Familie möglicherweise nicht mehr so führte wie in jüngeren Jahren.

Ich würde schätzen, daß ein Alter von 65 Jahren ungefähr das höchste ist, was ein Elefant in freier Wildbahn erreichen kann. Zu diesem Zeitpunkt werden die Zähne völlig abgeschliffen sein, und mangelhafte Ernährung sowie damit verbundene Erkrankungen würden folgen. Der berühmte kenianische Elefant Ahmed aus Marsabit starb auf diese Weise, obwohl er erst 55 Jahre alt war. Er hatte jedoch auf einer Seite des Unterkiefers einen Abszeß unter dem Backenzahn gehabt und konnte nur auf der anderen Seite kauen. Die Backenzähne auf dieser Kauseite waren fast völlig abgenutzt, während die anderen beiden Zähne unberührt waren. Ich sah Bilder von ihm, die ihn kurz vor seinem Tod zeigten: Er war abgezehrt und ausgemergelt. Die Obduktion ergab keine weiteren Erkrankungen als diesen Abszeß. Er ist wahrscheinlich einfach verhungert.

Nur sehr wenige Elefanten leben so lange, wie es ihre Lebenserwartung gestattet. Die Hauptursache dafür ist die Tötung durch Menschen, sei es durch Wilderei, Jagd oder kontrollierten Abschuß. Die natürliche Sterblichkeit ergibt sich in Folge verschiedener Ursachen. Bei jungen Kälbern kann die Sterblichkeit, wie ich gezeigt habe, in Dürrejahren hoch sein. Auch diese Todesfälle stehen mit der Ernährung in Zusammenhang. Sobald ein Kalb ungefähr fünf Jahre alt ist, sind seine Chancen, am Leben zu bleiben, viel höher. Bei Bullen scheint es dann ungefähr im Alter des Unabhängigwerdens einen zweiten, geringfügigen Anstieg der Sterblichkeit zu geben. Wir wissen nicht, wie sie sterben, aber sie scheinen in dieser Zeit anfälliger zu sein. Vielleicht werden sie häufiger gespeert oder gewildert, aber in Amboseli haben wir dafür keine direkten Beweise. Wir wissen nur, daß die Sterblichkeitsrate bei jungen Bullen höher ist als erwartet. Nach diesem Alter liegt die natürliche Sterblichkeit bei etwa drei Prozent im Jahr für erwachsene Tiere.

Die meisten Sterbefälle bei Elefantenpopulationen in Amboseli sind eine

Folge des Speerens oder von Dürrezeiten. Einige Tiere sterben aber auch aus anderen Gründen. Wir wissen in Amboseli von mehreren Unfällen, die zum Tode geführt haben: Beinbrüche und Stürze in Gruben und Brunnen. Joyce sah, wie Polly, ein Amboseli-Elefant, umfiel und starb. Das einzige, was sie finden konnte, waren zwei punktförmige, blutende Wunden an einem Bein. Sie konnte daraus nur folgern, daß eine Schlange das Tier gebissen hatte. Es muß schon eine große Puffotter, Schwarze Mamba oder Kobra gewesen sein, die fähig war, die Haut zu durchdringen und genug Gift einzuspritzen, um das Tier zu töten. Andere Elefanten sind offenbar an Erkrankungen gestorben. Wir hatten niemals einen Tierarzt, der im Projekt arbeitete, und keine Möglichkeit, Obduktionen durchzuführen (eine gewaltige Aufgabe bei einem Elefanten), daher können wir den Tod einiger Elefanten nicht erklären. Milzbrand ist dabei ebenso diskutiert worden wie Darmverschluß.

In Gebieten, in denen tote Elefanten untersucht worden sind, hat man eine Vielzahl von Krankheiten gefunden. Ein häufiges Leiden waren – wie bei Ahmed – Abszesse an den Backenzähnen, im Unterkiefer und an den Stoßzähnen. Sylvia Sykes, die kontrolliert abgeschossene Elefanten in Uganda untersuchte, hat bei erwachsenen Tieren Herz-Kreislauf-Erkrankungen diagnostiziert. Das häufigste Untersuchungsergebnis war eine Verkalkung der Blutgefäße. Außerdem gab es auch Fettablagerungen in den Arterien. Beide Veränderungen können zu Herz- oder Schlaganfällen führen. Auch von Arbeitselefanten in Asien ist bekannt, daß sie daran gestorben sind.

Elefanten scheinen nur selten an ansteckenden, epidemischen Krankheiten, wie etwa der Rinderpest, zu leiden, die bei Paarhufern verheerende Wirkungen hat. Im Lake Manyara-Nationalpark grassierte allerdings einmal eine Krankheit in der Elefantenpopulation, die mehr als hundert Tiere tötete. Man vermutete, es sei eine der Lungenentzündung verwandte Erkrankung gewesen. Milzbrand ist zwar eine ansteckende Krankheit, aber gewöhnlich fallen ihr nur ein oder zwei Elefanten zum Opfer, und zwar nur solche Tiere, die ohnehin in schlechter Verfassung sind. Bei Asiatischen Elefanten ist Tollwut festgestellt worden und ebenso Maul- und Klauenseuche, Wundstarrkrampf, Tuberkulose, Lungenentzündung, Ruhr und eine Krankheit, die Elefantenpocken genannt wird und den Windpocken verwandt ist. All diese Erkrankungen können eine Folge der Domestikation sein.

In Amboseli leiden die Elefanten manchmal an einer Erkrankung, die ich

»Drehkrankheit« genannt habe. Sie tritt gewöhnlich in der Regenzeit bei einem oder zwei Elefanten gleichzeitig auf, scheint sich aber innerhalb einer Familie nicht auszubreiten. Sie befällt Kälber von über fünf Jahren, erwachsene Kühe und Bullen im Alter bis zu etwa fünfundzwanzig Jahren. Zu den Krankheitssymptomen gehört eine allgemeine Steifigkeit der Glieder, eine sonderbare Kopfhaltung und eine eigenartige Gangstörung. Die Erkrankung führt dazu, daß sich der Körper verdreht, wenn sich der Elefant bewegt. Die Tiere scheinen sie nach wenigen Wochen überwunden zu haben und werden dann wieder normal. Ich habe immer vermutet, daß die Krankheit von einem Virus verursacht wird, das die Bewegungskoordination beeinträchtigt. Andererseits kann sie auch von irgendeiner Pflanze herrühren, die von diesen Tieren gegessen wurde. Viele Pflanzen enthalten den einen oder anderen Giftstoff und werden nur in kleinen Mengen vertragen.

Blutuntersuchungen haben gezeigt, daß es bei Afrikanischen Elefanten eine Vielzahl parasitärer Erkrankungen gibt, wie etwa Trypanosomiasis und Zeckenfieber, die beide von einzelligen Lebewesen verursacht werden. Auch parasitäre Mikrofilarien sind im Blut entdeckt worden; es ist jedoch nicht bekannt, welche Krankheiten sie eventuell verursachen. Auch verschiedene andere innere und äußere Parasiten kommen bei Elefanten häufig vor. Sie sind die Wirtstiere für mehrere unterschiedliche Arten von Würmern im Magen, im Darm, in den Lungen und in den Gallengängen. Auch Zecken und Dasselfliegen machen Elefanten zu schaffen. Keine dieser Parasiten scheinen Elefanten direkt zu töten, sie können jedoch den gesundheitlichen Verfall eines Elefanten beschleunigen, der an einer anderen Krankheit leidet.

Kranke Elefanten suchen zwar keinen Elefantenfriedhof auf, um zu sterben, dennoch ist dieser Mythos nicht völlig unbegründet. Wahrscheinlich gibt es in jedem Elefantengebiet Stellen, die von kranken und verletzten Elefanten bevorzugt aufgesucht werden. Es werden solche Gegenden sein, in denen es Wasser, Schatten und weiche Futterpflanzen gibt. In Amboseli kommen kranke Elefanten oft nach Ol Tukai Orok in das Waldgebiet, in dem mein Camp liegt. In diesem Waldland gibt es kleine Sümpfe. Elefanten, die nicht länger umherziehen können, bleiben in der Nähe dieser Sümpfe im Schatten der großen Akazienbäume. An solchen Stellen kann es mehr Elefantenkadaver geben als in anderen Teilen des Streifgebietes einer Population. Daher mögen die Leute geglaubt haben, daß Elefanten einen Friedhof haben, den sie zum Sterben aufsuchten.

Noch wahrscheinlicher ist, daß dieser Mythos durch Jagdpraktiken entstanden ist, bei denen mehrere Elefanten gleichzeitig getötet wurden. Ein Stamm im südlichen Afrika pflegte ganze Elefantenherden zu töten, indem um die Tiere herum ein Ring aus Feuer gelegt wurde. An dieser Stelle fand man dann die Knochen vieler Elefanten.
Elefanten mögen zwar keine Friedhöfe haben, aber sie scheinen irgendeine Vorstellung vom Tod zu haben. Wahrscheinlich ist das überhaupt das Ungewöhnlichste an ihnen. Im Gegensatz zu anderen Tieren erkennen Elefanten einen Kadaver oder ein Skelett ihrer Artgenossen. Obwohl sie den Überresten anderer Tierarten keine Aufmerksamkeit zollen, reagieren sie stets auf den Körper eines toten Elefanten. Ich bin oft bei Elefantenfamilien gewesen, wenn so etwas geschah. Wenn sie auf einen Elefantenkadaver treffen, halten sie an und werden ganz ruhig. Dennoch sind sie angespannt, aber auf eine ganz andere Weise, als ich es in sonstigen Situationen gesehen habe. Zunächst strecken sie die Rüssel dem Kadaver entgegen und beriechen ihn, dann kommen sie ganz langsam und vorsichtig näher und fangen an, die Knochen zu berühren, dabei heben sie diese manchmal hoch und drehen sie mit Füßen und Rüssel um. Besonders scheinen sie am Kopf und an den Stoßzähnen interessiert zu sein. Sie fahren mit dem Rüssel an den Stoßzähnen und am Unterkiefer entlang und betasten alle Spalten und Löcher am Schädel. Ich vermute, daß sie versuchen, das Tier wiederzuerkennen.
Einmal stieß ich auf den Kadaver einer jungen Kuh, die wochenlang krank gewesen war. Gerade als ich sie fand, kam die EB-Familie, angeführt von Echo, auf dieselbe Lichtung. Die Tiere hielten an, wurden ganz still und näherten sich dann nervös. Sie berochen und betasteten den Kadaver und fingen an, um ihn herum den Boden mit den Füßen zu bearbeiten. Sie lockerten die Erde und streuten sie auf den toten Körper. Ein paar andere Tiere brachen Zweige und Palmwedel ab und legten sie auf den Kadaver. In diesem Augenblick kreiste über uns der Wildschutzbeamte mit seinem Flugzeug und stieß hinunter, um die Wildhüter am Boden zu dem toten Elefanten zu leiten, damit sie die Stoßzähne sicherstellen konnten. Die EBs erschraken vor dem Flugzeug und liefen davon. Ich glaube, wenn sie nicht gestört worden wären, hätten sie den Leichnam fast völlig begraben.
Sogar blanke, ausgeblichene Elefantenknochen veranlassen eine Elefantengruppe stehenzubleiben, wenn sie diese zum ersten Mal sehen. Sie werden unweigerlich die Knochen berühren und hin und her bewegen.

Manchmal nehmen sie diese auch auf, tragen sie ein ganzes Stück weit und lassen sie dann fallen. Es ist ein sehr rührender Anblick, und ich habe überhaupt keine Vorstellung, warum sie das tun.

Wenn in Amboseli ein Elefant stirbt, lassen wir ihn eine Zeitlang verwesen, dann nehmen wir den Unterkiefer zur Altersbestimmung mit. Häufig riechen die Kieferknochen noch ziemlich stark, deshalb legen wir sie am Rande des Camps in die Sonne. Auf vorüberziehende Elefanten haben sie ausnahmslos eine faszinierende Wirkung. Kürzlich starb eine der großen, erwachsenen Elefantenkühe der Population eines natürlichen Todes. Nach einigen Wochen holten wir ihren Unterkiefer und brachten ihn ins Lager. Drei Tage später zog die Familie der Verstorbenen zufällig durch unser Camp, und als die Tiere den Kiefer witterten, wichen sie von ihrem Pfad ab, um den Knochen zu inspizieren. Nach einiger Zeit zog die Herde weiter, nur ein einzelnes Tier verweilte dort noch lange. Wiederholt berührte es den Kiefer, streichelte ihn und drehte ihn mit dem Rüssel und dem Fuß herum. Es war das jüngste Kalb der toten Elefantenkuh – ihr siebenjähriger Sohn. Ich war sicher, daß er den Kiefer als den seiner Mutter erkannte.

Ich habe mich oft gefragt, ob Elefanten so etwas wie Trauer empfinden, wenn ein nahes Familienmitglied stirbt. Natürlich hat der Tod eines wichtigen Tieres wie etwa der Leitkuh tiefgreifende Auswirkungen auf die Familie. Es kann für lange Zeit zu einer völligen Auflösung der Gruppe kommen, wobei einige Familien nie wieder zu ihrem früheren Zusammenhalt zurückfinden. Ich habe gesehen, daß weibliche Tiere, deren junge Kälber gestorben sind, noch Tage später teilnahmslos aussahen und manchmal weit hinter ihren Familien hertrotteten. Bevor die Kälber starben, hatten die Mütter keinerlei Zeichen einer Erkrankung gezeigt, daher kann es sein, daß sie einfach auf elefantische Weise niedergeschlagen waren.

Zu unser aller Unglück, sowohl dem der Elefanten als auch dem der Forscher, erwies sich das Jahr 1984 als eines, in dem Dürre, Krankheit, Unheil, Hoffnungslosigkeit und Tod die Hauptthemen waren. Wenn 1976 schon ein schlimmes Jahr für das Projekt gewesen war, so wurde es vom Jahr 1984 bei weitem übertroffen. Am Anfang stand das völlige Ausbleiben der Großen Regenzeit, was auch die Grundlage für viele weitere Probleme bildete. Um die Probleme noch zu verschärfen, gab es massive finanzielle Kürzungen in der Wildtier-Abteilung der Regierung. Das bedeutete, daß die Parkverwaltung kein Geld mehr hatte, das Wasser nach draußen zu den Massai zu pumpen, und auch die Bohrlöcher für die Brunnen konnten nicht instand gehalten werden. Es gab keine andere Wahl: Den Massai wurde gestattet, wegen des Wassers in den Park zu kommen, und als die Dürre schlimmer wurde, erlaubte man schließlich auch, daß ihre Herden hierher zum Weiden kamen.

Wie im Jahre 1976 spitzte sich der Wettbewerb um die verbliebenen Ressourcen zu. Weiter erschwert wurden die Verhältnisse dadurch, daß die Massai ihre jungen Männer beschnitten und mit den Initiationsfeiern zur Aufnahme in die Klasse der Moran-Krieger begonnen hatten, wodurch das Speeren zunahm. Für die Elefanten bedeutete das Zusammenwirken dieser Faktoren großes Unglück. Im Jahre 1984 starben 67 Elefanten, eine Zahl die fast der Sterblichkeitsrate von 1976 gleichkommt. Die Todesfälle begannen langsam mit dem Verlust von zwei '83-Kälbern im Februar und März. Beide waren die ersten Kälber von jungen Kühen, so daß ihr Tod nichts Ungewöhnliches war. Ein Elefant verendete im Mai, drei im Juni, sechs im Juli und einer im August. Doch dann begann die Dürre ihren Tribut zu fordern, und in den nächsten vier Monaten kamen mehr als fünfzig Elefanten um. Viele davon waren Kälber, die unter der Mangelernährung oder dem Verlust ihrer Mütter gelitten hatten. Aber es gab auch viele erwachsene Tiere, die gespeert wurden. Insgesamt starben im Laufe des Jahres 1984 elf erwachsene Kühe, dreizehn erwachsene Bullen, drei jugendliche Elefanten, dreizehn frisch entwöhnte Kälber, fünf Kälber im zweiten und zweiundzwanzig Kälber im ersten Lebensjahr.

Zum ersten Mal beneidete ich Phyllis und Keith nicht darum, daß sie im Feld waren, während ich in Nairobi am Schreibtisch saß. Es war ein sehr schwieriges Jahr für sie. Sie fanden ständig tote, kranke oder gespeerte Elefanten. Phyllis mußte zusehen, wie »ihre« Babies immer dünner und dünner wurden und wie schließlich eines nach dem anderen verschwand. Aber nicht nur die Tiere litten Not: Phyllis und Keith mußten ihre Massai-Freunde trösten und sie mit Lieferungen von Bohnen und Maismehl unterstützen (in einigen Teilen des Kajiado-Bezirks starben die Massai-Kinder, und eine der kenianischen Hilfsorganisationen richtete ein Nothilfezentrum ein). Sie sammelten sogar Geld, um Dieselöl zu kaufen, damit sie das Wasser zu den Massai oben auf den Hügeln pumpen konnten. Und sie versuchten, Ersatzteile für die Bohrloch-Anlagen zu bekommen. Aber als die Dürre weiter fortschritt, schienen ihre Anstrengungen hoffnungslos zu sein.

Ich erinnerte mich, wie fertig ich während der Dürre 1976 gewesen war und machte mir Sorgen um Phyllis und Keith, die beide sehr impulsive Charaktere waren. Sie standen es durch, ohne zusammenzubrechen. Aber Phyllis sagte mir, daß sie an einem Tag kurz davor war, als sie den fünfjährigen Fritz, Sohn der Leitkuh Freda, tot auffand. Er sah wie ein makabres Nadelkissen aus, weil er von einer Bande junger Moran-Krieger in einem grausamen Massaker über und über gespeert worden war. Keith behielt meistens die Ruhe, nur einmal machte er seiner Frustration und seinem Ärger Luft. Ein Reiseleiter war mit seinem Fahrzeug auf die Spitze des Beobachtungshügels hinaufgefahren, obwohl ein Schild die Leute aufforderte, das nicht zu tun, um die Erosion des Bodens zu verhindern. Als Keith das Auto dort oben sah, rastete er aus und wurde dem Reiseleiter gegenüber sehr ausfallend, der daraufhin seinerseits auch äußerst hitzig wurde. Ich stimmte völlig mit Keith überein, als ich von dem Vorfall hörte, und verstand genau, warum so etwas ihn derart geärgert hatte. Wenn einem ein Ort mit seinen Tieren und seinen Lebensräumen sehr am Herzen liegt, und man wird Zeuge so schrecklicher Veränderungen während einer Dürre, dann kann einen die zusätzliche Zerstörung durch einen Menschen, der es besser wissen sollte, leicht aus der Haut fahren lassen.

In der Zwischenzeit war ich auch in Nairobi nicht immun gegenüber dem Desaster des Jahres 1984. Eine ganze Serie schwieriger und unerfreulicher Vorfälle ereignete sich. Es war ein Jahr, das einen seine Arbeit und sein Leben in Afrika überdenken ließ. Allerdings zog ich niemals ernsthaft in Betracht, fortzugehen. Das Projekt und die Elefanten lagen mir zu sehr am Herzen. Streng wissenschaftlich gesehen, war 1984 trotz allem eigentlich ein sehr wertvolles Jahr. Wir lernten eine ganze Menge über die Sterblichkeitsmuster bei Elefanten. Keith sammelte wichtige Daten über die Nahrungsökologie der Elefanten während einer Dürre, die im Gegensatz zu seiner früheren, unter günstigen Bedingungen erfolgten Untersuchung standen. Phyllis war in der Lage, verschiedene kritische Faktoren der Entwicklung der Kälber und ihrer Überlebensfähigkeit zu erfassen. Und für mich bestätigten sich die Ergebnisse von 1976 über die Auswirkungen von Todesfällen und Dürrezeiten auf das Verhalten und die sozialen Beziehungen der Elefanten.

Zu den Fragen, die mich interessierten, gehörte auch, wie einzelne Familien die Dürre überstanden. Im Jahre 1976 hatten einige Familien offenbar mehr gelitten als andere, und ich wollte wissen, welche Faktoren daran beteiligt waren. War es das Gebiet, in dem sie lebten? Oder war es ihr Status in einer möglichen Rangordnung der Familien? Oder war es eine Kombination von beidem? Die Ergebnisse waren nicht eindeutig und oft widersprüchlich. 1976 hatten die Ts die Dürre ohne irgendwelche Verluste überstanden. Ich vermutete, daß sie es deswegen so gut geschafft hatten, weil sie in einem der fruchtbarsten Teile des Parks lebten und weil sie wahrscheinlich von der Führung ihrer alten Leitkühe profitierten. 1984 hingegen gehörten die Ts zu den Gruppen, die am härtesten von allen getroffen wurden.

Es begann im Mai damit, daß Tania verschwand. Während eines äußerst kurzen Regenschauers fand Keith die Ts drüben im westlichen Teil des Parks, und Tania war nicht dabei. Bei der nächsten Beobachtung fand Phyllis das '83-Kalb von Tania zusammen mit Tom und Toby bei Tuskless. Aber es gab immer noch keine Spur von Tania. Keith und Phyllis suchten aus der Luft und am Boden nach dem Leichnam von Tania. Keine Spur. Das '83-Kalb, das gerade ein Jahr alt war, blieb bei den TAs. Phyllis mußte traurig zusehen, wie es schwächer und schwächer wurde, bis es im Juli starb. Ungefähr zu dieser Zeit fanden sie endlich den Kadaver von Tania. Er befand sich nur ein paar hundert Meter von der Müllkippe der Hauptlodge entfernt. Der Kadaver war schon mehr als zwei Monate alt, und man konnte nicht erkennen, ob er irgendwelche Wunden aufwies. Wir hielten es für viel wahrscheinlicher, daß Tania irgend etwas Verdorbenes oder Unverdauliches von den Abfällen gegessen hatte und daran gestorben war. Es ist überflüssig zu sagen, daß wir sehr entsetzt waren und unsere Bemühungen fortsetzten, die Lodge und die Kajiado-Bezirksbehörde zu veranlassen, ihre Abfallgruben elefantensicher machen. Keith fing an, alles zu sammeln, was wir im Elefantenkot fanden: Plastiktüten und -handschuhe, Medizinflaschen, Glasscherben, Metallstücke und verschiedene Verpackungen und Behältnisse. Es war schrecklich, diese Gegenstände überall im Park verstreut zu finden und zu wissen, daß sie den Verdauungstrakt eines Elefanten passiert hatten. Er hoffte, die Verantwortlichen aufzurütteln, indem er ihnen diese Dinge zeigte, aber niemand schien das zu bekümmern. Schließlich setzten sich sämtliche Wissenschaftler in Amboseli dafür ein, daß die kleineren Müllgruben in Ol Tukai erneuert wurden. Sie erhielten steile Wände und oben drüber Drahtroste, wie die Grube in unserem Camp. Mit diesem System konnte man auch die Paviane und Grünen Meerkatzen fernhalten. Keith organisierte die Arbeiten, kaufte in Nairobi die Roste und transportierte sie nach

Amboseli. Die Situation besserte sich deutlich. Unglücklicherweise war die Müllkippe der Lodge zu groß, um völlig neu errichtet zu werden. Tania und ihr '83-Kalb waren also gestorben aus Gründen, die wir auf unseren Sterbelisten »Abfall-bezogen« nannten. In der Zwischenzeit war im Juni – wie wir wissen – Teresia in Namalog gespeert worden, womit die Ts nun schon drei Verluste zu verzeichnen hatten. Und das war noch nicht das Ende. Im September war die Dürre bedrohlich, und im Oktober bis in den November hinein wurde sie immer schlimmer. Auch das Speeren nahm zu, da so viele Massai im Park waren und die jungen Moran ihr Unwesen trieben. Es wurden nicht nur erwachsene Tiere, sondern auch Kälber gespeert. Jungtiere, die entwöhnt und – wie Audrey im Jahre 1976 – durch die Dürre geschwächt waren, verließen ihre Familien und hielten sich in der Nähe der Sümpfe auf. Jedesmal, wenn wir hinausfuhren, fanden wir Kälber, die allein herumliefen oder -standen. Sie waren ein leichtes Ziel für einen Moran, der wohl nichts Besseres zu tun hatte.
Wir verloren zwölf Kälber im Alter zwischen vier und fünf Jahren. Auffälligerweise waren es mit Ausnahme von zwei Tieren alles männliche Elefanten. Dadurch wurden Phyllis' Theorien über die Geschlechtsunterschiede in der Überlebensfähigkeit weiter gestützt. Männliche Tiere, die wegen ihres schnelleren Wachstums mehr Nahrung benötigen, wurden eher schwächer als weibliche und verließen ihre Familien. Dann wurden sie entweder gespeert, oder sie starben durch den Mangel an Futter.
Einige Elefanten verendeten während der Dürre offenbar auch an Krankheiten, von denen sie infolge ihrer schlechten körperlichen Verfassung befallen wurden. Anfang Oktober stießen Phyllis und Keith im Waldgebiet von Ol Tukai Orok auf Tia, die mit ihrem C'83 ganz allein war und krank und teilnahmslos aussah. Sie beobachteten sie noch ein paarmal, und am 17. Oktober fanden sie sie tot auf. Ihr Kalb war verschwunden und wurde nie wieder gesehen; es muß kurz nach ihr gestorben sein.
Wieder war ich beunruhigt über diese Nachricht. Ich hatte das Leben der Ts elf Jahre lang intensiv verfolgt, und mir ging der Verlust von Teresia, Tania und Tia sehr nahe. Ich wußte auch, daß die so zuverlässig miteinander verbundenen Familien nie wieder dieselben sein würden. Zunächst existierten die TBs nach dem Verlust von Tania nicht länger als eine eigene Familie. Tania hatte nur ihre beiden Söhne Toby und Tom hinterlassen und kein weibliches Tier, das die Familie hätte führen können. Toby war zehn und damit alt genug, um unabhängig zu sein, aber Tom war erst fünf, also in einem anfälligen Alter. Tom zog nach Tania's Tod

entweder allein umher oder mit den TAs, mit anderen Familienverbänden oder auch mit anderen männlichen Kälbern, die sich von ihren Familien getrennt hatten. Als Tania 1983 ihr Kalb bekommen hatte, war er entwöhnt worden; doch in Anbetracht dessen, was wir über junge Bullen in seinem Alter wissen, machte ich mir trotzdem Sorgen um ihn.

Auch über Tio, Tia's erst viereinhalbjährigen Sohn, machte ich mir Gedanken. Er war zwar ebenfalls entwöhnt, wirkte jedoch weit weniger unabhängig als Tom. Taddeus, Tia's ältester Sohn, war acht Jahre, und ich vermutete, er würde zurechtkommen.

Anfang November brachten Phyllis und Keith ihre Projekte zu Ende und verließen Amboseli mit einer Mischung von Traurigkeit und Erleichterung. Sie waren von ihrer Arbeit und der ganzen Situation in Amboseli abgespannt und müde. Trotzdem fiel es ihnen schwer, die Elefanten zu verlassen, deren Leben sie so gefangengenommen hatte. Joyce begann ein neues Projekt über die Bullen und auch eines über die akustische Kommunikation. Sie übernahm die Überwachung, bis Sandy Andelman kam, um nach Beendigung ihrer Doktorarbeit über Kühe und Kälber zu arbeiten. Sandy hatte wie Phyllis die Arbeit an den Grünen Meerkatzen aufgegeben, weil sie von den Elefanten so fasziniert war. Zwischenzeitlich versuchte ich, mehr Zeit in Amboseli zu verbringen, um über die Todesfälle, die sich immer noch ereigneten, auf dem laufenden zu bleiben.

Nachdem Phyllis und Keith fort waren, verzeichneten Joyce und ich im November und Dezember weitere 36 Todesfälle. Einige von ihnen, besonders die der Bullen, deren Fehlen Joyce bemerkte, hatten sich wahrscheinlich schon früher im Jahr ereignet; aber die meisten dieser Tiere starben erst in den letzten beiden Monaten. Zu ihnen gehörten auch Tio und Taddeus. Phyllis hatte Tio und Taddeus noch am 1. November, kurz vor ihrer Abreise, gesehen, und ich entdeckte Tio im November mit den EBs zusammen, aber danach nicht wieder. Und Taddeus habe ich nach Tia's Tod überhaupt nicht mehr gesehen. Ich habe bis heute nicht begriffen, warum er starb. Er war acht Jahre alt und längst nicht mehr von seiner Mutter abhängig. Sicher hätte er bei der TC-Familie bleiben können, oder er hätte sich möglicherweise zu seinem älteren Bruder Right Fang gesellen können. Ich muß vermuten, daß Tia's Tod ihn so tief getroffen hat, daß er der Dürre gegenüber anfälliger wurde.

Ein weiterer Faktor, der für den Tod von Taddeus mitentscheidend gewesen sein könnte, ist: Er war 1976 auf die Welt gekommen. Ich fand es sehr interessant, festzustellen, daß alle während der Dürre 1976 geborenen

Kälber insgesamt schlecht durchgekommen sind, auch in den Jahren nach der Dürre. Von den 29 Kälbern, die 1976 zur Welt kamen, starben vierzehn noch vor Vollendung des ersten Lebensjahres. Von den verbliebenen fünfzehn Tieren sind heute nur noch sechs am Leben, und von diesen wiederum wurden drei Tiere erst im Dezember 1976 geboren, also nachdem die Dürre vorüber war. Es scheint, als wäre eine ausreichende Ernährung im ersten Lebensjahr ein entscheidender Faktor für die Gesundheit und die Kraft eines Elefanten für den Rest seines Lebens.
Ich empfand jene Reisen nach Amboseli im November und Dezember als sehr deprimierend. Jedesmal, wenn ich hinausfuhr, fehlten weitere Tiere und mußten für tot gehalten werden. Das Unglück und die schwierigen Zeiten, die ich in Nairobi erlebte, schienen mir auch nach Amboseli zu folgen. Im September war, entgegen meinem eigenen Loyalitätsgefühl, beschlossen worden, daß Masaku und sein Bruder Mwanga in den Ruhestand gehen sollten. Masaku war nicht glücklich, wenn ich abwesend war, und Phyllis und Keith fanden den Umgang mit ihm immer anstrengender. Ich stimmte dem Beschluß zu, weil ich erkennen konnte, daß die Situation für alle Beteiligten schlimm war. Ich nahm Kontakt zu allen gegenwärtigen und früheren Camp-Bewohnern auf, und wir legten für Masaku's Ruhestand eine größere Summe zusammen. Die letzte Abrechnung und der Abschied waren sehr deprimierend für mich. Ich spürte unter anderem, daß dies das Ende einer Ära in Amboseli war, und daß das Camp nie wieder so sein würde wie früher.
Nachdem Phyllis und Keith fortgegangen waren, zog Marc Hauser, der am Meerkatzen-Projekt arbeitete, ins Camp. Marc ist ein lebhafter, kluger Akademiker, der außerdem noch ausgezeichnet die französische Kochkunst beherrscht (Er ist Amerikaner, aber sein Vater Franzose). Gemeinsam fanden wir Peter Kumu Ngande als neuen Arbeiter, um Masaku's Pflichten zu übernehmen. Peter machte sich ausgezeichnet und ist noch heute bei uns, aber das Camp hat sich dennoch verändert.
Der letzte Schicksalsschlag im Jahre 1984 traf mich am 8. Dezember. An jenem Nachmittag gab es in Amboseli einen heftigen Sturm, eine der großen Akazien in der Mitte des Camps brach in ungefähr drei Meter Höhe ab und drehte sich gerade so weit, daß sie genau auf meinen Landrover und mein Zelt stürzte. Beide wurden so stark beschädigt, daß an eine Reparatur nicht zu denken war. Zum Glück wurde niemand verletzt. Ich war in Nairobi, sonst wäre ich womöglich getötet worden. Peter war in der Küche gewesen, hatte aber gerade einige Minuten zuvor

wegen der heraufziehenden Regenwolken die Reißverschlüsse der Fenster in meinem Zelt zugezogen. Marc, der zum Arbeiten draußen war, kam kurz danach zurück. Ihn traf der Schock, als er um die Ecke ins Camp einbog und die Verwüstung sah. Er fuhr sofort nach Ol Tukai, um mit mir Verbindung aufzunehmen. Aber erst am Abend gelang es ihm, mich per Funk zu erreichen.

Ich weine sehr selten, aber nachdem ich mit Marc gesprochen hatte, saß ich schluchzend auf meinem Bett. Es war schon schwer genug gewesen, meine Forschungsgenehmigung aufzugeben, nach Nairobi zu ziehen und die Elefanten nur für kurze Zeit vor Ort zu besuchen. Dann hatte mich der Ruhestand von Masaku bekümmert und traurig gemacht. Nun schien es, als wäre auch noch das Letzte zerstört, was von meinem Leben in Amboseli übriggeblieben war. Ich hatte den alten Landrover sehr gern gehabt, neun Jahre lang. Ich kannte alle seine Macken und Eigenarten. Einige der glücklichsten Stunden meines Lebens hatte ich mit der Beobachtung der Elefanten in diesem Auto zugebracht. Es war sehr schmerzlich, sich vorzustellen, daß ich nie wieder mit ihm aus dem Camp herausfahren und nie wieder darin sitzen sollte, umgeben von friedlichen Elefanten, die das Fahrzeug so gut kannten und akzeptierten.

Neben den sentimentalen Aspekten, die mich am unmittelbarsten trafen, gab es noch die finanzielle Seite und das ernste Problem, daß ich in Amboseli keinen fahrbaren Untersatz mehr hatte. Ich brauchte immer noch ein Zelt und ein Fahrzeug, um meine Aufgabe als Koordinatorin des Projekts weiterzuführen. Auf dem AWF-Konto für das Amboseli-Elefantenprojekt hatte ich nur noch wenig Geld. Ausgerechnet für die Reparatur des Landrovers hatte ich erst kürzlich den größten Teil der restlichen Gelder ausgegeben in der Hoffnung, daß er noch für ein paar Jahre halten würde. Die Karosserie war ausgebessert und völlig neu lackiert worden. Ich hatte die Polster, die Bezüge, die Fensterführungen, die Federung, die Stoßdämpfer, die Auspuffanlage, die Batterie und die Reifen erneuern lassen. Die Elektrik war überholt, und viele kleinere Teile waren repariert oder ersetzt worden. 1700 Dollar hatte das alles gekostet. Von der Versicherung konnte ich nichts wiederbekommen, weil ein umgestürzter Baum als »höhere Gewalt« angesehen wird.

Das Zelt war an mehreren Stellen gerissen und das Tuch nach neun Jahren in Amboseli zu brüchig geworden, um noch genäht werden zu können. Das Schutzdach aus Reet war zerschmettert und mußte abgebaut werden. Das vielleicht traurigste aber war, daß wir auch die beiden anderen großen Akazien in der Mitte des Camps fällen mußten, da sie fast abgestorben waren und einem neuen Sturm nicht widerstanden hätten. Ich fürchtete mich vor dem Anblick des demolierten Landrovers und der gefällten Bäume und verbrachte zum ersten Mal seit vielen Jahren das Weihnachtsfest woanders. Erst am 28. Dezember flog ich nach Amboseli und wohnte in dem als Studierraum genutzten Zelt, das Joyce nach ihrer Abreise dem Projekt gestiftet hatte. Ich konnte mit dem kleinen Suzuki-Transporter fahren, den sie benutzt hatte und den wir vorübergehend untergestellt hatten, bis Sandy kam, um mit ihrer Arbeit zu beginnen. Auf mich wirkte das Camp ohne die Bäume hell, kahl und trist, und der kaputte Landrover und all die anderen Trümmer – Scherben, zersplittertes Holz, verfaultes Reet sowie Dornen und Äste von den gefällten Bäumen – deprimierten mich. Ich genoß diesen Aufenthalt nicht, aber es war wichtig, hinauszufahren und vor Ende des Jahres eine Zählung der Elefanten durchzuführen.

Joyce und ich mußten uns auch um die Vegetations-Meßstellen kümmern. Wir sind beide keine Ökologen, und die langwierige und öde Tätigkeit, die mit der Überwachung der Vegetation verbunden ist, schreckte uns ab. Keith hatte diese Meßstellen angelegt, um die Verfügbarkeit von Futter für die Elefanten während der beiden Regen- und der beiden Trockenzeiten pro Jahr zu untersuchen. Es waren Ergebnisse, die wir alle benötigten, und deshalb stimmten wir auch zu, die Überwachung nach seiner Abreise weiterzuführen. Wir machten es zum ersten Mal. Zunächst einmal mußten wir die zwölf Meßstellen wiederfinden, die über die verschiedenen Lebensräume im ganzen Park verstreut liegen.

Jede Meßstelle bestand aus einer geraden Linie, die von zwei hundert Meter auseinanderliegenden Steinen markiert wurde. Anhand unseres Erinnerungsvermögens und einer Karte von Keith mußten wir den ersten Stein finden und dann mit Hilfe eines Kompasses den zweiten Stein suchen. Bei einigen war das einfach, die meisten aber waren äußerst schwierig zu finden, da die Steine im hohen Gras verschwunden oder zwischen Büschen versteckt waren. Sobald wir einen Stein fanden, rollten wir von einer speziellen Winde, die Keith angefertigt hatte, eine Schnur aus. Diese Schnur trug in Abständen von zwei Metern Markierungen, die uns an der Linie entlang fünfzig Punkte vorgaben, an denen wir Messungen durchführen mußten. Dafür hatte Keith einen Metallrahmen mit zehn senkrechten Stäben konstruiert. Wir sollten feststellen, wie viele dieser Stäbe auf ein Grasstückchen oder ein Kraut stießen, und dann die

Höhe des Pflanzenbewuchses messen. Das ergab mehr als fünfhundert einzelne Messungen pro Meßstelle.

Am 29. Dezember machten wir uns auf den Weg. Am ersten Tag schafften wir zwei, am nächsten Tag zwei weitere Meßstellen. An Silvester, dem dritten Tag, ereignete sich das letzte Fiasko des Jahres 1984. Diesesmal allerdings war es eher belustigend. Joyce und ich waren früh losgefahren, entschlossen, sechs Meßstellen zu schaffen. Die erste fanden wir ohne Probleme und waren schnell damit fertig. Dann fuhren wir zu einer der Meßstellen am Sumpfufer, wo das Buschwerk ziemlich dicht war, eine gefährliche Stelle, vor der uns Keith eindringlich gewarnt hatte. Es war ein von Löwen, Büffeln und Elefanten bevorzugter Platz. Wir fanden den ersten Stein, lasen den Kompaß ab und machten uns auf den Weg in die Richtung des zweiten Steins. Dabei pfiffen wir und klatschten in die Hände, um irgendwelche unfreundlichen Tiere wegzuscheuchen. Wir begegneten überhaupt keinen Tieren, aber wir konnten auch den zweiten Stein nicht finden. Wir wanderten umher, krochen unter Büsche, kratzten uns an den Dornen blutig und verfluchten Keith. Schließlich fanden wir ihn, entrollten die Schnur über, unter und um Büsche herum und fingen mit den Messungen an. Als wir drei Viertel der Strecke an der Linie entlang geschafft hatten, hörten wir das unverkennbare Schlagen eines Elefantenohrs. Unglücklicherweise konnten wir nichts sehen, da wir von hohen Büschen umgeben waren, die bis über unsere Köpfe reichten. Wir gingen zum Fahrzeug zurück und kletterten auf das Dach. In unsere Richtung kam eine aus Kühen und Kälbern bestehende Elefantengruppe. Wir fuhren mit dem Wagen zum Ende der Linie und versuchten, ganz schnell mit der Meßstrecke fertig zu werden. Als die Gruppe näher kam, stellte ich mich auf das Autodach, um Joyce zu warnen, wann sie loslaufen mußte. Gerade als sie anfing, die Schnur wieder aufzuwickeln, tauchte ein weiterer Elefant hinter ihr auf, und ich rief ihr zu, daß sie schnell kommen solle. Sie mußte die Winde und die Schnur zurücklassen und zum Auto sprinten.

Wir standen beide auf dem Dach des Wagens und beobachteten, wie sich die Kühe und Kälber der Meßstrecke näherten. Wir konnten erkennen, daß es sich um die DB-Familie handelte, angeführt von Delia und Deborah. Wir hofften, daß sie einfach an der Schnur vorbeigehen oder drüberhinwegsteigen würden, aber dem war nicht so: Daniel, Deborah's siebenjähriger Sohn, fand die Schnur und hielt erschrocken an (Elefanten sind bekannt dafür, daß sie gegen alles Neue und Ungewohnte in ihrem

Streifgebiet eine Abneigung haben; sehr zum Ärger der Wildschutzbeamten stoßen sie Hinweisschilder einfach um, es sei denn, diese sind von einer riesigen Steinbarriere umgeben). Nach seiner anfänglichen Überraschung ergriff Daniel die Schnur mit dem Rüssel, hob sie hoch, zog daran und fing an, sie wie Spaghettis auf einer Gabel um seinen Rüssel zu wickeln. Er drehte sich um, ging rückwärts in die Schnur und schlang sie mehrmals um sein Hinterbein. Wir konnten uns das Lachen nicht verkneifen. Inzwischen gesellten sich auch die anderen Elefanten zu ihm und begannen ebenfalls, an der Schnur zu ziehen. Sogar die großen Kühe beteiligten sich an dem Spiel. Plötzlich entdeckte Joyce, daß die kleinen schwarzen Markierungspunkte auf unserer Seite der Linie vorübersausten, gefolgt von der Winde, die am Boden entlang über die Büsche holperte, genau auf die Elefanten zu. Mit der um ihre Beine, Rüssel und Stoßzähne gewundenen Schnur verschwand die ganze Elefantengruppe hinter einigen anderen Büschen, blieb dort zehn Minuten und spielte offenbar weiter mit der Schnur und der Winde. Schließlich zogen die Tiere fort zum Sumpf.

Wir kletterten vorsichtig vom Auto runter und begannen, den Schaden zu begutachten. Wir fanden mindestens zehn verschiedene Abschnitte der zerrissenen Schnur, einige hatten sich in Ästen verfangen, andere waren einfach zu Knoten verschlungen. Wir sammelten sie alle ein, wußten aber, daß der Versuch, sie wieder zusammenzusetzen, hoffnungslos sein würde. Nur die Winde, die speziell für diese Arbeit konstruiert worden war, wollten wir heil zurückhaben. Keith hatte viel Zeit und Mühe darauf verwendet, sie aus allen möglichen Kleinteilen, Resten und Fragmenten zusammenzubauen. Wir suchten fast eine Stunde lang, konnten aber nicht mal ein winziges Teilchen von ihr finden. Es stand uns bevor, an Keith zu schreiben und ihm davon zu berichten. Trotzdem hielten wir die ganze Sache immer noch für sehr komisch und lachten jedesmal wieder, wenn wir daran dachten, wie Daniel sich die Schnur um den Rüssel gewunden hatte oder wie die Winde über den Boden springend an uns vorbeiholperte. Am nächsten Tag, als wir mit einer neuen Schnur und einer primitiven Winde, die praktisch nur aus einem Stock bestand, hinausfuhren, fanden wir es nicht mehr ganz so witzig. Es machte das ganze Verfahren noch langwieriger, aber es gelang uns – und später Joyce und ihrer neuen Assistentin Nellie Sakawa –, mit den Meßstellen an den ersten Tagen des neuen Jahres fertig zu werden.

In der Zwischenzeit endete das Jahr 1984 nicht, ohne daß den Ts noch weiteres Unheil widerfuhr. Masaku's 22jähriger Sohn Titus, der auch als Forschungshilfskraft bei uns arbeitete, berichtete mir, daß ein Hinterbein von Tilly's '83-Kalb ganz steif sei. Als ich das Kalb sah, war sein Bein stark angeschwollen und konnte überhaupt nicht belastet werden. Das Gelenk trat deutlich hervor, es schien ausgerenkt oder gebrochen. Es war jammervoll, ihm zuzusehen, wie es unter Schmerzen versuchte, auf drei Beinen voranzukommen. Wir dachten, es wäre nur eine Frage der Zeit, daß es sterben würde. Ich vermutete, daß das kleine Tier sich diese Verletzung bei einem Sturz in die große Abfallgrube zugezogen hatte. Es sah so aus, als sollten wir noch ein weiteres Mitglied der Ts durch eine »Abfall-bezogene« Ursache verlieren.

Die Ts hatten 1984 so viele Verluste erlitten, daß ich fast glaubte, sie wären verhext worden. Ich hoffte sehr, das Jahr 1985 würde ihnen mehr Glück bescheren. 1984 war bei den Ts nur ein Kalb geboren worden: Tuskless hatte am 20. März ein weibliches Baby zur Welt gebracht. Insgesamt hatte es sieben Todesfälle gegeben – Tania und ihr C'83, Teresia, Tia und ihr C'83 sowie Tio und Taddeus. Und Toby und Tolstoi, die beiden jungen Bullen, waren unabhängig geworden. Nachdem sich die Zahl ihrer Mitglieder um acht verringert hatte, zählten die drei verbliebenen T-Familien Ende 1984 noch 21 Tiere:

TA	Tuskless (62)	♀
	C'84	♀
	Tuo (80)	♂
	Tonie (67)	♀
	C'82	♂
	Tilly (70)	♀
	C'83	♂
	Tom (79) [ex-TB]	♂
TC	Slit Ear (36)	♀
	C'83	♀
	Slo (80)	♀
	Tabitha (76)	♀
	Tara (67)	♀
	C'82	♂

	Tess (63)	♀
	C'82	♀
TD	Tallulah (63)	♀
	C'83	♀
	Tao (80)	♀
	Theodora (67)	♀
	C'82	♂

11
Die zukünftigen Generationen

1985–1986 und danach

Slit Ear hob den Kopf, klappte mit den Ohren, spreizte sie ab, so daß sie über dem Kopf eine waagerechte Linie bildeten. Sie stützte sich auf Gladys und versetzte ihr einen Stoß ins Hinterteil. Gladys heulte auf und rannte davon. Tara kam zu Slit Ear herüber, klappte mit den Ohren und kollerte, doch Slit Ear ignorierte sie. Beide fingen wieder an zu fressen. Die TCs zogen in einem Verband von ungefähr 45 Elefanten durch das Sumpfgebiet von Longinye. Die anderen T-Familien waren nicht dabei. Slit Ear's Familie bestand nur noch aus acht Tieren: Slit Ear, ihr C'83-Kalb, Slo, Tabitha, Tara, deren C'82, Tess und deren C'82. Alle anderen Familien, mit denen sie in Longinye zusammen waren, hatten mehr Mitglieder: Die GBs, zu denen Gladys gehörte, brachten es auf siebzehn Elefanten. Sie bildeten eine enge Bond Group mit einer anderen dort anwesenden Familie, den IBs, zu der dreizehn Tiere gehörten. Isis, die Leitkuh der IBs, war groß und ungefähr im selben Alter wie Slit Ear. Die LBs schließlich, die vierte Familie dort, wurden ebenfalls von einer großen Kuh geführt, Letitia. Dennoch machte Slit Ear ihre dominante Stellung allen anderen gegenüber geltend: Wenn sie sich auf Futtersuche durch die Herde schob, machten ihr die anderen Kühe und Kälber respektvoll Platz, gingen ihr aus dem Weg und behielten sie wachsam über die Schulter blickend, im Auge.

Die vier Familien blieben zusammen, fraßen den ganzen Morgen hindurch und machten mittags eine Pause, um zu ruhen und sich einzustauben. Am Nachmittag entfernten sich die TCs allmählich aus der Ansammlung der Elefanten und gingen in Richtung Westen auf den Ol Tukai-Wald zu. Sie zogen langsam dahin und fraßen auf ihrem Weg. Als sie eine offene Kurzgras-Ebene erreichten, bildeten sie eine Reihe, mit Slit Ear in der Führung und Tess am Ende. Sie wanderten mit bedächtigen, langen

Schritten, überquerten zunächst die Ebene, dann die Hauptstraße, danach eine fast kahle Mulde und betraten schließlich den Wald.
Dort trafen sie mit Tom und den TAs zusammen, aber es gab keine freundliche Begrüßung. Slit Ear spreizte die Ohren ab, wandte sich Tuskless und Tonie zu und schritt schnell auf sie zu. Diese kollerten, wichen geschickt aus; eine von ihnen trompetete einen kurzen Alarmton. Slit Ear näherte sich erneut in aggressiver Haltung, und wieder gingen Tuskless und Tonie eilig davon.
Ein paar Minuten später drehte sich Tara plötzlich zu Tom um und schleuderte ihren Rüssel nach ihm. Tom schrie stöhnend auf und rannte davon. Tara hinterher. Wieder schleuderte sie ihren Rüssel, und wieder brüllte Tom, obwohl sie ihn kein einziges Mal berührt hatte.
Die beiden Familien blieben nicht lange zusammen. Die TAs wanderten im Halbkreis auf dem Weg zurück, den sie gekommen waren; und Slit Ear führte ihre Familie weiter durch den Wald hindurch in Richtung Süden zum Berg und den Lavafeldern. Sie hielt dabei nicht an, um nach anderen Elefanten zu rufen oder nach ihnen zu lauschen.
Die acht Tiere der TC-Familie verbrachten die Nacht mit Fressen und Ausruhen. Von den erwachsenen Tieren blieb Tara am dichtesten bei Slit Ear. Tess hielt sich auf Distanz, besonders wenn sie auf Futtersuche waren. Am Morgen wanderten sie nach Ol Tukai Orok zurück. Auf der Ebene im Süden des Waldes machten sie eine Pause, um sich auf einer Fläche mit *Consimilis*-Gras auszuruhen. Sie dösten in der Morgensonne, und plötzlich hob Tara den Kopf und lauschte. Sie kollerte sehr tief und horchte erneut mit abgestellten Ohren. Diesmal kollerte sie lauter, kehliger. Bei ihr und Tess begannen die Schläfendrüsen, Sekret abzusondern, und sie wandten sich beide nach Süden. Slit Ear reagierte nicht.
Zwei Minuten später kollerten, horchten und kollerten Tara und Tess erneut. Es vergingen weitere drei Minuten, und dann erschien im Süden eine Gruppe von fünf Elefanten auf der Ebene. Es waren die TDs: Tallulah mit ihren zwei Kälbern und Theodora mit ihrem Kalb. Sie wanderten in gleichmäßigem Schritt und kamen direkt auf die TCs zu. Die vier jungen, erwachsenen Kühe und die neunjährige Tabitha begrüßten sich. Sie hielten die Köpfe erhoben, schlugen mit den Ohren und kollerten in einer freundlichen, aber gedämpften Begrüßungszeremonie.
Slit Ear nahm daran überhaupt nicht teil, obwohl ihre fünfjährige Tochter Slo zu ihrer Altersgenossin Tao hinüberlief, um diese ebenfalls zu begrüßen. Die beiden Kälber schlangen die Rüssel umeinander und

steckten sie sich gegenseitig in den Mund. Tess' dreijährige Tochter näherte sich vorsichtig den beiden älteren Kälbern und wurde von ihnen untersucht, berührt und gestreichelt. Die beiden männlichen Kälber von Tara und Theodora begannen währenddessen unverzüglich einen Übungskampf, denn sie hatten beide seit mehreren Tagen keinen anderen männlichen Altersgenossen zum Spielen gehabt.

Slit Ear verhielt sich Tallulah und Theodora gegenüber nicht aggressiv wie am Tag zuvor beim Zusammentreffen mit Tuskless und Tonie, doch sie zeigte nur wenig Interesse an ihnen. Sie ruhte sich weiterhin aus, während die anderen Tiere ihre sozialen Kontakte pflegten. Schließlich ließen sich auch die fünf TDs zu einem Nickerchen nieder, aber sie blieben nicht, wie in früheren Zeiten, dichtgedrängt mit den TCs beisammen. Sie hielten sich etwas abseits und bildeten eine eigene, klar abgegrenzte Gruppe.

Ungefähr fünfzehn Minuten später erwachte Slit Ear, sie streckte sich, harnte und kotete und gab ein flüchtiges »Auf geht's«-Kollern von sich. Dann marschierte sie in Richtung Wald los, und alle anderen folgten ihr.

In den Monaten nach dem Tod von Teresia, Tia und Tania im Jahre 1984 hatte ich mit einiger Bestürzung beobachtet, wie tiefgreifend sich diese Verluste auf das soziale Gefüge der T-Bond Group auswirkten. Ohne Teresia zerfielen die Familien der TDs und der TCs und bröckelten auseinander. Tallulah und Theodora waren nur selten in Slit Ear's Gesellschaft, ja manchmal blieben selbst diese beiden Jungkühe nicht beisammen. Und da Tia bis zu ihrem Tode im Oktober fast immer allein fortgegangen war, hatte sich auch Slit Ear's eigene Familie die meiste Zeit aufgespalten. Danach fand ich die TCs oft in zwei oder sogar drei Gruppen getrennt.

Einige dieser Verhaltensweisen kann man auf die Dürre in jenem Jahr zurückführen, während der sich viele Familien in Mutter-Kind-Einheiten aufteilten. Aber die TCs und TDs hatten bereits 1976 eine ebenso schlimme Dürrezeit überstanden und waren damals dennoch zusammengeblieben. Intuitiv spürte ich, daß das Band, das die TCs und TDs so beständig zusammengehalten hatte, auf der Beziehung zwischen Slit Ear und Teresia beruht hatte. Aus welchem Grunde auch immer – das Treueverhältnis zwischen beiden war außergewöhnlich stark. Ohne die Anziehungskraft, die Slit Ear und Teresia füreinander empfanden, kam es zu einer Umorientierung und zu einer Verschiebung der Treuebekenntnisse.

Noch auffälliger war die Veränderung in der Beziehung dieser beiden Familien zu den TAs. Ich glaube, zwischen Slit Ear und Torn Ear, der Leitkuh der TAs, muß eine starke Bindung bestanden haben, und eine kaum schwächere zwischen Teresia und Torn Ear. Das legten zumindest die Daten über die Assoziationsmuster vor 1977 nahe. Nach dem Tode von Torn Ear jedoch war die Verbundenheit zwischen den Familien schwächer geworden. Möglicherweise gab es noch einige flüchtige Bande zwischen Tania und den anderen Kühen der älteren Generation; doch dann starb auch sie und hinterließ bei den TAs nur junge Kühe. Slit Ear fühlte sich offensichtlich nicht zu ihnen hingezogen und schien enge Kontakte sogar zu verhindern.

Der Tag, an dem ich sah, daß Slit Ear sich Tuskless und Tonie gegenüber aggressiv verhielt und an dem Tara mit dem Rüssel nach Tom schlug, war der 2. Januar 1986. Ich konnte es daher Anfang jenes Jahres kaum rechtfertigen, sie als Mitglieder einer Bond Group zu bezeichnen. Wenn ich meine Studie erst 1986 begonnen hätte, wäre ich wohl niemals auf den Gedanken gekommen, daß die TAs jemals eine besondere Beziehung zu den TCs und TDs gehabt haben könnten. Sie verbrachten nur wenig Zeit miteinander; ja, Slit Ear verhielt sich ihnen gegenüber ausgesprochen feindselig; und das ist wohl kaum das rechte Umfeld, um engere Bande zu knüpfen. Doch die Geschichte ihrer früheren Beziehung stand nun mal in den Aufzeichnungen, und ich durfte die Möglichkeit nicht außer acht lassen, daß weitere Veränderungen und Umorientierungen auftreten könnten.

Ich kann mir nicht helfen, aber ich frage mich, wie die Lebensgeschichte der Ts »vor meiner Zeit« ausgesehen haben mag und welche Ereignisse und Faktoren zu den Beziehungen zwischen Slit Ear und Teresia und Slit Ear und Torn Ear geführt hatten. Wurde der Grundstein schon in Slit Ear's Kindheit gelegt? War Teresia ihre ältere Schwester oder ihre Tante? Hat Torn Ear sich um sie gekümmert, als sie ein kleines Kalb war? Überdauerten diese Bindungen wegen einer Übereinstimmung im Verhalten und weil sie wußten, daß sie sich immer helfen würden? Und was ist mit dem einfachen Zeitfaktor? Alle Indizien weisen darauf hin, daß Slit Ear die meiste Zeit ihres Lebens in Teresia's Gesellschaft verbracht hatte, und wahrscheinlich war sie auch sehr oft mit Torn Ear zusammen. Konnten gemeinsame Erfahrungen im Laufe der Jahre die Bindungen aufrechterhalten und festigen? Können Elefanten tatsächlich nie etwas vergessen?

Ich kann diese Fragen nicht beantworten. Ich kann nur Slit Ear heute beobachten und versuchen, ihr Verhalten zu interpretieren. Obwohl sie ihre Töchter und ihre Familie um sich hat, wirkt sie auf mich verändert. Ich habe ihre sozialen Aktivitäten nicht quantitativ untersucht, aber mein Eindruck ist, daß sie in der Zeit seit Teresia's Tod mehr aggressives Verhalten und deutlich weniger Bindungsverhalten zeigt.

Allerdings bin ich neugierig, was passieren wird, wenn Slit Ear stirbt. Sie ist die letzte ihrer Generation. Als Teresia 1984 starb, war Slit Ear 48 Jahre alt. Heute, zu dem Zeitpunkt, da ich dies schreibe, ist sie 51. Alle übrigen weiblichen Tiere der drei T-Familien sind weniger als halb so alt. Tuskless, die Älteste, ist erst 25; Tess und Tallulah sind 24; Tara, Theo und Tonie 20; Tilly ist 17 und Tabita 11. Sie sind die neue Generation. Die Bande, die sich zwischen ihnen gebildet haben und die sich weiterentwikkeln, werden die soziale Zusammengehörigkeit innerhalb der Familien und zwischen ihnen bestimmen. Es scheint unter diesen jüngeren Kühen ziemlich starke Bindungen zu geben. Vielleicht werden sie, wenn Slit Ear stirbt, wieder einen engeren Verbund herstellen und mehr Zeit miteinander verbringen. Zur Zeit ist Tuskless die Anführerin ihrer kleinen TA-Familie, Slit Ear ist die dominante Figur in ihrer TC-Familie, und Tallulah ist eindeutig die Leitkuh der TD-Familie geworden.

Gern hätte ich das Leben der Ts in den zwei Jahren nach den Todesfällen von 1984 weiter intensiv verfolgt, doch ich mußte 1985 und 1986 meistens in Nairobi am Schreibtisch arbeiten. Ich sah daher die Ts nicht oft. Allerdings scheint es im allgemeinen eine ziemlich ereignislose Zeit für die Tiere gewesen zu sein – eine Ruhepause nach den Schrecken des Jahres 1984, eine Zeit der Erholung.

Wenn ich sie dann kurz mal besuchte, war ich stets überrascht, daß Tilly's 83'-Kalb, das ein gebrochenes Bein hatte, immer noch am Leben war. Das Bein war verkümmert, und am oberen Gelenk war ein riesiger geschwollener Knubbel. Trotzdem fraß das männliche Kalb gut und war wohlgenährt. Tilly ging immer langsamer oder wartete auf ihr lahmendes Kind, damit es sie einholen konnte. Eines Tages war ich sehr gerührt, als ich sah, wie Tilly's Sohn mit einem Kalb von der SA-Familie spielte. Sie stießen und schoben sich gegenseitig, und ich bin sicher, daß er im Nachteil war, aber er kämpfte mit Schwung und Energie.

Im September 1985 entdeckte ich, daß bei Teddy der Penis und die Vorhaut enorm angeschwollen waren. Meine Kolleginnen Joyce und Sandy hatten es schon eine Woche vorher bemerkt, und sie dachten, daß er vielleicht von einer Schlange gebissen worden sei. Wie durch ein Wunder war Teddy aber nach einigen Wochen wieder gesund.

Allen anderen »Jungs« bei den Ts schien es gutzugehen. Right Fang, Tim und Toby verbrachten viel Zeit im Camp und in der Umgebung. Unglücklicherweise war Toby süchtig nach den Nahrungsmitteln der Menschen und schlich nachts in Ol Tukai umher, warf Mülltonnen um und wagte sich bis zu den Veranden und Fenstern der Bandas vor. Selbst wir hatten einige Schwierigkeiten mit ihm, als er gegen Ende der Trockenzeit 1986 mehrfach versuchte, unsere Küche zu demolieren. Ich ließ einen kleinen Elektrozaun um die Küche herum aufstellen, und das schien ihn abzuhalten.

Teresia's Sohn Tolstoi entwickelte sich sehr schnell nach dem Tod seiner Mutter von einem Familienmitglied zu einem unabhängigen Bullen. Ich sah ihn oft allein, manchmal mit anderen jungen Bullen oder am Rande von Familiengruppen. Mit dem Älterwerden wurde seine Ähnlichkeit mit Teresia frappierend. Ich glaube, er wird mit seinen langen, fast geraden Stoßzähnen einmal ein sehr stattlicher Bulle, sobald er in die besten Jahre kommt.

Im Verlaufe des Jahres 1985 wurden 65 Kühe im Östrus registriert. Das führte 1987 zu einem kleinen »Babyboom«. Zu den Tieren, die 1985 im Östrus beobachtet wurden, gehörte auch Tonie. Sie war damals in einer Paarungsgemeinschaft mit Bad Bull, und es wurde gemeldet, daß er sie im Juli begattet hatte. Im Mai 1987 brachte Tonie dann ihr Kalb zur Welt, dessen Vater fast sicher Bad Bull war. Wieder einmal waren die Verwandtschaftsbeziehungen labyrinth-ähnlich, denn dieses Kalb war auf der väterlichen Seite ein Halbgeschwister von Slo und möglicherweise auch noch von anderen Tieren der TCs und TDs; denn es scheint sicher, daß Bad Bull in früheren Jahren verschiedene Kühe aus diesen Familien begattet hat. Und mütterlicherseits war dieses Kalb eine Kusine, Nichte oder Schwester von wieder anderen Tieren.

Im April 1986 kam die zehnjährige Tabitha in den Östrus und wurde von Pablo begattet. Im Oktober 1986 bemerkte ich, daß Tess rundlich aussah und vermutlich trächtig war. Es schien also, als würden viele kleine Ts auf die Welt kommen. Ich hoffe nur, daß sie ihr Dasein ziemlich ungestört vollenden können und daß sie dabei die ganze Fülle ihres Verhaltensrepertoires und ihrer sozialen Bedürfnisse ausleben können. Ich habe meine Zweifel daran und mache mir große Sorgen um ihre Zukunft.

Die Elefanten von Amboseli sind für die nächsten zwei oder drei Jahre offenbar in Sicherheit. Was aber danach geschehen wird, vermag ich nicht zu sagen. Die Ereignisse, die in einem größeren Maßstab die Afrikanischen Elefanten auf dem ganzen Kontinent betreffen, werden sich schließlich auch auf die Elefanten von Amboseli auswirken: Elfenbeinwilderei, Verlust des Lebensraumes und Pläne zum kontrollierten Abschuß verdüstern den Horizont. Alle diese Faktoren bedrohen in zunehmendem Maß auch die zukünftige Existenz einer verhältnismäßig natürlichen Elefantenpopulation wie der von Amboseli.

Die akuteste Bedrohung der Elefanten in Afrika ist der Elfenbeinhandel. Elfenbein ist ohne Zweifel ein herrliches Material. Es hat einen Glanz und eine Wärme, anders als jeder andere Rohstoff, der für Schmuckgegenstände oder Skulpturen verwendet wird. Ich habe allerdings den Eindruck, die Menschen vergessen, daß Elfenbein der Stoßzahn eines Elefanten ist. Man neigt dazu, Elfenbein mit Jade, Teak, Ebenholz, Bernstein oder sogar mit Gold und Silber in einen Topf zu werfen. Es gibt jedoch einen großen Unterschied: Die anderen Materialien stammen nicht von einem Tier; ein Elfenbeinstoßzahn hingegen ist ein umgewandelter Schneidezahn. Wenn man ein wunderschönes Elfenbeinarmband oder eine feine Schnitzerei in der Hand hält, bedarf es eines gewissen gedanklichen Sprunges, um zu begreifen, daß dieses Stück Elfenbein von einem Elefanten stammt, der einmal umherging und seinen Stoßzahn zur Futterbeschaffung, zum Graben, zum Bohren, zum Spielen und zum Kämpfen brauchte; und daß dieser Elefant getötet werden mußte, damit man dieses Schmuckstück in der Hand halten kann. Ich wage sogar zu vermuten, daß nur die allerwenigsten Menschen, die Elfenbein kaufen, jemals diesen Gedankensprung machen. Und selbst sie würden sich wahrscheinlich trotzdem nicht vom Elfenbeinkauf abhalten lassen – in dem nur allzu verbreiteten Glauben, daß es genug Elefanten auf der Welt gibt, möglicherweise sogar zu viele. Und auf jeden Fall seien sie doch zum Nutzen der Menschen da.

Das Geschäft mit dem Elfenbein floriert seit Jahrhunderten; infolgedessen haben die Elefantenpopulationen immer geschwankt und sind in vielen Fällen ausgelöscht worden:

Vor ungefähr tausend Jahren wurden die Elefanten Nordafrikas wegen ihres Elfenbeins ausgerottet (es war die Population, aus der die Elefanten stammten, die Hannibal zur Überquerung der Alpen im Jahre 219 vor Christi einsetzte).

In Südafrika blieben nach einer Zeit der intensiven, unkontrollierten Jagd

nach Elfenbein im neunzehnten Jahrhundert nur wenige kleine Gebiete übrig, in denen Elefanten überlebt hatten.
In Westafrika waren die meisten Elefantenpopulationen um die Jahrhundertwende ausgerottet. Einige Restpopulationen, von denen viele nur aus zwanzig bis dreißig Tieren bestanden, blieben versprengt übrig.
Im östlichen Afrika wurden die Elefantenpopulationen im neunzehnten Jahrhundert in Verbindung mit Elfenbeinhandel und Sklaverei drastisch reduziert. Die beiden Geschäfte nährten sich gegenseitig: Die Elfenbeinhändler nahmen Männer und Frauen gefangen, die die Stoßzähne zur Verschiffung an die Küste schleppen mußten; dann wurden die Gefangenen in die Sklaverei verkauft. Auf dem Höhepunkt des Elfenbeinhandels wurden pro Jahr etwa tausend Tonnen Elfenbein nach Europa exportiert.
Anfang des zwanzigsten Jahrhunderts wurden einige Kolonialbeamte durch die rapide Abnahme der Elefantenpopulation alarmiert. Sie erließen Jagdgesetze und richteten Reservate ein, um die Tiere zu schützen. Das hatte zur Folge, daß die Elefantenpopulationen sich langsam erholten und im östlichen, mittleren und südlichen Afrika wieder zunahmen. In Westafrika allerdings führte das rasante Wachstum der Bevölkerung zu einer weiteren Dezimierung der Elefanten dieser Region. Das Geschäft mit dem Elfenbein ging weiter, wobei sich die hauptsächliche Import-Aktivität von Europa nach Ostasien verlagerte:
Für ein halbes Jahrhundert hielt sich der Umfang des Elfenbeinhandels auf einem verhältnismäßig niedrigen Niveau, und die Preise blieben bis in die sechziger Jahre stabil. In den späten Sechzigern jedoch begann der Elfenbeinpreis zu steigen, der lange Zeit bei ungefähr 2,45 Dollar pro Pfund gelegen hatte (oder einem britischen Pfund pro Pfund Elfenbein zur damaligen Zeit). Aus den verschiedensten Gründen, über die man nur Vermutungen anstellen kann, wurde Elfenbein wieder eine beliebte Form der harten Währung. Bis 1973 war der Preis auf fast 14 Dollar pro Pfund gestiegen, und 1978 hatte er sogar 35 Dollar pro Pfund erreicht. Auch unter Berücksichtigung der Inflation war der tatsächliche Wert des Elfenbeins 1978 sechsmal höher als 1960.
Die wichtigsten Faktoren, die als Erklärung für die Zunahme des Handels vorgetragen wurden: die »gestiegene Verfügbarkeit von Elefanten«, die in Gegenden wieder zahlreich waren, wo man sie früher fast ausgerottet hatte; die instabile politische Situation in einigen Ländern, die gerade unabhängig geworden waren; das enorme Wachstum der Bevölkerung in Afrika, mit den daraus folgenden Konflikten zwischen Elefanten und

Menschen; und schließlich das allgemeine Chaos auf dem Geldmarkt, das durch die nach oben schießenden Ölpreise verursacht worden war (wodurch Elfenbein zu einer wertvollen und stabilen Handelsware wurde).
Die Nachfrage nach Elfenbein ist in den achtziger Jahren weiter gestiegen, heute liegt der Preis bei über fünfzig Dollar pro Pfund. Der gesamte Handel mit Roh-Elfenbein beträgt gegenwärtig etwa 825 Tonnen pro Jahr, was einem Wert von mindestens 50 Millionen Dollar pro Jahr entspricht; im Handel mit geschnitztem Elfenbein werden sogar 500 Millionen Dollar jährlich umgesetzt.
Japan ist das Land, das die meiste Rohware einführt (523 Tonnen im Jahre 1983). Aus Elfenbein werden dort Unterschriftenstempel hergestellt – die die Japaner gerne benutzen, statt ihre Namen zu schreiben – sowie Schmuckstücke, dekorative Schnitzereien und Netsukes, die am Kimono getragen werden. Ein kleinerer Teil des Elfenbeins geht in andere asiatische Länder und nach Europa, nur etwa zehn Prozent bleiben in Afrika, wo die Elfenbein-Schnitzerei sich in einigen Staaten zu einem rasch wachsenden Industriezweig entwickelt hat.
Diese Fakten und Zahlen schaffen – sogar bei mir – eine gedankliche Distanz zum Elefanten; indes, die Elfenbeinstatistik spiegelt nicht eine bestimmte Menge gefällter Bäume oder gewonnenen Erzes wider, sondern sie repräsentiert eine bestimmte Zahl toter Elefanten. Natürlich sterben Elefanten auch eines natürlichen Todes, und ihre Stoßzähne werden eingesammelt, um von den Wildtier-Abteilungen oder den beteiligten Zentralregierungen verkauft zu werden. Die natürliche Sterblichkeit kann aber unmöglich die gegenwärtige Nachfrage nach Elfenbein decken.
Um den Bedarf an 825 Tonnen Elfenbein pro Jahr zu »befriedigen«, müssen mindestens 70 000 Elefanten sterben (diese Zahl basiert auf dem kürzlich ermittelten durchschnittlichen Stoßzahngewicht von etwa dreizehn Pfund, bzw. durchschnittlich 1,8 Stoßzähnen pro Elefant, unter der Berücksichtigung von Tieren mit abgebrochenen Stoßzähnen oder nur einem Stoßzahn). Zusätzlich sterben, bevor sie überhaupt Stoßzähne haben, noch Tausende von Kälbern infolge des Verlustes ihrer Mütter. Dadurch steigt die geschätzte Gesamtzahl auf mindestens 80 000 tote Elefanten pro Jahr. Diesen Raubzug können die gegenwärtig etwa 800 000 Elefanten Afrikas unmöglich lange ertragen.
Iain Douglas-Hamilton ist seit 1976 für die IUCN (International Union for the Conservation of Nature and Natural Resources) daran beteiligt, den

Status der Elefanten in ganz Afrika zu ermitteln. Von 1976 bis 1982 war Iain der Vorsitzende der IUCN/Species Survival Comission's African Elephant Group, später führte er seine Untersuchungen als Berater fort. In der Januarausgabe 1987 der Naturschutzzeitschrift »Oryx« veröffentlichte er eine Zusammenfassung dieser Untersuchungen: In fast allen Ländern nimmt die Zahl der Elefanten sowohl in Parks und Schutzgebieten als auch außerhalb ab. Die einzigen bemerkenswerten Ausnahmen sind Südafrika, Simbabwe, Botswana und Malawi, wo die Elefantenzahlen entweder ansteigen oder stabil bleiben.

Einige Gebiete erleben einen viel drastischeren Rückgang als andere. Von der Zentralafrikanischen Republik erstreckt sich ein halbmondförmiges Gebiet durch den Tschad, Zaire, den südlichen Sudan und Somalia, wo Elefanten besonders rücksichtslos gewildert werden. Um ein paar Beispiele zu geben:

Zentralafrikanische Republik

Iain Douglas-Hamilton führte 1985 im Bamingui-Bangoran- und im Manovo-Gounda-Nationalpark Zählungen aus der Luft durch und entdeckte einen Rückgang um achtzig Prozent seit der vorigen Zählung im Jahre 1981. 1976 waren die Elefanten in diesem Land noch auf 80 000 bis 100 000 Tiere geschätzt worden. Im Jahre 1985 wurden nur noch 10 000 bis 15 000 Tiere gezählt.

Tschad

Vor dem Ausbruch des Bürgerkrieges im Tschad wurde 1974 die gesamte Elefantenpopulation auf 15 000 geschätzt. Die letzten Schätzungen lassen vermuten, daß kaum mehr als 2000 Tiere übriggeblieben sind.

Sudan

Banden von sechzig und mehr Wilderern mit automatischen Waffen haben die Elefantenpopulation im Südsudan praktisch ausgelöscht.

Somalia

Bei Untersuchungen vom Flugzeug aus wurden weit mehr Elefantenkadaver als lebende Elefanten entdeckt. Ein Beobachter glaubt, daß heute nur noch wenige Elefanten übriggeblieben sind.

In anderen Gegenden Afrikas wurde bereits in den siebziger Jahren eine große Zahl von Elefanten vernichtet, und in einigen Fällen geht das Abschlachten weiter. Wieder einige Beispiele:

Uganda

Während des Terrorregimes Idi Amins und des Bürgerkrieges wurden achtzig bis neunzig Prozent der Elefanten getötet. Im (südlichen) Murchinson Falls-Nationalpark, wo jahrelang genaue Zählungen aus der Luft durchgeführt wurden, gab es 1973 9970 Elefanten; neun Jahre später waren es nur noch 25.

Kenia
1973 schätzte man die Zahl der Elefanten auf 167 000. Ende der siebziger Jahre waren 100 000 verschwunden. Heute gibt es noch etwa 35 000 bis 40 000 Elefanten, und neueren Berichten zufolge ist die intensive Wilderei mit unverminderter Kraft erneut in vollem Gange.

Tansania
Die Elfenbeinwilderei begann hier erst in den späten siebziger Jahren bedrohlich zu werden, ist aber in den achtziger Jahren praktisch außer Kontrolle geraten. Im Selous-Wildreservat in Südtansania zählte Iain 1976 noch 110 000 Elefanten, es war eine der letzten Hochburgen für Elefanten in Afrika. Im Oktober 1986 führte Iain dort eine weitere Zählung durch und fand nur noch 55 000 Elefanten vor.

Doch nicht allein diese Zahlen sind deprimierend; gleichermaßen erschreckend ist das, was mit den übrigbleibenden Populationen geschieht. Die Wilderer nehmen systematisch die Tiere mit den größten Stoßzähnen, daher sind die Bullen und die älteren Leitkühe die ersten, die dran glauben müssen (die japanischen Schnitzer bevorzugen große Stoßzähne und bezahlen dafür weit mehr Geld pro Pfund als für mittlere und kleine Stoßzähne). Wenn die älteren Elefanten erledigt sind, kommen die mittelgroßen Tiere an die Reihe, und schließlich jagen die Wilderer sogar die jungen Elefanten mit sehr kleinen Stoßzähnen.
Es überrascht nicht, daß das durchschnittliche Gewicht der aus Afrika exportierten Stoßzähne in den vergangenen Jahren deutlich abgenommen hat. Nach den Angaben der »Wildlife Trade Monitoring Unit« der IUCN ist das mittlere Stoßzahngewicht des nach Japan eingeführten Elfenbeins von 35,8 Pfund im Jahre 1979 auf 21,3 Pfund im Jahre 1982 gesunken. In einigen der am schwersten bejagten Populationen sind offenbar nur noch junge Tiere übriggeblieben. Iain registrierte kürzlich das durchschnittliche Gewicht von Elfenbeinstoßzähnen, die in Uganda und in der Zentralafrikanischen Republik bei Wilderern beschlagnahmt wurden, mit 5,9 Pfund (Uganda) bzw. 6,6 Pfund (ZAR). Elefanten mit Stoßzähnen dieser Gewichtsklasse können nicht älter als sieben, höchstens acht Jahre sein. Insgesamt beträgt das durchschnittliche Stoßzahn-

gewicht in den neuesten Exportberichten etwa dreizehn Pfund, was etwa dem einer erwachsenen Kuh oder eines Bullen im Teenageralter entspricht. Tatsächlich schätzt man, daß die Mehrzahl der Stoßzähne, die sich heute im Handel befinden, von Kühen im fortpflanzungsfähigen Alter stammt.

Diese Daten über die mittleren Stoßzahngewichte offenbaren, daß die meisten Elefantenpopulationen zur Zeit in einem bedrohlichen Übermaß ausgebeutet werden. Um die weltweite Nachfrage nach mehr als 800 Tonnen Elfenbein zu »befriedigen«, lassen die Lieferanten jedes Jahr mehr Elefanten töten. Wenn vor zehn Jahren möglicherweise noch 40 000 Elefanten mit einem mittleren Stoßzahngewicht von zwanzig Pfund ausreichten, diesen »Bedarf« zu decken, so müssen heute, bei den viel jüngeren Populationen 70 000 Elefanten abgeschlachtet werden. Folglich sinkt das Durchschnittsalter der Elefanten ständig, und die Fortpflanzungsrate wird zwangsläufig immer niedriger.

Meine Arbeit in Amboseli über die soziale Organisation, das Paarungsverhalten, die Entwicklung der Kälber und die Populationsdynamik weist – ebenso wie die Arbeiten anderer Wissenschaftler – darauf hin, daß ein Bestand, der nur aus jungen, unter Dauerstreß lebenden Tieren besteht, sich unmöglich mit einer durchschnittlichen Rate fortpflanzen und Kälber großziehen kann. Die fortpflanzungsfähigsten und erfolgreichsten Elefantenmütter sind die im mittleren Lebensalter von etwa 25 bis 45 Jahren. Selbst unter guten Bedingungen weisen die Kälber von Müttern im Teenageralter eine höhere Sterblichkeitsrate auf als die von erfahreneren Kühen. Unter dem schweren Druck der Wilderei, mit Führungslosigkeit und zerfallenden Familien muß die Kälbersterblichkeit zunehmen. Ich möchte außerdem vorhersagen, daß die Konzeptionsrate durch den Streß und das Fehlen von älteren Bullen in Musth abnehmen wird. In einem verhältnismäßig ungestörten Bestand können Elefanten sich um drei bis sieben Prozent vermehren, aber es ist unwahrscheinlich, daß eine junge, bedrängte Population sich auch nur annähernd mit dieser Rate fortpflanzen kann.

Die Situation ist deprimierend, aber sie muß nicht irreversibel sein. Es gibt Menschen, die sehr hart arbeiten, um diesen Abwärtstrend aufzuhalten. Iain Douglas-Hamilton versucht weiterhin unermüdlich, die Öffentlichkeit darauf aufmerksam zu machen, was mit den Elefanten in Afrika geschieht. Andere haben sich dem Kampf angeschlossen. 1982 ist der Vorsitz der kombinierten »IUCN/SSC African Elephant and Rhino Specia-

list Group« (AERSG) auf Jonah Western übergegangen. Er hat einige wertvolle Studien in Gang gesetzt, besonders solche, die sich kritisch mit dem Elfenbeinhandel beschäftigen. Er hat auch eine Erhebung zum Studium des Waldelefanten in Zentralafrika initiiert und mitgeholfen, die Regierung des Sudan zu überzeugen, den Verkauf von Elfenbein zu verbieten. 1985 wurde David Cummings vom Ministerium für Nationalparks und Wildtier-Management in Simbabwe Vorsitzender der AERSG, und auch er arbeitet sehr hart daran, die drohende Ausrottung sowohl der Nashörner als auch der Elefanten aufzuhalten.
Nicht nur die Naturschützer sind von dieser Entwicklung zutiefst betroffen. Auch afrikanische Regierungen, die begriffen haben, daß sie an die Wilderer und illegalen Händler Exporterlöse und unersetzliche Naturschätze verlieren, sind alarmiert. Sie wandten sich an die offiziellen Vertreter der CITES (Convention on International Trade in Endangered Species of Wild Fauna and Flora) und baten um ein Quotensystem für Elfenbein. Das trat im Januar 1986 in Kraft. Eine spezielle Elfenbein-Abteilung des CITES-Sekretariats in Lausanne soll den internationalen Handel mit registrierten Stoßzähnen überwachen. Das gesamte legal gehandelte Elfenbein muß gekennzeichnet und – von CITES-Papieren begleitet – vom Büro in Lausanne für den Versand offiziell freigegeben sein. Da die exportierenden afrikanischen Staaten und die meisten der Haupteinfuhrländer das CITES-Abkommen unterzeichnet haben, müßte es theoretisch möglich sein, alle auf dem Markt befindlichen Stoßzähne von der Quelle über die verschiedenen Zwischenstationen bis zu ihrem endgültigen Bestimmungsort zu verfolgen. In der Praxis gibt es aber immer noch viele Hintertürchen, und die Dezimierung der Elefanten hat sich seit Einführung des Quotensystems unvermindert fortgesetzt.
Der amerikanische Geograph Esmond Bradley Martin hat den Versuch unternommen, das Problem von der Einfuhrseite her anzugehen. Er besuchte alle Länder, die Elfenbein in einer beträchtlichen Menge einführen. In vielen Fällen hat er entdeckt, daß die Elfenbeinhändler und -schnitzer sich durchaus bewußt sind, daß ihr Geschäft in ein paar Jahren am Ende ist, wenn nicht einschneidende Veränderungen stattfinden. In Japan reagierte man positiv, die Elfenbeinabteilung des Allgemeinen Handels- und Importverbandes stellte Geldmittel bereit für die Einrichtung des Elfenbein-Büros der CITES in Lausanne.
Was die Elfenbeinhändler im Grunde genommen wollen, ist ein gleichbleibend hoher Ertrag von Stoßzähnen, die jedes Jahr aus Afrika kom-

men. Paradoxerweise wäre es, um dieses Ziel zu erreichen, die bei weitem beste Lösung, in fast allen Teilen Afrikas überhaupt keine Elefanten mehr zu töten. Diese interessante Schlußfolgerung ist das Ergebnis eines computer-simulierten Modells, das Tom Pilgrim, ein Statistiker, und Jonah Western durchführten. Tom und Jonah benutzten alle verfügbaren Informationen über die Populationsdynamik – Bestandszahlen, Altersstruktur, Fruchtbarkeits- und Sterblichkeitsraten sowie Wachstumsgeschwindigkeiten von Stoßzähnen – und kamen zu verschiedenen »Ernte«-Modellen. Dann verglichen sie die einzelnen Modelle mit den Daten über jene Stoßzähne, die in den vergangenen Jahren durch den Elfenbeinhandel gegangen sind.

Das Modell, das exakt mit den gegenwärtigen Handelszahlen übereinstimmt, führt unweigerlich zur Katastrophe: In jedem Jahr werden mehr und mehr Elefanten aus einer immer jünger werdenden Population getötet, um ein konstantes Gesamtgewicht an Elfenbein zu erreichen. Bei diesem Modell nehmen die Bestände so rapide ab, daß es unweigerlich zum regionalen Zusammenbruch und schließlich zur völligen Ausrottung kommen muß. Tom und Jonah sagen voraus, daß dieses simulierte Ergebnis innerhalb eines Jahrzehnts für mindestens die Hälfte aller afrikanischen Elefanten traurige Wirklichkeit werden könnte.

In einem anderen Modell wird jedes Jahr dieselbe Zahl von Elefanten getötet, bis sich die Population schließlich stabilisiert, allerdings in einem jüngeren Alter. Das hat zur Folge, daß die Elfenbein-Ausbeute abnimmt und daß das mittlere Stoßzahngewicht niedrig bleibt.

Das Modell, das schließlich das meiste Elfenbein und die größten Stoßzähne hervorbringen würde, erfordert ein rigoroses Vorgehen: Die Elefanten dürften in absehbarer Zukunft überhaupt nicht mehr bejagt werden, damit sie sich erholen und – was am wichtigsten ist – älter werden könnten, bis sie eines natürlichen Todes sterben. Der »Ernte«-Ertrag an Elfenbein bliebe dennoch nicht aus; ja, er würde mit den Jahren steigen; denn: Die Stoßzähne eines Elefanten wachsen sein ganzes Leben lang weiter, im letzten Lebensjahrzehnt sogar noch beschleunigt.

Es ist natürlich unrealistisch, einen Tötungsstopp für Elefanten oder auch nur ein Stillhalteabkommen mit dem Handel zu erwarten. Bei 500 Millionen Dollar, die im Spiel sind, wird irgend jemand immer einen Weg finden, das Elfenbein aus Afrika herauszuschaffen. Der Versuch, den Elfenbeinhandel in Afrika zu kontrollieren, ist – wie das Quotensystem der CITES beweist – bei dem gegebenen politischen und sozialen Klima wahrlich eine gewaltige Aufgabe. Die politische Situation ist in vielen dieser Länder so prekär, daß beinahe jegliche Kontrolle illusorisch ist. Besonders gefährdet sind die Elefanten in Ländern, in denen Bürgerkrieg herrscht.

Iain Douglas-Hamilton hat eine wertvolle Untersuchung über den Zusammenhang des zunehmenden Exports von automatischen Waffen in afrikanische Länder und der immer weiter um sich greifenden Elfenbeinwilderei abgeschlossen. In seinem kürzlich erschienenen »Oryx«-Artikel berichtet er, daß nach Angaben der amerikanischen Abrüstungs- und Waffenkontrollbehörde der Wert der Waffenverkäufe nach Afrika von 500 Millionen Dollar im Jahre 1971 auf 4,5 Milliarden Dollar im Jahre 1980 gestiegen sei (unter realistischen Bedingungen, d. h. unter Berücksichtigung der Inflationsrate). In demselben Zeitraum sind die bewaffneten Streitkräfte in den ostafrikanischen Gebieten von 141 000 auf 441 000 Soldaten angewachsen. Im allgemeinen sind dort, wo es auffallend viele Waffenimporte gegeben hat, auch vermehrt Elefanten gewildert worden. In einigen Fällen sind die Armeen selbst die Hauptwilderer gewesen, wie zum Beispiel Amins Truppen in Uganda. In anderen Fällen wurden die Bürgerkriege teilweise durch die Elfenbeinwilderei finanziert. In wieder anderen Ländern hat einfach die bloße Verfügbarkeit von Maschinengewehren, die leicht den Weg in Privathände fanden, das Gleichgewicht verändert. In vielen Gegenden, in denen früher staatliche Spezialeinheiten die Wilderei in den Nationalparks und Reservaten unter Kontrolle halten konnten, stehen diese heute den gutorganisierten und viel besser bewaffneten Banden machtlos gegenüber. Kein Wunder also, daß 80 Prozent des heute gehandelten Elfenbeins von gewilderten Elefanten stammt.

In Ländern, die keinen Krieg führen, ist das Hauptproblem die Korruption von Beamten. Für einen Zoll- oder Wildschutzbeamten ist es eine einfache Sache, ein CITES-Formular auszufüllen und zu unterschreiben und damit gewildertes Elfenbein legal zu machen. Wenn das nicht möglich ist, kann illegales Elfenbein über das zentralafrikanische Land Burundi ausgeführt werden, das nicht zu den CITES-Unterzeichnern gehört. Das meiste Elfenbein aus dem östlichen Afrika wird auf diesem Weg exportiert, obwohl es in Burundi selbst gar keine Elefanten gibt. Die Stoßzähne stammen von gewilderten Elefanten in Sambia, Tansania, Zaire, Uganda, Kenia, im Sudan und sogar von noch weiter her. Das Elfenbein wird weiter in die Vereinigten Arabischen Emirate (VAE) geschickt, dem einzigen Land der Welt, das CITES zunächst unterzeichnet und dann seinen Beitritt widerrufen hat. Da Burundi und die VAE frei von jeglicher Kontrolle sind, werden bestechliche Beamte in den afrikanischen Ländern, die über Elefantenbestände verfügen, immer einen Markt für gewilderte Stoßzähne finden.

Der Versuch, die weitverbreitete Korruption in den afrikanischen Regierungen zu bekämpfen, ist für Naturschützer allein eine zu gewaltige Aufgabe. Die Korruption innerhalb der Wildtier-Abteilungen könnte jedoch reduziert werden, wenn man den Nationalparks und Reservaten mehr finanzielle und moralische Unterstützung gewähren würde. Während es jetzt noch viele Elefanten außerhalb der Reservate gibt, werden es am Ende nur noch diese sogenannten geschützten Gebiete sein, auf die sich die Naturschutzbemühungen in Afrika konzentrieren müssen. Doch die zuständigen Ministerien arbeiten, von wenigen Ausnahmen abgesehen, mit minimalen Budgets, und die Wildschutzbeamten und Wildhüter sind jämmerlich unterbezahlt und viel zu schlecht ausgerüstet. Wenn der Preis für ein Paar Stoßzähne dem Jahresgehalt eines Beamten entspricht, so ist die Versuchung, Wilderern behilflich zu sein, überwältigend.

Wir in den entwickelten Ländern könnten die Naturschutzgebiete Afrikas dadurch unterstützen, daß wir weit mehr zu ihrer Unterhaltung beisteuern. Es wäre ein Verbrechen an zukünftigen Generationen, unbeteiligt zuzusehen, wie die Parks und Reservate weiterhin verfallen. Wenn Krieg und Anarchie, Habgier und Korruption auch nicht verhindert werden können, so ist ein Mangel an finanziellen Mitteln doch behebbar. Es gibt viele Afrikaner, die sich sehr um ihre Wildtiere sorgen, und einige haben bei dem Versuch, sie zu schützen, ihr Leben verloren. Aber ihre Länder sind arm, und häufig müssen Einnahmen, die sie mit ihren Wildtieren erzielen, für das Gesundheits- und Erziehungswesen oder unglücklicherweise für den Kauf von Waffen ausgegeben werden. Auf jeden Fall sollte die Last, die Wildnis zu bewahren, nicht allein auf den Schultern der afrikanischen Menschen ruhen – diese Gebiete mit ihren wilden Tieren sind das Erbe der ganzen Welt.

Natürlich muß ich mich fragen, was all' das für Amboseli und seine Elefanten bedeutet, deren Leben mir so sehr am Herzen liegt. Manchmal versuche ich, nicht daran zu denken, weil es im Augenblick keine 60-köpfigen Banden in Amboseli gibt, die automatische AK-47-Waffen mit sich tragen und jeden Elefanten mit Stoßzähnen niedermähen. Aber ich weiß auch, daß es geschehen könnte, wenn die entsprechenden Umstände zusammentreffen. Kenia ist ein stabiles, friedliches Land; doch wenn es hier oder im benachbarten Tansania politische Unruhen oder Bürgerkrieg gäbe, würden die Elefanten von Amboseli eine schnelle Einnahmequelle darstellen, um Waffen zu kaufen. Bis die Elfenbeinwilderei für die Jäger zu teuer wird, weil es gefährlich ist, gegen gut bewaffnete und gut ausgebildete Wildhüter anzukommen, oder weil der Verkauf von illegalem Elfenbein zu schwierig wird, oder weil der Elfenbeinpreis auf Grund sinkender Nachfrage fällt, werden die Elefanten von Amboseli niemals vor der Bedrohung durch die Wilderei sicher sein.

Für mein Gefühl ist jetzt eine weltweite Kampagne erforderlich, um die Nachfrage nach Elfenbein zu reduzieren. Ich möchte die Menschen bitten, so lange kein Elfenbein mehr zu kaufen, bis eine Zeit kommt, in der man sicher sein kann, daß die Stoßzähne entweder von legal getöteten Elefanten stammen oder von einem Tier, das eines natürlichen Todes gestorben ist. Ich weiß, daß die Geschäfte, die in den Vereinigten Staaten Elfenbein führen, für sich in Anspruch nehmen, nur legal beschafftes Elfenbein einzukaufen. Ja, das Elfenbein mag legal in das Land hineingekommen sein, aber das Risiko, daß es Afrika unter suspekten Vereinbarungen verlassen hat, ist überwältigend groß. Man schätzt gegenwärtig, daß – wie bereits erwähnt – mindestens 80 Prozent des heute gehandelten Elfenbeins von gewilderten Elefanten stammt.

Die Elfenbein-Wilderei ist zweifellos die massivste Bedrohung für die Elefanten in Afrika, aber es gibt noch zwei weitere Gefahren: Nicht so unmittelbar akut wie das Wildern, auf lange Sicht aber genauso bedrohlich für die Elefanten ist das Problem des enormen Bevölkerungswachstums und die damit verbundene Ausbreitung der Menschen in die unberührten Gebiete. Der Lebensraum der Elefanten schrumpft von Tag zu Tag.

In Kenia, das die höchste Geburtenrate der Welt mit fast vier Prozent pro Jahr hat, wird sich die Bevölkerung bis zum Jahre 2000 verdoppeln. Wo sollen alle diese Menschen bleiben? Weniger als ein Drittel des Landes ist landwirtschaftlich nutzbar. Der Rest ist Halbwüste und kann von Menschen nicht bewohnt werden, ausgenommen nur die zähesten Viehnomaden. Ein sehr hoher Anteil der Fläche Kenias, nämlich beinahe sieben Prozent, ist als Nationalpark oder Reservat ausgewiesen. In einigen Gebieten allerdings leben die Menschen schon direkt an den Grenzen der Parks, und sie drängen ihre Abgeordneten im Parlament, den Status der Nationalparks aufzuheben, damit sie dort ihre Rinder weiden lassen und

Nutzpflanzen anbauen können. Vielleicht ist es nur eine Frage der Zeit, bis die Regierung diesem Drängen nachgeben muß.
Auf der anderen Seite ist der Tourismus Kenias zweitgrößter devisenbringender Industriezweig, der nur noch vom Kaffee übertroffen wird. Es ist daher im Interesse des ganzen Landes, die Naturschutzgebiete zu erhalten – aber hungrige, unglückliche Menschen, die kein Land haben, können nicht ignoriert werden. Dies ist ein Problem, das nur die Kenianer selbst lösen können.
Auch Veränderungen des Lebensstils und der Landnutzung beeinflussen die unberührten Gebiete. In der Umgebung von Amboseli gehen die Massai infolge ihrer raschen Vermehrung allmählich zu einer Mischung aus Ackerbau und Weidewirtschaft über. Früher konnten die Massai, wenn sie pro Kopf zehn Kühe besaßen, von der Subsistenzwirtschaft (Selbstversorgung) leben, die ausschließlich auf ihrem traditionellen Viehnomadentum beruhte. Heute gibt es viel mehr Menschen, und das Land, in dem sie leben, kann nicht mehr als vier Kühe pro Person tragen. Die Massai haben kaum eine andere Wahl, als sich an der Geldwirtschaft zu beteiligen, um ihren Nahrungsbedarf mit Produkten aus dem Ackerbau zu befriedigen. Ich will damit nicht andeuten, daß die Massai traditionelle Viehnomaden hätten bleiben sollen oder daß die Veränderung notwendigerweise schlecht sei. Aber es besteht kein Zweifel, daß dieser Wandel mit einer geänderten Einstellung gegenüber den Wildtieren einhergeht. Wilde Tiere, ganz besonders Elefanten, können Seite an Seite mit Viehnomaden leben (auch mit einer modernen Form des Viehnomadentums), mit dem Ackerbau hingegen können sie nicht koexistieren.
Hilfsorganisationen versuchen fortgesetzt, die Viehnomaden zu Ackerbau oder Fischzucht oder sonst irgend etwas zu überreden, sie in Dörfern und Städten seßhaft zu machen und ihrer nomadischen Lebensweise ein Ende zu setzen. Es hat bei solchen Versuchen mehr Mißerfolge denn Erfolge gegeben, man denke nur daran, wie sich die Wüste in der Sahelzone ausbreitet. Viele Fachleute führen dies auf eine Generation schlecht beratener Projekte zur Wasserentwicklung zurück. Und dennoch setzen diese Organisationen ihre Versuche fort. Viele werden von Missionaren geleitet, die, neben ihrem Wunsch, »primitiven, heidnischen« Völkern zu helfen, diese auch bekehren und zum regelmäßigen Besuch der Kirche anhalten möchten. Voraussetzung dafür ist die Ansiedlung der Nomaden in einem Dorf oder einer Stadt.
In der Gegend von Amboseli unterstützt zur Zeit eine Missionarsgruppe

die Massai bei einem Bewässerungsprojekt am Namalog-Sumpf, unmittelbar östlich der Grenze zum Amboseli-Nationalpark. Die Massai, wie auch andere Völker, haben sich bereits vorher weiter östlich beim Kimana-Sumpf angesiedelt und betreiben dort Ackerbau. Das Namalog-Gebiet war jedoch bis vor kurzem vom Ackerbau noch verschont geblieben. Nun gibt es dort Häuser, Zäune und Bewässerungsgräben – und auch eine Kirche. Wie lange die Massai in Namalog Nutzpflanzen werden anbauen können, bleibt eine offene Frage; denn der Boden scheint dafür wenig geeignet, und Wasser gibt es nur in sehr begrenzter Menge.

In der Zwischenzeit wettern die frischgebackenen Ackerbauern gegen die wilden Tiere, die versuchen, auf ihre Felder zu schleichen und die angebauten Pflanzen zu fressen. Falls dieses Bewässerungssystem als ein Erfolg angesehen wird, dann ist es nur eine Frage der Zeit, bis die Leute in dieser Gegend sehnsüchtig nach Longinye und Enkongo Narok schielen, den beiden großen Sümpfen im Park.

Es wäre allerdings offensichtlich nicht im nationalen Interesse, Amboseli in landwirtschaftlich genutztes Land umzuwandeln. Amboseli hat die höchsten Eintrittsgelder von allen Parks im Lande. Im Zustand der Wildnis belassen, bringt jeder Hektar dieses Parks dem Land Kenia im Jahr mehr ein als bei landwirtschaftlicher Nutzung. Dennoch sind sich zumindest einige Leute in der Regierung darüber im klaren, daß die Einheimischen, die am Rande der Parks und Reservate leben, von diesen Gebieten profitieren müssen, damit sie die Wildtiere dulden und unterstützen. Ohne die Mitwirkung dieser Menschen könnte ein kleiner Park wie Amboseli nicht überleben.

Seit den fünfziger Jahren hat man mit unterschiedlichem Erfolg Programme ausprobiert, um den einheimischen Massai den möglichen Nutzen, den die Wildtiere ihnen bringen können, bewußt zu machen. Schon frühzeitig haben die Wildschutz-Behörden versucht, die Massai in den Randgebieten mit Wasser zu versorgen, um die Kernzone des Parks von Rindern freizuhalten. Als Amboseli von einem Schutzgebiet in einen Nationalpark umgewandelt wurde, baute man eine Wasserpipeline für die Massai, zugleich wurden weitere Versprechungen über Einkünfte und Hilfsleistungen gemacht. Die meisten von ihnen erwiesen sich als kurzlebig oder sind gar nicht erst angelaufen: Die Pipeline war für die Zahl der Rinder in dem Gebiet unzureichend konstruiert und wurde später völlig stillgelegt, da die Mittel fehlten, um Treibstoff für die Pumpe zu kaufen. Zur gleichen Zeit wurden auch die Bohrlöcher, welche die Massai seit vielen Jahren benutzt hatten, nicht mehr instand gehalten, und die Massai hatten nun anderswo als in den Sümpfen kein Wasser mehr zur Verfügung. Damit entstanden neue Konflikte, und die Massai waren zu Recht böse, weil die Regierung ihre Versprechungen nicht hielt.

Außerdem gingen den Massai in jenen Jahren wichtige Einnahmen verloren. Bis Kenia im Jahre 1977 ein landesweites Verbot der Sportjagd erließ, hatten die Massai Jagdgebühren von Leuten erhalten, die auf ihrem Land schießen wollten. Diese Gebühren waren beachtlich: Im letzten Jahr vor dem Inkrafttreten des Verbots hatten die Group Ranches in der Umgebung von Amboseli durch Jagdlizenzen Einnahmen in Höhe von 1,6 Millionen Kenia-Schillingen (ungefähr 225 000 Dollar). Geschossen wurden hauptsächlich Büffel, Antilopen, Zebras und Vögel. Obwohl ich selbst niemals ein Tier schießen würde, bin ich nicht gegen die Sportjagd, denn sie bringt den Menschen, die mit den wilden Tieren leben müssen, Geld ein. Auf den Bestand an Wildtieren hat es offensichtlich kaum nachteilige Auswirkungen, wenn jedes Jahr einige Tiere wegen ihrer Trophäen getötet werden.

Außerdem hatten die Massai in Amboseli Einnahmen durch sogenannte Weidekompensation, der die Zahl der Wildtiere zugrunde gelegt wurde, die während der Regenzeit auf das Gebiet ihrer Viehfarmen wanderten. Nachdem der Park 1977 gegründet wurde, erfolgten diese Zahlungen fünf Jahre lang, dann wurden sie eingestellt. Ein Teil der Einkünfte aus den Hotels geht an die Kajiado-Bezirksbehörde, die diese Mittel für Schulen und andere Entwicklungsprojekte wieder der Region zuführen soll. Aber liegt Kajiado hundert Meilen entfernt, und für die dortigen Bezirksabgeordneten gibt es dringlichere Bedürfnisse in der unmittelbaren Umgebung. Nach Amboseli scheint nur sehr wenig zurückzufließen.

Den einzigen direkten Gewinn bekommen die Viehfarmer von den öffentlichen Zeltplätzen, von besonderen Camps jener Gesellschaften, die Luxuszelt-Safaris durchführen, sowie aus dem Verkauf von Feuerholz an die Hotels und Camps. Doch es ließe sich viel mehr tun: Man könnte den Massai dabei helfen, erfolgreiche Viehfarmer zu sein, indem ihr überliefertes Wissen über die Umweltbedingungen in semiariden (halbtrockenen) Zonen mit einigen Sachkenntnissen über moderne Tierproduktion kombiniert wird und sie auf diese Weise in die Lage versetzt werden, stärker am Geldmarkt teilzunehmen. Immerhin haben sie das Leben mit ihren Rindern, Schafen und Ziegen ungefähr zweitausend Jahre lang sehr gut gemeistert. Mit profitableren Absatzmöglichkeiten und etwas Unter-

stützung bei der Verbesserung ihres Viehbestandes könnten sie wichtige Rindfleisch-Erzeuger für das ganze Land sein.
Es ist unbedingt erforderlich, den Massai zu gestatten und sie darin zu bestärken, daß sie ihre Wünsche und Erwartungen auf eine Weise erfüllen können, die ihre Kenntnisse und ihre Traditionen einbezieht. Ohne die Duldung der Massai haben die Elefanten kaum eine Chance zu überleben, ganz zu schweigen von einem relativ ungestörten Leben in einem funktionierenden Öko-System.
Die dritte große, möglicherweise sogar unmittelbare Bedrohung für die Elefanten von Amboseli ist das Culling. Unter *Culling* oder *Cropping* (= Ernten) versteht man das kontrollierte Töten eines gewissen Teils eines Tierbestandes mit bestimmter Zielsetzung. Diese Ziele reichen von der einfachen Verringerung der Tierzahlen bis hin zum »Farmen« von Wildtieren im großen Maßstab, um auf Dauer einen größtmöglichen Ertrag zu erzielen. Die Frage, ob man diesen geregelten Abschuß durchführt oder nicht, ergibt sich aus der Art und Weise wie der Mensch die Natur, die Naturschätze und den Naturschutz betrachtet. Im großen und ganzen stellt sich der Mensch über die Natur und glaubt, die Natur wäre dazu bestimmt, nach Gutdünken zum Vorteil der Menschheit ausgenutzt zu werden. Eine solche Nutzung kann auf Verbrauch ausgerichtet sein (wie durch das Töten und Verzehren von Tieren, das Fällen von Bäumen zur Holzgewinnung oder die Nutzung von Wasser zur Erzeugung von Energie), oder sie kann naturerhaltend sein (wie durch die ästhetische Würdigung der Natur zum Zwecke der Erholung oder für die wissenschaftliche Forschung). Der Mensch entscheidet und lenkt.
Der Naturschutz wird im allgemeinen als eine positive Zielsetzung betrachtet. Die meisten Pflanzen- und Tierarten (mit Ausnahme der Arten, die dem Menschen abträglich sind – Unkraut, Tsetsefliegen, Heuschrekken, Moskitos) werden für wert befunden, vor der Ausrottung geschützt zu werden, und zwar entweder aus ästhetischen Gründen oder aus der eher praktischen Erwägung heraus, daß wir nicht wissen, welche Bedeutung sie für den Menschen zukünftig haben könnten. In Ländern der ganzen Welt hat man Gebiete zum Schutze der Arten und der Lebensräume reserviert, und es sind Vereinbarungen unterzeichnet worden, um eine extreme Ausbeutung der Fisch- und Säugetier-Bestände in den Meeren zu verhindern.
Afrika gilt als eine der wenigen Regionen auf der Welt, wo es noch große Gebiete unberührter Wildnis gibt, in denen eine Vielzahl von Tieren und

Pflanzen leben. Kein anderer Kontinent auf der Welt verfügt über einen derartigen Reichtum und ein solches Spektrum an großen Säugetier-Arten. Aus diesen Gründen steht Afrika im Brennpunkt des aktiven Naturschutzes. In den meisten afrikanischen Staaten sind Parks und Reservate geschaffen worden. Menschen aus den entwickelten Ländern in Ost und West haben im Laufe der Jahre in steigender Zahl die geschützten Gebiete in Afrika besucht, um die wilden Tiere zu sehen und davon zu profitieren, »der Natur nahe zu sein«.

Für die Menschen, die an der Schaffung und Erhaltung solcher Schutzgebiete beteiligt sind, gibt es immer das Problem, wie man mit einem Park oder einem Reservat umgehen soll. Was soll der Mensch schützen, und wie soll das geschehen? Eine Region zum Schutzgebiet zu erklären und seine Grenzen abzustecken, in einigen Fällen auch mit Hilfe von Zäunen und Gräben, bringt immer Veränderungen mit sich, unabhängig davon wie groß ein Gebiet ist. Soll alles so belassen werden, wie es war, bevor das Schutzgebiet eingerichtet wurde, mit einer repräsentativen Flora und Fauna, gewissermaßen abgekapselt von Zeit und Raum? Soll man zulassen, daß die natürlichen Kreisläufe der Tiere und Pflanzen ungestört ablaufen? Soll der Tourismus das oberste Ziel sein? Oder der Naturschutz? Oder die wissenschaftliche Forschung? Oder ein Maximum an Gesamteinnahmen aus allen möglichen Quellen? Die Praktiken im Umgang mit den Schutzgebieten in Afrika durchlaufen eine ganze Skala von Einstellungen von der Bewahrung bis hin zur konsumierenden Nutzung, und die dabei angewendeten Methoden reichen von Nichteinmischung, also die Natur sich selbst zu überlassen (der sogenannten *Laisser-faire*-Methode) bis hin zum intensiven Management.

Am *Laisser-Faire*-Ende des Spektrums befinden sich diejenigen, die glauben, daß die Natur es selbst am besten weiß und sich, wenn sie sich selbst überlassen bleibt, um die Lebensräume und die Tiere »kümmert«. Am anderen Ende des Spektrums findet man die Einstellung, daß ein Ort nicht länger natürlich ist und die Natur sich nicht länger um sich selbst »kümmern« kann, wenn der Mensch erst einmal eingeschritten ist und künstliche Grenzen geschaffen, die Jagd durch die Einheimischen unterbunden und Straßen und Hotels gebaut hat. Ökologische Prozesse sind dadurch unterbrochen worden, und der Tier- und Pflanzenbestand ist nicht länger in der Lage, sich innerhalb akzeptabler Grenzen selbst zu regulieren. Es liege deshalb in der Verantwortung der Menschen, ein solches Schutzgebiet zu kontrollieren und zu managen, indem die Tiere in ihrer Zahl reguliert werden, Brände geplant und künstliche Wasserstellen angelegt werden und so weiter.

Irgendwo in der Mitte des Spektrums, aber doch dem *Laisser-Faire*-Ende deutlich näher sind die Ökologen angesiedelt, die ein Öko-System als einen Komplex von Lebewesen betrachten, die in wechselseitigen Beziehungen zueinander stehen und sich unter dem Druck der natürlichen Selektion herausbilden. Diese Wissenschaftler fangen gerade erst an, diese Öko-Systeme zu verstehen, die sich ihrer Ansicht nach bei Störungen als bemerkenswert unverwüstlich erweisen. Fehlt das biologische Verständnis, so verfehlt ein Management, das in natürlichen und halbnatürlichen Systemen »herumpfuscht«, oft den gewünschten Effekt oder macht in einigen Fällen die Sache sogar schlimmer.

Bei einem so breiten Spektrum von Ansichten darüber, wie man in einem Park oder einem Schutzgebiet vorgehen sollte, überrascht es nicht, daß dieses Thema eine beträchtliche Kontroverse hervorgerufen hat, an der sich der Staat Kenia rege beteiligt hat. Die Politik der kenianischen Regierung im Hinblick auf die Nationalparks diktiert zwar kein intensives Management, sie eröffnet jedoch andererseits eine Vielzahl von Interpretationsmöglichkeiten. Im »Sessional Paper Nr. 3« des Jahres 1975 ist unter dem Titel »Policy on Wildlife Management in Kenya« festgehalten, daß in Nationalparks ausschließlich im Hinblick auf vier Ziele eingegriffen werden darf:

1. um beispielhaft die Haupttypen der Lebensräume Kenias in einem leidlich »natürlichen« Zustand zu erhalten, und zwar aus ästhetischen, wissenschaftlichen und kulturellen Gründen;
2. um den Kenianern Bildungs- und Erholungsmöglichkeiten zu bieten;
3. um als Touristenattraktion zu dienen und damit eine wichtige Grundlage für die gewinnbringende Tourismus-Industrie des Landes zu liefern; und
4. um weitere Aktivitäten zu unterstützen, die nicht im Widerspruch zum oben Gesagten stehen.

In dieser Entschließung ist auch festgehalten, daß Landwirtschaft, Viehnomadentum, Waldwirtschaft und konsumierende Nutzung der Wildtier-Bestände in Nationalparks nicht gestattet ist. Dennoch sind die Formulierungen unpräzise genug, um auch Argumente für das Töten von Tieren zuzulassen, wenn das dazu dient, die Lebensräume in einem »natürlichen« Zustand zu erhalten. In diesem Zusammenhang stößt man auf die langjährige Debatte über das Problem: Elefanten und Bäume. Elefanten ernähren sich auch von Bäumen und vernichten sie bisweilen oder verändern deutlich deren Wuchsform. In einigen Gegenden haben die Elefanten auf diese Weise Waldland in offene Gras- und Buschflächen umgewandelt.

Die klassischen Beispiele dafür sind der Murchison Falls-Nationalpark in Uganda und der Tsavo-Nationalpark in Kenia. In Murchison Falls wurden in den sechziger Jahren Tausende von Elefanten im Rahmen eines Culling-Plans getötet, um die Veränderungen des Lebensraumes aufzuhalten (In dem darauffolgenden Jahrzehnt wurden mehr als neunzig Prozent der verbliebenen Elefanten durch Armee und Wilderer abgeschlachtet, aber das hätte damals niemand vorhersehen können). Im Tsavo wurde in den Sechzigern ein Wissenschaftlerteam unter der Leitung von Richard Laws zusammengestellt, um die »Elefanten-Baum-Situation« zu analysieren. Sie erhielten die Genehmigung, eine Anzahl von Elefanten umzubringen, um an dieser Stichprobe deren Populationsdynamik zu beurteilen. Zunächst wurden dreihundert Tiere getötet. Aufgrund der Daten kam das Team zu dem Ergebnis, daß weitere dreitausend Elefanten abgeschossen werden sollten, um ausreichend Daten darüber sammeln zu können, wie viele weitere Tiere getötet werden müßten, bis eine Wende bei den Veränderungen der Wälder einträte. Die Nationalpark-Behörde in Kenia hielt es für abscheulich, so viele Elefanten aus wissenschaftlichen Gründen zu vernichten, und verweigerte die Genehmigung. Die Auswirkungen und die Kontroverse im Umfeld dieser Entscheidung sind noch heute spürbar.

Es gab schreckliche Vorhersagen, daß der Tsavo zur Wüste werden würde. Die Zahl der Elefanten war angewachsen, und zwar sowohl durch Einwanderung aus den umliegenden Gebieten, in denen die Elefanten durch die räumliche Ausbreitung der Menschen verdrängt wurden, als auch durch die Fortpflanzung der Elefanten im Park. Als Laws und sein Team ankamen, schätzte man, daß etwa 40 000 Elefanten in dem 17 000 Quadratmeilen großen Öko-System lebten. Als die Wissenschaftler fort waren, veränderte sich im darauffolgenden Jahrzehnt das Bild auf Grund einiger natürlicher und einiger von Menschen hervorgerufener Ereignisse ganz drastisch. Einige tausend Elefanten starben in Dürrezeiten, und noch viel mehr wurden durch intensive Wilderei getötet. Ende der siebziger Jahre waren nur noch 8000 bis 10 000 Elefanten übriggeblieben. Seitdem hat sich die Vegetation im Tsavo regeneriert, überall im Park wachsen Büsche und Bäume wieder üppig.

Keine der beiden Seiten im Streit zwischen *Laisser-faire* und Culling war über das, was im Tsavo geschehen war, glücklich. Die Anhänger der Nichteinmischungs-Theorie fühlten sich zwar ermutigt dadurch, daß der Lebensraum sich sehr widerstandsfähig erwiesen hatte, aber sie betrachteten Gesetzlosigkeit und Wilderei nicht als Lösung. Die Vertreter des intensiven Managements wiederum hielten das Ergebnis für eine entsetzliche Verschwendung. Wenn die Regierung die Elefanten nach einem Culling-Plan hätte abschießen lassen, statt daß sie durch Dürre und Wilderei starben, hätte das ganze Land, einschließlich der Bewohner der unmittelbaren Umgebung, Nutzen aus einer seiner natürlichen Ressourcen ziehen können. Statt dessen verrottete das Fleisch im Park, und das Elfenbein sei außer Landes geschmuggelt worden.

Aber was wäre geschehen, wenn man das Culling im Tsavo gestattet hätte? Die Zahl der Elefanten soweit zu reduzieren, daß die Wälder erhalten geblieben wären, hätte sehr wahrscheinlich die Vegetationskreisläufe gestört. Solche Zyklen können, zum Beispiel beeinflußt von der Zahl der Elefanten, von Niederschlägen, Feuer und anderen Faktoren, über Jahrhunderte fortschreiten. Dabei werden aus Grasland buschbestandene Flächen, dann Wälder und dann wieder Grasland. Außerdem hätte das Culling zweifellos verhindert, daß die Elefanten ihrerseits auf die steigende Bestandsdichte mit einer geänderten Fruchtbarkeit reagieren. Selbst mit dem in den sechziger Jahren verfügbaren Wissen über die Populationsdynamik der Elefanten, hätte man voraussagen können, daß die Tiere sich schneller fortgepflanzt hätten, sobald infolge des Culling der Konkurrenzdruck verringert worden wäre (In den Culling-Plänen werden ganze Familienverbände getötet mit dem Ziel, die Störung für die verbleibenden Tiere so gering wie möglich zu halten. Bei diesem System bleiben die verschonten Familien mit ihren Leittieren und ihrem Wissen unversehrt. Infolgedessen wird ihre Fähigkeit, sich fortzupflanzen, nicht negativ beeinflußt, wie es in einer Population der Fall wäre, die durch Wilderei reduziert würde, wobei durchweg die Leitkühe und die erwachsenen Kühe getötet werden). Schließlich hätten die Tsavo-Elefanten ihre ursprüngliche Bestandsgröße wieder erreicht, und man hätte das Culling erneut durchführen müssen. Die Wildschutz-Behörden hätten sich in einem Teufelskreis befunden – oder, wie mein Kollege Keith es formuliert hat: Die Wildtier-Manager wären, wie die Rote Königin im Buch »Alice hinter den Spiegeln«, so schnell wie möglich gelaufen und doch nicht von der Stelle gekommen.

Unglücklicherweise bedroht das Schreckgespenst des Culling auch die Amboseli-Elefanten. Mehr als neunzig Prozent der ausgewachsenen *Acacia xanthophloea*-Bäume sind in Amboseli wegen des Salzgehaltes und des steigenden Grundwasserspiegels abgestorben. Das wurde möglicherweise noch beschleunigt durch die Schäden, welche die Elefanten durch das Verzehren der Rinde verursacht haben. Es scheint jedoch, als wären die älteren Bäume ohnehin abgestorben, unabhängig davon, ob Elefanten da waren oder nicht. Das aktuelle Problem liegt nämlich darin, daß die Elefanten von den jungen Akazien fressen, die anstelle der alten Bäume nachwachsen. Die Sämlinge werden, kurz nachdem sie an die Oberfläche kommen, abgerissen, und die jungen Bäume werden umgeworfen, angefressen und zerstört. Infolgedessen gibt es im Park nur wenige Standorte mit jungen Akazien. Leute wie Jonah Western, der sich immer für das Öko-System als Ganzes interessiert hat, machen sich deshalb ernste Sorgen über diese Veränderungen des Lebensraumes im Park.
Es ist bekannt, daß die Zahl der Elefanten in Amboseli in den vergangenen zwanzig Jahren ziemlich stabil geblieben ist. Heute umfaßt die Amboseli-Population ungefähr 650 Elefanten – dieselbe Zahl, die auch Ende der sechziger und Anfang der siebziger Jahre geschätzt worden war. Wahrscheinlich haben in dieser Gegend seit Hunderten von Jahren mindestens ebensoviele, möglicherweise sogar noch mehr Elefanten gelebt. In jenen Jahrhunderten hat die Vegetation in Amboseli offenbar mehrere Langzeit-Zyklen durchlaufen. Als der Forschungsreisende Joseph Thomson Ende des neunzehnten Jahrhunderts Amboseli durchquerte, war die Region als baumlose Einöde bekannt. Die Bäume, die in den vergangenen zwanzig Jahren abgestorben sind, waren wahrscheinlich aus Sämlingen hervorgegangen, die zu Beginn dieses Jahrhunderts aufkeimten. Wir wissen also mit Sicherheit von einem Kreislauf aus Absterben und Nachwachsen der Bäume in den vergangenen hundert Jahren, und wir können vermuten, daß diese Kreisläufe schon seit Hunderten von Jahren so ablaufen.
Dennoch glaubt Jonah, daß natürliche Kreisläufe unter den gegenwärtigen Bedingungen in Amboseli nicht mehr stattfinden können. Er ist beunruhigt darüber, daß die Elefanten immer mehr Zeit im zentralen Gebiet des Parks verbringen und daß sie seltener in das Buschland hinauswandern, das das Becken umgibt. Und dadurch, daß sie sich innerhalb des Beckens konzentrieren, ernähren sie sich auch häufiger von den jungen Akazien, als sie es sonst tun würden. Folglich bleibt den Wäldern

keine Zeit, sich zu erholen. Wenn die Elefanten das Muster ihrer Wanderungen nicht ändern oder wenn die Zahl der Tiere nicht verringert wird, muß Amboseli zwangsläufig einen nachhaltigen Verlust seines Lebensraumes und seines Artenreichtums erleiden. Bislang hat Jonah den geregelten Abschuß noch nicht empfohlen. Er glaubt fest, daß man sich bemühen sollte, die früheren Muster der Elefanten-Wanderungen wiederherzustellen, um die Bestandsdichte im Park zu senken. Zur Erreichung dieses Ziels hat er verschiedene Methoden vorgeschlagen, wie etwa: Störungen im Park zu inszenieren (zum Beispiel über die Köpfe der Elefanten hinweg zu schießen); einen Teil des Sumpfes mit einem Zaun abzutrennen und wieder Vieh in den Park hineinzulassen. Das alles soll dazu beitragen, die Elefanten aus dem zentralen Gebiet hinauszudrängen.
Andere waren nicht so geduldig, viele Leute sind an meine Kollegen und mich mit der Frage nach dem Culling der Amboseli-Elefanten herangetreten. Die Elefanten haben ohne Zweifel eine tiefgreifende Wirkung auf die jungen Akazien, aber wie lange diese spezielle Wirkung noch andauern wird, ist eine offene Frage. Die Elefanten nach einem Culling-Plan abzuschießen, um zu ermöglichen, daß sich die Akazien erholen, wäre angesichts des uns zur Zeit noch fehlenden Wissens über die Dynamik von Öko-Systemen ein drastischer und unvernünftiger Schritt.
Zunächst einmal müßte die Verkleinerung des Bestandes, um überhaupt irgendeine Wirkung zu erzielen, massiv sein: Mindestens die Hälfte, wahrscheinlich sogar drei Viertel der Elefanten müßten getötet werden. Zum zweiten müßte ein Großteil der Familienverbände, die das zentrale Gebiet nutzen (wo die früheren Wälder waren), vernichtet werden. Ich und auch andere, die an dem Projekt gearbeitet haben, machen die Voraussage, daß die peripheren Elefanten sofort in das zentrale Gebiet einwandern würden, sobald die anderen Elefanten dort verschwunden sind – genauso, wie die »Peripheren« es in jeder Regenzeit tun, wenn die dort ansässigen Tiere hinauswandern. Und drittens warten in den »Kulissen« schon die Kilimandscharo-Elefanten. Sie haben sich Jahr für Jahr mehr an Menschen gewöhnt, und ich wäre sehr überrascht, wenn sie das Vakuum nicht füllen würden, sobald die dominanten Amboseli-Familien ausgelöscht wären. Amboseli ist viel sicherer als die nicht geschützten Wälder am Kilimandscharo.
In der Zwischenzeit würden die Elefantenkühe, die in Amboseli übriggeblieben wären, sich weiterhin fortpflanzen, und durch das Zusammenwirken von Geburten und Zuwanderung hätte der Bestand in verhältnismä-

ßig kurzer Zeit wieder seinen ursprünglichen Umfang. Vielleicht würde dies den Bäumen Zeit geben, sich zu erholen, aber kann das die Störung wert sein, die durch die Erschießung von mehreren hundert Elefanten in einem winzigen Park wie Amboseli verursacht würde? Der Park ist berühmt für seine friedlichen Elefanten, die so ausgezeichnet zu beobachten sind. Die Touristen wären nicht erfreut, haufenweise verrottende Kadaver und Skelette zu sehen und lebendige Elefanten, die furchtsam und möglicherweise aggressiv sind. Die soziale Struktur der Population würde durch den Verlust so vieler Familien zerstört. Jeder Clan und die meisten Bond Groups wären massiv betroffen. Und was wäre, wenn sich die Bäume nicht erholten? Müßte man weitere hundert oder zweihundert Elefanten töten? Wenn man mit dem intensiven Management erst einmal angefangen hat, gibt es kein Zurück mehr. Man hat es nicht länger mit etwas zu tun, das einem natürlich funktionierenden Öko-System ähnelt, dem eine Unverwüstlichkeit gegenüber Schwankungen in der Umwelt und negativen Rückkopplungs-Mechanismen innewohnt. Mit den Elefanten, die umgebracht werden, geht etwas sehr Kostbares verloren.

Lake Manyara ist der einzige Ort, den ich in Afrika kenne, wo man ein Elefantenproblem erkannt hat und der Situation einfach freien Lauf gelassen hat, sich zu entwickeln. Dort gab es weder Culling noch intensive Wilderei. Als Iain Douglas-Hamilton 1971 dort seine Studie abschloß, sagte er voraus, daß alle ausgewachsenen *Acacia tortilis*-Bäume in den nächsten zehn Jahren von Elefanten vernichtet würden, wenn sich die Zerstörung mit der damaligen Geschwindigkeit fortsetzte. Zu jener Zeit regenerierten sich die Wälder zwar ein wenig, aber nicht genug, um die ausgewachsenen Bäume zu ersetzen. Iain hat den geregelten Abschuß zwar nicht gänzlich ausgeschlossen, jedoch zunächst erst einmal empfohlen, den Park zu erweitern. Schließlich wurde dem Manyara-Park ein kleines Gebiet im Süden angegliedert, aber die Elefantendichte in den Akazienwäldern blieb ungefähr gleich. Nachdem Iain gegangen war, nahm der Elefantenbestand fünf Jahre lang zu. 1976 jedoch gingen dann infolge einer Krankheit etwa hundert Tiere verloren, und es blieben etwa so viele Elefanten wie zu der Zeit, als er seine Studie begonnen hatte. Ungefähr zu dieser Zeit (also 1976/77) führte Rick Weyerhaeuser eine Untersuchung über die Wechselbeziehungen zwischen den Elefanten und der Vegetation in Manyara durch und machte einige unerwartete Entdeckungen: Erstens fraßen die Elefanten sehr viel weniger von den ausgewachsenen Akazien, so daß sich deren Absterben beträchtlich verlang-

samte; zweitens wuchsen die jungen Akazien beinahe üppig wuchernd nach. Heute ist in Manyara ein Dickicht aus drei bis fünf Meter hohen Akazien. Das Problem löste sich ohne Einmischung des Menschen, und man hatte eine wertvolle Lektion über die Ökologie des Waldes gelernt.
Es gibt in Afrika viele kleine, von Landwirtschaften umgebene Parks, in denen die Wildtiere eingezäunt werden müssen und eine *Lasser-faire*-Politik als unmöglich angesehen würde. Dennoch glaube ich ganz fest, daß es das Ziel des Naturschutzes sein sollte, sich darum zu bemühen, einige Gebiete zu erhalten, in denen sich ökologische Prozesse unter der geringstmöglichen Einflußnahme durch den Menschen fortsetzen können. Wir müssen noch so viel über diese Abläufe lernen. Dabei handelt es sich um ein Wissen, das unsere eigene Existenz in der Zukunft beeinflussen könnte. Ich halte es daher für eine moralische Notwendigkeit, natürliche Öko-Systeme zu bewahren, wo immer das möglich ist.
Auch über Elefanten müssen wir noch viel lernen. Culling in Amboseli würde die Langzeituntersuchung an einer verhältnismäßig ungestörten Elefantenpopulation für immer zerstören. Es gibt in Afrika nicht viele Gebiete, in denen eine Untersuchung dieser Art durchgeführt werden kann. Es gibt auch keinen Ort mit frei umherziehenden Elefanten, deren Leben man schon über vierzehn Jahre verfolgt hat. Diese detaillierten Aufzeichnungen und Studien über die Demographie eines kompletten Bestandes sind einzigartig; sie werden mit jedem Jahr, das vergeht, wertvoller. In Amboseli besteht immer noch die Chance, die Populationsdynamik der Elefanten wirklich zu erkennen, und zwar vom einzelnen Individuum an aufwärts. Es ist das Interesse von uns allen, die an dem Projekt beteiligt sind, daß es noch mindestens zwanzig Jahre lang fortgeführt wird. Selbst dann würden sich die Studien noch nicht einmal über die gesamte Lebensdauer eines Elefanten erstrecken.
Vor dem Hintergrund dieser Probleme verfolgen wir unser Elefantenprojekt weiter. Das Camp steht noch, eine wunderschöne, friedliche Oase – trotz des Verlustes der Bäume. Durch die Großzügigkeit von Freunden, Bekannten und sogar Fremden bekam ich im Jahre 1985 genug Geld zusammen, um ein neues Zelt und einen neuen Landrover zu kaufen. Aber das Beste, was sich in Bezug auf das Projekt ereignet hat, sind zwei neue kenianische Mitarbeiterinnen, beides junge Frauen von Anfang Zwanzig: Norah Njiraini und Soila Saiyielel. Ihr Engagement ist bemerkenswert in einem Land, das einige recht traditionelle Ansichten über die Rolle der Frau hat. Beide sind von Joyce, Sandy und mir eingearbeitet

worden, um das ganze Spektrum der Aufgaben im Feld durchzuführen. Joyce schickte Norah zum Fahrunterricht, und bis Soila zu uns kam, fuhr Norah oft in einem vierradgetriebenen Wagen allein hinaus durch unebenes Gelände, um für Joyce Daten über die Bullen in Musth zu sammeln. Sie wurde von riesigen Bullen angegriffen, blieb im Schlamm stecken, hatte Reifen- und sonstige Pannen, aber sie packte das alles mit bewundernswerter Ruhe und einem wachsenden Selbstvertrauen an. Soila hat es schneller als irgend jemand, den ich kenne, gelernt, sämtliche erwachsenen Kühe und die meisten Kälber individuell zu erkennen. Und als Sandy nicht da war, übernahm Soila, die inzwischen ebenfalls die Fahrprüfung bestanden hatte, die Zählung der Familien und die Überwachung der beiden Kühe, die mit Funkgeräten am Hals versehen waren. Norah und Soila zusammen sind ein tüchtiges Team. Sie führen sogar die ungeliebten Vegetationsbestimmungen durch, ohne sich jemals zu beklagen. Am glücklichsten aber macht mich, daß sie ihre Arbeit lieben und daß sie vom Leben der Elefanten ebenso gefesselt sind wie wir alle.

Was die Hauptstudien angeht, so hat Sandy Andelman ihre zweijährige Untersuchung über Kooperation und Konkurrenz bei Elefantenkühen abgeschlossen. Ihre vorläufigen Ergebnisse zeigen, daß es zwischen den einzelnen Familienverbänden der Amboseli-Population eine Rangordnung gibt, und daß Faktoren wie die Größe der Familien und der Bond Groups sowie das Alter der Leitkühe die Rangordnung beeinflussen. Die Verteilung der Familien in der Trockenzeit scheint sowohl von der Tradition als auch vom relativen Rang der Familien abhängig zu sein. Sandy hat vor kurzem eine vergleichende Untersuchung an den Manyara-Elefanten begonnen, was Iain und ich schon seit langer Zeit wünschten. Joyce setzt indessen ihre Studie über Musth fort. Ihre Arbeit hat bei allen, die an der Wechselwirkung zwischen Hormonen und Aggression interessiert sind, für Aufregung gesorgt. Um dieses Thema weiter zu erforschen, erhält sie nun ihr Hauptstipendium vom *U.S. National Institute of Mental Health* und außerdem Gelder von der *Harry Frank Guggenheim Foundation,* die sich mit Fragen zur Dominanz, Gewalt und Aggression bei Menschen befaßt. Beide Organisationen haben das Gefühl, daß Joyce's Untersuchung auch Licht auf das menschliche Verhalten werfen kann.

Außerdem hat Joyce eine Untersuchung über die Kommunikation bei Elefanten durchgeführt. Dieses Projekt halte ich für ganz besonders aufregend. Wie ich schon früher erwähnte, wartete Joyce darauf, daß Phyllis und Keith ihre Studien beendeten, um dann Ende 1984 mit ihrer eigenen Forschungsarbeit beginnen zu können. Durch einen glücklichen Zufall trat zur gleichen Zeit Katy Payne mit der Frage nach der akustischen Verständigung bei Elefanten an uns heran. Katy hatte zwölf Jahre lang über die Kommunikation bei Walen gearbeitet und sich dabei auf den Gesang der Buckelwale konzentriert. Nun wollte sie sich den Elefanten zuwenden. Sie wählte den Asiatischen Elefanten als Studienobjekt, da sie wußte, daß auf diesem Gebiet nicht so viele Wissenschaftler arbeiteten. Sie fragte an, ob sie für einen Monat zu uns kommen und uns bei der Arbeit zusehen könne, um etwas über Elefanten zu lernen und darüber, wie man in ihrer Nähe arbeitet. Sie bot auch an, ihre starken, hochempfindlichen Aufzeichnungsgeräte mitzubringen. Wir stimmten zu, und im Januar 1985 kam sie für einen Monat und dann noch einmal für dieselbe Zeit im Februar 1986.

Zwischen der Kontaktaufnahme und ihrer ersten Ankunft in Kenia hatte Katy eine aufregende Entdeckung gemacht. Sie war in den Washington Park Zoo in Portland in Oregon gegangen, um eine Gruppe Asiatischer Elefanten zu beobachten. Zunächst war sie sehr enttäuscht gewesen, als sie sich mit dem Wärter im Gehege aufhielt, denn die Elefanten schienen nur sehr selten Lautäußerungen von sich zu geben. Bald nahm sie jedoch ein Dröhnen in der Luft wahr, obwohl sie noch immer keinen exakten Laut hören konnte. Katy's Erfahrung mit Walen ließ sie vermuten, daß die Elefanten vielleicht Töne produzierten, die unterhalb der Hörschwelle des Menschen liegen. Sie ging zur Cornell University zurück, wo sie im ornithologischen Labor beschäftigt war, und bat um spezielle Aufzeichnungsgeräte. Dann kehrte sie mit zwei Kollegen nach Oregon zurück. Nachdem sie sowohl tagsüber als auch zwei ganze Nächte hindurch Aufnahmen gemacht hatten, fanden sie heraus, daß die Elefanten sich mit sehr niederfrequenten Rufen verständigten, von denen die meisten vom menschlichen Ohr nicht wahrgenommen werden können. Das spezielle Tonbandgerät zeichnete die Töne auf, aber Katy und die anderen konnten sie nur hören, wenn das Band mit zehnfacher Geschwindigkeit lief.

Menschen können Töne in einem Frequenzbereich von 20 bis 20 000 Hertz hören (Hertz ist eine Einheit für Frequenzen, die den Schwingungen der Schallwellen pro Sekunde entspricht). Nur Menschen mit einem sehr empfindlichen Gehör können Töne bis hinunter zu 20 Hertz wahrnehmen. Einige der Geräusche, welche die Elefanten machten, lagen in einem Frequenzbereich von 14 bis 24 Hertz, dabei war die Lautstärke mit 85 bis 90 Dezibel sehr hoch (eine Unterhaltung zwischen Menschen liegt etwa bei 65 Dezibel, verstärkte Rockmusik bei ungefähr 120 Dezibel). Die Elefanten erzeugten also sehr tiefe, aber auch verhältnismäßig laute Töne. Frequenzen, die unterhalb des Hörbereichs des Menschen liegen, nennt man Infraschall, die darüberliegenden Ultraschall. Während über hochfrequente Laute, die von Säugetieren wie Fledermäusen, Spitzmäusen und Tümmlern erzeugt werden, schon eine ganze Reihe Arbeiten vorliegen, ist der Elefant das erste Landsäugetier, von dem berichtet wird, daß es Infraschall verwendet.

Als Katy nach Amboseli kam, machten sie und Joyce einen Monat lang Tonbandaufzeichnungen von den Elefanten. Die Analyse, die wieder an der Cornell University durchgeführt wurde, ergab, daß auch freilebende Afrikanische Elefanten Laute mit Infraschallkomponenten erzeugen. Joyce und ich hatten schon seit einiger Zeit vermutet, daß es irgend etwas dieser Art geben müsse: Wir hatten urplötzlich koordiniertes Verhalten bei einer Gruppe von Elefanten beobachtet und daraus geschlossen, daß ein Tier einen Alarmruf ausgestoßen habe, den wir nicht hören konnten. Katy's und Joyce's Aufzeichnungen lassen die Annahme zu, daß Elefanten sehr leicht einen Infraschall-Alarmruf erzeugen können. Aber noch aufregender war, daß die Analyse bewies, daß Elefanten über ein großes Repertoire von niederfrequenten Lauten verfügen, die sie in ganz unterschiedlichem Zusammenhang benutzen.

Die Entdeckung, daß Elefanten Infraschall verwenden, ist an sich schon faszinierend, aber sie eröffnet auch ein großes Feld neuer Interpretationsmöglichkeiten ihrer Verhaltensweisen. Joyce arbeitet jetzt mit einer eigenen Ausrüstung weiter und interessiert sich vorrangig für den Inhalt der Lautäußerungen, das heißt: für die Botschaften, die übermittelt werden. Es ist bekannt, daß der tiefe Infraschall über weit größere Entfernungen getragen und von Bäumen und Sträuchern weniger beeinträchtigt wird als höhere Ultraschall-Töne. Theoretisch können einige der Laute, die in Amboseli aufgezeichnet worden sind (mit bis zu 115 Dezibel), über sechs Meilen weit getragen werden; dadurch könnte sich die Koordination der Bewegung und der Verhaltensweisen von getrennten Elefantengruppen erklären. Zweifellos helfen Kontaktrufe und Antworten den Elefanten dabei, daß sie sich innerhalb der Familien oder Gruppen finden. Solche und andere Lautäußerungen können es den Elefanten aber auch ermöglichen, sich gegenseitig zu meiden. In der eingehenden Untersuchung, die Rowan Martin mittels Funkgeräten in Simbabwe durchführte, fand er heraus, daß häufig Familien aus verschiedenen Clans aufeinander zugingen und dann, wenn sie noch etwa zwei oder drei Meilen voneinander entfernt waren, plötzlich die Richtung änderten, was wie eine absichtliche Meidung wirkte. In vielen Fällen kam der Wind nicht aus der richtigen Richtung, um die Annäherung der anderen Elefantenfamilie zu signalisieren. Niederfrequente Laute hingegen hätten die Tiere durchaus warnen können.

Eine andere wichtige Funktion der Verständigung über weite Entfernungen kann darin liegen, einen Partner für die Kopulation zu finden. Eine Elefantenkuh stößt nach der Paarung fast immer eine lange Reihe von lauten, spezifischen Kollerlauten aus. Diese Lautäußerungen enthalten Infraschall-Komponenten. Joyce vermutet, daß sie über weite Entfernungen getragen werden und weitere Bullen anlocken. Die Kuh hätte dann während der restlichen Östrus-Periode eine größere Auswahl an Partnern für weitere Begattungen. Auch Bullen in Musth haben einen charakteristischen Kollerlaut, der sowohl sehr tief, als auch sehr laut ist. Joyce glaubt, daß dieses Kollern unterschiedliche Botschaften an unterschiedliche Tiere übermittelt. Es kann Kühe im Östrus anlocken und gleichzeitig rangniedrigere Bullen warnen, damit sie von dem Bullen in Musth Abstand halten. Oft sind mehrere Bullen gleichzeitig in Musth, und Joyce hat bemerkt, daß diese auf der Suche nach Elefantenkühen zwar kreuz und quer durch den Park ziehen, es aber dennoch meistens schaffen, direkte gegenseitige Konfrontationen zu vermeiden. Auch für diese Verteilung in ihrem Lebensraum könnte Infraschall sehr gut der Schlüssel sein.

Die Beobachtung über die Verständigung von Elefanten über weite Entfernungen, die mich am meisten erstaunte, gleichzeitig am betroffensten machte, wurde aus Simbabwe gemeldet. Der Wildführer Garth Thompson war dort jahrelang verantwortlich für einen Wildpark, der an den Hwenge-Nationalpark grenzt. In dem Wildpark lebten etwa achtzig Elefanten, die er täglich beobachtete und gut kannte. Im allgemeinen blieben diese Tiere in der Umgebung der Lodge, von der aus Garth arbeitete, und sie suchten die künstlichen Wasserstellen auf, die angelegt worden waren, um Wildbeobachtungen zu erleichtern. Es waren sehr gelassene, an Menschen gewöhnte Elefanten. Die Touristen konnten in offenen Fahrzeugen ebenso nahe an sie heranfahren wie wir in Amboseli.

In Hwenge, direkt neben dem Wildpark, war eine sehr klare Politik festgelegt worden: den Gesamtbestand der Elefanten durch Culling zu reduzieren, um die Baumdichte zu erhalten. Über mehrere Jahre wurden einmal jährlich kontrollierte Abschüsse durchgeführt. Dabei wurden in einer Trockenzeit tausend bis viertausend Elefanten getötet. Mit einem Hubschrauber oder einem kleinen Flugzeug wird eine Familie auf wartende Scharfschützen zugetrieben, und alle Mitglieder, mit Ausnahme der Kälber zwischen etwa ein und drei Jahren, werden innerhalb weniger Minuten abgeschossen. Die Kälber werden gefangen und an Zoos und Safari-Parks verkauft. Es wäre, so heißt es, eine »schnelle und saubere Operation«, außer für die Kleinen, die umherlaufen und schreien und über ihre toten Verwandten klettern, um ihre Mütter zu finden und bei ihnen zu bleiben. Man glaubt, daß dieses System des Culling am wenigsten Unruhe in eine Elefantenpopulation bringt, und es wird bevorzugt angewendet, statt aus jeder Familie einige wenige Tiere abzuschießen. Es ist ohne Zweifel weniger beunruhigend, aber die Elefanten wissen sehr wohl, was passiert, und dieses Wissen scheint innerhalb der gesamten Population weitergegeben zu werden. Während seines letzten Jahres in dem Wildpark verschwanden die achtzig Elefanten von Garth genau an dem Tag, an dem neunzig Meilen entfernt das Culling im Park begann. Mehrere Tage später fand er sie dicht zusammengedrängt auf der entgegengesetzten Seite des Wildparks; sie hatten sich so weit wie möglich von der Grenze zum Park entfernt. Irgendwie war die Nachricht von Tod und Gefahr über all' diese Meilen bis zu ihnen gelangt.

Durch die Schilderungen des Culling in Simbabwe und durch Iain's Berichte über die rapide Abnahme des Elefantenbestandes infolge der Wilderei ist mir klar geworden, wieviel Glück die Elefanten in Amboseli tatsächlich haben. Sie müssen zu den letzten Elefanten auf der Erde gehören, die Freiheit und verhältnismäßige Sicherheit genießen können, die ihr Leben wirklich ausleben dürfen inmitten ihrer Verwandten, von der Großmutter bis hin zum winzigsten Baby, und die in dynamischen, vielfältigen Wechselbeziehungen miteinander und mit ihrer Umwelt stehen.

Ich frage mich jedoch, wie lange es noch dauert, bis die schwerbewaffneten, organisierten Wilderer sich Amboseli zuwenden. Sie würden damit beginnen, all' die stattlichen Bullen zu schießen, dann die jüngeren Bullen und dann die Leitkühe und die älteren Kühe, ein Tier nach dem anderen. Seit einigen Jahren ist die Elefantenwilderei in Kenia wieder auf dem Vormarsch, ganz besonders im Ostteil des Landes. Wieder einmal steht der Tsavo im Mittelpunkt. Die allerneuesten Schätzungen für diesen Park weisen darauf hin, daß von den ursprünglich 40 000 Elefanten nicht mehr als 5 000 übriggeblieben sind. In Amboseli gibt es kein ausgebildetes Einsatzkommando, das in der Lage wäre, mit Maschinenwaffen ausgerüstete Wilderer aufzuhalten. Man glaubt, daß die Anwesenheit von Touristen und Wissenschaftlern der einzige Grund dafür ist, daß sie hier noch nicht aufgetaucht sind.

Und wenn die Wilderer nicht kommen, was ist mit dem Culling? Ich bin ganz krank bei dem Gedanken, daß ein Team von Scharfschützen, Abdekkern und Metzgern nach Amboseli kommt und ganze Familien abschlachtet – und mit ihnen all' ihr Wissen, ihre Traditionen und ihre Erinnerungen. Die Ts, als eine der zentralen Familien, die die Akazienwälder nutzen, wären unter den ersten, die ausgelöscht würden. Es ist fast zu schrecklich, daran zu denken, aber nicht daran zu denken, hieße den Kopf in den Sand stecken. Eines Tages, als Joyce vor der Studiengruppe einer Universität einen Vortrag hielt, wurde ihr erzählt, man habe gehört, die Elefanten von Amboseli sollten nach einem Culling-Plan abgeschossen werden. Ich bin sicher, daß das nicht stimmt. Aber wenn die Menschen das nicht gerade ansprechende Bild toter und absterbender Bäume sehen und daraus den Schluß ziehen, man müsse »etwas« tun, dann wird irgend etwas in Gang gesetzt. Die Elefanten zu töten, scheint die einfachste und direkteste Lösung zu sein – jedoch nur für Menschen, die nicht vierzehn Jahre lang individuell bekannte Elefanten beobachtet haben; die nicht erlebt haben, wie Elefanten sich mit freudigem Trompeten begrüßen, wie erwachsene Tiere und Kälber im Mondlicht spielend über eine offene Pfanne laufen, wie Elefanten versuchen, einen verwundeten Gefährten aufzurichten und zu stützen, wie eine Kuh vier Tage lang bei ihrem toten Baby bleibt oder wie ein siebenjähriges Kalb zärtlich den Unterkiefer seiner toten Mutter berührt, liebkost und streichelt.

Elefanten darf man nicht einfach wie Ratten oder andere Nagetiere vernichten. Ich scheue mich nicht zu sagen, daß ethische und moralische Überlegungen für unsere Entscheidungen über die Zukunft der Elefanten unabdingbar sind. Lebensräume und Bäume zu erhalten und die Artenvielfalt zu bewahren, sind wichtige Ziele des Naturschutzes. Aber nichts kann mich überzeugen, daß das Töten von Slit Ear, Tallulah und Tuskless und deren Familien es wert wäre, diese Ziele zu erreichen. Die Welt würde durch ihren Tod bestimmt nicht schöner.

In den vergangenen Jahren habe ich begriffen, daß die Erhaltung nicht einfach nur einer bestimmten Zahl von Elefanten, sondern auch die Sicherstellung ihrer ganzen Art und Weise zu leben, mir mehr bedeutet als alles andere, mehr als wissenschaftliche Entdeckungen und Anerkennungen. Dafür werde ich kämpfen, solange ich kann. Die Elefanten von Amboseli stehen dabei an erster Stelle, ihnen gehört meine Liebe, sie sind mein Leben. Aber ich möchte ebenso sicherstellen, daß es auch in anderen Regionen Elefanten gibt, die ein Leben in all' der Vielschichtigkeit und mit all' der Freude, zu der Elefanten fähig sind, führen können. Es ist, jetzt an der Schwelle zum einundzwanzigsten Jahrhundert, vielleicht ein großer Appell, aber ich glaube, es ist ein Ziel, für das es sich zu kämpfen lohnt.

Epilog I

26. Dezember 1986

Es war der Morgen nach Weihnachten. Mehrere Freunde waren nach Amboseli gekommen, um die Feiertage mit mir zu verbringen. Wir hatten ein großes Fest veranstaltet und zur Freude aller waren mehr als hundert Elefanten erschienen und fraßen auf den Lichtungen in der Umgebung des Camps. Diejenigen, die mitten ins Lager kamen, waren natürlich Tuskless, Tonie, Tillie, deren Kälber sowie Tom und später auch Toby, Tim und Right Fang. Da tagelang keine Elefanten im Camp gewesen waren, meinte Peter, sie wären gekommen, um mir »Hallo« zu sagen. Ein Teil in mir wollte ihm das glauben, und ich empfand ein wohltuendes, befriedigendes Glücksgefühl.

An diesem Morgen fuhr ich gemeinsam mit einem Freund ungefähr um acht Uhr aus dem Camp. Er ist ein begeisterter Vogelkundler, der über ein fundiertes Wissen verfügt, und wir hatten beschlossen, Vögel zu beobachten (er hatte versprochen, mir beizubringen, wie man die Watvögel erkennt, die jeden Winter als Zugvögel aus Europa nach Amboseli kommen. Es bringt mich immer wieder zur Verzweiflung, wenn ich einen Waldwasserläufer nicht von einem Bruchwasserläufer oder einen Grünschenkel nicht von einem Teichwasserläufer unterscheiden kann). Wir waren auf dem Weg zum Zentrum des Longinye-Sumpfes, wo es viele offene Wasserstellen gibt. Doch – wie das oft so ist – weil ich nicht nach Elefanten Ausschau hielt, trafen wir immer wieder welche.

Im November und Dezember hatte es ergiebige Regenfälle gegeben, und der Park war üppig grün. Die Elefanten, denen wir begegneten, marschierten schwungvoll und energisch; schon seit zwei Monaten hatten sie gutes Futter. Der Gegensatz zu ihrem teilnahmslosen Benehmen am Ende der langen, schweren Trockenzeit beeindruckte mich wieder einmal.

Die ersten Elefanten, die wir sahen, waren periphere Familien – die BCs, die HBs und die JBs. Offenbar hatten sie sich, sobald der Regen gekommen war, schnurstracks in die Sümpfe im Zentrum begeben, weil sie wußten, daß die zentralen Elefanten sie entweder dulden würden oder verschwunden waren. Ich hielt nicht an, um die Tiere zu zählen, sondern fuhr weiter. Als nächstes sahen wir die BBs, deren unwahrscheinliche, wunderbar aussehende Leitkuh Big Tuskless traurigerweise Anfang des Jahres gestorben war. Ich bemerkte, daß alle Familienmitglieder anwesend waren und außerdem auch die zu ihrer Bond Group gehörenden UAs unter Führung von Ulla. Noch konnte ich nicht entscheiden, ob Barbara oder Bette (eine weitere stoßzahnlose Kuh) die Rolle der Leitkuh übernehmen würde. Dann trafen wir auf eine Gruppe, die gerade aus einem *Suaeda*-Gebüsch auftauchte. Ich erkannte die TCs und TDs und war versucht weiterzufahren. Doch dann hielt ich an, weil Tallulah plötzlich ganz eilig losrannte und ich dachte, daß irgend etwas sie beunruhigt hätte. Das war jedoch nicht der Fall. Tallulah, die zur Zeit die Rolle der würdevollen Leitkuh wahrnahm, spielte. In meinen Aufzeichnungen steht:

> 8.50 Uhr – Tallulah, ihre beiden Kälber und Theodora's C'82-Kalb eilen matschbedeckt an der S.-Seite entlang. Diese vier sind albern – schlaksiges Laufen, dann brechen sie durch *Suaeda*-Büsche, drehen Pirouetten, mit erhobenen Köpfen und geringelten Schwänzen. Theodora bleibt ruhig. Tallulah nimmt ein Holzstück auf, wirft es weg, geht rückwärts hin, tritt dagegen. Tao genauso albern.
> 8.55 Uhr – Hinter ihnen kommt Slit Ear mit Familie, würdevoller. Am Schluß ist Tess mit einem »funkelnagelneuen« Baby – noch rosa hinter den Ohren, aber gut zu Fuß. Glaube, es ist gestern geboren, am ersten Weihnachtstag.

Mein Besucher freute sich. Er hatte nicht gewußt, daß erwachsene Elefanten so intensiv spielen können. Ich war ebenso froh, aber aus einem etwas komplizierteren Grund: Es war das zweite Mal in diesem Jahr, daß ich die TD-Kühe beim Spielen sah. Bei einer früheren Gelegenheit hatte ich Theodora beobachtet, wie sie im etwa 1,50 Meter tiefen Wasser im Sumpf herumtobte. Sie schlug klatschend auf das Wasser, schleuderte ihren Rüssel umher, spritzte und machte Wellen. Dann setzte sie sich hin, hob den Rüssel in die Luft, ließ sich auf die Seite fallen und tauchte völlig unter. Schließlich kam sie wieder hoch, auf ihrem Kopf und an ihren

Stoßzähnen hingen Sumpfpflanzen. Dann begann sie einen sanften, spielerischen Kampf mit der kleinen Slo. Sie jagten sich zehn Minuten lang gegenseitig durch das schlammige Wasser und den dichten Pflanzenbewuchs. Damals und auch jetzt wieder hatte ich eine unbändige Freude. Tallulah und Theodora schienen sich nach mehr als zwei Jahren von dem Tod Teresia's erholt zu haben. Sie waren wieder die lebhaften, verrückten Elefanten, die ich in Erinnerung hatte und die ich so sehr liebte. Sie waren immer meine liebsten jungen Kühe gewesen, so sehr ich mich auch bemühte, unparteiisch zu sein. Sie so gesund zu sehen, gab mir Hoffnung für ihre und für die Zukunft der anderen Amboseli-Elefanten. Und das kleine, weibliche Kalb von Tess mit den leuchtend rosa Ohren und dem winzigen, schlackernden Rüssel war doch schon die Zukunft. Würde es verhältnismäßig friedlich und in Freiheit aufwachsen? Würde ihm das Glück beschert sein, in dreizehn oder vierzehn Jahren, wenn es selbst das erste Kalb zur Welt bringen würde, seine Mutter und vielleicht sogar die Großmutter in seiner Nähe zu haben? Ich hoffte es, und an diesem wunderschönen, klaren, hellen Morgen, als der Schnee auf dem Kilimandscharo in der Sonne glitzerte, glaubte ich, daß dieser Wunsch eines fernen Tages in Erfüllung gehen würde.

Ein paar Tage später, am Ende des Jahres 1986, machte ich eine Bestandsaufnahme der T-Familien (Ich hielt mich an unsere Vorgehensweise, den Kälbern Namen zu geben, wenn sie vier Jahre alt werden, und benannte nun die vier '82-Kälber. Das Jungtier von Tonie bekam den Namen »Truman«, nach einem befreundeten Botaniker; das Kleine von Tara erhielt auf Bitte eines der Förderer unseres Projektes den Namen »Turner«; das Kalb von Tess hieß nun »Tamsin«, ebenfalls nach einem Freund; und aus keinem besonderen Grund – ausgenommen, daß die ersten drei Buchstaben einen unverwechselbaren Code bedeuteten – nannte ich Theodora's Sohn »Tebald«).

Tamsin hatte mit ihren beinahe fünf Jahren noch keine Stoßzähne, also gab es ein weiteres stoßzahnloses Tier bei den Ts. Insgesamt gehörten zu den drei Familien der Ts jetzt 22 Tiere, annähernd so viele wie zu der Zeit, da ich ihnen im Jahre 1973, also vor dreizehn Jahren, zum ersten Mal begegnet war. Außerdem gab es in der Population auch noch fünf T-Bullen, die darauf warteten, eines Tages selbst Nachkommen zu zeugen – Teddy, Tim, Tolstoi, Right Fang und Toby. Die meisten der damals erwachsenen Tiere gab es nicht mehr, aber ihre Nachfahren werden mit Sicherheit dafür sorgen, daß es weitergeht:

TA	Tuskless (62)	♀
	C'84	♀
	Tuo (80)	♂
	Tonie (67)	♀
	Truman (82)	♂
	Tilly (70)	♀
	C'83	♂
	Tom (79) [ex-TB]	♂
TC	Slit Ear (36)	♀
	C'83	♀
	Slo (80)	♀
	Tabitha (76)	♀
	Tara (67)	♀
	Turner (82)	♂
	Tess (62)	♀
	C'86	♀
	Tamsin (82)	♀
TD	Tallulah (63)	♀
	C'83	♀
	Tao (80)	♀
	Theodora (67)	♀
	Tebald (82)	♂

Epilog II
Neueste Nachrichten von der Familie

1987–1990

Im Dezember 1986 beendete ich die Geschichte der T-Bond Group mit der Geburt von Tess' männlichem Kalb. Seit jenem herrlichen ersten Weihnachtstag, als ich sowohl Hoffnungen wie auch Befürchtungen für die Elefanten in Amboseli hegte, sind mehr als drei Jahre vergangen. Heute, da ich an einem ebenso schönen Tag in meinem Zelt sitze und auf den Kilimandscharo blicke, bin ich glücklich, berichten zu können, daß es von den Ts überwiegend gute Nachrichten gibt.

In gewisser Hinsicht hat sich für die drei Familien eine ganze Menge ereignet, aber unter elefantischen Gesichtspunkten ist vielleicht eher wenig geschehen, denn es hat keine bedeutsamen Verluste oder Veränderungen gegeben. Auf die verheerenden Todesfälle des Jahres 1984 ist eine relativ ruhige Zeit gefolgt. Es hat keine Dürre gegeben, die Niederschläge sind durchschnittlich bis überdurchschnittlich gewesen, und die Regenfälle haben sich, besonders während der letzten beiden Jahre, über die Monate verteilt. Infolgedessen waren auch die Trockenzeiten nicht gravierend. Die Wilderer mit ihren Maschinenwaffen sind ebenfalls noch nicht in Amboseli eingedrungen; und die Gefahr, daß sie hierher kommen, ist infolge der jüngsten, weltweiten Bemühungen zum Schutz der Elefanten vielleicht auch etwas reduziert. Die Massai haben zwar einige Elefanten gespeert, doch die Vorfälle haben nicht zugenommen, und die Ts sind diesmal auch nicht ihre Zielscheibe gewesen.

Die T-Familien sind in dem verhältnismäßig friedlichen Amboseli ihrem gewohnten Leben nachgegangen: Sie haben gefressen, getrunken, sich eingestaubt und im Schlamm gesuhlt, haben soziale Kontakte gepflegt, sind gewandert, haben sich gepaart, Kälber zur Welt gebracht und sind gestorben. Anfang 1987 kamen Tuskless und Tilly nur wenige Wochen nacheinander in den Östrus. Tuskless wurde an vier Januartagen im

Östrus beobachtet. Zu Beginn der Östrus-Periode stellten ihr zahlreiche Bullen nach, und sie wurde von M32, einem recht jungen Bullen, begattet. Später paarte sie sich mit M91, einem großen Musth-Bullen, der sie auch bewachte. Tilly wurde nur an einem Tag im Östrus gesehen. Sie wurde von M10, einem riesigen Bullen in voller Musth, begleitet.

Im März 1987 brachte Tara ein Bullenkalb zur Welt. Es war uns entgangen, daß sie im Mai 1985 im Östrus gewesen war. Tonie hingegen hatten wir im Juli 1985 im Östrus gesehen. Sie befand sich in einer Paarungsgemeinschaft mit dem gefürchteten Bad Bull, der offenbar der Vater etlicher, in den letzten zehn Jahren geborener T-Kälber ist. Wie vorausgesehen, gebar Tonie im Mai 1987 ein Kalb, einen weiteren Sohn.

Das darauffolgende Jahr 1988 bescherte den T-Familien so etwas wie einen kleinen Babyboom. Im April brachte Theodora ein weibliches Kalb zur Welt. Im Juni 1986, also 22 Monate vorher, war sie im Östrus gesehen worden, und wieder einmal war sie von Bad Bull bewacht worden. Im Mai 1988 bekam Tallulah ein Baby, ihren ersten Sohn. Wir hatten sie im Juli 1986 zwar nicht im Östrus gesehen, aber es würde mich keineswegs überraschen, wenn auch sie mit Bad Bull zusammengewesen wäre, dessen Musth-Periode alljährlich in den Juni, Juli und August fällt. Bad Bull ist der zweitgrößte und zweitälteste Bulle in der gesamten Population. Nur Iain, M13, ist noch älter. Wir haben inzwischen seit 1976 jährliche Aufzeichnungen über Musth von Bad Bull. In all den Jahren begann seine Musth-Periode jeweils in den ersten beiden Juniwochen. In den darauffolgenden drei bis vier Monaten versucht er offenbar, alle Kühe, die im Östrus sind, zu finden und zu dem Zeitpunkt ihrer Östrus-Periode zu begatten, an dem eine Befruchtung am wahrscheinlichsten ist. Bei allen Kühen, die im Juni, Juli oder August im Östrus sind, besteht eine große Chance, daß sie sich mit Bad Bull paaren; es ist daher keineswegs unwahrscheinlich, daß die beiden 1988 geborenen Kälber von Tallulah und Theodora denselben Vater haben. Das würde bedeuten, daß diese zwei Jungtiere väterlicherseits Halbgeschwister und mütterlicherseits Großtante und Großneffe sind. Außerdem bedeutet es, daß sie väterlicherseits die Halbgeschwister von verschiedenen anderen Kälbern bei den TAs und TCs sein könnten und wahrscheinlich mütterlicherseits Cousin und Cousine derselben Kälber. Die Verwandtschaftsbeziehungen bei Elefanten können also sehr kompliziert sein!

Später im Jahr 1988 kamen noch mehrere andere Kälber bei den Ts zur Welt. Im November bekamen Tuskless und Tilly jeweils ein männliches

Kalb. Schon ganz früh spielten diese beiden Kleinen sehr lebhaft und intensiv miteinander. Sie paßten perfekt zusammen, weil sie gleichen Alters und gleichen Geschlechts waren. Sie stießen die Köpfe zusammen, schlangen die Rüssel umeinander, warfen sich gegenseitig um, kletterten auf den anderen drauf und verfolgten sich wechselseitig. Manchmal jagten sie auch Reiher oder andere Tiere, die sich zu nahe heranwagten. Es war eine Freude, sie zu beobachten. Da die TA-Familie immer noch häufig mitten ins Camp kam, sah ich diesen beiden Kleinen oft zu, wenn sie direkt vor meinem Zelt spielten.

Auch bei der TC-Familie waren 1988 zwei Geburten zu verzeichnen. Im November gebar Tabitha ihr erstes Kalb. Ich war sehr aufgeregt über diese Geburt, denn Tabitha war eine Kuh, deren Alter genau bekannt war. Im April 1976 hatte ich ihre eigene Geburt erfaßt; und nun, fast dreizehn Jahre später, konnte ich exakt festlegen, in welchem Alter sie das erste Mal ein Kind zur Welt brachte. Solche Aufzeichnungen sind für die Amboseli-Studien so eminent wichtig. Ein paar Wochen später, im Dezember, bekam Slit Ear noch eine weitere Tochter. Damit hatte sie nacheinander sechs Töchter geboren, die wir mit Sicherheit kannten: Tara, Tamar, Tabitha, Slo, ihr '83-Kalb, das jetzt Topaz hieß, und das jüngste Baby. Und falls auch Tess ihre Tochter ist, was ich immer vermutet habe, wären das sieben Töchter in 26 Jahren. Tess wurde etwa 1963 geboren; Slit Ear, deren Geburtsjahr auf 1936 geschätzt wird, hatte wahrscheinlich 1949 oder 1950 ihr erstes Baby bekommen. Zwischen jenem Zeitpunkt und dem Jahr 1963 hat sie zwei, möglicherweise auch drei Kälber zur Welt bringen können. Eines davon könnte Tia sein, die etwa 1950 zur Welt gekommen ist. Vielleicht hat sie in den fünfziger Jahren Söhne bekommen, die heute unabhängig sind, oder sie hat Kälber geboren, die gestorben sind. Doch was immer auch geschehen sein mag, mit ihren fünf oder, wenn man Tess mitzählt, sechs lebenden Töchtern und ihren drei sicher bekannten und zwei möglichen Enkeln ist sie eine sehr erfolgreiche Mutter.

1988 wurde Slit Ear auf 52 Jahre geschätzt. Ich fragte mich, wie lange sie noch Kälber gebären würde. Einige ältere Kühe der Population bekamen immer noch Nachwuchs. Horatia, die ich auf 62 Jahre schätzte, gebar 1984, also im Alter von 56 Jahren, ein Baby. Lillian, die wir für 59 Jahre alt halten, hat im März 1990, ein Kalb zur Welt gebracht. Allerdings sind ihre beiden vorigen Kinder nicht am Leben geblieben. Virginia, die vermutlich etwa 62 Jahre alt ist, hat seit 1980 keinen Nachwuchs mehr bekommen, und die etwa 63jährige Jezebel gebar das letzte Mal 1982 mit 55 Jahren. Obwohl mir nur eine sehr kleine Gruppe zur Verfügung steht, vermute ich, daß Elefantenkühe etwa im Alter von 60 Jahren aufhören, sich fortzupflanzen.

Den T-Familien ist es in den vergangenen drei Jahren im allgemeinen sehr gut ergangen, obwohl sich drei Todesfälle ereigneten. Im März 1988 starb das Bullenkälbchen von Tonie, das im Mai 1987 zur Welt gekommen war. Norah und Soila, die Mitarbeiterinnen des Projekts, fanden Tonie mit ihrem toten Kalb. Sie stand über dem Leichnam und versuchte, ihn zu verteidigen. Warum der Kleine starb, wissen wir nicht. Im darauffolgenden Jahr starb, wiederum im März, das kleine Kalb von Tuskless. Die Leiche wurde nie gefunden. Dieses kleine männliche Kalb hatte immer so gesund und übermütig gewirkt, daß uns sein Tod sehr überraschte. Es war traurig, weil nun das kleine Kalb von Tilly allein in der TA-Familie zurückblieb und keinen gleichaltrigen Elefanten mehr zum Spielen hatte. Jetzt hatte es nur noch Truman und Tulip als Gefährten, die allerdings viel älter waren. Ich habe jedoch bemerkt, daß der Kleine immer, wenn er in der Nähe einer anderen Familie ist, auf alle gleichaltrigen Kälber zugeht und sie zum Spielen auffordert.

Der dritte Todesfall war zwar traurig, doch auch willkommen. Im Oktober 1989 starb Tito, das dreijährige Bullenkalb von Tilly. Im Alter von ungefähr einem Jahr hatte es sich ein Bein gebrochen, wahrscheinlich bei einem Sturz in die große Müllgrube, die damals noch nicht eingezäunt war. Als der Kleine älter wurde, verkümmerte der untere Teil seines Beins, während das darüberliegende Gelenk immer dicker wurde. Er konnte das Bein überhaupt nicht mehr belasten, das Gehen fiel ihm offenbar sehr schwer, und ich glaube, er hatte auch Schmerzen. Erstaunlich fand ich, daß Tilly ihn nie zurückbleiben ließ. Selbst als sie ihr nächstes Kalb bekam, ging sie häufig zu Tito zurück oder wartete auf ihn. Was ihm in jenem Oktober letztlich geschehen ist, weiß ich nicht. In den Monaten davor war er immer magerer und kränklicher geworden. Es war schlimm, ihn leiden zu sehen, während die anderen männlichen Kälber in seinem Alter sorglos und ungestüm herumtollten. Um seinetwillen war ich deshalb erleichtert, als Tito verschwunden war.

Den unabhängigen T-»Jungs« geht es allen gut. Teddy mit seinen 24 Jahren ist riesengroß. Joyce glaubt, daß er als einer der jüngsten Amboseli-Bullen in Musth kommen wird. Wenn wir seine Lebensgeschichte nicht kennen würden, so hielten wir ihn für annähernd dreißig Jahre alt.

Teddy zeigt manchmal einen Anflug von Aggressivität – wahrscheinlich, weil er so dicht bei den Menschen in den Camps und Lodges aufwuchs, daß er nicht so viel Angst vor ihnen hat, wie er eigentlich haben sollte. Wir fragen uns, wie er wohl sein wird, wenn er in Musth kommt. Er könnte sich als ein weiterer Bad Bull entpuppen. Der einzige andere T-Bulle, der zu einem Problem werden könnte, ist Toby. Er hat immer noch eine Schwäche für die Nahrungsmittel der Camper. Im Gegensatz dazu sind Right Fang, Tim und Tolstoi ganz »normale« männliche Elefanten. Sie verbringen die meiste Zeit in reinen Bullengruppen und besuchen ab und zu ihre Familien. Erst kürzlich sah ich Tolstoi bei einer Familiengruppe, und von weitem hielt ich ihn für Theodora, seine Schwester. Theodora und Tolstoi haben beide ein erstaunliche Ähnlichkeit mit ihrer Mutter Teresia. Die Familienähnlichkeit bei der TD-Familie ist sehr ausgeprägt. Außerdem fiel mir auf, daß Tolstoi mit seinen neunzehn Jahren schon größer war als die stattlichsten Elefantenkühe der Population. Wenn er sich zu einer Familiengruppe gesellt, sind die weiblichen Tiere gezwungen, ihn zu dulden, und er ist inzwischen in der Lage, sie zu prüfen, indem er ihre Vulva oder ihren Urin beriecht. Trotzdem hat er noch viel vor sich, bis eine von ihnen zulassen wird, daß er sie begattet.

Tom und Tuo, die jüngeren T-»Knaben« sind in der Übergangsphase und werden allmählich unabhängig. Tom, dessen Mutter Tania 1984 starb und ihn ohne Familie zurückließ, verbringt die meiste Zeit immer noch mit den TAs. Daher kann man ihn noch nicht als unabhängig betrachten. Tuo, der dieses Jahr zehn wird, zeigt eine deutliche Neigung, früh unabhängig zu werden. Gerade jetzt im Februar verbrachte er mehr als eine Woche getrennt von seiner Familie, während Tom bei ihr blieb. Von den Kühen anderer Familien werden diese beiden jungen Bullen, anders als Tolstoi, nicht gern geduldet. Sie werden von den erwachsenen weiblichen Tieren oft bedroht oder weggestoßen, wenn sie versuchen, sich zu ihnen zu gesellen. Ich denke immer, daß diese Zeit für einen jungen männlichen Elefanten schwierig und verwirrend sein muß. Manchmal werden sie sogar von den Mitgliedern ihrer eigenen Familie fortgejagt. Dennoch scheinen auch die heranwachsenden Bullen viel Spaß am Spiel miteinander zu haben.

Was die jungen Kühe in den T-Familien betrifft, so kann ich kaum glauben, daß die winzigen Kälbchen, die ich zum ersten Mal sah, als sie noch keine 24 Stunden alt waren, nun schon kurz vor der Geschlechtsreife stehen. Tallulah's und Slit Ear's Töchter Tao und Slo werden in diesem Jahr zehn. Einige der 1980 geborenen weiblichen Elefanten kommen jetzt schon zum ersten Mal in den Östrus, und da Tao und Slo beide gut genährt und gesund sind, erwarte ich, daß sie recht bald in den Östrus kommen.

Wie gewöhnlich habe ich den Familienmitgliedern, die vier Jahre alt geworden sind, Namen gegeben. Das '84-Kalb von Tuskless heißt jetzt, wie schon erwähnt, Tulip. Dieses weibliche Tier ist wie seine Mutter stoßzahnlos. Es ist ein wunderbarer Anblick, die beiden nebeneinander stehen zu sehen: ein Tier als die perfekte Miniaturausgabe des anderen. Das '83-Kalb von Slit Ear haben wir »Topaz« genannt, die '86-Tochter von Tess »Tinsel«* und Tallulah's '83 heißt nun »Tegwen«.

Im Sozialleben der T-Familien hat es einige weitere Anpassungen gegeben. Die TAs streifen im großen und ganzen immer noch so umher wie 1986 und vergesellschaften sich noch ähnlich mit anderen Elefanten. Sie halten sich im Ol Tukai-Waldgebiet auf und begeben sich von Zeit zu Zeit in den Longinye-Sumpf. Sie sind ständig auf der Suche nach ungeschützten Abfallgruben und besuchen die Lodges und Ol Tukai, um die Lage auszukundschaften. Auch ins Camp kommen sie fast täglich und sind in der Umgebung der Zelte auf Futtersuche. Sie scheinen es als ihr spezielles Freßgebiet zu betrachten. Keine andere Familie kommt so nahe heran, daher sind sie die einzigen, die von den im Camp wachsenden Gräsern und Kräutern fressen. Mit den anderen T-Familien sind sie nur selten zusammen. Doch kürzlich habe ich bei zwei oder drei Gelegenheiten gesehen, wie alle drei Familien freundschaftlich zusammen fraßen und umherzogen. Betrachtete man nur die Zeit, die die TAs mit den TCs und TDs gemeinsam verbringen, so könnte man sie nicht mehr als eine Bond Group bezeichnen; doch wir kennen ihre Geschichte und wissen, daß sehr enge Beziehungen existieren.

Die TCs und TDs andererseits verbringen inzwischen wieder regelmäßig viel Zeit miteinander. Nach Teresia's Tod waren die beiden Familien häufig getrennt angetroffen worden. Doch heute haben sie sich offenbar wieder enger aneinandergeschlossen, obwohl sie nicht mehr so oft zusammen sind wie zu Lebzeiten von Teresia. Die TC-Leitkuh Slit Ear ist nach wie vor ein sehr dominantes Tier, und es mag sein, daß ihre Gesellschaft Tallulah und Theodora von den TDs zeitweilig nicht willkommen ist, wenn sie mit ihr um Futter konkurrieren müssen. Zwischenzeit-

* Tinsel (englisch) = Rauschgold, Lametta (Das Tier kam Weihnachten zur Welt).

lich haben diese beiden Familien wieder einmal das Schema geändert, nach dem sie durch ihren Aktionsraum streifen. In den siebziger Jahren, also zu Beginn der Studie, entdeckte ich sie beinahe täglich in Longinye oder in Ol Tukai Orok. Während der achtziger Jahre dann verbrachten sie mehr Zeit im Ostteil des Parks und in der Nähe des außerhalb liegenden Namalog-Sumpfes. Im Jahre 1990 nun sind sie offenbar in das Kerngebiet des Parks zurückgekehrt, in dem ich sie früher stets angetroffen habe. Das Gebiet um Namalog wird heute vollständig landwirtschaftlich genutzt, und ich glaube, daß die beiden Familien dadurch gezwungen wurden, in die zentral gelegenen Sümpfe im Park zurückzukehren. Innerhalb des Parks mag zwar der Wettbewerb um die Ressourcen stärker ausgeprägt sein, aber es ist hier auch sicherer, und daher bin ich froh, daß sie wieder zurück sind.

Die allgemeine Situation für die Amboseli-Elefanten ist auch weiterhin günstig. Kommerzielle Wilderei hat es – wie bereits erwähnt – nicht gegeben, die Massai haben nur selten Tiere gespeert, und die Umweltbedingungen sind gut. Die Gesundheit und Spannkraft eines Tierbestandes spiegeln sich in seinem Fortpflanzungsverhalten wider. Gutgenährte Elefanten, die ein ungestörtes Leben führen, pflanzen sich schneller und in jüngerem Alter fort als Tiere, die unter Streß stehen. Die Elefantenkühe in Amboseli erreichen die Geschlechtsreife im Alter von neun bis zehn Jahren, was im Vergleich zu anderen Populationen sehr jung ist, und bei einigen der weiblichen Tiere hier stellen wir sehr kurze Geburtenabstände von drei Jahren und weniger fest.

Nicht so eindeutig ist es um die Frage des Parks selbst und jener Tiere bestellt, mit denen sich die Amboseli-Elefanten ihren Lebensraum teilen müssen. Zu Beginn des Jahres 1990 betrug der gesamte Elefantenbestand in Amboseli 718 Tiere. Insgesamt ist die Population in den vergangenen 25 Jahren nicht sehr stark angewachsen. In den sechziger Jahren war die Zahl der Elefanten, die in dem Öko-System lebten, zu dem auch der Amboseli-Park gehört, auf 600 bis 700 geschätzt worden. Wie ich jedoch schon in Kapitel 11 schilderte, haben die Elefanten in den späten siebziger Jahren das Schema ihrer Wanderungen geändert, indem sie immer mehr Zeit innerhalb des Parks verbrachten. Im Jahre 1977 waren die Massai aufgefordert worden, den Park zu verlassen. Innerhalb des 390 Quadratkilometer großen Gebietes, das 1974 zum Nationalpark erklärt worden war, durften sie keine Hütten mehr bauen und ihr Vieh nicht mehr weiden lassen. Von 1977 bis heute haben die Elefanten infolgedessen ihre Wanderungen während der Regenzeit allmählich immer weiter eingeschränkt. Sie haben nicht lange gebraucht, um zu lernen, daß sie den Massai seltener begegneten, wenn sie im Park und seiner Umgebung blieben. Daß sich die Elefanten nun in einem viel kleineren Gebiet konzentrierten, wirkte sich auf das Nachwachsen der Bäume negativ aus. Das »Problem« von Elefanten und Bäumen bleibt also bestehen, und die Diskussionen, was man tun und was man lassen sollte, gehen weiter. Das Thema des geregelten Abschusses ist erst kürzlich wieder aktuell geworden, und ich habe noch immer Angst vor den möglichen Entscheidungen. Ich persönlich bin der Ansicht, daß es nicht gerechtfertigt ist, auch nur einen einzigen Elefanten in Amboseli zu töten. Die Lösung liegt darin, daß die Massai langfristig ihre Einstellung gegenüber den Elefanten ändern. Wenn sie aufhören, die Elefanten zu speeren, und wenn die Elefanten daraufhin ihre Angst vor den Massai verlieren, dann werden die Tiere mit ziemlicher Sicherheit ihr altes Wanderverhalten wieder aufnehmen. Unglücklicherweise kann so etwas nicht über Nacht geschehen.

Was die allgemeine Gesamtsituation der Elefanten in Afrika angeht, so geht es möglicherweise langsam bergauf. Auf dem Gebiet des Schutzes der Elefanten hat sich seit Dezember 1986 viel getan. Die Menschen, die im Naturschutz tätig sind, wußten zwar, daß die Elefanten massiv gewildert wurden, und daß das durchschnittliche Stoßzahngewicht von Jahr zu Jahr geringer wurde, doch in bezug auf den Schutz der Elefanten hatte sich eine gewisse Trägheit eingestellt. In den späten siebziger Jahren war es zu einer großen Krise in der Elefantenfrage gekommen, da die Lobby hinter dem Elfenbeinhandel behauptete, daß alles nur erfunden sei. Die meisten der großen Naturschutz-Organisationen glaubten den Argumenten jener Seite, die für den Handel mit Elfenbein ist, und hörten auf, sich Sorgen um das Schicksal der Afrikanischen Elefanten zu machen. Als dann neue Beweise für den starken Rückgang der Elefantenzahlen laut wurden, reagierten diese Organisationen schleppend. Im Jahre 1987 jedoch war das Beweismaterial aus ganz Afrika erdrückend. Um nur ein Beispiel zu bringen: 1987 führte die Wildtierabteilung der kenianischen Regierung zusammen mit Iain Douglas-Hamilton und anderen eine vollständige Zählung der Elefanten im Tsavo-Ökosystem durch, das den Nationalpark und die umliegenden Gebiete umfaßt. Dort, wo vor noch nicht einmal zwanzig Jahren 42 000 Elefanten gelebt hatten, waren nur 5700 Tiere übriggeblieben. Endlich begannen die Leute, sich Sorgen um das Überleben der Elefanten in Afrika zu machen.

Interessanterweise übernahmen gerade kleine Naturschutz-Organisationen die Führung darin, die Misere der Elefantensituation publik zu machen. Ich selbst besuchte im September 1987 die Washingtoner Zentrale der *African Wildlife Foundation* (AWF), mit der ich seit 1971 in enger Verbindung stehe, und präsentierte dort die neuesten Fakten und Zahlen. Man muß dieser Organisation hoch anrechnen, daß sie unverzüglich tätig wurde. Sie startete eine Kampagne in den USA mit der Veröffentlichung der amerikanischen Ausgabe der »Elephant Memories« und meiner Vortragsreise zu diesem Buch. Im Mai 1988 hielt die AWF eine Pressekonferenz ab und beauftragte die bekannte Werbeagentur Saatchi & Saatchi, Zeitschriftenanzeigen sowie Radio- und Fernsehspots für die breite Öffentlichkeit zu entwickeln. Die Anzeigen wiesen dramatisch auf den Zusammenhang zwischen Elfenbein und dem Tod der Elefanten hin. Die AWF gab das Motto aus: »Nur Elefanten sollten Elfenbein tragen!« Die Kampagne erwies sich in den USA als sehr erfolgreich, und schließlich schlossen sich auch andere Naturschutz-Organisationen an, obwohl einige der größeren und bekannteren lange Zeit zögerten.
Bald zogen auch kleine Gruppen in England und Europa zu Felde und sorgten für Aufsehen. Ebenso wichtig war auch, daß afrikanische Regierungen sowie Wildtier-Abteilungen vieler Länder zugaben, daß die Situation außer Kontrolle geraten war und daß sie durch die immer weiter um sich greifende organisierte Wilderei wertvolle Ressourcen verloren.
Plötzlich wurden die Elefanten zu einem wichtigen Thema. Als ich Ende Mai 1988 nach Afrika zurückkehrte, rannten die Medien mir und meinen Kollegen förmlich die Tür ein. Obwohl wir andere Arbeiten zu erledigen hatten, beschlossen wir, keinem Journalisten, Reporter, Fotografen oder Filmteam Nein zu sagen, wenn sie über die Situation der Elefanten berichten wollten. Das erwies sich als eine außergewöhnlich anstrengende Tätigkeit, doch ich glaube, daß es den Elefanten am Ende dienlich war. Ich gab unzählige Interviews, nahm Dutzende von Journalisten mit hinaus, damit sie die Amboseli-Elefanten sehen, fotografieren und filmen konnten, und telefonierte und korrespondierte mit Leuten in aller Welt, um immer wieder zu erzählen, was mit den Elefanten in Afrika geschah und warum man sie retten sollte.
1989 erwies sich als das kritische Jahr für die Elefanten. Die weltweite Kampagne zeigte erste Wirkungen in den Verbraucherländern. Im Oktober 1988 hatte der Kongreß der Vereinigten Staaten endlich ein seit langem vorbereitetes Gesetz verabschiedet, den *African Elephant Con-*

versation Act, das den Import von Elfenbein einschränkt. Doch schon nach wenigen Monaten wurde deutlich, daß das Gesetz nicht streng genug war. Die allerneuesten Zahlen zum Bestand der Elefanten waren deprimierend. Im Jahre 1979 hatte man die Zahl der Elefanten in Afrika auf 1,3 Millionen geschätzt, doch 1989 waren nur noch 600 000 übriggeblieben. Und einige Fachleute hielten diese Zahlen sogar noch für zu hoch geschätzt und meinten, sie läge eher bei 400 000. In den Vereinigten Staaten wurde dazu aufgerufen, den Afrikanischen Elefanten als gefährdete Tierart gesetzlich zu schützen und jeglichen Import von Elfenbein zu verbieten. Anfang Juni erschien ein umfassender Bericht über den Elfenbeinhandel, der von der *Ivory Trade Review Group* herausgegeben wurde, einem von verschiedenen Organisationen unterstützten Konsortium aus 35 Fachleuten. Ihre Schlußfolgerungen waren einstimmig: Der Elfenbeinhandel, der sich zum überwiegenden Teil der Wilderei bedient, war die Ursache für den drastischen Rückgang der Elefanten in Afrika. Am 5. Juni 1989 schließlich verkündete Präsident Bush ein Einfuhrverbot für Elfenbein in die USA. Noch am selben Tag wurde auch in Frankreich ein Einfuhrverbot erlassen, und am 6. Juni folgte die Bundesrepublik diesem Beispiel. Innerhalb weniger Tage gab es in der gesamten EG und in der Schweiz ähnliche Einfuhrverbote.

In der Zwischenzeit wurden in vielen afrikanischen Staaten, in denen Elefanten leben, Stimmen laut, die ein totales Handelsverbot mit Elfenbein forderten. Tansania war das erste Land, das dazu aufrief. Die Wildtier-Abteilung der tansanischen Regierung schickte eine offizielle Aufforderung an die Vertreter der CITES (Convention on International Trade in Endangered Species of Wild Fauna and Flora), den Afrikanischen Elefanten aus dem Anhang II des Abkommens in den Anhang I zu übernehmen. Der Anhang II umfaßt Arten, die »bedroht« sind, und schränkt den Handel ein, während der Anhang I jene Arten enthält, die »gefährdet« sind, und jeglichen Handel mit Produkten dieser Art verbietet. Auch Gambia, Kenia und Somalia reichten entsprechende Anträge ein. Am 18. Juli 1989 setzte der kenianische Präsident Daniel Arap Moi ein sehr dramatisches Zeichen und verbrannte öffentlich mehr als 2000 Stoßzähne mit einem Gewicht von 12 000 Tonnen und einem Wert von 3 Millionen Dollar. Dieser Akt wurde sehr kontrovers aufgenommen, die einen verurteilten ihn als pure Geldverschwendung, während andere ihn als deutliche Botschaft zur Rettung der Elefanten lobten. Das Ereignis wurde weltweit im Radio, im Fernsehen und in der Presse verbreitet.

Auch aus Hongkong – wo die meisten Elfenbeinhändler und -schnitzer sitzen – und aus Japan – dem Land, das das meiste Elfenbein verbraucht – kamen ermutigende Neuigkeiten. Hongkong verbot die weitere Einfuhr von Elfenbein, und Japan stimmte zu, das Elfenbein nur noch in Form ganzer Stoßzähne in den Ursprungsländern zu kaufen, um so zu verhindern, daß sie ursprünglich illegales, aber »reingewaschenes« Elfenbein kaufen.
Die Geschichte begann in Schwung zu kommen. Das Blatt schien sich zugunsten eines totalen Handelsverbotes für Elfenbein zu wenden. Doch im Juli, als sich die für den Afrikanischen Elefanten zuständige CITES-Arbeitsgruppe in Gaborone in Botswana traf, wurden alle jene, die für ein Handelsverbot eintraten, plötzlich gebremst. Bei dem Treffen wurde offenbar, daß in der Frage der Elefanten und des Elfenbeins eine tiefe Kluft zwischen den afrikanischen Ländern klaffte. Die meisten Staaten im südlichen Afrika, unter ihnen Südafrika, Botswana, Simbabwe und Malawi, wollten auch weiterhin mit Elfenbein handeln und wünschten nicht, daß ihre Elefantenbestände in den Anhang I kommen. Sie argumentierten, daß ihre Populationen gesichert seien und daß sie nicht einsehen könnten, warum sie für etwas bestraft würden, was sie als unfähige Managementmethoden und Korruption in anderen afrikanischen Ländern betrachteten. Die ostafrikanischen Länder und mit ihnen einige zentral- und westafrikanische Nationen hielten dagegen, daß durch jeglichen Handel ein Hintertürchen geschaffen würde, so daß auch weiterhin Elfenbein geschmuggelt und »reingewaschen« werden könnte. Sie ersuchten die Staaten im südlichen Afrika, ihren Profit zu opfern, den sie in der Zeit, bis im übrigen Afrika die Wilderei unter Kontrolle gebracht wäre, durch ihre Elfenbeinverkäufe erzielen würden. Die angesprochenen Länder lehnten diesen Gedanken rundweg ab. Das Treffen der Arbeitsgruppe, das zum Ziel hatte, daß die afrikanischen Länder bei der CITES-Konferenz mit einer Stimme sprechen sollten, endete in Verbitterung und Uneinigkeit.
Am 9. Oktober 1989 war dann der Moment gekommen, auf den jeder, der irgend etwas mit Elefanten zu tun hat, das ganze Jahr über hingearbeitet hatte. Vom 9. bis 20. Oktober fand die Konferenz der CITES-Mitgliedsstaaten in Lausanne in der Schweiz statt. Ich nahm als einer der Beobachter der African Wildlife Foundation an dem Treffen teil. Mir hat es auf desillusionierende Weise die Augen geöffnet über den internationalen Naturschutz auf höchster Ebene. Zeitweilig wurde die Misere der Elefan-

ten völlig durch die Zurschaustellung von Habgier, persönlichen Interessen und politischem Taktieren überschattet. Am Ende jedoch siegten Vernunft und Einsicht, und der Afrikanische Elefant wurde mit 76 zu 11 Stimmen bei 4 Enthaltungen auf den Anhang I gesetzt. Es überraschte niemanden, daß mehrere Länder Vorbehalte anmeldeten, die ihnen gestatteten, den Elfenbeinhandel mit solchen Ländern fortzusetzen, die das CITES-Abkommen nicht unterzeichnet haben oder ebenfalls Ausnahmeregelungen beanspruchen. Die afrikanischen Länder, die solche Ausnahmeregelungen beanspruchten, sind Botswana, Malawi, Südafrika, Sambia und Simbabwe. Außerhalb Afrikas meldeten China und – sehr zum Entsetzen der meisten Konferenzteilnehmer – auch Großbritannien im Interesse von Hongkong Vorbehalte an. Margaret Thatcher beugte sich den wirtschaftlichen Argumenten und gewährte Hongkong vom 18. Januar 1990 an, dem Zeitpunkt des Inkrafttretens des Handelsverbotes, sechs Monate Zeit, um zu versuchen, seine Elfenbeinvorräte mit einem Gewicht von 670 Tonnen zu verkaufen. Naturschützer in der ganzen Welt waren außer sich über die Entscheidung der britischen Premierministerin. Der ganze Sinn des Handelsverbots lag doch darin, durch das Schließen der Märkte den Elfenbeinpreis zu senken. Die zusätzliche Zeit gab Hongkong und anderen Ländern nun die Gelegenheit, neue Märkte zu erschließen und damit die Nachfrage nach Elfenbein aufrechtzuerhalten. Es war kein Zufall, daß es genau in der Woche, als die britische Sonderregelung bekannt wurde, zu einem neuen Wildereischub in Kenia kam – allein im Tsavo-Nationalpark wurden 57 Elefanten getötet. Aus meiner Sicht hat Frau Thatcher eine ganze Menge auf dem Gewissen.

Während ich dies heute, Anfang April 1990 schreibe, gibt es also immer noch Wilderei, doch es gibt auch gute Nachrichten. In Somalia, einem Land, in das mutmaßlich ein Großteil des kenianischen Elfenbeins geht, ist der Preis von Stoßzähnen dramatisch gefallen. Während die Wilderer im vergangenen Jahr ihre Stoßzähne noch für dreißig und vierzig Dollar pro Kilogramm verkaufen konnten, sind sie neuerdings nur noch in der Lage, etwa zwei bis drei Dollar pro Kilogramm zu erlösen. Wenn sich dieser Trend fortsetzt, lohnt es sich für einen Wilderer möglicherweise nicht mehr lange, sein Leben dabei zu riskieren, Elefanten zu töten. Ich glaube allerdings, daß wir uns jetzt nicht zurücklehnen und behaupten dürfen, daß die Schlacht gewonnen sei. Das große Geld ist immer noch im Spiel, und es gibt Leute, die hart daran arbeiten, neue Märkte zu schaffen, etwa in Ländern wie Südkorea, das nicht zu den CITES-Unterzeichnern gehört und einen Wirtschaftsaufschwung erlebt. In der Zwischenzeit wird die Schnitzer-Industrie, die in Hongkong erst einmal aufgegeben werden mußte, wahrscheinlich von China übernommen werden. Der Afrikanische Elefant ist keineswegs außer Gefahr. Elfenbein ist ein wunderbares, begehrenswertes Material, und wenn Menschen es kaufen und einen guten Preis dafür bezahlen wollen, dann wird irgend jemand in Afrika sicher einen Weg finden, Elefanten zu töten und die Stoßzähne für jene Käufer hinauszuschaffen.

Ich persönlich werde die Kampagne fortsetzen, um die Öffentlichkeit weiter aufzurütteln. Ich werde an die entwickelten Länder appellieren, kein Elfenbein zu kaufen; und ich werde sie gleichzeitig zur finanziellen Unterstützung auffordern, um Afrika zu helfen, sein Erbe, die wilden Tiere, zu schützen.

Meine eigenen Pläne für die nächsten zwei Jahre liegen schon fest. Als Teil meiner Bemühungen, das Verständnis und die Sorge der Öffentlichkeit für die Elefanten zu gewinnen, habe ich ein Film- und Buchprojekt begonnen. In den nächsten zweieinviertel Jahren werde ich zusammen mit der naturgeschichtlichen Abteilung der BBC einen Film machen und ein begleitendes Buch zu diesem Film schreiben. Bis März 1992 werden ein Kameramann und ich für ausgewählte Zeiträume das Leben einer der Elefantenfamilien von Amboseli verfolgen. Dafür habe ich die EB-Familie ausgesucht, die von einer wunderbaren, unverwechselbaren Leitkuh namens Echo geführt wird. Wir haben bereits einige einzigartige und aufregende Erlebnisse im Leben dieser Familie gefilmt, und ich glaube, daß das Publikum von diesen Elefanten ebenso gefangengenommen sein wird wie ich.

Die Ts werde ich selbstverständlich nicht vergessen. Jetzt, da ich wieder viel länger in Amboseli bin als in der unmittelbaren Vergangenheit, kann ich alle Elefanten häufiger sehen, und dazu gehören auch die TAs, TCs und TDs. Tuskless und ihre kleine Familie sind fast tägliche Gäste im Camp. Gerade vor zwei Wochen war ich sehr erfreut, eine neue Geburt bei der TA-Familie verzeichnen zu können. Am 24. März traf ich Tonie mit einem neugeborenen männlichen Kalb, das erst etwa einen Tag zuvor zur Welt gekommen war. Es hatte schwarze Haare auf der Stirn, und die Rückseiten seiner Ohren waren leuchtend rosa. Tulip, die sechsjährige Tochter von Tuskless, war eifrig damit beschäftigt, sich um den Kleinen zu kümmern. Ich hoffe, daß Tonie dieses Baby ohne Komplikationen großziehen kann. Meinen Aufzeichnungen zufolge hat sie seit 1980 zwei ihrer drei Kälber verloren. Ihr erstes Kind im Jahre 1980 war eine Totgeburt, der 1982 geborene Truman ist am Leben geblieben und hat sich zu einem kräftigen Heranwachsenden entwickelt, doch ihr 1987 geborenes Kalb starb, noch ehe es ein Jahr alt war. Nun hat sie ihr viertes Kind. Dieses Kalb sieht widerstandsfähig und gesund aus und scheint sich gut zu entwickeln. Unter Bedingungen, wie sie heute in Amboseli herrschen, sollte es eine gute Chance haben, zu überleben.

Amboseli ist für Elefanten ein friedlicher Hafen, wahrscheinlich der einzige Ort seiner Art auf der Welt. Das ganze wunderbare Spektrum der Verhaltensweisen von Elefanten beobachten zu dürfen, ist ein Privileg, das ich niemals als selbstverständlich betrachte. In den vergangenen Jahren habe ich deutlicher als je zuvor begriffen, daß es mein allererstes und dringlichstes Ziel ist, alles zu tun, damit die Elefanten von Amboseli so ungestört wie möglich leben können. Wenn ich beobachte, wie eine erwachsene Kuh mit erhobenem Kopf und hochgestelltem Schwanz schlaksig durch das Elefantengras rennt, und wenn sie sich herumschmeißt, so daß das Weiße in ihren Augen zu sehen ist, und einen imaginären Gegner angreift; oder wenn ich sechs kleinen Kälbern zusehe, die völlig entspannt und ohne Furcht ihr Lieblingsspiel betreiben und in einem Haufen aus Leibern versuchen, aufeinander herumzuklettern – dann kann ich nicht verstehen, wie irgend jemand davon träumen kann, nach Amboseli zu kommen, um im Namen der biologischen Artenvielfalt ganze Familien abzuschlachten; oder warum irgend jemand unbedingt eine Figur aus Elfenbein für den Kaminsims haben will.

Im Jahre 1990 sieht die Zukunft etwas günstiger aus als noch im Jahre 1986. Ich kann nur hoffen, daß die T-Familien auch nach weiteren drei oder vier Jahren immer noch in Frieden in Amboseli leben werden und daß Zuwachs und Verlust ausschließlich auf natürlichen Ursachen beruhen werden.

Der jetzige Status und die Gliederung der TAs, TCs und TDs sieht so aus:

TA	Tuskless (62)		♀
		Tulip (84)	♀
		Tuo (80)	♂
	Tonie (67)		♀
		C'90	♂
		Truman (82)	♂

	Tilly (70)	♀
	C'88	♂
	Tom (79) [ex-TB]	♂
TC	Slit Ear (36)	♀
	C'88	♀
	Topaz (83)	♀
	Slo (80)	♀
	Tabitha (76)	♀
	C'88	♂
	Tara (67)	♀
	C'87	♂
	Turner (82)	♂
	Tess (63)	♀
	Tinsel (86)	♀
	Tamsin (82)	♂
TD	Tallulah (63)	♀
	C'88	♂
	Tegwen (83)	♀
	Tao (80)	♀
	Theodora (67)	♀
	C'88	♀
	Tebald (82)	♂

Veröffentlichungen des Elefanten-Forschungsprojekts Amboseli

Croze, H. J., Hillman, A. K. K., and Lang, E. M.

1981. Elephants and their habitats: how do they tolerate each other. *Dynamics of Large Mammal Populations* (ed. C.W. Fowler). New York: John Wiley, 297–316.

Douglas-Hamilton, I., Hillman, A. K. K., and Moss, C. J.

1981. Notes on vertical photography of elephants for age determination. *ILCA Monographs,* 4:131–142.

Lee, P. C.

1986. Early social development among African elephant calves. *National Geographic Research.* 2:388–401.

1987. Allomothering among African elephants. *Animal Behaviour,* 35:278–291.

In review. Family structure and its effects on female reproductive effort. *Comparative Socioecology of Mammals and Man* (eds. V. Standen and R. Foley). Oxford: Blackwell Scientific Publikations.

Lee, P. C., and Moss, C. J.

1985. Early maternal investment in male and female African elephant calves. *Behavioural Ecology and Sociobiology,* 18:353–361.

Lindsay, W. K.

1982. Habitat selection and social group dynamics of African elephants in Amboseli, Kenya. M. Sc. thesis, University of British Columbia, 200 pp.

1983. Elephants, trees, and people. *Wildlife News,* 18(2):8–11.

1986. Elephant problems and human attitudes. *Swara,* 9(3):24–27.

1986. Trading elephants for ivory. *New Scientist,* 112(1533):48–52.

In review. Food intake rates and habitat selection in elephants in Amboseli, Kenya. Proceedings of the International Symposium on African Wildlife. Uganda Institute of Ecology, Kampala.

In prep. Feeding behaviour and ecology of African elephants in Amboseli National Park, Kenya. Ph. D. thesis, University of Cambridge.

Lindsay, W. K., and Mungai, M. E.
In prep. A test of the dropping count method for estimating elephant density in Amboseli National Park, Kenya.

Moss, C. J.
1977. The Amboseli elephants. *Wildlife News,* 12(2):9–12.

1978. A family saga. *Swara,* 1(1):34–39.

1980. What do you do with a 300-pound nose? *International Wildlife,* May/June, pp. 36–39.

1981. The two and only. *Animal Kingdom,* 83(6):25–27.

1981. Social circles. *Wildlife News,* 16(1):2–7.

1982. Portraits in the Wild: Behavior Studies of East Africa Mammals (second edition – revised). Chicago: The University of Chicago Press, 371 pp.

1983. Oestrous behaviour and female choice, in the African elephant. *Behaviour,* 86(3/4):167–196.

In prep. Flexibility in the social system of the African elephant.

In prep. The demography of the elephant population of Amboseli National Park, Kenya.

Moss, C. J., and Poole, J. H.
1983. Relationships and social structure of African elephants. *Primate Social Relationship* (ed. R. A. Hinde), Oxford: Blackwell Scientific Publications, 315–325.

Payne, K. B., Poole, J. H., and Langbauer, Jr., W. R.
In prep. Infrasonic calls in free-ranging African elephants: a possible long distance communication network.

Poole, J. H.
1982. Musth and male-male competition in the African elephants. Ph. D. thesis, University of Cambridge, 158 pp.

1987. Elephants in musth, lust. *Natural History,* 96 (II):46–55.

1987. Raging bulls. *Animal Kingdom,* 90 (6): 18–25.

In press. Rutting behaviour in African elephants: the phenomenon of musth. *Behaviour,* 102:283–316.

In press. Honest advertisement of intent: the aggressive state of musth in African elephants. *Animal Behaviour.*

In prep. Guarding behaviour in African elephants.

1989. Announcing intent: the aggressive state of musth in African elephants. *Animal Behaviour,* 37: 140–152.

1989. Mate guarding, reproductive success and female choice in African elephants. *Animal Behaviour,* 37: 829–849.

Poole, J. H., Kasman, L. H., Ramsay, E. C., and Lasley, B. L.
1984. Musth and urinary testosterone concentration in the African elephant *(Loxodonta africana). Journal of Reproduction and Fertility.* 70: 255–260.

Poole, J. H., Payne, K. B., Langbauer, Jr., W. R., and Moss, C. J.
1988. The social contex of some calls of African elephants. *Behavioral Ecology and Sociobiology, 22: 385–392.*

Poole, J. H., and Moss, C. J.
1981. Musth in the African elephant, *Loxodonta africana. Nature,* 292: 830–831.

1990. Elephant mate searching: group dynamics and vocal and olfactory communication. *Symposium of Zoological Society of London.*

Western, D., and Lindsay, W. K.
1984. Seasonal herd dynamics of a savanna elephant population. *African Journal of Ecology,* 22: 229–244.

Western, D., Moss, C. J., and Georgiadis, N.
1983. Age estimation and population age structure of elephants from footprint dimensions. *Journal of Wildlife Management,* 47(4): 1192–1197.

Young, T. P., and Lindsay, W. K.
In press. Role of even-age population structure in the disappearance of *Acacia xanthophloea* woodlands. *African Journal of Ecology.*

Danksagung

Wenn sich ein Projekt über mehr als vierzehn Jahre erstreckt, dann hat es viele Menschen und Organisationen gegeben, die großzügig und auf unterschiedliche Weise daran beteiligt waren. Wären einige von ihnen nicht gewesen, so hätte das Projekt nie begonnen und bis heute fortgesetzt werden können. Wieder andere haben es weniger direkt, aber ebenso nachhaltig unterstützt und gefördert.

Zunächst möchte ich der kenianischen Regierung dafür danken, daß sie mir und meinen Kollegen gestattet hat, die Elefanten in ihrem Lande zu studieren. Sie hat in weiser Voraussicht den Lebensraum dieser Tiere treuhänderisch bewahrt, zur Freude der ganzen Menschheit und für die Wenigen von uns, die das Glück haben, Elefanten untersuchen zu dürfen. Besonders danken möchte ich dem Büro des Präsidenten und der Nationalen Behörde für Forschung und Technologie für die Forschungsgenehmigung sowie der Abteilung für den Schutz und das Management der Wildtiere für die Erlaubnis, im Amboseli-Nationalpark zu arbeiten und zu wohnen. Zu der Abteilung für den Schutz der Wildtiere (WCMD = Wildlife Conservation and Management Department) habe ich eine lange und ungetrübte Beziehung, und den Mitarbeitern, die mir im Laufe der Jahre so behilflich waren, gilt mein besonderer Dank. Dazu gehören Perez Olino, der als Direktor der Kenianischen Nationalpark-Behörde als erster die Genehmigung zum Beginn der Studie erteilte, sowie der Direktor der WCMD, Daniel Sindiyo, und die stellvertretenden Direktoren der WCMD, David Mbuvi und Fred Pertet, die in den darauffolgenden Jahren stets kooperativ und interessiert waren. In Amboseli selbst danke ich den Wildschutzbeamten für ihre Güte, Gastfreundschaft und Großzügigkeit; dies gilt ganz besonders für Joe Kioko und seine Frau Christina sowie für Bob Oguya und seine Frau Julia. Lokale Unterstützung hat das Projekt auch von der stets bereitwilligen und hilfreichen Kenya Rangeland Ecological Monitoring Unit erhalten, dafür schulde ich David Andere, dem Direktor, meinen Dank.

Ohne finanzielle Hilfe hätte das Projekt niemals begonnen werden können, und ich werde immer in der Schuld der African Wildlife Foundation (AWF) stehen für die Unterstützung, die sie mir gewährte. Diese Unterstützung ging weit über die

rein finanzielle Hilfe hinaus, sie war die ganzen Jahre hindurch ein Beweis des Vertrauens für mich. Ohne die AWF hätte ich die Studie niemals so lange weiterführen können. Das Büro in Washington und das regionale Büro in Nairobi haben mir sowohl logistisch wie auch in Verwaltungsangelegenheiten immer den Rükken gestärkt und damit das Projekt von Anfang an auf eine sichere Grundlage gestellt. Zu denjenigen im Washingtoner Büro, bei denen ich mich bedanken möchte, gehören die verschiedenen Vorsitzenden im Laufe der Jahre: John Rhea, Robinson McIlvaine, Robert Smith und Paul Schindler; außerdem die stellvertretende Vorsitzende Diana McMeekin und die Schatzmeisterin Elizabeth McCorkle. In Nairobi gilt mein Dank all jenen im Büro, die mir auf so vielfältige Weise geholfen haben – den regionalen Direktoren Frank Minot, nochmals Robinson McIlvaine, Robert K. Poole und Sandy Price; dem für das Programm zuständigen Mitarbeiter Rob Olivier, den Verwaltungsangestellten Ronnie Hunter und Sue Heather-Hayes, den Buchhalterinnen Netty D'Souza und Doreen McCullough, dem guten Geist des Büros Mary Metebo und schließlich Mukunjuro Gichoba und Timothy Gitau. Sie alle haben mit ihrer Hilfe dazu beigetragen, daß die manchmal so anstrengende und langweilige Verwaltungsarbeit, die mit der Durchführung eines solchen Projektes verbunden ist, glatt und problemlos ablief.
Auch andere Organisationen und viele Einzelpersonen haben das Amboseli-Projekt finanziell unterstützt. Die New York Zoological Society hat meiner Studie dreieinhalb Jahre lang großzügig Geldmittel gewährt, und dafür möchte ich William Conway, George Schaller und Archie Carr III danken. Häufig sind Einzelpersonen meine wichtigsten Sponsoren gewesen, viele von ihnen haben jahrelang loyal gespendet. Sie sind es, die es eigentlich möglich machen, daß die Studie weitergeht, und ich schulde ihnen ungeheuren Dank. Einige der wichtigsten Förderer und ihre Stiftungen möchte ich in alphabetischer Reihenfolge nennen: George A. Binney, Robert B. Glynn, Paul Hirsch, Charles Jackson jr., Scott McVay (W. Alton Jones Foundation), Park East Tours, Richard Phippen (Hurdle Hill Foundation), Audrey Sheldon Poon (Merlin Foundation), Edmund Pratt (Pfizer Corporation), Denise and Sioma Schiff, Paul Simon, Mrs. Herman Wouk (Abe Wouk Foundation) und Richard Weatherhead (Midgard Foundation). Auch viele andere haben mir nicht nur finanziell geholfen, sondern reagierten auf meine Bitte um einen neuen Landrover und ein neues Zelt mit entsprechender Publicity. Ich hoffe, sie alle wissen, wie sehr ich ihre Bemühungen zu schätzen weiß.
Unterstützung kann viele Formen haben, es ist nicht immer nur finanzielle Hilfe. Viele Menschen in den Vereinigten Staaten, in England und in Afrika haben mir mit ihrer Gastfreundschaft und ihrer Freundschaft unermeßlich geholfen. In den Vereinigten Staaten sind es die folgenden Personen, bei denen ich mich für ihre Freundlichkeit während langer Jahre bedanken möchte: Kate Coleman, Bob und Joan Donner, Bob und Pat Glynn, Mariana Gosnell, Harriet Huber, Michael Johnston, Jan und Carolyn Long, Barbara Maltby, Penelope Naylor, David Teitel-

baum und Wendy Weil. In England bedanke ich mich bei Robert Hinde und Patrick Bateson für ihre Gastfreundschaft an der Universität von Cambridge, bei Duncan MacKinder, dem hervorragenden Fachmann auf dem Gebiet der elektronischen Datenverarbeitung, für das Sortieren meiner riesigen Datenberge und bei Richard Laws für seine Unterstützung. In Afrika gilt mein Dank zunächst Iain Douglas-Hamilton, der in mir die Faszination und das Interesse an Elefanten geweckt hat. Auch den anderen Elefantenforschern in Afrika und Indien möchte ich danken, die ihre Ideen mit mir geteilt und ihre Ergebnisse mit mir diskutiert haben. In Nairobi habe ich Freunde, die während der Jahre der Feldforschung, der Datenanalyse und des Schreibens außergewöhnlich hilfsbereit und ermunternd waren. Mein Dank geht an Serafina Auma, Jared Crawford, Nani Croze, Virginia Finch, Andrew Hill, Robert Malpas, Sandy Price, Mark Riley, Kes Hillman Smith und Truman Young. Besonders danke ich Conrad Hirsh und Debbie Snelson für ihre Gesellschaft, ihre Fürsorge und ihre Geduld und für all die köstlichen Mahlzeiten, die sie für mich während des letzten Jahres der Schreibarbeit zubereiteten.

Bei der Herstellung dieses Buches ist mir Jilo Quraishy von Photomural sehr behilflich gewesen, er hat seit Beginn der Studien alle meine Fotografien entwikkelt und hervorragend vergrößert. Die entzückenden Zeichnungen, die Landkarten und die Diagramme stammen von David Pratt und Liz Jarvis. Auch denen, die gestatteten, daß ihre Fotografien in diesem Buch verwendet werden, möchte ich danken: Harvey Croze, Joyce Poole, Marion Kaplan, Nicolai Canetti und Athi-Mara Magadi.

In Amboseli selbst, wo Kameradschaft, Toleranz und Sinn für Humor gleichermaßen wichtig sind, haben mir meine Freunde während all' dieser Jahre sehr viel bedeutet. Ihre Unterstützung und ihr guter Wille waren unentbehrlich, um das Langzeitprojekt an den Elefanten weiterführen zu können. Die Manager und Angestellten der Lodges sind auf vielerlei Weise hilfreich gewesen, dafür danke ich David und Gillie Jackson, Gerry Sauer, Tamsin Corcoran, Patrick Njoroge, David Munguti und Timothy Thuo von der Amboseli Lodge; Tony Pascoe, Othoo Onyango, Jane Shabaan und Morris Anami von der Serena Lodge; sowie Mercy Sakawa von der Kajiado-Bezirksbehörde. Weitere gute Freunde in Amboseli waren David und Joyce Maitumo, Karenkol ole Musa, Kasaine Nkurupe, Daniel Nkurupe, Simon Ndungu und Jama Sulieman. Auch den Damen in den Büros möchte ich für ihre freundliche Unterstützung danken: Elizabeth Kitunka, Lucy Mtutua, Margaret Pertet und Dorcas Saita. Die in Ol Tukai lebenden Wissenschaftlerkollegen haben für anregende Diskussionen gesorgt und sind stets gute Freunde gewesen: Susan Alberts, Jeanne und Stuart Altmann, Jennifer Dillon, Glenn Hausfater, Lynne Isbell, Jeanne Meade, Amy Samuels, Jeff und Bev Walters und Richard Wrangham.

Auf den Zeltplätzen, also meinem Zuhause, dem Camp, noch näher, lebten Menschen, die Amboseli ebenso lieben wie ich. Mit ihnen habe ich viele strahlende

Tage und sternenklare Nächte gemeinsam verbracht. Meine lieben Nachbarn, die stets zur Stelle waren, wenn es darum ging, mir über eine Krise hinwegzuhelfen, oder einfach nur, um mir Gesellschaft zu leisten, waren Kay Behrensmeyer, Bob Campbell, Stuart Cunningham, Rob Foley, Chris Gakahu, Seido Hino und seine Mannschaft vom Nippon-Fernsehen, David Klein, Moses Kumpumula und Vicky Morse.
In meinem Camp selbst muß ich zunächst einmal Masaku Sila und Peter Kumu dafür danken, daß sie für mein leibliches und seelisches Wohl sorgten. Ohne ihren Fleiß und ihre Geschicklichkeit wäre das Camp kein so friedliches und schönes Zuhause für mich geworden. Dafür bin ich ihnen zu unermeßlichem Dank verpflichtet. Auch den verschiedenen Hilfskräften, Studenten und kurzfristigen Besuchern, die am Projekt mitarbeiteten, möchte ich danken: Claire Hefferman, Katy Payne, Titus Masaku, M. E. Mwange, Joan Riback und Nellie Sakawa. Norah Njiraini und Soila Sayialel, die seit kurzem am Projekt mitarbeiten, haben sehr dazu beigetragen, daß die Forschung an den Elefanten vorangeht. Ich weiß ihren Einsatz und ihren Enthusiasmus sehr zu schätzen. Meine Mitbewohner im Camp, die an anderen Projekten arbeiteten, hatten ebenfalls große Bedeutung für mich, und durch das Zusammenleben im Lager habe ich einige Freunde fürs Leben gewonnen: Marc Hauser, Wes Henry, Cynthia Jensen sowie Robert und Dorothy Seyfarth sind sehr hilfreiche, unterhaltsame und stets überaus anregende Gefährten gewesen.
Schließlich möchte ich noch den wichtigsten Menschen danken, meinen Kollegen beim Amboseli-Elefantenforschungsprojekt: Jonah Western und Harvey Croze waren unersetzlich, um das Projekt überhaupt ins Leben zu rufen, ich danke ihnen für ihr Vertrauen in mich und ihre Unterstützung von der ersten Stunde an. Meine Kollegen Joyce Poole, Keith Lindsay, Phyllis Lee und Sandy Andelman sind zu guten Freunden geworden. Sie haben mich so sehr unterstützt, daß ich ihnen nicht genug dafür danken kann. Sie haben dabei geholfen, die Arbeit im Feld zu erledigen, Langzeitergebnisse zu erheben, das Camp in Schuß zu halten, Daten zu analysieren, Artikel zu schreiben, Manuskripte zu lesen und etliches mehr. Daß wir das Camp gemeinsam bewohnten, brachte uns einander sehr nahe, aber die gemeinsame Arbeit an den Elefanten eröffnete eine ganz andere Dimension in unserer Beziehung. Niemand, der die Amboseli-Elefanten persönlich kennt, bleibt unberührt von diesem Wissen, und dies hat uns unwiderruflich aneinandergeschweißt. Es ist für mich ein großartiges Gefühl zu wissen, daß es andere Menschen gibt, denen die Elefanten ebenso am Herzen liegen wie mir, die dafür arbeiten, daß diese Tiere einer lebenswerten Zukunft entgegensehen, und die an meiner Seite sind, falls es einmal darum gehen sollte, für die Elefanten von Amboseli zu kämpfen. Dafür danke ich meinen Kollegen von ganzem Herzen.

Sachregister

Vor zehn Jahren lebten in Afrika etwa 1,3 Millionen Elefanten. Heute wird der Bestand des größten Landsäugetiers der Erde in ganz Afrika auf ca. 650 000 geschätzt. Der mit Abstand wichtigste Grund für diese existenzbedrohende Dezimierung ist die professionell betriebene Wilderei, d. h. die Gier nach Elfenbein und dem damit verbundenen Profit. Gemeinsam mit meinen Autorenfreunden Vitus B. Dröscher und Otto Waalkes habe ich im September 1989 den Verein RETTET DIE ELEFANTEN AFRIKAS gegründet. Wir wollen Aufklärungsarbeit leisten, und wir wollen Spendengelder sammeln, um damit konkrete Elefantenschutz-Projekte in Afrika zu unterstützen. Unsere Initiative hat sehr schnell sehr positive Resonanz gefunden: Prominente Autoren unterstützen unsere Arbeit – übrigens nicht nur ideell –, darunter Henry Kolarz, James Krüss, Johannes Mario Simmel und Tomi Ungerer. Presse, Funk und Fernsehen haben über unsere Initiative berichtet, und das Finanzamt hat in geradezu atemberaubender Geschwindigkeit unsere Gemeinnützigkeit anerkannt – d.h., wir dürfen Spenden-Quittungen ausstellen.

Als erstes konkretes Projekt unterstützen wir die Arbeit der Wildhüter im Queen Elizabeth National Park in Uganda, die von den beiden deutschen Brüdern Peter und Wilhelm Möller »vor Ort« geschult, beraten und betreut werden. Wir haben an die Ranger Ende des vergangenen Jahres die ersten Hilfslieferungen – Kfz-Ersatzteile, Medikamente, medizinisches Gerät, solarbetriebenen Medikamenten-Kühlschrank, Wasserfilter, Kleidung – nach Uganda verschickt. Im weiteren Verlauf dieses Jahres werden wir den Aufbau eines Ranger-Camps im Süden des Nationalparks finanzieren. Ich bitte Sie, uns dabei mit Ihrer Spende zu helfen.

Hans-Helmut Röhring

RETTET DIE ELEFANTEN AFRIKAS e.V.

Spendenkonto:
Bank für Gemeinwirtschaft Hamburg
(BLZ 200 101 11), Konto-Nr. 1 360 014 500

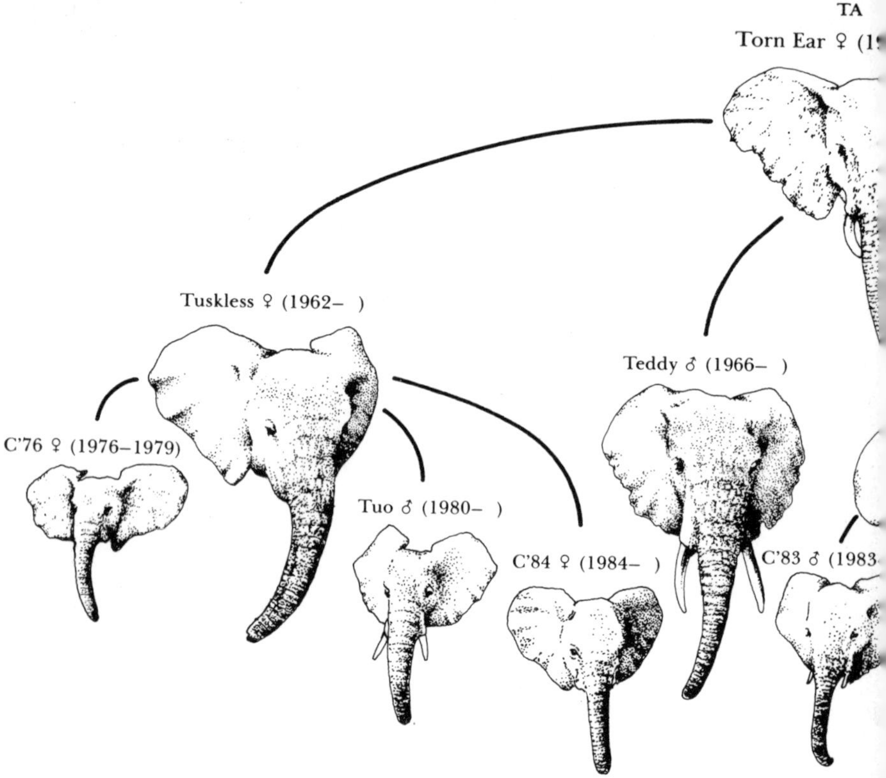
TA
Torn Ear ♀ (1
Tuskless ♀ (1962–)
Teddy ♂ (1966–)
C'76 ♀ (1976–1979)
Tuo ♂ (1980–)
C'84 ♀ (1984–)
C'83 ♂ (1983

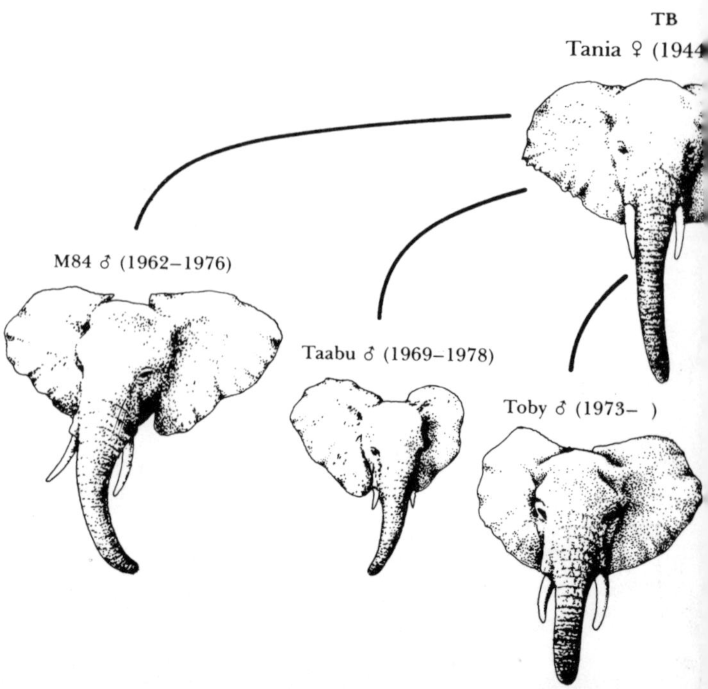
TB
Tania ♀ (1944
M84 ♂ (1962–1976)
Taabu ♂ (1969–1978)
Toby ♂ (1973–)